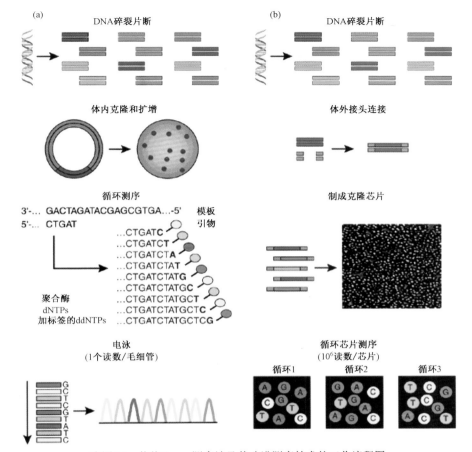

彩图4.5 传统Sanger测序法及其改进测序技术的工作流程图

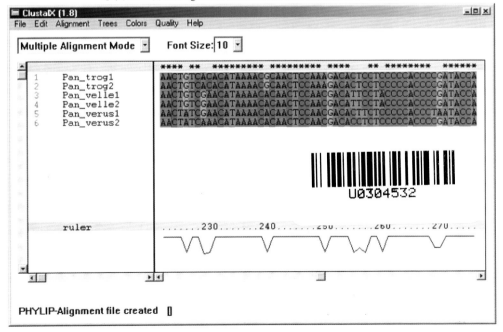

彩图4.10 采用ClustalX构建的序列全局对比结果

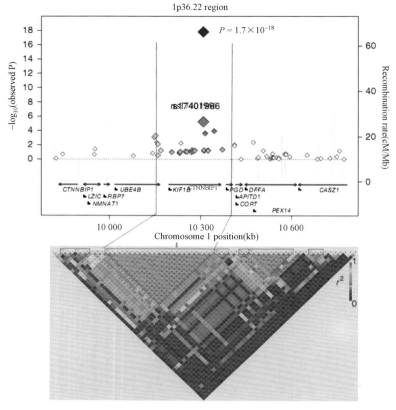

彩图4.13 肝癌易感区域1p36.22的关联图

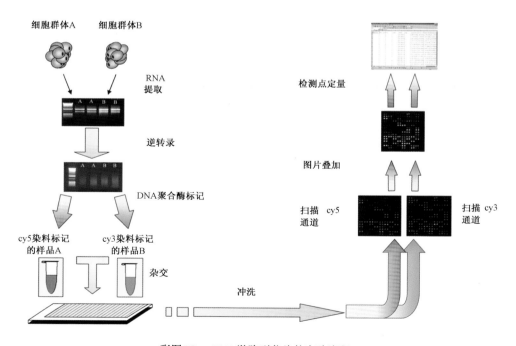

彩图5.2 cDNA微阵列芯片的实验流程

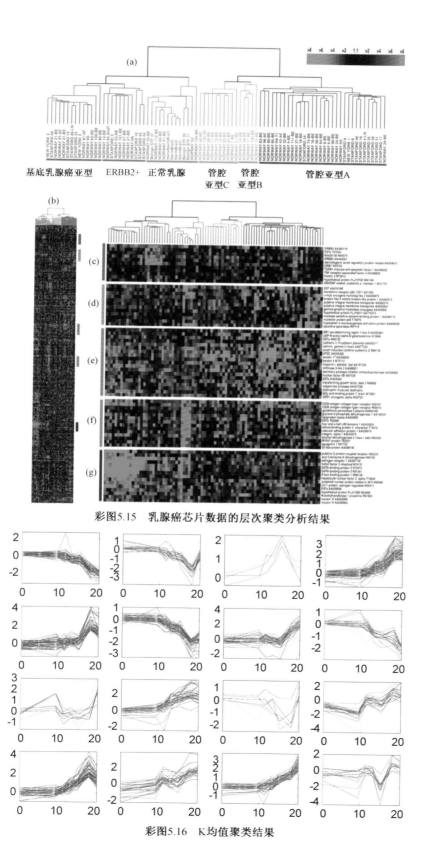

彩图5.15 乳腺癌芯片数据的层次聚类分析结果

彩图5.16 K均值聚类结果

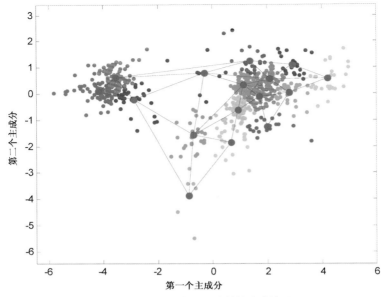

彩图5.17 自组织映射的聚类结果

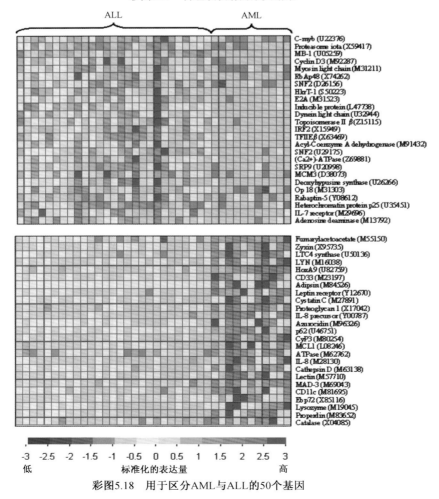

彩图5.18 用于区分AML与ALL的50个基因

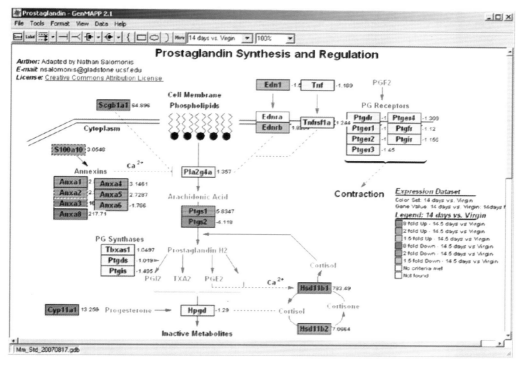

彩图5.19　将基因表达差异水平映射到通路中

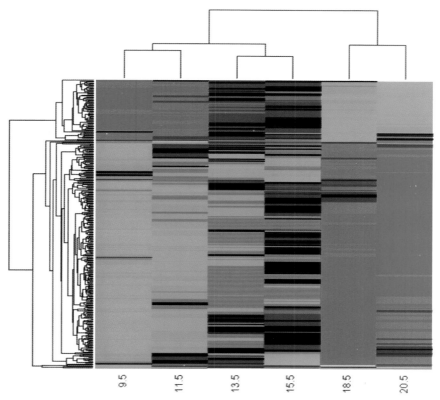

彩图5.27　层次聚类分析的树状图

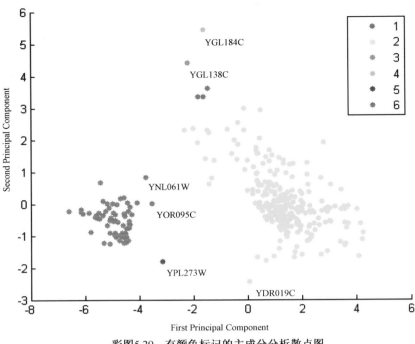

彩图5.29　有颜色标记的主成分分析散点图

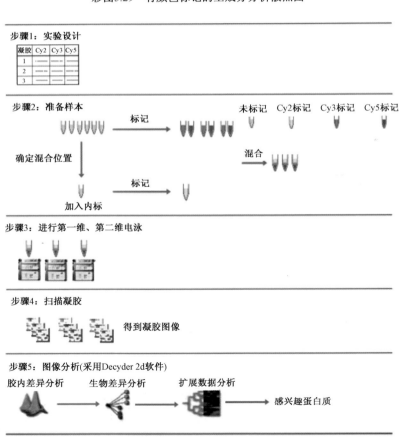

彩图6.5　Ettan 二维 DIGE 荧光差异凝胶双向电泳系统的工作流程

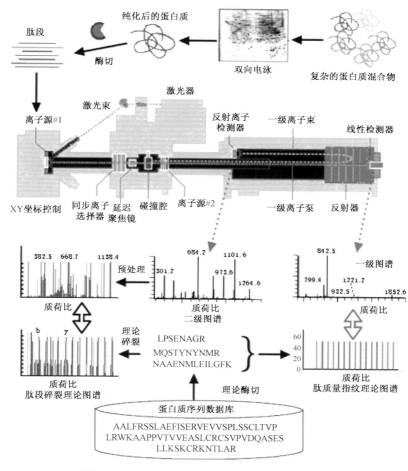

彩图6.11 ABI 4700质谱仪的组成和常用分析策略

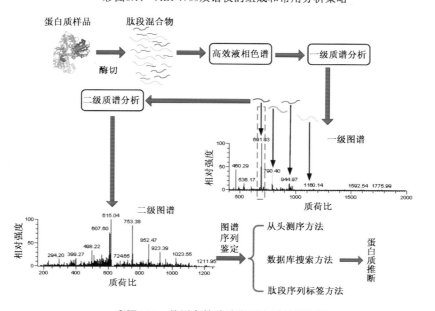

彩图6.14 使用鸟枪法鉴定蛋白质的流程图

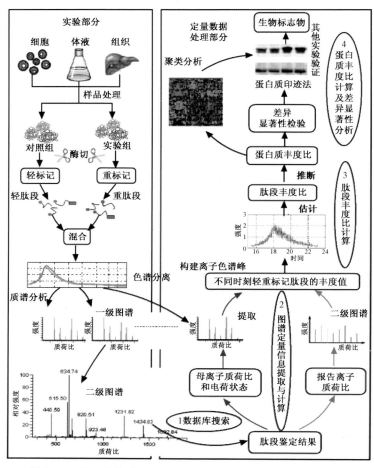

彩图6.19　基于鸟枪法实验策略的同位素标记质谱数据处理基本流程

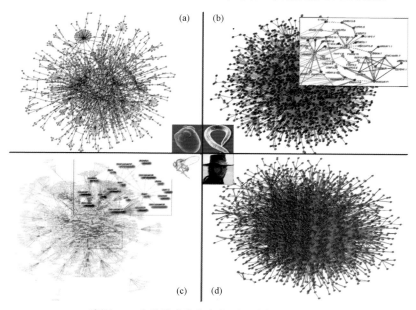

彩图7.2　多种模式生物中的蛋白质相互作用网络

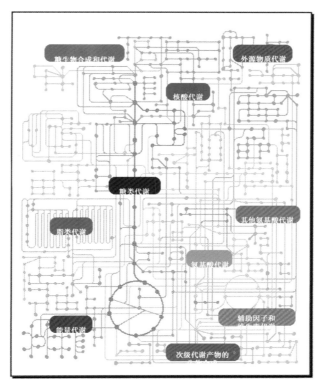

彩图7.3　各物种通用的代谢网络图

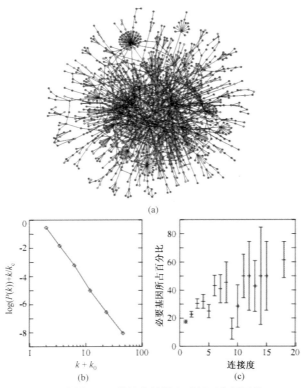

(a)

(b)

(c)

彩图7.12　酵母中的蛋白质相互作用网络

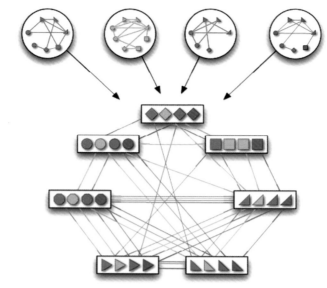

彩图7.13 网络对比示意图

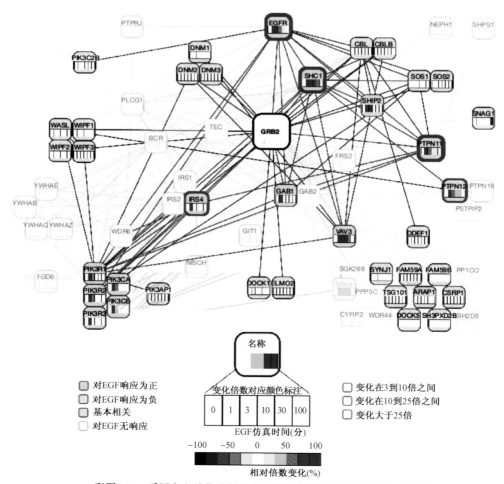

彩图7.14 采用亲和纯化选择反应检测得到的动态物理相互作用网络

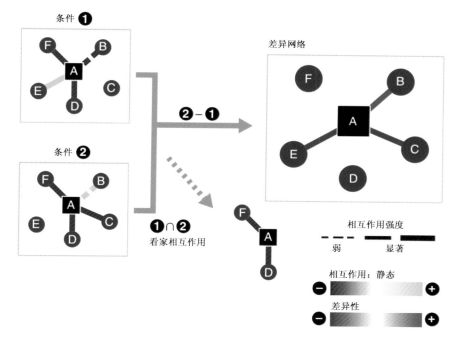

彩图7.15 网络差异性分析示意图

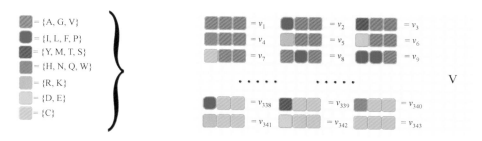

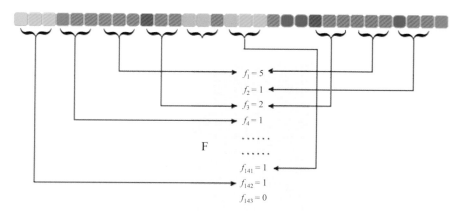

彩图7.16 根据蛋白质的序列特征预测蛋白质相互作用

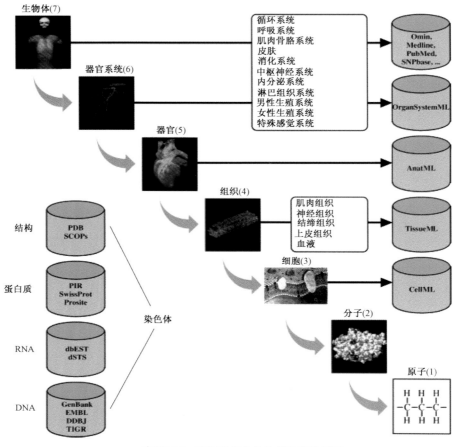

彩图8.14　欧洲虚拟人体计划的整体框图

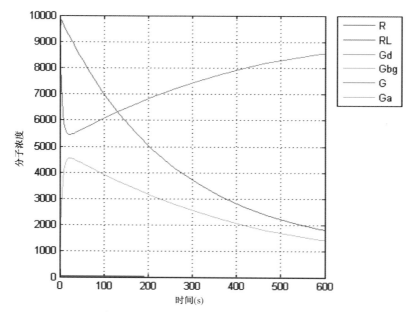

彩图8.18　野生型G蛋白信号通路仿真图

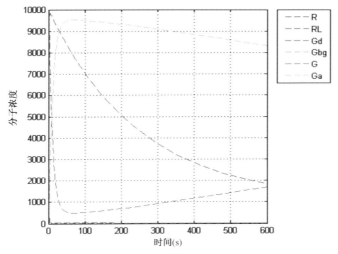

彩图8.19　缺失型G蛋白信号通路仿真图

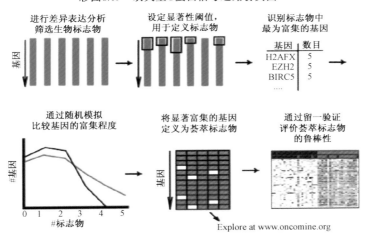

彩图9.4　基因芯片数据的荟萃分析

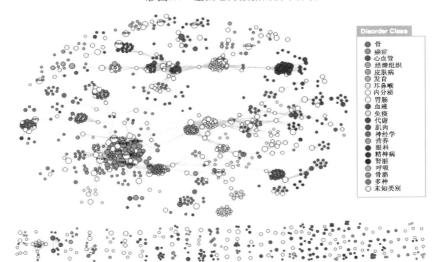

彩图9.5　多种疾病对应的基因网络

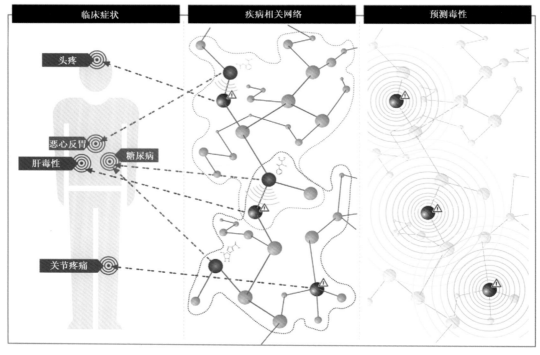

彩图9.7　网络基础上的药靶发现和毒性预测

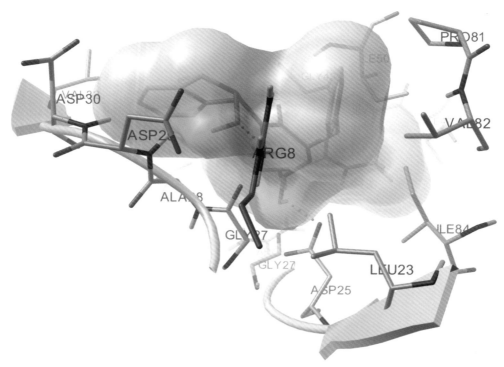

彩图9.10　采用AutoDock对一个配体与多个受体进行
分子对接，这里显示了配体和受体相互作用的效果

生命科学与信息技术丛书

生物信息学

Bioinformatics

刘　伟　张纪阳　谢红卫　编著

電子工業出版社

Publishing House of Electronics Industry

北京 · BEIJING

内 容 简 介

本书以生物学问题为导向，以具体的案例来演示如何发现和解决各种生物学问题，并对目前研究中存在的问题和未来的发展方向进行了展望。本书从介绍生物信息学的研究历史和发展现状入手，第 2 章给出了相关生物学基础的介绍，摈弃繁杂的细节，强调系统性和整体性；第 3 章介绍了算法方面的相关技术，包括统计分析、机器学习和模型评估方法；从第 4 章开始，分专题介绍各种组学研究，包括基因组学、转录组学、蛋白质组学、生物网络和系统生物学。最后，作为案例，介绍生物信息学在药物研发中的应用。

本书是生物信息学相关专业的研究生教材，也可以作为生物信息学相关研究人员的参考书。

图书在版编目（CIP）数据

生物信息学 / 刘伟，张纪阳，谢红卫编著. —北京：电子工业出版社，2014.1
（生命科学与信息技术丛书）
ISBN 978-7-121-22357-0

I. ①生… II. ①刘… ②张… ③谢… III. ①生物信息论-高等学校-教材 IV. ①Q811.4

中国版本图书馆 CIP 数据核字（2014）第 006654 号

策划编辑：马　岚
责任编辑：马　岚　　　特约编辑：马爱文
印　　刷：北京天来印务有限公司印刷
装　　订：北京天来印务有限公司
出版发行：电子工业出版社
　　　　　北京市海淀区万寿路 173 信箱　　邮编：100036
开　　本：720×1000　1/16　印张：26　字数：511 千字　彩插：7
印　　次：2014 年 1 月第 1 次印刷
定　　价：59.00 元

前　　言

　　生物信息学是随着生命科学，特别是分子生物学研究的深入和大规模生物工程技术的快速发展而逐步兴起和繁荣的一门交叉学科。生物信息学研究的起源可以追溯到孟德尔豌豆杂交实验的数据统计。之后，随着生物技术的发展，生物学研究中产生了复杂的影像数据（例如电子显微镜）和波谱数据（例如核磁共振）等，需要利用复杂的计算方法，根据其物理化学原理和数学模型，复原其中包含的生物信息。而真正促使生物信息学正式诞生的则是基因组测序研究的大规模开展，其标志性事件是"人类基因组计划"。大规模测序数据的产出，使研究人员认识到，生物数据的存储、处理和共享等工作已不再是简单的辅助，而需要一个专门的学科，充分结合生物技术、信息科学与计算方法，去挖掘海量生物数据中蕴含的知识宝藏。

　　由于生命科学的快速发展，新的观点、理论和原理不断涌现，各种技术方法和手段层出不穷，呈现螺旋式上升的趋势。在此背景下，生物信息学的研究内容也在不断扩展。从早期以基因组序列分析为主，到各种组学数据的分析和处理，再到系统生物学层面的分子网络建模与分析，生物信息学需要解决越来越复杂的系统性问题。从发展的眼光来看，我们认为，生物信息学至少包括如下 3 个层次的研究内容。

　　① 实验数据的分析，目的是从观测数据中最大限度地还原和提取有效的生物信息，其中包括各种组学研究的数据分析；

　　② 对基于序列、相互作用等已经整理的数据进行规律发现，解读生命运行的规律，例如基因模体的发现、蛋白质亚细胞定位的预测等；

　　③ 利用尽可能多的观测数据，建立不同层次的生物系统模型，开展生物系统仿真和设计的理论研究。

　　作为一门典型的交叉学科，每个相关学科方向的研究人员都可以从本学科的角度介入生物信息学研究。例如，生物实验人员可以将实验设计、实验数据处理的操作规程、实验参数优化等问题作为其生物信息学研究方向；模式识别和机器学习方面的研究人员可以将很多问题归结为特征提取、模型训练和评估的研究；计算机方面的研究人员可以将建设高质量数据库，开发高效、易操作的软件，利用高性能计算技术完成高复杂度的生物信息计算等问题作为其研究重点；物理学、化学方面的研究为生物实验提供了丰富的手段，同时也提出了很多待解决的理论和应用问题，这个方向的研究人员可以从实验原理分析和仪器优化设计的角度来介入生物信息学研究；而系统建模、分析和设计作为控制学科的基本研究内容，也可以用于模拟生物系统行为，适合作为该方向研究人员对生物信息学的介入点。可以说，生物信息学为不同学科的人才搭建了充分展示的舞台，以其开放性和前沿性提供了丰富的待研究问题和产生重大突破的可能。

可以发现，生物信息学的研究内容非常丰富，而且其进展快速，不断有新的研究问题和方法涌现。这种特点使得生物信息学的教材内容比较难以组织。但是我们认为，生物信息学的根源是生物学，其所有的问题都来源于生物学研究的需要，其所有的成果也必须经由生物学的检验才能体现其价值。生物信息学的核心是用数学的语言来描述生物学问题，用计算机方法和信息技术来解决问题。因此，本书没有将现有的生物信息学数据库、工具作为介绍重点，而是以生物学问题为导向，依次介绍了生物信息学在基因组、转录组、蛋白质组、生物网络和系统生物学中的应用，以具体的案例来演示如何发现和解决各种生物学问题，并对目前研究中存在的问题和未来的发展方向进行展望。或许哪一天，某一个数据库不再更新，某一个工具不再适用，但是生物信息学的研究思路不会改变，那就是从生物中来，到生物中去。只有深入地思考生物学问题，掌握计算机和信息技术的利器，把握科学研究的一般规律，才能一直处于生命科学的前沿阵地。

本书总体编排如下：第 1 章介绍生物信息学的研究历史和发展现状；第 2 章讨论相关生物学基础，侧重于介绍生物信息学相关的分子生物学内容；第 3 章介绍算法方面的相关技术，包括统计分析、机器学习和模型评估方法；从第 4 章开始，分专题介绍各种组学研究，包括基因组学、转录组学、蛋白质组学、生物网络和系统生物学。最后以案例方式介绍生物信息学在药物研发中的应用。本书没有涵盖代谢组学和糖组学方面的内容。

本书是生物信息学相关专业的研究生教材，也可以作为生物信息学相关研究人员的参考书。感谢国防科技大学和北京蛋白质组中心的生物信息学研究课题组为本书编写提供的帮助，希望本书对于系统了解生物信息学技术能够有所助益，欢迎学术同仁不吝赐教。

刘伟　张纪阳　谢红卫

2013 年 1 月 19 日

目　　录

第1章　生物信息学简介

　　21世纪是生命科学的时代,也是信息科学的时代,作为生命科学与信息科学碰撞的产物,生物信息学一经兴起,就开始蓬勃发展,成为世人瞩目的焦点。从基因到分子,从细胞到组织,从器官到个体,生命的信息不断流动,周而复始,生生不息。作为生命信息的传递中心,人们不禁猜想:21世纪的生物信息学将发挥怎样的作用? 生物信息学能否给人类带来革命性的重大发现呢?

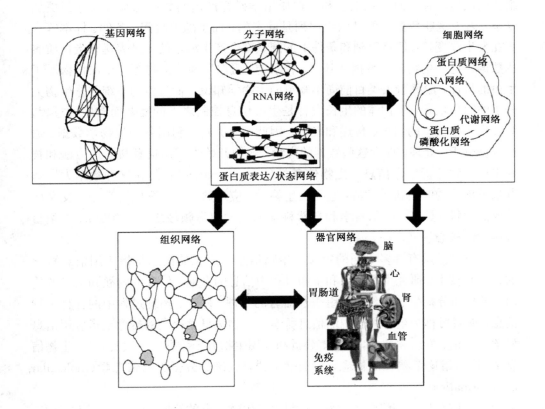

1.1 引言

20 世纪，生命科学得到了飞速发展，生理学、细胞生物学、分子生物学等学科的发展使人们从器官、组织、细胞、生物大分子等各个层次认识了生命的物质基础。由于分子生物学研究的不断深入和实验技术的快速发展，使得人们可以从分子层面鉴定和测量生物系统中所有的生物大分子。首先，人类为了更深入地了解和认识自身，制定了宏伟的人类基因组计划。随着人类基因组计划的完成和多种生物基因组测序计划的开展，已产生了海量的全基因组序列信息。之后，为了考察不同个体之间的基因组差异，相继开展了单倍体计划和千人计划，使得基因组数据成倍增长。而转录组学和蛋白质组学研究产出的数据比基因组序列更加复杂，因为这些数据不像基因组序列是静态的，而是随着时间、条件、样本等一直在发生改变，对任意时刻和条件下的测量都会产生海量的转录表达和蛋白质表达数据。这些生物分子数据从基因、转录物、蛋白质和代谢物等各个层面揭示了生命的特征，隐藏着人类目前尚不知道的生物学知识。而且生物系统并非生物大分子的简单堆积，生物体的生长发育是生命信息控制之下的复杂而有序的过程，牵涉到生物信息的组织、传递和表达。因此，为了充分利用各种生物学数据，通过数据分析、处理，揭示这些数据的内涵，人们开始尝试用信息科学的方法和技术来认识和分析生命信息。**生物信息学**（bioinformatics）就是在这种数据大爆炸背景下出现的一门新兴学科，它是由生物学、应用数学、计算机科学相互交叉所形成的学科，是当今生命科学和自然科学的重大前沿领域之一，也是 21 世纪自然科学的核心领域之一。

生物信息学有许多不同的定义。生物信息学广义的概念是指应用信息科学的方法和技术，研究生物体系和生物过程中信息的存储、信息的内涵和信息的传递，研究和分析生物体细胞、组织及器官的生理、病理、药理过程中的各种生物信息，或者可称为生命科学中的信息科学。生物信息学狭义的概念是指应用信息科学的理论、方法和技术，管理、分析和利用生物分子数据。一般提到的"生物信息学"就是指这个狭义的概念，更准确地说，应该是**分子生物信息学**（molecular bioinformatics）。

生物信息学是一门交叉学科，它包含了生物信息的获取、处理、存储、分发、分析和解释等在内的所有方面，综合运用数学、计算机科学和生物学的各种工具，来阐明和理解大量数据所包含的生物学意义（见图 1.1）。生物信息学研究的目的是解决生物数据分析和管理中的理论和实践问题，以创建和改进数据库、算法、计算和统计分析技术为研究内容，为理解生物过程提供基础。其特点是计算

机技术的集中应用和开发。其研究重点主要体
现在**基因组学**（genomics）和**蛋白质组学**（pro-
teomics）两方面，即从核酸和蛋白质序列出发，
分析序列中表达的结构功能的生物信息。生物
信息学对于生物学研究具有重要意义，通过收
集、组织、管理生物分子数据，使研究人员能够
迅速地获得和方便地使用相关信息；通过处理、
分析、挖掘生物分子数据，得到深层次的生物学
知识，加深对生物世界的认识；在生物学、医学
的研究和应用中，利用生物分子数据及其分析
结果，可以大大提高研究和开发的科学性及效

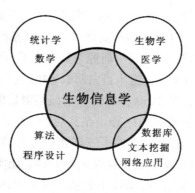

图 1.1　生物信息学涉及
多个学科的交叉

率，如根据基因功能分析结果来检测与疾病相关的基因，根据蛋白质分析结果进
行新药设计。

1.2　生物信息学的发展历史

　　生物信息学的发展大致经历了三个阶段。

　　第一个阶段是前基因组时代。这一阶段以各种算法法则的建立、生物数据库
的建立及 DNA 和蛋白质序列分析为主要工作。这一阶段，著名的 Needleman-
Wunsch 和 Smith-Waterman 序列比对算法先后发表；国际上的三个核酸序列数
据库（EMBL、GenBank 和 DDBJ）相继建立并提供序列服务。

　　第二个阶段是基因组时代。这一阶段以各种基因组测序计划、网络数据库系
统的建立和基因识别为主要工作，以人类基因组计划和各种模式生物基因组测序
为代表，大规模测序全面铺开。

　　第三个阶段是后基因组时代。这一阶段的主要工作是进行大规模基因组分
析、蛋白质组分析及其他各种组学研究。随着人类基因组计划和各种基因组计划
测序的完成，以及新基因的发现，系统了解基因组内所有基因的生物功能成为后
基因组时代的研究重点。生物信息学进入了功能基因组时代。

1.2.1　生物信息学的诞生

　　生物信息学的基础是分子生物学。因此，要了解生物信息学，就必须先对分
子生物学的发展有一个简单的了解。早在 19 世纪，人们已经知道了蛋白质在生
命活动中的作用。1883 年，Curtius 首先提出蛋白质线性一级结构的假设。
1933 年，Tiselius 首次通过电泳将溶液中的蛋白质分离出来。在 20 世纪 50 年代

前后，通过实验已经测定了一些蛋白质的序列，如 1947 年测出短杆菌的五肽结构，1951 年重构胰岛素的 30 个氨基酸。几乎同一时期，科学家认识到 DNA 是遗传物质。1949 年，研究人员发现了 DNA 链中 A＝T 和 G＝C 的规律。1951 年，Pauling 和 Corey 提出蛋白质的 α 螺旋和 β 折叠结构。1953 年 Watson 和 Crick 根据 Franklin 和 Wilkins 得到的 X 射线衍射数据提出 DNA 的双螺旋结构模型，揭开了分子生物学研究的序幕。在其后的 20 年中，科学家们逐步认识了从 DNA 到蛋白质的编码过程，掌握了三联密码子的本质。1961 年，Jacob 和 Monod 发现大肠杆菌的 lac 操纵子中存在调控元件，证实非编码序列并不是垃圾序列。1962 年，Khesin 等发现噬菌体中的基因转录表达具有定时调节机制。20 世纪 60 年代出现了通用的核酸测序技术，70 年代中期开始进行基因组规模的测序工作。正是由于分子生物学研究对于生命科学发展的巨大推动作用，生物信息学的出现也成为了一种必然。

早在 20 世纪 50 年代，生物信息学就已经开始孕育。1956 年，在美国田纳西州的加特林堡召开了首次"生物学中的信息理论研讨会"。20 世纪 60 年代，一些计算生物学家开始进行相关研究，虽然没有具体地提出生物信息学的概念，但是开展了许多生物信息搜集和分析方面的工作。在这一时期，生物大分子携带信息成为分子生物学的重要理论，生物分子信息在概念上将生物学和计算机科学联系起来。大量的生物分子序列成为丰富的信息源，相关或者同源蛋白质序列之间的相似性引起了人们的注意。1962 年，Zucherkandl 和 Pauling 研究了序列变化与进化之间的关系，开创了一个新的领域——分子进化。随后，通过序列比对确定序列的功能及序列分类关系，成为序列分析的主要工作。氨基酸序列的收集也是这个时期的一项重要工作，1967 年，Dayhoff 研制出蛋白质序列图集，该图集后来演变为著名的蛋白质信息源 PIR。20 世纪 60 年代是生物信息学形成雏形的阶段。

然而，就生物信息学发展而言，它仍是一门相当年轻的学科。一般认为，生物信息学的真正开端是 20 世纪 70 年代。从 20 世纪 70 年代初期到 80 年代初期，出现了一系列著名的序列比对方法和生物信息分析方法。1970 年，Needleman 和 Wunsch 提出了著名的全局优化算法。同年，Gibbs 和 McIntyre 提出了矩阵打点作图法。Dayhoff 提出的基于点突变模型的 PAM 矩阵是第一个广泛使用的比较氨基酸相似性的打分矩阵，它大大地提高了序列比较算法的性能。1972 年，Gatlin 将信息论引入序列分析，证实自然的生物分子序列是高度非随机的。1977 年，出现了将 DNA 序列翻译成蛋白质序列的算法。1975 年，继第一批 RNA(tRNA)序列的发表之后，Pipas 和 McMahon 首先提出运用计算机技术预测 RNA 的二级结构。1978 年，Gingeras 等研制出核酸序列中限制性酶切位点的识别软件。这一时期，随着生物化学技术的发展，产生了许多生物分子序列数据，而数学统计方法和计算机技术也得到较快的发展，于是促使一部分计算机科学家应用计算机技术解决生物学问题，特别是与生物分子序列相关的问题。他们开始研究生物分子序列，研究如何根据序列推测结构和功能。这时，生物信息学开始崭露头角。

1.2.2　生物信息学的兴起

20 世纪 80 年代以后，出现了一批生物信息服务机构和生物信息数据库。1982 年，核酸数据库 GenBank 第 3 版公开发布。1986 年，日本核酸序列数据库 DDBJ 诞生。1986 年，出现蛋白质数据库 SWISS-PROT。1988 年，美国国家卫生研究所和美国国家图书馆成立国家生物技术信息中心（NCBI）。同年，成立欧洲分子生物学网络（EMBnet），该网络专门发布各种生物数据库。

20 世纪 90 年代，科学家们开始大规模的基因组研究。1986 年，出现基因组学概念，即研究基因组的作图、测序和分析。1990 年，国际人类基因组计划启动，该计划被誉为生命科学的"阿波罗登月计划"。1995 年，第一个细菌基因组被完全测序。1996 年，酵母基因组被完全测序。1996 年，美国昂飞公司生产出第一块 DNA 芯片。1998 年，第一个多细胞生物——线虫的基因组被完全测序。1999 年，果蝇的基因组被完全测序。2000 年 6 月 24 日，人类基因组计划协作组中 6 个国家的研究机构在全球同一时间宣布已完成人类基因组的工作框架图。与此同时，生物信息学在人类基因组计划的促动之下迅速发展。

2001 年 2 月，人类基因组计划测序工作的完成，使生物信息学走向了一个高潮。由于 DNA 自动测序技术的快速发展，DNA 数据库中的核酸序列公共数据量以每天 10^6 比特速度增长，生物信息迅速膨胀成数据的海洋。毫无疑问，人们正从一个积累数据的时代转向一个解释数据的时代，数据量的巨大积累往往蕴含着潜在突破性发现的可能，生物信息学正是在这一前提下产生的交叉学科。当时，生物信息学的核心是基因组信息学，包括基因组信息的获取、处理、存储、分配和解释。基因组信息学的关键是揭示基因组的核苷酸顺序，即全部基因在染色体上的确切位置及各 DNA 片段的功能；同时，在发现新基因信息之后进行蛋白质空间结构模拟和预测，然后依据特定蛋白质的功能进行药物设计等实际应用研究。了解基因表达的调控机理也是生物信息学的重要内容，根据生物分子在基因调控中的作用，描述人类疾病的诊断、治疗的内在规律。它的研究目标是揭示基因组信息结构的复杂性及遗传语言的根本规律，解释生命的遗传语言。这时，生物信息学已经成为整个生命科学发展的重要组成部分，成为生命科学研究的前沿。

1.2.3 生物信息学的蓬勃发展

伴随着 21 世纪的到来，生命科学的重点由 20 世纪的实验分析和数据积累转移到数据分析及其指导下的实验验证。分子生物学家使用还原论的方法，将生物系统逐级分解、还原，以理解遗传、进化、发育和疾病等基本过程。但是这些研究集中在识别基因及认识它们的表达产物的功能，而生物系统的功能蕴藏在系统的整体结构和各种组分的相互作用之中，即使知道了所有成分的结构和功能，也不足以解释复杂的生物系统。因此，生物学的研究开始由分解转向为整合。

生物体是由大量结构和功能不同的元件组成的复杂系统，并由这些元件选择性和非线性的相互作用产生复杂的功能和行为。生物体的复杂性和大量过程的非线性动力学特征要求建立多层次的组学技术平台，研究和鉴别生物体内所有分子及其功能和相互作用。1994 年，澳大利亚麦考瑞大学的 Wilkins 和 Williams 首先提出了蛋白组（proteome）的概念。蛋白质组学的发展使人们对生物系统中所有蛋白质的组成和相互作用关系有了更深入的了解。之后，出现了一系列组学（omics），如转录组学、蛋白质组学、代谢组学和相互作用组学等，多组学的高通量方法为研究生物系统提供了大量的数据。数据处理、模型构建和理论分析等算法的发展，则为生物系统模拟提供了强有力的计算工具。在基因组学、蛋白质组学等新型大学科发展的基础上，孕育了系统生物学。系统生物学的主要任务是尽可能地获得每个层次的信息并将它们进行整合，模拟复杂的生物系统行为，解释生物系统背后的运行机制。系统生物学的发展，使生命科学的研究模式发生了深刻变化。它改变了传统生物学研究以小型实验室和"单干"的研究模式，也促进了更大范围和更高层次上的学科交叉和国际合作，如人类基因组计划、人类单体型图谱计划、人类表观基因组学计划等。

生命科学正在经历一个从分析还原思维到系统整合思维的转变。人们所寻求的强有力的数据处理分析工具成为生命科学研究的关键。同时，以数据处理分析为本质的计算机科学技术和网络技术获得了迅猛的发展，计算机技术和网络技术日益渗透到生命科学的方方面面，崭新的、拥有巨大发展潜力的生物信息学正在坚定而如火如荼地发展和成熟起来。可以说，历史必然性地选择了生物信息学——生命科学与计算科学的融合体——作为下一代生命科学研究的重要工具。

1.3 生物信息学的研究内容

在短短十几年间，生物信息学已经形成了多个研究方向（见图 1.2），以下简要介绍其中的一些研究重点。

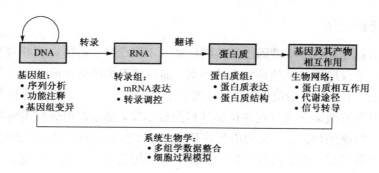

图 1.2　生物信息学的研究内容

1.3.1　基因组学研究

1. 基因组注释

基因组注释（genome annotation）是利用生物信息学方法和工具，对基因组所有基因的生物学功能进行高通量注释，其研究内容包括基因识别和基因功能注释两个方面。

基因识别的核心是确定全基因组序列中所有基因的确切位置，也可以认为是基因组的结构注释。基因识别的一个常用方法是同源比较，通过两两比对或多序列比对，了解基因家族特性，并预测新基因的功能。例如，对于一个家族中所有相关蛋白的多重序列比，可以帮助理解这些蛋白中的系统发生关系，揭示蛋白进化过程。进一步，通过研究多序列比对中高度保守的区域，可以对蛋白质的结构进行预测，并且推断这些保守区域对于维持三维结构的重要性。

为了实现自动化的序列比对，研究人员开发了一系列序列比对算法和软件，如双序列比对的 BLAST 和多序列比对的 Clustal。不同的算法得到的比对结果往往不尽相同。当待比对的序列较多时，计算复杂度会大大增加。因此，如何针对特定的问题设计合适的比对算法，并且在计算速度和最佳比对效果之间达到一种平衡，仍是生物信息学要解决的研究课题。

2. 进化生物学

进化生物学研究物种的起源和演化，基因组测序获得的海量数据为从分子水平研究进化论提供了数据基础，从而大大推进了进化生物学的发展。利用生物信息学方法研究进化生物学的优势在于：通过度量 DNA 序列的改变，可以研究众多生物体、生物物种之间的进化关系；通过整个基因组的比对，研究更为复杂的进化论课题，如基因复制、基因横向迁移等；为种群进化建立复杂的计算模型，以便预测种群随时间的演化；同时，保存了大量物种的遗传信息。

3. 基因组变异

遗传信息变异是所有基因组的共同特征。不同个体、群体在疾病易感性、对环境致病因子反应性和其他性状上的差别，都与基因组序列中的变异有关。在最低的层次上，单个核苷酸位点发生了点变异，就形成了通常所说的单核苷酸多态性。发现单核苷酸多态性位点并构建其相关数据库，是基因组研究走向应用的重要步骤。在较高的层次上，大的染色体片段经历了复制、横向迁移、逆转、调换、删除和插入等过程。在最高的层次上，整个基因组会经历杂交、倍交、内共生等变异，并迅速产生新的物种。

研究人类基因组变异是理解群体和个体间疾病易感性和其他生物学性状差异的遗传学基础，有助于了解基因变异与性状的关系，发现基因与疾病易感性之间的关联，从而预测发病风险，发展基于群体和个体遗传学特点的医学。而基因组变异的发现、基因组差异性的比较，以及单个核苷酸多态性位点与疾病易感性的关联分析，都需要生物信息学方法的支持。

1. 3. 2 　转录组数据分析

1. 基因表达数据的分析与处理

转录组学研究细胞在某一功能状态下所有基因的表达情况，是了解生命活动动态的重要手段。通过对大规模基因表达数据的分析和处理，可以了解基因表达的时空规律，探索基因的功能和表达调控网络，提供疾病发病机理的信息。目前，已有多种生物学技术可以用于测量基因的表达，如 DNA 微阵列、基因表达连续分析、大规模平行信号测序等。不同于以往的少数几个生物分子信息的数据处理，现在通过转录组学技术通常可产出成千上万个基因的表达数据，数据处理量大幅度增加，数据之间的关系也更加复杂。因此，对于高维数、高噪声、强耦合的基因表达数据的分析和处理方法，成为生物信息学发展的一个重要方向。

目前，用于基因表达数据处理的方法主要包括相关分析、降维方法、聚类分析和判别分析等。通过主成分分析等降维方法，可以在多维数据集合中确定关键变量的特点，分析在不同条件下基因响应的规律和特征。聚类分析则将表达模式相似的基因聚为一类，在此基础上寻找相关基因，分析基因的功能。虽然聚类方法是基因表达数据分析的基础，但是此类方法只能找出基因之间简单的线性关系，要发现基因之间复杂的非线性关系则需要发展新的分析方法。

2. 基因表达调控分析

基因表达调控是指当细胞受到外信号刺激之后，其内部发生的一系列反应过程。生物信息技术可以用于分析基因表达调控的各个步骤。对于一个生物体，人们可以用生物芯片技术观察细胞在不同外界刺激、不同细胞周期或不同状态下的响应情况，并利用聚类算法分析这些基因表达数据，以寻找表达相似的基因或样本，了解基因的转录调控模式。进一步，还可以探索基因的转录调控网络，发现基因在环境或药物作用下表达模式的变化，阐明各基因之间的调节作用。

在基因调控网络分析方面，研究人员已经开展了大量有意义的工作，建立了一系列基因调控网络的数学模型，如布尔网络模型、线性关系网络模型、微分方程模型、互信息相关网络模型等。在此基础上，还研究了部分基因调控网络的动力学性质。但是由于问题的复杂性，目前还只能构建小规模的基因调控网络，对于预测网络的可靠性也缺乏有效的评估。如何整合更多的生物学证据，构建大规模、精确的基因调控网络是生物信息学研究的一个重要课题。

1.3.3　蛋白质组学分析

1. 蛋白质组学表达分析

基因组对生命体的整体控制必须通过它所表达的全部蛋白质来执行，由于基因芯片技术只能反映从基因组到 RNA 的转录水平的表达情况，而从 RNA 到蛋白质还要经历许多中间环节，因此仅凭基因芯片技术还不能揭示生物功能的具体执行者——蛋白质的整体表达状况。为了测量基因组所有蛋白质产物的表达水平，研究人员发展出一系列蛋白质组学技术，主要包括二维凝胶电泳技术和质谱技术。通过二维凝胶电泳技术可以获得某一时间截面上蛋白质组的表达情况，通过质谱技术则可以得到所有蛋白质的序列组成。质谱技术往往能够产出海量的蛋白质表达数据，而对这些数据的分析和利用则要借助于生物信息学方法，如通过搜索数据库的方法鉴定蛋白质组分，对每种蛋白质的多少进行定量研究，通过质量控制的方法提高数据的可信性。这涉及到大量的统计分析和数据处理工作，并且导致了更多新的问题涌现，例如如何有效地存储海量的质谱数据？如何快速地进行蛋白质鉴定和定量分析？如何提高质谱数据的质量和覆盖度？解答这些问题都有待生物信息学方法的进一步发展。

2. 蛋白质功能与结构预测

随着基因组和蛋白质组研究的开展，许多新蛋白的序列得以揭示，但是要想了解它们的功能，只有一级结构——氨基酸序列还远远不够。蛋白质通过其三维结构来执行功能，而且蛋白质的三维结构通常是动态的，在行使功能的过程中其结构会发生相应的改变。因此，获得这些新蛋白的完整、精确和动态的三维结构，就成为摆在人们面前的紧迫任务。目前，除了通过 X 射线晶体结构分析、多维核磁共振波谱分析和扫描电子显微镜二维晶体及三维重构等实验技术得到蛋白质三维结构之外，通过生物信息学方法预测蛋白质结构是一种非常重要的研究手段。

用于蛋白质高级结构预测的方法大多为启发式方法，其中最常用的是同源建模技术。同源性是生物信息学中的一个重要概念。在基因组的研究中，同源性被用于分析基因的功能：若两个基因同源，则它们的功能可能相近；在蛋白质结构的研究中，同源性被用于寻找在形成蛋白质结构和蛋白质反应中起关键作用的蛋白质片断。利用同源建模的技术，可以从蛋白质的已知结构预测与其同源的蛋白质的三维结构。目前，蛋白质结构预测方法的总体准确率不高，而且计算比较复杂，一方面依赖于蛋白质结构稳定性相关理论研究的深入，另一方面也有待计算方法的进一步发展。

1.3.4　生物网络分析

近年来，各种生物网络理论的研究及通过构建生物网络进行基因功能挖掘的研究，正逐渐成为生物信息学领域的研究热点。要了解细胞的整体状态，就必须依据人们的现有知识去重新构建复杂的生物学网络并进行相关分析，在基因组水平上阐释基因的活动规律。这从根本上改变了传统生物学的思维方式，形成了一种新的全局方法。

1. 蛋白质-蛋白质相互作用的研究

蛋白质之间的相互作用存在于生物体每个细胞的生命活动过程中，它们相互交叉形成网络，构成细胞中的一系列重要生理活动的基础。研究蛋白质之间相互作用的方式和程度，将有助于蛋白质功能的分析、疾病致病机理的阐明和治疗。因此，确定蛋白质之间相互作用关系并绘制相互作用图谱已成为蛋白质组学研究的热点。近年来，随着蛋白质组学研究技术的不断发展，蛋白质之间相互作用研究的新方法不断出现，除了常用的免疫共沉淀、酵母双杂交、噬菌体展示、荧光共振能量转移等技术外，一些全新的方法及对原有技术的改进方法也不断涌现。随着技术的进步，研究人员已经发现了很多大规模的蛋白质相互作用数据集，但它们还存在假阳性较高、覆盖度不够等问题，仍有大量的蛋白质相互作用没有被揭示。而生物信息学方法综合蛋白质之间的同源性、蛋白质的序列特征、结构特征及基因表达关联等多种生物学证据，既可以对蛋白质相互作用进行可靠性验证，也可以对未知的蛋白质相互作用进行挖掘。

2. 生物网络的构建与分析

生物网络构建主要包括两个方面：一方面是构建代谢和调控网络，如 KEGG 数据库已经整理了跨物种的代谢网络图，并在积极完善各种调控网络图；另一方面是构建基因表达调控网络。基因表达存在组织特异性、细胞周期特异性和外界信号的影响特异性，这些特异性都是由细胞内复杂而有序的调控机制来实现的。基因表达数据的研究为构建复杂的表达调控网络提供了基础。蛋白质-蛋白质相互作用、蛋白质-DNA 相互作用等数据，则可用于构建大规模的分子相互作用网络。进一步，有必要整合各种网络信息与已有的生物学知识，从整体网络结构来研究基因及其产物的相互作用，提取基因的功能信息，这种研究思路更符合细胞的生命本质。

对于已构建的生物网络，则可借助于图论等网络分析方法对网络属性进行研究。目前，已发现生物网络具有无尺度性质、小世界属性、模块聚集性和鲁棒性等，它们有利于保持生物学重要功能的稳定。同时，研究人员已着手研究与条件相关的动态生物网络，以便更深入地揭示生物网络内部的运行规律。

1.3.5　系统生物学研究

传统生物学独立地检测单个基因或者蛋白质，与之不同的是，系统生物学同时研究多个水平上的生物信息（DNA、mRNA、蛋白质、蛋白质复合体、生物通路及生物网络）之间复杂的相互作用，从而理解它们如何共同发挥作用。

图 1.3 给出了系统生物学研究的两种典型策略。由分子生物学实验和生物信息学获得的分子属性是构建各种网络模型的基础。图中给出了系统生物学中常用的 3 种模型：计量模型、调控模型和动力学模型。自底向上的系统生物学（bottom-up systems biology）从分子属性出发来构建模型以预测系统属性，并进行实验验证和模型修正。相反，自顶向下的系统生物学（top-down systems biology）是系统数据驱动的。从实验数据去发现和提炼现有的模型，使之能够更好地描述实验数据。通过这种方式，可以识别未知的相互作用、机制和分子。经典的自底向上的系统生物学多采用动力学模型，而自顶向下的系统生物学多采用调控模型来分析数据。网络中各结点代表酶、调控因子或代谢物，实线代表化学反应，虚线代表调控关系。

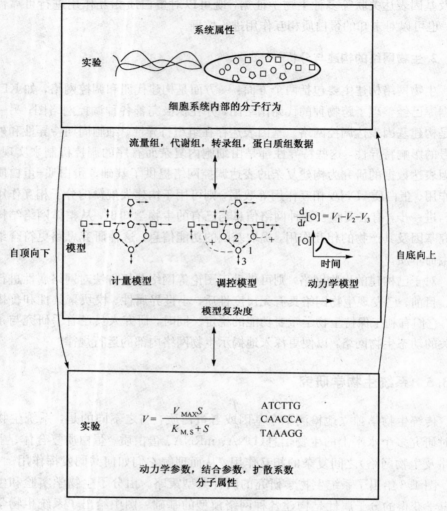

图 1.3　系统生物学的自底向下和自底向上的研究策略[11]

1. 生物系统的建模与仿真

　　系统生物学研究的一个主要任务是生物系统的建模与仿真。其目标是：在已知的生物学知识和定量数据的基础上，利用各种建模工具建立生物系统的描述模型，以尽可能精确地模拟系统的行为。进一步，基于分子网络的定量描述模型，可以进行细胞过程的模拟，动态观测细胞中各种分子随时间和空间的改变，研究生物系统的运行机制，并预测其在各种刺激下可能的响应情况。例如，虚拟细胞就是通过数学计算和分析，对细胞的结构和功能进行分析、整合和应用，模拟和再现细胞的生命现象。通过该项研究，有望从单个细胞开始，建立一个能够模拟人体系统运行过程中所有生化反应的虚拟人体。

2. 多组学数据的整合

由于实验技术的全面发展，获取高通量的组学数据变得更加容易和低廉，它们提供了细胞中几乎所有成员和相互作用的综合描述。这些组学数据之间既相互关联又各有侧重，如何综合分析多组学数据，根据组学数据之间的相似性和互补性，挖掘生物过程的新观点，成为系统生物学领域的重要课题。组学数据整合就是要对来自不同组学的数据源进行归一化处理、比较分析，建立不同组学数据之间的关系，综合多组学数据对生物过程进行全面深入的阐释。组学数据整合的任务可以归纳为如下 3 个层次。

① 对两个组学数据之间进行比较分析，挖掘数据之间的相关性和差异性；

② 给定三个或多个组学数据，挖掘它们之间的内在关系；

③ 针对现有的所有组学数据，发展通用的数据整合方法和软件，进行大规模的、系统的数据整合。

1.3.6　医学相关研究

1. 药物靶标筛选与验证

现代药物研发通常以药物靶标为基础进行有针对性的药物设计，而生物信息学为药物靶标基因的发现和验证提供了有力的工具。目前，人们已经构建了多种数据库用于存储疾病相关的生物信息，通过分析不同组织在正常/疾病状态下基因表达的差异，可以获得疾病特异的药物靶标。另外，还可以根据蛋白质功能区和三维结构预测对药物靶标进行鉴定，以便了解所研究蛋白质的属性，预测其是否适用于药物作用。

2. 基于结构的药物设计

合理药物设计的目标是：依据药物发现过程所揭示的药物作用靶标，即受体，参考其内源性配基和天然药物的化学结构特征，寻找和设计合理的药物分子，以发现既能选择性地作用于靶标，又具有药理活性的先导化合物。药物设计中最基本的原理是"锁和钥匙"原理，即药物在体内与特定的靶标作用，并引起靶标分子的结构和功能的变化。利用生物信息学方法可以进行计算机辅助的药物设计，开发多种药物设计工具。

实际上，生物信息学的研究内容远不止于此，随着更多实验数据的产出和生物学理论的发展，生物信息学的研究范畴还在不断扩展。其总体任务是：运用数学理论成果对生物体进行完整、系统的数学模型描述,使人类能够从一个更明确的角度和一个更易于操作的途径来认识和控制自身及其他所有生命体。

1.4 生物信息学的研究资源

1.4.1 研究机构

1. 国际著名的生物信息中心

表 1.1 列出了国际上比较著名的生物信息学研究机构,其中最著名的是**美国国家生物技术信息中心**(National Center for Biotechnology Information,NCBI),由美国国立医学图书馆于 1988 年 11 月 4 日建立。NCBI 下属的不仅有分子生物学数据库,还有相关的检索系统和工具。

NCBI 的下属数据库包括:GenBank 数据库(Nucleotide)、三维蛋白质结构的分子模型数据库(MMDB)、在线人类孟德尔遗传数据库(OMIM)、生物门类数据库(Toxonomy)和文献数据库(Pubmed)。NCBI 的检索系统有两个体系,一个是 Entrez 数据库检索系统,可以查询核酸序列、蛋白质序列、蛋白质三维结构、种系序列数据及文献数据等,另一个是 BLAST(Basic Local Alignment Search Tool)相似性检索系统,提供序列比对等工具。

表 1.1 国际上比较著名的生物信息学研究机构

机　　构	所在国家	全　　称	网　　址
NCBI	美国	National Center for Biotechnology Information	http://www.ncbi.nlm.nih.gov/
EBI	欧洲	European Bioinformatics Institute	http://www.ebi.ac.uk/
HGMP	英国	Human Genome Mapping Project Resource Centre	http://www.hgmp.mrc.ac.uk/
ExPASy	瑞士	Expert of Protein Analysis System	http://au.expasy.org/
CMBI	荷兰	Centre of Molecular and Biomolecule	http://www2.cmbi.ru.nl/
ANGIS	澳大利亚	National Genome Information Service	http://www.angis.org.au/
NIG	日本	National Institute of Genetics	http://www.nig.ac.jp/english/index.html
BIC	新加坡	National Bioinformatics Centre	http://www.bic.nus.edu.sg

2. 国内部分生物信息学和生物医学信息服务器

国内也越来越重视生物信息学。在一些院士和教授的带领下,在各自领域取得了一定成绩,并在国际上占有一席之地。表 1.2 列出了国内比较著名的生物信息学研究中心，如北京大学的罗静初和顾孝诚教授在生物信息学网站建设方面，中科院生物物理所的陈润生院士在表达序列标签拼接方面及基因组演化方面，天津大学的张春霆院士在 DNA 序列的几何学分析方面，以及中科院理论物理所郝柏林院士、清华大学的李衍达院士和孙之荣教授、内蒙古大学的罗辽复教授、上海的丁达夫教授等，都做出了卓有成效的工作。北京大学于 1997 年 3 月成立了生物信息学中心，中科院上海生命科学研究院也于 2000 年 3 月成立了生物信息学中心，分别维护着国内两个专业水平相对较高的生物信息学网站。

表 1.2 国内比较著名的生物信息学研究中心

机 构	网 址
北京大学生物信息中心	http://www.cbi.pku.edu.cn
中国生物信息	http://www.biosino.org/
北京大学物理化学研究所	http://www.ipc.pku.edu.cn
北京医科大学生物医学信息中心	http://cmbi.bjmu.edu.cn
中国科学院微生物研究所	http://www.im.ac.cn
天津大学生物信息中心	http://tubic.tju.edu.cn
中科院计算所智能信息处理重点实验室生物信息学研究组	http://www.bioinfo.org.cn/
中国科学院基因组信息学中心	http://www.genomics.org.cn/

还有一些专门的生物类网站和论坛，包含了生物信息学方面的资源和软件，如生物谷、丁香通、生物秀等。

1.4.2 数据库

数据库是生物信息学研究的重要基础，各种数据库几乎覆盖了生物科学的各个领域。随着人类基因组计划的完成和多种组学研究的开展，已经积累了海量的生物信息，并以不同组织形式构成许多数据库。国际上已建立起许多公共生物分子数据库，大部分数据库是公开和免费的，并可通过互联网访问。随着研究的深入，公共数据库越来越成为世界各地生物学家的重要给养。从 1994 年起，国际知名期刊 *Nucleic Acid Research*（核酸研究）将每年的第一期刊物作为分子生物学数据库专刊，专门综述当前的在线分子生物学数据库资源（http://nar.oxford-journals.org/）。

按照构建方式，数据库可分为一级数据库和二级数据库。一级数据库要求数据库中至少有一项信息来自直接的实验数据，通常收录生物大分子序列和结构，提供相关注释信息，内容比较全面、稳定，有持续更新。国际上著名的一级核酸数据库有 Genbank 数据库、EMBL 核酸库和 DDBJ 库等；蛋白质序列数据库有 SWISS-PROT 和 PIR 等；蛋白质结构库有 PDB 等。而二级数据库在一级数据库、实验数据和理论分析的基础上针对特定目标衍生而来，是对生物学知识和信息的进一步整理。根据不同的构建方法，二级数据库包括：1. 文献挖掘数据库，如 PubMeth 和癌症甲基化数据库等；2. 对多个数据库进行整合得到的数据库，如 International protein index；3. 由预测、建模工具整理得到的实验数据集，如 PSORTb。目前，已建立的二级生物学数据库非常多，它们因针对不同的研究内容和需要而各具特色，如人类基因组图谱库 GDB、转录因子和结合位点库 TRANSFAC、蛋白质结构家族分类库 SCOP 等。

按照包含的内容，数据库可以分为核酸数据库、RNA 数据库、蛋白质数据库和生物通路数据库等。蛋白质数据库还可以细分为蛋白质序列数据库、蛋白质组学数据库、蛋白质序列模体数据库和蛋白质结构数据库等。这些数据库由专门的机构建立和维护，负责收集、组织、管理和发布生物分子数据，并提供数据检索和分析工具，向生物学研究人员提供大量有用的信息，最大限度地满足研究和应用的需要。

1. 核酸数据库

基因组数据量非常庞大，有组织地收集和管理这些数据是开展各项研究工作的前提。为了便于研究人员共享这些数据，及时得到最新的实验数据结果，也为了保证基因组数据的一致性和完整性，世界各国政府相继建立了专门的机构搜索和管理这些数据，还有一些企业提供商业的生物信息服务。其中最权威的三大国际核酸数据库为 GenBank、EMBL 和 DDBJ。1979 年，美国洛斯阿拉莫斯国家实验室开通了基因库 GenBank，它包含了已知的核酸序列和蛋白质序列，以及相关的文献著作和生物学注释。现在 GenBank 改由美国国家生物技术信息中心（NCBI）管理维护。1982 年，欧洲分子生物学实验室建立了 EMBL 数据库，并随后建立了欧洲生物网（EMBNet），1994 年后该数据库改由欧洲生物信息学研究所（EBI）管理。1984 年，日本着手建立国家级的核酸数据库 DDBJ，1987 年正式服务。目前，绝大部分核酸和蛋白质数据由美国、欧洲和日本产生。为了保证数据的完整性，以上三家共同组成了 DDBJ/EMBL/GeneBank 国际核酸序列数据库。根据数据交换协议，三大数据库包含的数据内容基本一致，仅在数据格式上略有区别。

此外，还有一些专门的模式生物基因组数据库（见表 1.3），如线虫基因组数据库 AceDB、酿酒酵母基因组数据库 SGD 等。这些数据库除了收录基因组数据资源，还收录分子生物学及遗传学等大量信息，为相关研究提供了共享和交流信息的平台。

表 1.3　模式生物基因组数据库

数　据　库	网　　　址
UCSC Genome Browser	http://genome. ucsc. edu/
Ensembl Genome Browser	http://www. ensembl. org/
NCBI Map Viewer	http://www. ncbi. nlm. nih. gov/mapview
大肠杆菌基因组数据库 EcoGene	http://ecogene. org/
酵母基因组数据库 SGD	http://www. yeastgenome. org/
疟原虫基因组数据库 PlasmoDB	http://plasmodb. org/plasmo
线虫信息资源 AceDB	http://www. acedb. org/
果蝇基因组数据 FlyBase	http://www. fruitfly. org
斑马鱼信息库 ZFIN	http://zfin. org/cgi-bin/webdriver? MIval=aa-ZDB_home. apg
小鼠基因组数据库 MGI	http://www. informatics. jax. org
拟南芥信息资源 TAIR	http://www. arabidopsis. org
水稻基因组数据库 BGI-RIS	http://rice. genomics. org. cn

2. 蛋白质数据库

与蛋白质相关的数据库集中了蛋白质的各种格式化的知识,除了文献描述之外,数据库成为了主要的知识表示、存储和交换来源。这里以蛋白质的不同属性为分类标准,介绍蛋白质相关的数据库资源。蛋白质相关数据库的常见类型见图 1.4。

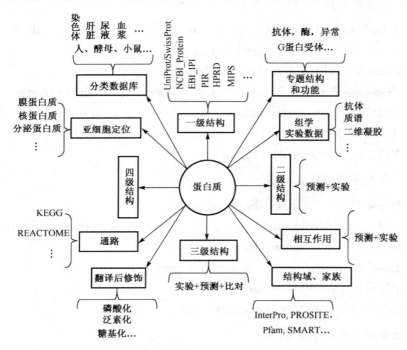

图 1.4　蛋白质相关数据库

1)蛋白质序列数据库

① SWISS-PROT/TrEMBL。SWISS-PROT(http://www. expasy. ch/sprot/)由瑞士生物信息学研究所(SIB)和欧洲生物信息学研究所(EBI)共同维护。与同类数据库相比,SWISS-PROT 是高度注释的(包括蛋白质功能描述、结构域信息、转录后修饰、变异等),冗余程度最低,与其他数据库的整合程度最高。TrEMBL 是 SWISS-PROT 的补充,包含所有的 EMBL 核苷酸的翻译产物,采用与 SWISS-PROT 库完全一致的格式。但由于 TrEMBL 是经计算机翻译所得,序列错误率较高且存在较大的冗余度,因此未整合进 SWISS-PROT。

② PIR。PIR(Protein Information Resource,http://pir. georgetown. edu/)是一个应用较为广泛的、经注释的、非冗余蛋白质序列数据库。

③ NCBInr。NCBInr(http://www. ncbi. nlm. nih. gov)是一个非冗余的蛋白质数据库,它由 NCBI 搜集并建立,以供搜索工具 BLAST 和 Entrez 所用。

④ OWL。OWL(Composite Protein Sequence Database)混合蛋白质数据库(http://www. bioinf. man. ac. uk/dbbrowser/OWL/index. php)是一个非冗余蛋白质序列数据库,由 4 个公用的一级资源组成:SWISS-PROT、PIR、Genbank 和 NRL-3D。

2)蛋白质组数据库

① AAindex(氨基酸索引数据库)(http://www. genome. ad. jp/dbget/)

② GELBANK(http://gelbank. anl. gov)

③ Predictome(http://predictome. bu. edu)

④ Proteome Analysis Database(http://www. ebi. ac. uk/proteome/)

⑤ REBASE(http://rebase. neb. com/rebase/rebase. html)

⑥ SWISS-2DPAGE(http://www. expasy. org/ch2d/)

⑦ YPL. dp(http://ypl. uni-graz. at/)

3)蛋白质序列模体数据库

① Blocks(http://blocks. fhcrc. org)

② CDD(http://www. ncbi. nlm. nih. gov/Structure/cdd/cdd/dhtml)

③ CluSTr(http://www. ebi. ac. uk/clustr/)

④ InterPro(http://www. ebi. ac. uk/interpro/)

⑤ Pfam(http://pfam. sanger. ac. uk/)

⑥ PROSITE(http://www. expasy. org/prosite)

4)蛋白质二级结构数据库

① DSSP。蛋白质二级结构数据库 DSSP(Database of Secondary Structure of

Protein)是一个关于蛋白质二级结构归属的数据库(http://swift. cmbi. ru. nl/gv/dssp/)。

② PredictProtein。作为蛋白质结构预测服务器,可根据要求的方法对所提交的蛋白质序列给出蛋白质多重序列比对结果,预测二级结构、残基可溶性、跨膜螺旋位置、折叠拓扑类型等(http://www. predictprotein. org)。

③ SCOP。蛋白质结构分类数据库 SCOP 详细描述了已知的蛋白质结构之间的关系。该数据库基于若干层次对结构进行分类,包括家族(描述相近的进化关系,要求归属的蛋白质序列相似度大于 30%)、超家族(描述远源的进化关系,即具有相似的结构和功能、但序列相似性较低的一类蛋白质)和折叠类(包括全 α、全 β、α/β、α+β 和多结构域等,用于描述二级结构单元的排列及拓扑结构)(http://scop. mrc-lmb. cam. ac. uk/scop/)。

5)蛋白质三维结构和相关数据库

① PDB 数据库。PDB(http://www. rcsb. org/pdb/)由美国 Brookhaven 国家实验室建立,是国际上重要的生物大分子结构数据库。该数据库收录了通过 X 射线晶体衍射、核磁共振等实验手段测定的生物大分子的三维结构,主要是蛋白质的三维结构,也包括了部分核酸、糖类、蛋白质与核酸复合体三维结构。

PDB 中的每条记录包含显式序列(explicit sequence)和隐式序列(implicit sequence)信息。隐式序列即为立体化学数据,包括每个原子的名称和原子的三维坐标。由于 PDB 的主要信息是三维结构,如果直接将三维结构信息以文本形式返回给用户,那么用户将难以读懂这些信息。实用的方法是通过分子模型软件,以图形方式显示三维结构。互联网上有许多可以利用的分子模型软件,如 RasMol、CHIME 和 MolPOV 等,这些软件能够以各种模型显示出生物大分子的三维结构,如结构骨架模型、棒状模型、球棒模型、空间填充模型和带状模型等。此外,PDB 还说明了蛋白质某些特定部位的二级结构类型,如 α 螺旋和 β 折叠等。

② CPHmodels。CPHmodels 是采用同源建模来预测蛋白质三级结构的一个网络服务器,同时也采用了以预测距离为基础的串线(threading)算法(http://www. cbs. dtu. dk/services/CPHmodels/)。

③ MMDB 数据库。MMDB(http://www. ncbi. nlm. nih. gov/Structure/MMDB/mmdb. shtml)数据库收录了所有经实验测定的蛋白质三维结构。

3. 基因表达数据库

目前,收集和存储基因表达数据的最有影响的数据库是微阵列数据仓库(GEO)、微阵列公共知识库(ArrayExpress)和斯坦福微阵列数据库(SMD)。

1)微阵列数据仓库 GEO

GEO(http://www.ncbi.nlm.nih.gov/geo)是由 NCBI 于 2000 年开发的基因表达和杂交芯片数据仓库，提供了来自不同物种的基因表达数据的在线资源。截止 2012 年 12 月，GEO 数据库中已存储了 2720 个数据集，包括 10864 个平台(platform)、850426 个样本(sample)和 34729 个系列(series)。其中，平台是关于物理反应物的信息，样本是关于待检测的样本信息和使用单个平台产生的数据，系列是关于样本集的信息，反映样本间的相关性和组织。

2)微阵列公共知识库 ArrayExpress

ArrayExpress(http://www.ebi.ac.uk/arrayexpress/)是基于基因表达数据的芯片公共知识库，包含多个基因表达数据集和与实验相关的原始图像。ArrayExpress提供一个简单的基于网页的数据查询界面，并直接与 Expession Profiler 数据分析工具相连，可以表达数据聚类和其他类型的网页数据挖掘。另外，ArrayExpress 中的数据可与所有由 EBI 维护的在线数据库相联接，方便进行交叉查询和注释分析。

3)斯坦福微阵列数据库 SMD

SMD(http://smd.princeton.edu/)是一个使用 Oracle 作为管理软件的关系数据库。该数据库存储基因芯片实验的原始数据、归一化数据和对应的图像文件，另外还提供数据获取、分析和可视化的界面，包括层次聚类、自组织映射和丢失值归纳等方法。

除了以上 3 个综合性的基因表达数据仓库外，还有如下一些专门的基因表达数据库：

- YMD (Yale Microarray Database，http://medicine.yale.edu/keck/ymd)
- ArrayDB(http://genome.nhgri.nih.gov/arraydb/)
- BodyMap(http://bodymap.ims.u-tokyo.ac.jp/)
- ExpressDB(http://arep.med.harvard.edu/ExpressDB/)
- HuGE Index(Human Gene Expression Index，http://www.hugeindex.org/welcome/index.html)

这些数据库收集的数据往往具有物种特异性，使用比较方便。

4. 生物通路数据库

Google 索引的在线资源中心 Pathguide(http://www.pathguide.org/)介绍了 547 个途径和相互作用数据库的概况(截止到 2013 年 12 月)，提供了大部分生物学通路的索引。该网站收录了蛋白质-蛋白质相互作用、代谢途径、信号传导途径、表达途径、转录因子/基因调控网络、蛋白-复合体相互作用、基因相互作用网络等类型的数据库，可查看其基本表示格式和是否免费开放等信息，以帮助用户选择合适的数据库进行数据搜索。下面对其中常用的一些生物通路数据库进行介绍。

1）蛋白质相互作用的数据库

随着高通量的蛋白质相互作用检测技术的发展，已经揭示出了多种模式生物，包括酵母、线虫、果蝇和人的大规模相互作用网络。例如，在 2005 年，*Nature* 和 *Cell* 期刊上分别发表文章，报道了人的大规模蛋白质相互作用数据集，分别包括 2800 对和 3186 对相互作用。通过分析和比较，可以发现这两组数据集的一些特点。两个数据集都由酵母双杂交方法获得，再经过独立实验验证，以保证其可靠性。但是两组数据交叉很少，原因可能是这两个数据集中存在大量的假阴性，也可能是相互作用的数据规模远比这两个数据集的规模大得多。

同时，采用生物信息学预测方法也得到了大量的蛋白质相互作用数据，其规模大概是由实验方法产出的相互作用数据的两倍左右。因此，人们发展了多个数据库，收集并整理相关的蛋白质相互作用数据（见表 1.4），以下简单介绍其中 3 种。

DIP 数据库收集了经实验验证的蛋白质相互作用数据。数据库包括 3 个部分：蛋白质信息、相互作用信息和检测相互作用的实验技术。用户可以根据蛋白质、生物物种、蛋白质超家族、关键词、实验技术或引用文献来查询 DIP 数据库。

BIND 全称为 Biomolecular Interaction Network Database，即生物分子相互作用网络数据库，主要提供蛋白相互作用信息，现已整合到 BOND 数据库中。下载地址是 http://bond. unleashedinformatics. com/，经注册可免费使用。登录之后进入首页，搜索目标分子，得到的相关信息分成 5 类：摘要（summary）、序列（sequences）、相互作用（interactions）、复合体（complexes）和通路（pathways）。打开 interactions，在结果栏的右上角有导出功能，选择导出成 sif 格式即可，获得两两相互作用列表。

Pathway Commons 数据库（http://www. pathwaycommons. org/）是一个蛋白质相互作用的整合数据库，目前已经整合的数据源包括 BioGRID、Cancer Cell Map、HPRD、HumanCyc、IMID、IntAct、MINT 和 NCI/Nature Pathway Interaction Database。

表 1.4 常用的蛋白质相互作用数据库[16]

数据库	网　址	实验手段	预测方法	数据验证	描　述
DIP	http://dip.doe-mbi.ucla.edu	+	−	+	收集由实验确定的蛋白质相互作用
BIND	http://www.bind.ca	+	−	−	包括分子相互作用、复合体和通路信息
MINT	http://mint.bio.uniroma2.it/mint	+	−	−	从文献中提取经实验检测获得的蛋白质相互作用
MIPS	http://mips.gsf.de	+	−	−	酵母特异，同时包括基因相互作用信息
GRID	http://thebiogrid.org/	+	−	−	对来自 BIND、MIPS 等多个基因组规模的数据集进行编辑，酵母特异
LiveDIP	http://dip.doe-mbi.ucla.edu/ldip.html	+	−	−	DIP 数据库的扩展，提供蛋白质复合体的功能状态信息
PREDIC-TOME	http://predictome.bu.edu	+	+	−	由酵母双杂交实验数据进行生物信息学预测得到的蛋白质相互作用
STRING	http://string-db.org/	+	−	−	基于基因邻接、系统发育谱和结构域融合方法预测的蛋白质相互作用
InterDom	http://interdom.i2r.a-star.edu.sg/	−	+	−	基于结构域融合方法预测的蛋白质相互作用

2）代谢途径数据库

通用型综合代谢数据库以统一的数据格式记录已知的代谢相关信息，适合作为非物种特异相关研究的代谢数据来源。目前，常用的通用型综合数据库包括：由日本京都大学生物信息学中心开发和维护的京都基因和基因组百科全书 KEGG、由斯坦福国际生物信息研究小组开发和维护的通路/基因组数据库 BioCyc 及代谢通路百科全书 MetaCyc、由韩国科学与技术高级研究所开发的整合了 KEGG 和 BioCyc 的数据库系统 BioSilico 等。表 1.5 列出了常用的综合代谢数据库的相关信息。

表 1.5 常用的综合代谢数据库

数据库	网　址	主要收录的数据信息
KEGG	http://www.genome.ad.jp/kegg	代谢通路图谱、酶列表、化合物列表、基因组图谱和注释、基因的同源性与生物系统功能的层次关系等
BioCyc	http://biocyc.org/	分物种存储的通路和基因组数据，包括多个模式生物的数据库，如 EcoCyc、AraCyc 和 YeastCyc
MetaCyc	http://metacyc.org/	多个物种的综合代谢通路信息，包括化合物、基因、酶及酶促反应等
BioSilico	http://biosilico.kaist.ac.kr/	整合多个数据库的酶、化合物和代谢通路信息，提供对多个代谢数据库的访问

这里特别介绍一下**京都基因和基因组百科全书**（Kyoto Encyclopedia of Gene and Genomes，KEGG）。它是系统分析基因功能、联系基因组信息和功能信息的知识库，由基因（GENES）、通路（PATHWAY）和配体（LIGAND）三个子库组成。

基因组信息存储在 GENES 数据库里，包括完整和部分测序的基因组序列；更高级的功能信息存储在 PATHWAY 数据库里，包括图解的细胞生化过程（如代谢、膜转运、信号传递和细胞周期），还包括同系保守的子通路等信息；LIGAND 库包含了关于化学物质、酶分子和酶反应等信息。KEGG 提供了 Java 的图形工具来访问基因组图谱，可以比较基因组图谱和操作表达图谱，还免费提供了其他序列比较、图形比较和通路计算的工具。

3）信号转导通路数据库

信号转导通路的数据库资源非常丰富，常用的数据库包括 Biocarta、KEGG 和 Reactome 等。其中，Biocarta 是目前覆盖范围最广的信号通路数据库，包含了大量的通路细节知识，方便进行单个分子的查询，但是单个通路规模较小，不提供批量下载。KEGG 和 Reactome 作为经典的信号通路数据库，建立时间较早，图示清楚，下载方便，但与 Biocarta 相比包含的通路数据不够全面。STKE 数据库由通路专家进行收集整理，包括通用的细胞信号数据和部分组织细胞中特殊的信号过程，其内容较为详细，但是包含的通路数目较少。AfCS（The Alliance for Cellular Signalling）数据库以信号分子为基础，提供其参与的相互作用及信号通路图，包含了细胞信号转导联军项目最新的研究成果。Pathway Interaction Database（PID）专门收集人的信号通路，包含了大量由文献挖掘得到的信号通路，并且从 Biocarta 和 Reactome 中导入了大部分信号通路，适于人的信号通路分析。此外，AMAZE 数据库提供了一个面向对象的平台，整合来自于代谢、细胞信号和基因调控通路的生物条目和相互作用信息。

尽管上述数据库包含了大量有关生物通路的有用知识，但它们都是以静态的连接图形式来描述通路的，难以实现信号通路的定量分析。因此，部分研究人员收集了小规模的定量实验结果，构建了一些定量信号转导通路数据库，如 DOQCS 和 SigPath 等。DOQCS 数据库专门收集具有定量信息的信号通路，包括反应方程、底物浓度和速率常数等，并对这些模型提供了注释信息。表 1.6 列出了常用的定性和定量信号转导数据库的网址和简单描述。

表 1.6　常用的信号通路数据库

数据库	网　址	描　述
Biocarta	http://www.biocarta.com	信号通路图片及注释数据库
KEGG	http://www.genome.ad.jp/kegg	各种细胞过程中分子相互作用的图表
Reactome	http://www.reactome.org	生物核心通路及反应的挖掘知识库
PID	http://pid.nci.nih.gov	由其他数据库导入及文献挖掘获得的人信号通路数据库
STKE	http://stke.sciencemag.org	参与信号转导的分子及其相互作用关系的信息

数据库	网　址	描　述
AfCS	http://www. signaling-gateway. org	参与信号通路的蛋白质相互作用和信号通路图
AMAZE	http://www. amaze. ulb. ac. be	对细胞过程的相关信息进行表示、管理、注释和分析
BIND	http://www. bind. ca	提供参与通路的分子序列和相互作用信息
DOQCS	http://doqcs. ncbs. res. in	细胞信号通路的量化数据库，提供反应参数及注释信息
SigPath	http://sigpath. org	提供细胞信号通路的量化信息

4）转录因子数据库

TRRD 和 TRANSFAC 是两个转录因子数据库。

在不断积累的真核生物基因调控区结构和功能信息的基础上，研究人员构建了转录调控区数据库 TRRD。TRRD 条目包含了特定基因的各种结构和功能特性，如转录因子结合位点、启动子、增强子、静默子、以及基因表达调控模式等。TRRD 包括 5 个相关的数据表：TRRDGENES（包含所有 TRRD 数据库基因的基本信息和调控单元信息），TRRDSITES（包括调控因子结合位点的具体信息），TRRDFACTORS（包括 TRRD 中与各位点结合的调控因子的具体信息），TRRDEXP（包括对基因表达模式的具体描述），TRRDBIB（包括所有注释涉及的参考文献）。TRRD 主页提供对这些数据表的检索服务（http://wwwmgs. bionet. nsc. ru/mgs/gnw/trrd/）。

TRANSFAC 数据库是关于转录因子、结合位点和 DNA 结合谱的数据库。它由位点、基因、因子、类别、阵列、细胞、方法和参考文献等数据表构成。此外，还有几个与 TRANSFAC 密切相关的扩展库：PATHODB 库收集可能导致病态的、突变的转录因子和结合位点；S/MART 库收集与染色体结构变化相关的蛋白因子和位点的信息；TRANSPATH 库用于描述与转录因子调控相关的信号传递网络；CYTOMER 库体现人类转录因子在各个器官、细胞类型、生理系统和发育时期的表达状况。TRANSFAC 及其相关数据库既可以免费下载，也可以通过网页进行检索和查询（http://www. gene-regulation. com/pub/databases. html）。

5. 其他数据库

此外，还有很多用于实现特定功能的数据库，如蛋白质功能注释数据库、蛋白质同源信息数据库、基因突变数据库、疾病相关数据库等，下面介绍两个较为重要的数据库：基因/蛋白质功能注释数据库 GO 和文献索引数据库 PubMed。

蛋白质功能注释的一个通用标准是**基因本体**（Gene Ontology，GO），它提供了一种等级化、结构化、动态和限定的词汇表，用于描述基因或者蛋白质具有的生物学功能、参与的生物学进程及亚细胞定位信息。目前，GO 已广泛应用于模式生物的蛋白质功能注释，并且成为事实上的功能注释标准。大部分蛋白质的已知功能注释信息由 GO 协会(GO consortium)提供(http://www.geneontology.org/)。

PubMed 是 NCBI 维护的文献引用数据库，提供对 MEDLINE 和 Pre-MED-LINE 等文献数据库的引用查询，以及对大量网络科学类电子期刊的链接。利用 Entrez 系统可对 PubMed 进行检索(http://www.ncbi.nlm.nih.gov/pubmed/)。

除了以上提及的数据库之外，还有许多专门的生物信息数据库，涉及生物学研究的各个层面和领域，由于篇幅所限无法一一详述。国内也有一些大数据库的镜像站点和自己开发的有特色的数据库，如欧洲分子生物学网络组织 EMBNet 的中国结点——北京大学分子生物信息镜像系统。

6. 数据库的选择与查询

随着各类数据库的增长，一系列问题也随之产生：这些数据库是否具有相同的格式？哪一个最精确？哪一个更新最快？哪一个最全面？使用者应该如何选用？以蛋白质数据库为例，PDB 数据库以蛋白质三维结构信息为特征；PIR 数据库包含的数据信息最全面，但是其中的解释说明相对贫乏；SWISS-PROT 数据库的组织结构非常好，并对每个条目进行了详尽的说明，但是它所覆盖的序列比 PIR 数据库少。

通常来说，依据人们对待查询序列所掌握的信息和查询的目的，选择多个数据库进行查询并比较它们的结果是更为合理的策略。

1.4.3　文献资源

通过阅读文献可以了解生物信息学相关领域的研究现状，发现待研究的问题，收集相关数据并建立有效的分析策略。同时文献的更新程度较快，体现了最新的研究动态和目前的技术水平。因此阅读文献是做研究的基本功，也是日常工作之一。

1. 文献的获取

获取文献有多种方法，如通过谷歌进行学术搜索、在文献数据库中查询、向作者索要、论坛求助等。其中最重要的文献资源来自生物医学文献数据库(PubMed)，它收录了生物医学相关领域的超过 2300 百万篇文献(截止 2013 年 12 月)，以网页形式提供查询，并且很大一部分文献可以免费获得全文。PubMed 数据库的高级搜索界面如图 1.5 所示。同时，很多高校的图书馆购买了一定的文献资源，可通过校内网络方便地下载全文。如国防科技大学图书馆(http://library.nudt.edu.cn/)购买了 *Nature* 期刊、Elsevier 出版社和 Springer 出版社的期刊数据库，并可下载中国知网、万方和维普科技收录的大部分中文文献和优秀硕博论文。

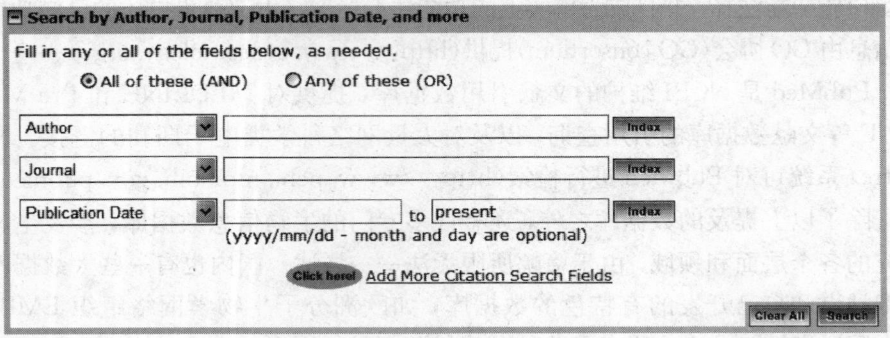

图 1.5　采用 PubMed 进行文献搜索示意图

2. 文献的类型

各种期刊中收录的文献主要包括如下 5 种类型。

① 综述（review），这类文献系统总结某个主题的已有研究成果，分析现有方法的问题，并展望未来的发展趋势；

② 技术报告（technical report），主要是对某项研究或技术方法的过程进行描述，给出研究进展、技术现状、研究结果或问题；

③ 评述（comments），即对某项研究或者观点的评论；

④ 验证研究（validation studies），即验证某种方法或某项实验结果；

⑤ 其他，如数据库、工具和研究策略介绍等。

3. 文献的阅读

面对成千上万的海量文献，人们应该如何选择文献？如何阅读文献？需要从文献中了解什么内容呢？

根据阅读方法，文献阅读可以分为精读和略读两种方式。精读是指从题目、摘要、正文到参考文献，逐字逐句地认真琢磨、体会，并进行详细的跟踪记录。记录该文献的精髓所在，标记出不懂的地方，然后通过阅读相关资料解决疑问。然后写下自己阅读该文献的思考，比如哪些研究内容和方法还可以进行改进。而略读是指对于关系不够紧密或不够重要的文献，仅浏览或仅认真阅读摘要，对文献内容做一般性了解。值得注意的是，对于所有已阅读的文献，都应有所标记，以便形成自己的目录索引和文献体系，方便以后研究工作中的查询和引用。也可使用专门的文献管理工具，如 Endnote 或 Reference manager 对文献进行索引和标注。

根据阅读内容，可以按照从综述到经典文献，再到紧密相关文献的顺序来安排阅读。按照笔者的经验，如果要了解某个领域的研究现状，一般应从综述和该领域的经典文献开始，选择几篇重要文献进行精读。可以选择 *Nature*、*Science* 等期刊上的综述。然后根据这些综述文章中标出的参考文献和相关文章，进一步挑选引用量较大的经典文献，了解该领域中解决问题的一般方法。当确定了具体的研究方向后，可以挑选与研究内容密切相关的文献进行精读。

通过文献阅读可以学到以下知识。

① 概念。通过逐步收集，中英文对照，建立自己研究的词汇表；

② 问题。通过分析文献的主题，整理出自己研究中关注的问题列表；

③ 方法。了解目前研究采用的方法，熟悉现有方法的分类和基本思想；

④ 数据。分析文献中采用数据的代表性，下载相关的数据集，为后续研究服务；

⑤ 工具。了解常用的数据分析工具，为以后研究打下基础；

⑥ 参考文献。了解重要概念的来源，不断追踪扩展阅读的材料；

⑦ 英文表达和词汇。它们是文章撰写的重要材料。

4. 生物信息学期刊

当研究工作取得了阶段性的成果，就要开始撰写科研论文，选择相关期刊投稿发表。生物信息学相关期刊的列表参见 http://en. wikipedia. org/wiki/List_of _bioinformatics_journals。表 1.7 给出了本领域中几个较为重要的专门期刊，这些期刊收录了大量的生物信息学文献，报道了生物信息学相关的数据库、分析工具和最新的研究成果。

表 1.7　生物信息学相关的期刊

期　刊　名	SCI 影响因子 (2011)
Nature Biotechnology	23. 268
Nature Methods	19. 276
Molecular Systems Biology	8. 626
Nucleic Acids Research	8. 026
Brief in Bioinformatics	5. 202
PLoS Computational Biology	5. 215
Bioinformatics	5. 468
BMC Bioinformatics	2. 751

另外，生物信息学相关的中文期刊有《生物物理与生物化学进展》、《生物物理学报》、《分析化学》、《质谱学报》、《生物信息学》和《中国科学 C 辑：生命科学》等。

1.4.4　分析工具

在生物信息学研究中，软件工具占有非常重要的地位。生物信息学一方面为生物学研究提供有效的分析工具，另一方面也充分利用现有的软件工具来加快研究的进度。首先，软件工具可以帮助管理各种实验数据。其次，通过软件分析和处理实验数据，能够提示、指导甚至部分替代实验操作。最后，利用各种统计分析和数据处理软件，能够更好地利用前人的科研成果，开发新算法。

按照使用方式，生物信息学软件可以分为本地分析软件和在线分析软件。下面介绍在本领域中应用较广的几类软件工具。

1. 统计分析软件

1）SPSS

SPSS，即**统计产品与服务解决方案软件**（Statistical Product and Service Solutions）。SPSS是世界上最早的统计分析软件，由美国斯坦福大学的三位研究生于20世纪60年代末研制。1984年，他们推出了世界上第一个统计分析软件微机版本SPSS/PC＋，开创了SPSS微机系列产品的发展方向，并广泛应用于自然科学、技术科学、社会科学的各个领域。

SPSS也是世界上最早采用图形菜单驱动界面的统计软件，其特点是操作界面友好，输出结果美观。它将大部分功能以统一、规范的界面展现出来，只要用户具备初步的统计学知识，就可以方便地使用该软件。SPSS的基本功能包括数据管理、统计分析、图表分析、输出管理等。其统计分析过程包括描述性统计、均值比较、一般线性模型、相关分析、回归分析、对数线性模型、聚类分析、数据简化、生存分析、时间序列分析、多重响应等几大类，每大类中又分为多个统计过程，比如将回归分析分为线性回归分析、曲线估计、Logistic回归、加权估计、两阶段最小二乘法、非线性回归等多个统计过程，而且每个过程中允许用户选择不同的方法及参数。为了方便结果的演示和输出，SPSS也集成了专门的绘图系统，可以根据数据绘制各种图形。SPSS与SAS、BMDP并称为国际上最有影响的三大统计软件，也是生物信息学研究中应用最广泛的统计学软件之一。

2）SAS

SAS(Statistics Analysis System)最早由北卡罗来纳大学的两位生物统计学研究生编制，1976年正式推出SAS软件。统计分析功能是它的重要组成部分和核心功能。在数据处理和统计分析领域，SAS系统被誉为标准软件系统，堪称统计软件界的巨无霸。例如，在以苛刻、严格著称的美国食品药品监督管理局的新药审批程序中，新药实验结果的统计分析规定只能用SAS进行，其他软件的计算结果一律无效。由此可见SAS的权威地位。

SAS系统是一个组合软件系统，由多个功能模块组合而成。BASE SAS模块是SAS系统的核心，承担着主要的数据管理、程序设计任务及描述统计计算功能。在 BASE SAS 的基础上，还可以增加统计分析模块、绘图模块、质量控制模块、交互式矩阵程序设计语言模块等，完成复杂的统计分析和绘图功能。

由于 SAS 系统从大型机系统发展而来，在设计上也是完全针对专业用户的，因此其操作至今仍以编程为主，人机交互界面不够友好，并且在编程操作时需要用户对所使用的统计方法有较清楚的了解，非统计专业人员掌握起来较为困难。

2. 数据处理

1) Excel

Microsoft Excel 是办公软件 Microsoft office 的组件之一，可进行各种数据的处理、统计分析和辅助决策操作。Excel 具有强大的运算与分析能力，操作直观、快捷，可以灵活地对数据进行整理、计算、汇总、查询、分析等处理，因此被广泛用于生物数据的存储和结果显示。除常见的制表与统计计算外，还可以利用其提供的函数及作图功能进行单变量求解、规划求解、方差分析、相关分析、回归分析、统计检验、傅里叶分析等。同时作为多种软件工具的标准输入格式，方便进一步的数据分析和处理。

但是它受到了最大行、列数的限制，如 Excel 2003 的单个工作表中最多可包含 65 536 行和 256 列（Excel 2007 增加到了 1 048 576 行和 16 384 列），对于更大规模的数据存储和显示则能力有限。因此，大规模的生物数据，如基因组和蛋白质组序列等信息，通常以支持更大容量的文本文件格式表示，并利用 UltraEdit 等专业工具进行查看。

2) MATLAB

MATLAB(MATrix LABoratory)是一款由美国 MathWorks 公司出品的商业数学软件。MATLAB 是一个用于算法开发、数据可视化、数据分析及数值计算的高级技术计算语言和交互式环境。除了矩阵运算、绘制函数/数据图像等常用功能外，MATLAB 还可以用来创建用户界面或调用其他语言（如 C、C++ 和 FORTRAN）编写的程序。MATLAB 以其高效、易学易用、接口的方便灵活等特性受到了广大科技人员的欢迎。

尽管 MATLAB 主要用于数值运算，但是利用为数众多的附加工具箱（Toolbox），它也适合于不同领域的应用。如 MATLAB 的生物信息学工具箱提供了序列比对与进化树构建、基因芯片数据分析、质谱数据分析和细胞过程模拟等多种功能，并且包括了丰富的应用实例，是生物信息学研究的重要分析工具。

3) Origin

Origin 是美国 Microcal 公司推出的数据分析和绘图软件（http://www.originlab. com），其特点是使用简单，采用直观的、图形化的、面向对象的窗口菜单和工具栏操作，全面支持鼠标右键和拖放式绘图。Origin 具有两大类功能：数据分析和绘图。数据分析包括数据的排序、调整、计算、统计、频谱变换、曲线拟合等功能。Origin 的绘图是基于模板的，Origin 本身提供了几十种二维和三维绘图模板。绘图时只要选择所需的模板即可。同时，Origin 允许用户自己定制模板，如数学函数、图形样式和绘图模板等，也可以用 C 等高级语言编写数据分析程序。

3. 机器学习

1）Weka

Weka（怀卡托智能分析环境，Waikato Environment for Knowledge Analysis）的源代码可通过 http://www. cs. waikato. ac. nz/ml/weka 获取。Weka 是一款共享的数据挖掘工作平台，集成了大量的机器学习算法，包括数据预处理、分类、回归、聚类、关联规则分析及可视化等。2005 年 8 月，在第 11 届国际数据挖掘会议上，怀卡托大学的 Weka 小组荣获了数据挖掘和知识探索领域的最高服务奖。目前，Weka 系统已得到了广泛的认可，被誉为数据挖掘和机器学习历史上的里程碑，是现今最完备的数据挖掘工具之一。其每月下载次数已超过万次。

Weka 窗体包括 4 个模块：Simple CLI、Explorer、Experimenter 和 Knowl-edge Flow，其中应用最多的是 Explorer 模块。Explorer 提供视窗模式下的数据挖掘工具。Weka Exlporer 有 6 个标签页，分别是预处理（preprocess）、分类（classify）、聚类（cluster）、关联（associate）、特征选择（select attributes）和可视化（visualize）。preprocess 完成数据的输入和预处理，并提供了多种算法用于数据过滤。classify 中包含了大量的机器学习分类算法，如线性回归、贝叶斯网络、支持向量机、决策树等，通过参数选择可以方便地建立分类器，并进行评估和预测。cluster 和 associate 则提供了常见的聚类分析和关联规则分析算法。Select attributes 是特征选择页面。通过 visualize 可以直观地看到不同特征值的统计结果，以及分类的受试者工作特征（ROC）曲线等。

2）LIBSVM

LIBSVM 是由中国台湾大学林智仁等开发设计的一个简单、易于使用和快速有效的支持向量机软件包，可通过 http://www. csie. ntu. edu. tw/～cjlin/免费获得。不仅提供了编译好的 Windows 系统下的执行文件，而且提供了源代码，方便使用者进行修改或在其他操作系统上应用。该软件对支持向量机所涉及的参数调节相对比较少，提供了很多的默认参数，利用这些默认参数可以解决很多问题；并提供了交互检验（cross validation）的功能。该软件可以解决 C-SVM、ν-SVM、ε-SVR 和 ν-SVR 等问题，包括基于一对一算法的多类模式识别问题。目前，LIBSVM 拥有 Java、MATLAB、C♯、Ruby、Python、R、Perl、Common LISP、Labview 等数十种语言版本。最常使用的是 MATLAB、Java 和命令行的版本。

4. 可视化

1）Cytoscape

Cytoscape 由系统生物学研究所、加州大学圣迭戈分校、Memorial Sloan-Kettering 癌症研究中心和安捷伦科技等合作开发。Cytoscape 致力于为用户提供一个开源的网络显示和分析软件。软件的核心部分提供网络显示、布局、查询等方面的基本功能，通过插件架构进行扩展，即可快速地开发新功能。目前，Cytoscape已有上千种插件，提供基因芯片数据分析、蛋白质功能分析、网络模块搜索等多种功能，用户可根据需要有选择地安装。

Cytoscape 源自系统生物学，它将生物分子交互网络与高通量基因表达数据和其他分子状态信息整合在一起，以便进行大规模的蛋白质-蛋白质相互作用和蛋白质-DNA 相互作用的分析。Cytoscape 的核心是网络图，其中的结点是基因、蛋白质或其他生物分子，连接是这些生物分子之间的相互作用。Cytoscape 提供了多种网络的可视化呈现算法，可以用于复杂网络的可视化，图形显示结果十分美观（见图 1.6）。同时，利用相关的网络分析插件，可以实现网络的模块分析等基本功能。

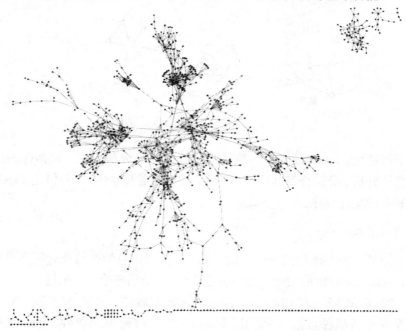

图 1.6　采用 Cytoscape 绘制的蛋白质相互作用网络图

2)Pajek

Pajek 是一个特别为处理大数据集而设计的网络分析和可视化程序，在斯洛文尼亚语中，Pajek 是蜘蛛的意思。最新 Pajek 版本可通过其官方网站 http://vlado. fmf. uni-lj. si/pub/networks/pajek/获取。Pajek 可以分析多于 100 万个结点的超大型网络(见图 1.7)。Pajek 提供了多种数据输入方式，例如可以从网络文件中引入 ASCII 格式的网络数据。网络文件中包含结点列表和弧/边列表，只需指定存在的联系，即可高效地输入大型网络数据。图形功能是 Pajek 的强项，可以方便地调整图形及指定图形所代表的含义。由于大型网络难以在一个视图中显示，所以 Pajek 会区分不同的网络亚结构分别予以可视化。同时，Pajek 可以处理多个网络，也可以处理时间事件网络(时间事件网络是指某一网络随时间的流逝而发生的网络发展或进化)。

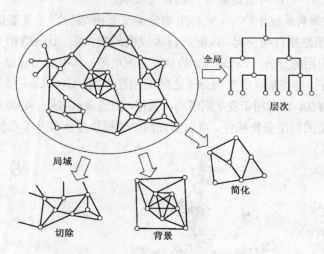

图 1.7　Pajek 用于处理大型网络的途径

除了可视化，Pajek 还提供一些基于过程的网络分析方法，包括探测结构平衡和聚集性分析、分层分解和团块模型(结构、正则对等性)等。但是 Pajek 仅包含少数基本的统计程序。

5. 专门工具

以上介绍了一些通用的软件分析工具，在生物信息学领域还有很多专门的分析工具，可以实现特定的功能。按照功能分类，生物信息学软件包括：DNA 序列分析软件，如 DNACLUB 和 Chromas 1. 56；序列比对软件，如 BLAST 和 FASTA 等；蛋白质序列分析软件，如 ANTHEPROT；RNA 结构预测软件，如 RNAdraw；引物设计软件，如 Oligo 和 Primer；基因芯片软件，如 Array Marker；亲缘进化树软件，如 PHYLIP、PAUP 和 Treeview 等。这里不再一一赘述，在后面涉及到相关的内容时，再加以介绍。

1.4.5　编程语言

生物信息学离不开大规模的数据处理，因此很多工作必须通过计算机编程实现。理论上，几乎所有的编程语言都可以用于生物信息的数据处理（见表 1.8），但是效率却很不一样。目前，在生物信息学中常用的语言有 C、C++、Perl、Python、Java、R/Bioconductor 和 MATLAB 等。

表 1.8　编程语言的使用统计情况（http://www.tiobe.com/index.php/content/paperinfo/tpci/index.html）

2012 年 9 月的排名	2011 年 9 月的排名	变化趋势	编程语言	2012 年 9 月所占百分比	2011 年 9 月至 2012 年 9 月之间的百分比变化	评级
1	2	⬆	C	19.295%	+1.29%	A
2	1	⬇	Java	16.267%	−2.49%	A
3	6	⬆⬆⬆	Objective-C	9.770%	+3.61%	A
4	3	⬇	C++	9.147%	+0.30%	A
5	4	⬇	C#	6.596%	−0.22%	A
6	5	⬇	PHP	5.614%	−0.98%	A
7	7	＝	(Visual) Basic	5.528%	+1.11%	A
8	8	＝	Python	3.861%	−0.14%	A
9	9	＝	Perl	2.267%	−0.20%	A
10	11	⬆	Ruby	1.724%	+0.29%	A
11	10	⬇	JavaScript	1.328%	−0.14%	A
12	12	＝	Delphi/Object Pascal	0.993%	−0.32%	A
13	14	⬆	LISP	0.969%	−0.07%	A
14	15	⬆	Transact-SQL	0.875%	+0.02%	A
15	39	⬆⬆⬆⬆⬆⬆⬆	Visual Basic . NET	0.840%	+0.53%	A
16	16	＝	Pascal	0.830%	−0.02%	A
17	13	⬇⬇⬇⬇	Lua	0.723%	−0.43%	A-
18	18	＝	Ada	0.700%	+0.02%	A–
19	17	⬇⬇	PL/SQL	0.604%	−0.12%	B
20	22	⬆⬆	MATLAB	0.563%	+0.02%	B

1. Perl 语言

Perl(Practical Extraction and Report Language)是由 Larry Wall 设计的编程语言，并由他不断更新和维护，可以用于在 UNIX、Windows 环境下编程。Perl

是一种高阶、通用、直译式动态程序语言。作为一种脚本语言，Perl 不需要编译器和链接器来运行代码，只需编写 Perl 程序并运行即可，因此 Perl 适合于简单编程问题的快速解决和复杂问题的模型测试。

Perl 语言的主要优点包括如下 3 个方面。

① 强大的字符串处理能力。生物资料大部分是文本文件，如物种名称、种属关系、基因序列及基因的功能注解等。Perl 强大的正则表示式（Regular expression）比对和字符串操作，使生物信息的处理变得十分简单，方便进行文字的提取、比较及合并等工作。由于生物信息资料以不同的文本形式存储，而且往往格式不兼容，给资料的交流和共享带来了障碍。而 Perl 以其在文本处理上的优势，为这一问题提供了方便快捷的解决方案。

② 能够容错。生物资料通常是不完全的、错误的，或者在数据的产出过程中存在误差。Perl 对于数据格式没有严格的要求，允许某个值是空的或包含奇怪的字符，因此具有容错能力。通过正则表示式，Perl 程序能够提取有效的数据并且更正一般性错误。

③ 简单易学。对于那些计算机基础不够深厚的生物学家也非常容易上手，因此在生物信息学领域应用非常广泛。

但是，Perl 语言的缺点也非常明显。首先，Perl 不适合进行面向对象的编程，代码的模块性不够好。其次，Perl 语言的语法极其丰富和灵活，使得 Perl 程序可以写得非常随意，除本人之外变得难以读懂。最后，作为脚本语言，其界面开发的功能不强，而且对于计算复杂度和计算效率要求较高的程序，难以胜任。

为了满足生物学数据分析的需要，研究人员开发了 BioPerl（www. bioperl. org）。Bioperl 是 Perl 语言专门用于生物信息处理的工具与函数模块集，是 Perl 开发人员在生物信息学、基因组学及其他生命科学领域的智慧结晶。例如，利用 BioPerl 中丰富的函数库，可以很容易地完成基本的序列处理任务。

2. C 和 C++

Perl 和 Python 都属于脚本语言，并且现在都有生物学上的扩展，如 Perl 有 Bioperl，Python 有 Biopython。脚本语言在文本序列上的处理是得天独厚的，但是当人们需要对大规模的数据进行运算时，却显得有些力不从心，这就需要采用更加高效的语言：C 和 C++。

C 和 C++ 能够完成高效的计算，实现复杂的算法。作为面向对象的语言，其指针操作高效和灵活。但是在生物信息学的数据分析中，C 语言的应用范围有限，主要原因是其学习难度较大，开发周期较长，对于常见的文本形式表示的生物数据处理没有很大的优势。

3. Java 语言

Java 是一种可以撰写跨平台应用软件的面向对象的程序设计语言，具有较好的通用性、高效性、平台移植性和安全性。在生物信息学软件开发中，Java 以其通用性和易用性，尤其是强大的界面编程能力，得到了很多研究人员的青睐，用于实现数据处理、程序界面设计和网页界面交互等多种功能。例如，基因芯片数据处理软件 Cluster 是用 Java 语言开发的，很多生物信息学的门户网站中三维结构的显示也是以 Java 插件的形式存在的。但是，Java 也存在着很大的缺陷，其速度慢、占内存多等缺点就让很多人望而却步。

类似于 BioPerl，一些技术人员专门针对生物信息学的需求开发了 BioJava。为了便于复杂生物序列分析系统的开发，BioJava 提供了一套专门用于分析和表示生物序列(如 DNA、RNA 和蛋白质)的基础库，能够实现生物序列处理功能(如转录与翻译)、文件格式转换功能和一些简单的科学计算(如隐马尔可夫模型)。

4. R 语言

R 是一种为统计计算和图形显示而设计的脚本语言。它提供了线性和非线性模型、统计检验、时间序列分析、分类与聚类等功能，以数组和矩阵操作运算符为主。同时，R 也是一个开发新的交互式数据分析方法的工具。它的开发周期短，而且有大量的扩展包可以使用。R 软件属自由软件，使用者只需在其发表的工作中予以说明而无须考虑版权问题。R 语言的网址是 http://mirrors.geoexpat.com/cran/。目前，利用 R 语言开发的生物信息学软件已经得到了广泛认可。

5. 其他

有许多种可用于生物信息学数据分析与处理的编程语言，如 Python、FOR-TRAN、ASP 和 JSP 等。表 1.8 统计了各种编程语言的使用情况。值得一提的是，MATLAB 也推出了专门的生物信息学工具箱 MATLAB Bioinformatics ToolBox，该工具箱包含了蛋白和核酸分析、系统发育分析及基因芯片分析等功能，为采用 MATLAB 语言进行数据的分析和处理提供了范例。

1.5　生物信息学的应用

生物信息学不仅是一门新兴交叉学科，也是一门重要的应用研究技术。从科学的角度来讲，它是一门研究生物系统中所有信息及信息流向的综合系统科学，只有通过生物信息学的计算处理，人们才能从众多分散的生物学观测数据中获得对生命运行机制的详细和系统的理解。

1.5.1 辅助实验设计

生物信息学的出现改变了生物学的研究方式。传统的生物学是一门实验科学，传统分子生物学实验往往集中精力研究一个基因、一条代谢路径，手工分析完全能够胜任。然而，随着分子生物学技术的发展，已经出现了一些高通量的实验方法，如利用基因芯片技术可以一次性获取上千个基因的表达数据。对于高通量的实验结果，必须利用计算机进行自动分析。因此，在高通量实验技术出现的时代，生物信息学必然要介入生物学研究和实验。

另外，现在全世界每天都会产生大量的核酸和蛋白质序列，不可能用实验的方法去详细研究每一条序列，必须首先进行信息处理和分析，去粗取精，去伪存真。通过预处理，发现有用的线索，在此基础上进行有针对性、目的明确的分子生物学实验。通过数据分析进行筛选，可以把宝贵的人力物力投入到最有可能成功的实验之中。因此，生物信息学在指导实验、精心设计实验方面将会发挥重要的作用。科学家预言：生物信息学将是 21 世纪生物学的核心。生物信息学不仅改变了传统的实验研究方法，而且提高了生物学实验研究的科学性和效率。

1.5.2 提供数据分析的工具

从工具的角度来讲，生物信息学是进行生物学研究所必需的舵手和动力机，只有基于生物信息学对大量现有数据资料的分析处理所提供的理论指导和分析，研究人员才能选择正确的研究方向。同样，只有选择合适的生物信息学分析方法和手段，研究人员才能正确处理和评价新的观测数据，并得到准确的结论。

可以说，生物学研究的几乎所有环节都离不开生物信息学的专业工具。提供生物数据分析的强有力工具，也是生物信息学能够得以兴起和发展的根本原因。从海量基因序列、蛋白质序列的数据库存储，到序列拼接及比对软件，再到转录组数据的聚类与可视化软件，以及大型生物系统的建模与仿真软件，开发和使用生物信息学工具已成为生物学研究必不可少的关键环节。

1.5.3 探索生物规律

生物信息学研究是从理论上认识生物本质的必要途径。通过生物信息学研究和探索，可以更全面和深刻地认识生物科学中的本质问题，了解生物分子信息的组织和结构，破译基因组信息，阐明生物信息之间的关系。基因序列到蛋白质序列的三联密码关系是众所周知的，也是非常简单和明确的。然而，基因调控序列与基因表达之间的关系、蛋白质序列与蛋白质结构之间的关系则是未知的，也是非常复杂的。破译和阐明生物信息的本质将使人类对生物界的认识跨越一个新台阶。

进一步，从生物分子数据本身来看，各种数据之间存在着密切的关系，如 DNA 序列与蛋白质序列、基因突变与疾病等，这些联系反映了生物学的规律。但是，这些关系往往是非常复杂的，是人们未知的，用简单的多元统计方法难以进行分析。因而，随着分子生物学研究的深入，必然需要不断更新的生物信息学。人们正在试图阐明细胞内全部相互耦合的调控网络和代谢网络、细胞间各种信号的传导过程、不同时期生理和病理的基因表达变化等。对于这些复杂的关系，需要综合运用数学统计方法、计算机编程技术和机器学习方法，进行生物信息的解读，从而了解生物分子信息的组织和结构，破译基因组信息，阐明生物信息之间的关系，帮助认识生物本质。

1.5.4　促进医学研究

生物信息学对于医学研究具有重要意义。通过生物信息学分析，可以了解基因与疾病的关系，了解疾病产生的机理，为疾病的诊断和治疗提供依据。同时，研究生物分子结构与功能的关系也是研制新药的基础，可以帮助确定新药作用的目标和作用的方式，从而为设计新药提供依据。目前，揭示人类及重要动植物种类的基因信息，继而开展生物大分子结构模拟和药物设计，已成为生物学研究的重要课题之一，有可能为人类疾病的科学诊断和合理治疗开辟全新的途径。

1.6　生物信息学展望

随着基因组以及与基因相关的各类组学和系统生物学数据的不断加速积累，生物信息学的技术和理论研究变得越来越重要。一方面，数据不仅在数量上飞速增长，而且在性质上正日益体现多元、多维、复杂和异质等特征。另一方面，这些新数据集也正在不断地要求人们提出新的研究课题，甚至开拓新的研究领域。这使得生物信息学从作为单纯借用计算机和数学方面的技术和理论，对生物学数据进行分析的一种技术手段，发展成为了包括数据库、算法、软件包和计算与知识挖掘平台的完整体系。

生物学是生物信息学的核心和灵魂，数学与计算机技术则是它的基本工具。因此，预测生物信息学的未来就是要预测它对生物学的发展将带来什么样的根本性突破。立足现状，展望未来，会发现生物信息学具有非常广阔的发展空间和应用前景。特别是在以下几个方面，生物信息学将发挥重要作用。

1.6.1　导致重大的科学规律的发现

人类科学研究史表明，科学数据的大量积累将导致重大的科学规律的发现。例如，对数百颗天体运行数据的分析导致了开普勒三大定律和万有引力定律的发现；数十种元素和上万种化合物数据的积累导致了元素周期表的发现；氢原子光谱学数据的积累促进了量子理论的提出，为量子力学的建立奠定了基础。历史的经验值得注意，有理由认为，目前生物学数据的巨大积累也将导致重大生物学规律的发现(见图 1.8)。

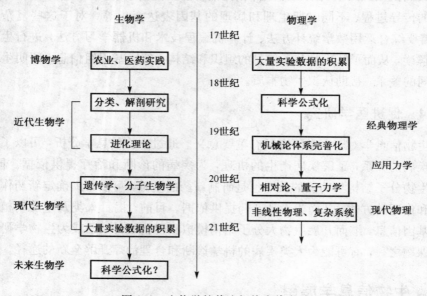

图 1.8　生物学的普遍规律有待发现

1.6.2　促进不同学科的交融

不同学科之间的交叉和融合是科学发展的必然趋势，是增强科技创新的重要途径。生物信息学的发展对生命科学的发展将产生革命性的影响，其研究成果将大大促进生命科学的其他研究领域的进步。

同时，生物信息学对研究人员要求很高，既要有深厚的生物化学和分子生物学的背景知识，还要精通计算机，能够培养一批在数学、物理、信息科学、计算机科学及分子生物学方面均有造诣的跨学科青年人才。

1.6.3　提供对于复杂系统的分析能力

生命现象是不同层次上的物质、能量和信息的交换，不同层次包括核酸、蛋白质、细胞、器官、个体、群体和生态系统等。这些层次的系统生物学研究将成为后基因组时代的生物信息学研究和应用的对象。

目前，生物信息学还停留在为分析实验数据提供服务和工具的阶段。随着生物信息学的发展，有望成为生命规律研究的主导，由生物信息学人员提出假设和实验需求，揭示生命背后的奥秘。

1.6.4　展现巨大的应用前景

药物研究是生物信息学研究中最具应用前景的领域，利用生物信息学手段研究和开发新的治疗性药物，将是 21 世纪生物医药发展的总体趋势。生物信息学在医药、化学工业和农业等行业中具有很大的应用潜力和良好的市场前景。

本质上，生物信息学的目标是利用计算机科学和技术来解决生物学问题。作为一门交叉学科，生物信息学的发展依赖于计算机科学和生物技术的发展，而生物信息学的研究成果又促进了生物学特别是分子生物学的发展，使人类对生命本质的认识更加深刻。生物信息学改变了传统的生物学研究方法，提高了生物学实验研究的科学性和效率，促进了生命科学的革命。在应用方面，生物信息学是人类基因组研究的必要手段，在大规模测序的自动化控制、测序结果分析处理、序列数据的计算机管理、基因组功能注释、数据的网络获取和分析等方面都发挥着重要的作用。目前，生物信息学的发展已经超越了人类基因组计划，正在向功能基因组学、蛋白质组学迈进。

习题

1. P53 是一种重要的癌基因，利用 Entrez 搜索引擎查询该基因相关的序列信息、相互作用及相关文献。
2. 采用基因本体功能注释工具分析以下几种蛋白质的功能注释信息，给出它们显著富集的基因本体条目及相应的 P 值。

蛋白质的 Entrez 标号	基因名称	描　述
25	ABL1	v-abl Abelson murine leukemia viral oncogene homolog 1
27	ABL2	v-abl Abelson murine leukemia viral oncogene homolog 2
2181	ACSL3	acyl-CoA synthetase long-chain family member 3
57082	AF15Q14	AF15q14 protein
10962	AF1Q	ALL1-fused gene from chromosome 1q
51517	AF3p21	SH3 protein interacting with Nck, 90 kDa (ALL1 fused gene from 3p21)

（续表）

蛋白质的 Entrez 标号	基 因 名 称	描　述
27125	AF5q31	ALL1 fused gene from 5q31
10142	AKAP9	A kinase (PRKA) anchor protein (yotiao) 9
207	AKT1	v-akt murine thymoma viral oncogene homolog 1
208	AKT2	v-akt murine thymoma viral oncogene homolog 2
217	ALDH2	aldehyde dehydrogenase 2 family (mitochondrial)
238	ALK	anaplastic lymphoma kinase (Ki-1)
57714	ALO17	KIAA1618 protein
324	APC	adenomatous polyposis of the colon gene
23365	ARHGEF12	RHO guanine nucleotide exchange factor (GEF) 12 (LARG)
399	ARHH	RAS homolog gene family, member H (TTF)
8289	ARID1A	AT rich interactive domain 1A (SWI-like)
196528	ARID2	AT rich interactive domain 2
405	ARNT	aryl hydrocarbon receptor nuclear translocator
79058	ASPSCR1	alveolar soft part sarcoma chromosome region, candidate 1
171023	ASXL1	additional sex combs like 1
466	ATF1	activating transcription factor 1
471	ATIC	5-aminoimidazole-4-carboxamide ribonucleotide formyltransferase/ IMP cyclohydrolase
472	ATM	ataxia telangiectasia mutated
546	ATRX	alpha thalassemia/mental retardation syndrome X-linked
8314	BAP1	BRCA1 associated protein-1 (ubiquitin carboxy-terminal hydrolase)
8915	BCL10	B-cell CLL/lymphoma 10
53335	BCL11A	B-cell CLL/lymphoma 11A
64919	BCL11B	B-cell CLL/lymphoma 11B(CTIP2)
596	BCL2	B-cell CLL/lymphoma 2

3. 采用 Perl 语言编写一段将蛋白质的 Entrez 标号对应到 IPI 标号的转换程序，给出习题 2 中所有蛋白质的 IPI 编号。

4. 下载并安装 Weka 程序包，导入安装目录下 data 文件夹中的 iris. arff，以此数据集为例，测试决策树、支持向量机、神经网络等模型的分类效果。

参考文献

1. 芒特. 生物信息学. 钟扬等, 译. 北京: 高等教育出版社, 2003.

2. 孙啸, 陆祖宏, 谢建明. 生物信息学基础. 北京: 清华大学出版社, 2005.

3. 许忠能等. 生物信息学. 北京: 清华大学出版社, 2008.

4. 李霞等. 生物信息学. 北京：人民卫生出版社，2010.

5. 王勇献等. 生物信息学导论——面向高性能计算的算法与应用. 北京：清华大学出版社，2011.

6. 陶士珩. 生物信息学. 北京：科学出版社，2007.

7. 吴祖建. 生物信息学分析实践. 北京：科学出版社，2010.

8. 陈铭. 生物信息学. 北京：科学出版社，2012.

9. 顾坚磊，周雁. 中国基因组生物信息学回顾与展望. 中国科学 C 辑：生命科学，2008，vol. 38(10)，pp. 882-890.

10. 姜茜，贾凌云. 蛋白质相互作用研究的新技术与新方法. 中国生物化学与分子生物学报，2008，vol. 24(10)，pp. 974-979.

11. F. J. Bruggeman, H. V. Westerhoff, The nature of systems biology, *Trends Microbiol*, 2007, vol. 15(1), pp. 45-50.

12. S. K. Sieberts, E. E. Schadt, Moving toward a system genetics view of disease, *Mamm Genome*, 2007, vol. 18, pp. 389-401.

13. J. F. Rual, K. Venkatesan, T. Hao et al., Towards a proteome-scale map of the human protein-protein interaction network, *Nature*, 2005, vol. 437, pp. 1173-1178.

14. U. Stelzl, U. Worm, M. Lalowski et al., A human protein-protein interaction network: a resource for annotating the proteome, *Cell*, 2005, vol. 122(6), pp. 957-968.

15. D. Maglott, J. Ostell, K. D. Pruitt et al., Entrez Gene: gene-centered information at NCBI, *Nucleic acids research*, 2007, vol. 35, pp. D26-31.

16. L. Salwinski, D. Eisenberg, Computational methods of analysis of protein-protein interactions, *Curr Opin Struct Biol*, 2003, vol. 13, pp. 377-382.

17. G. D. Bader, D. Betel, C. W. Hogue, BIND: the Biomolecular Interaction Network Database, *Nucleic Acids Res*, 2003, vol. 31(1), pp. 248-250.

18. M. Kanehisa, S. Goto, KEGG: Kyoto Encyclopedia of Genes and Genomes, *Nucleic Acids Research*, 2000, vol. 28, pp. 27-30.

19. M. Ashburner, C. A. Ball, G. Sherlock, Gene Ontology: tool for the unification of biology, *Nature Genetic*, 2000, vol. 25, pp. 25-29.

20. E. Frank, M. Hall, L. Trigg et al., Data mining in bioinformatics using Weka, *Bioinformatics*, 2004, vol. 20(15), pp. 2479-2481.

21. P. Shannon, A. Markiel, O. Ozier et al., Cytoscape: A software environment for integrated models of biomolecular interaction networks, *Genome Research*, 2003, vol. 13(11), pp. 2498-2504.

22. 沃尔，Perl 语言编程(第三版). 何伟平，译. 北京：中国电力出版社，2009.

第 2 章　生物学基础

生命的世界多姿多彩，生命的形态多种多样。揭开这缤纷华丽的外表，人们一直在探索：生命的本质是什么？生命所遵循的共同规律是什么？从基因到蛋白质，生命如何精确地记录着遗传的密码，精确地完成各种复杂的功能呢？

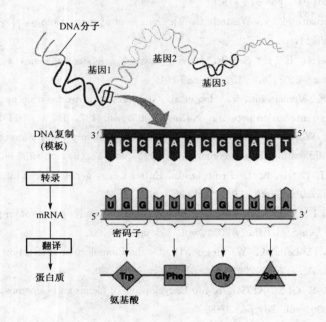

2.1 生命概述

什么是生命呢？从生物学角度来看，生命是由核酸和蛋白质等物质组成的多分子体系，它具有不断自我更新、繁殖后代及对外界产生反应的能力。从物理学角度来看，生命的定义是"负熵"。根据热力学第二定律：任何自发过程总是朝着使体系越来越混乱，越来越无序的方向，即朝着熵增加的方向变化。生命的演化过程总是朝着熵减少的方向进行，一旦负熵的增加趋于零，生命将趋向终结，走向死亡。综合生物学和物理学，我们可以给出"生命"的完整的、系统的定义：生命的物质基础是蛋白质和核酸；生命运动的本质特征是不断自我更新，是一个不断与外界进行物质和能量交换的开放系统；生命是物质的运动，是物质运动的一种高级的特殊实在形式。

从古至今，人们对生命科学进行了坚持不懈的探索和研究，从宏观到微观角度揭示了生命的有序结构和运行机制。本章首先从历史角度回顾了生命科学研究的几个主要阶段。然后，对生命从宏观到微观的结构组成进行概括介绍，重点是生命的基本组成单位(细胞的基本结构和功能)。再次，讨论了生命活动得以动态运行的规律，即信息从基因到蛋白质传递的中心法则。最后，对现代生命科学研究的前景进行展望。

2.2 生命科学的研究历史

人类认识生命的过程可以分为三个阶段，即描述生物学阶段、实验生物学和现代生物学阶段。生物学经历了由宏观到微观的发展过程，从对形态和表型的描述逐步分解、细化到生物体的各种分子及其功能的研究。

2.2.1 描述生物学阶段

在 19 世纪中叶以前，人们主要从外部形态特征观察、描述、记载各种类型的生物，依靠直观和经验寻找它们之间的异同和进化脉络。这一阶段，最为著名的例子是达尔文搭乘贝格尔号舰所做的环球旅行和考察活动，以 1859 年发表的《物种起源》一书为标志性成果。

达尔文(1809－1882)出生于英国医生家庭。1825 年至 1828 年在爱丁堡大学学医，后进入剑桥大学学习神学。1831 年从剑桥大学毕业后，他以博物学家的身份乘海军勘探船贝格尔号进行了历时 5 年(1831－1836)的环球旅行(旅行路线见图 2.1)，观察和搜集了动物、植物和地质等方面的大量材料，经过归纳整理和综合分析,形成了生物进化的概念。1859 年,达尔文出版《物种起源》一书,全面提出以自然选择(theory of natural selection)为基础的进化学说。书中主要论证了两个问题:第一,物种是可变的,生物是进化的;第二,自然选择是生物进化的动力。该书出版震动当时的学术界,成为生物学史上的一个转折点。自然选择的进化学说对各种唯心的神造论、目的论和物种不变论提出了挑战,使当时生物学各领域已经形成的概念和观念发生了根本性的改变。

图 2.1   达尔文的环球旅行路线图

2.2.2   实验生物学阶段

实验生物学阶段处于 19 世纪中期到 20 世纪中期,主要特点是利用各种仪器工具,通过实验过程探索生命活动的内在规律。生物学家开始用解剖学方法研究人体的结构,提出了心血循环论,采用显微镜技术研究显微图谱。同时,实验胚胎学、遗传学和微生物学都得到了蓬勃发展。其中有代表性的例子是巴斯德的鹅颈瓶实验。

19 世纪 60 年代,法国微生物学家巴斯德(Louis Pasteur,1822-1895)进行了著名的**鹅颈瓶实验**(swan-neck-flask experiment),如图 2.2 所示。他把肉汤灌进两个烧瓶里,第一个烧瓶是普通的烧瓶,瓶口竖直朝上;第二个烧瓶是瓶颈弯曲成天鹅颈一样的曲颈瓶。然后把肉汤煮沸、冷却。两个瓶子都没有使用瓶塞,外界的空气可以畅通无阻地与肉汤表面接触。放置 3 天以后,第一个烧瓶里出现了微生物,第二个烧瓶里却没有。他把第二个瓶子继续放下去,直至 4 年后,曲颈瓶里的肉汤仍然清澈透明,没有变质和产生微生物。

对于实验结果,巴斯德解释说,因为第一个烧瓶是顶端开口,悬浮在空气中的尘埃和微生物可以落入瓶颈直达液体,微生物在肉汤里得到充足的营养而生长繁殖,于是引起了肉汤的变质。第二个瓶颈虽然也与空气相通,但空气中的微生物仅仅落在弯曲的瓶颈上,而不会落入肉汤中生长繁殖引起腐败变质。鹅颈瓶实验的结果使人们坚信:生物只能源于生物,非生命物质绝对不能随时自发地产生新生命。这样就通过实验的方法彻底推翻了自然发生论。

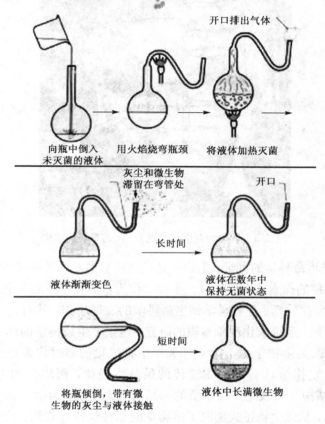

图 2.2　巴斯德的鹅颈瓶实验

2.2.3　现代生物学阶段

20 世纪中叶以后,以华生(James Watson)和克里克(Francis Crick)发现的 DNA 双螺旋结构为标志(见图 2.3),生物学进入了**分子生物学**(molecular biology)时代。分子生物学和基因工程的发展使"创造"新的物种成为可能。人们采用多种手段来研究生物体,如采取化学角度的生物化学、在分子水平研究的分子生物学，以及从系统角度研究的宏观生物学和系统生物学。同时，随着人类基因组计划的实施和完成，开启了全面的基因组学、蛋白组学和生物信息学研究，以及新兴的神经生物学、脑科学和认知科学研究等，让人们可以更深入和细致地了解生命运行机制，揭示生命的奥秘。

图 2.3 华生和克里克发现 DNA 的双螺旋结构

21 世纪是生命科学的世纪，生物学是自然科学中发展最迅速的学科之一，人类对于生命奥秘的探索从未停止过。生物学作为自然科学中的一个基础学科，经历了从博物学、生物学、生物科学到生命科学的发展历程，从对自然生物的描述进入了结构功能、系统演化现象本质的研究，建立了生命科学的体系。达尔文所著的《物种起源》是生物学史上第一部关于生物进化的划时代著作。孟德尔发现的遗传学三大定律被认为是生物遗传的最基本规律，而华生和克里克发现的 DNA 双螺旋结构及核酸是生命本质的一系列重大发现，为微生物学的发展奠定了坚实的基础，从此生物正式摆脱了博物学的那种仅依靠观测、比较的方法，发展成为一门实验性学科。生命科学作为实验和理论紧密结合的学科，它的研究手段进入了实验与模拟这一综合的研究方法体系。

在生命科学的研究中，一方面，人们认识到用物理、化学和生物学方法研究生命的物质基础、能量转换、代谢过程等的重要性；另一方面，也认识到必须用信息科学的方法来研究生命信息，理解生命的工作机制，揭示生命的奥秘。由于 DNA 分子和蛋白质分子携带了遗传信息、功能信息及进化信息，它们成为了生物信息学研究的主要物质基础。

2.3　生命的有序结构

　　生物种类繁多，数量巨大，生命现象错综复杂。但是复杂的生命系统具有一些基本的共性，生物界具有严整有序的结构，包括分子、细胞、组织、器官、系统、个体、种群、群落、生态系统等多个层次。从分子成分来看，生命体中有蛋白质、核酸、脂肪、糖类、维生素等多种有机分子，其中蛋白质都是由 20 种氨基酸组成的，核酸主要由 4 种核苷酸组成，三磷酸腺苷（ATP）为储能分子。每一个层次中的结构单元，如器官系统中的各器官、各器官中的各种组织，都有特定的功能和结构，它们的协调活动构成了复杂的生命系统（见图 2.4）。所有生物编制基因程序的遗传密码是统一的，都遵循 DNA-RNA-蛋白质的中心法则。

　　不同生物体之间存在着差异，这种差异是由基因组所决定的。尽管各种生物体的基因组不一样，但是所有生物体都具有一种共同的成分——**细胞**（cell）。细胞是组成生物体的基本单位，也是生物体的遗传控制中心。细胞是生命得以有序运行的基础，组织、器官和个体的生命现象可以看成细胞活动的总和，因此细胞成为了生物学研究的首要对象。本节就对细胞的定义、功能、基本组成和分裂过程加以介绍。

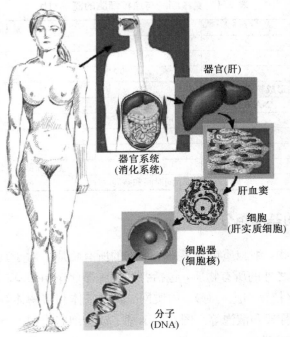

器官(肝)

器官系统
(消化系统)

肝血窦

细胞
(肝实质细胞)

细胞器
(细胞核)

分子
(DNA)

图 2.4　人体的有序结构

2.3.1　细胞的定义和功能

细胞并没有统一的定义，近年来比较普遍的提法是：细胞是生物体结构和功能的基本单位。除病毒之外，所有生物均由细胞组成，病毒生命活动也必须在细胞中才能体现。细胞是一切生命活动的基本单位，也是构成有机体的形态结构单位。细胞是有机体代谢与执行功能的基本单位，有机体的生长与发育依靠细胞增殖、分化与凋亡来实现。同时，细胞还是遗传的基本单位，每个细胞都具有遗传的全能性。

根据细胞内有无细胞核，可以将细胞分为两类，一类是原核细胞，如细菌、蓝藻的细胞。另一类是真核细胞，如酵母细胞。表 2.1 对比了真核细胞与原核细胞。原核细胞比真核细胞小，没有细胞核，结构也简单得多。核酸与蛋白质是细胞内的重要物质。核酸是细胞内的遗传物质，它们为细胞中的其他成分编码，编码信息一般贮存在 DNA 长链上。对于真核生物，DNA 主要聚集在染色质上。有些病毒将遗传物质贮存在 RNA 上。蛋白质则是细胞生物功能的执行者，发挥催化化学反应、物质运输和信息传递等功能。在整个生命世界里，这种物质交换和信息传递的分子基础也是高度一致的。

表 2.1　真核细胞与原核细胞的简单对比

比 较 项	真 核 细 胞	原 核 细 胞
细胞核膜	有	无
内含子	有	无
DNA 重复序列	有	有
DNA 是否与组蛋白形成核小体	形成	不形成
DNA 是否与蛋白质、RNA 联结	是	否
构成生物	可为多细胞	单细胞
衰老	有	无
分化	有	无
肿瘤发生	发生	无肿瘤概念(本身即肿瘤性质)
转录和翻译	不同时间和空间	同一时间和空间

2.3.2　细胞的基本组分

对于原核生物，细胞质包含了一个细胞的所有物质。对于真核生物，细胞质装载了除细胞核之外的所有物质，包括各种**细胞器**(organelle)。主要的细胞器有线粒体、叶绿体(植物细胞特有)、内质网、高尔基体和溶酶体等，细胞质还含有核糖体、细胞质骨架和液泡等。图 2.5 示意了动物细胞模型。下面简述真核生物中细胞的主要构成部分。

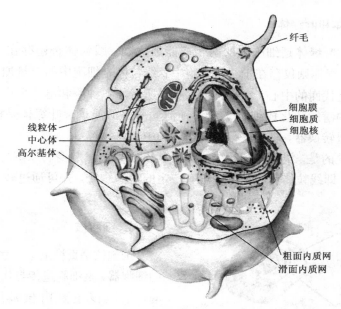

图 2.5　动物细胞模型

1. 细胞膜和细胞壁

细胞膜又称质膜，是指围绕在细胞最外层，由脂质和蛋白质组成的生物膜。细胞膜不仅是细胞结构的边界，使细胞具有一个相对稳定的内环境，同时在细胞与环境之间进行的物质交换、能量传递及信息传递过程中也起着决定性的作用。植物细胞在细胞膜之外还有细胞壁，它是无生命的结构，其组成成分是细胞分泌的产物，其功能是保护细胞。

2. 内质网

内质网是真核细胞重要的细胞器，由封闭的膜结构及其围成的腔形成互相沟通的网状结构。内质网是细胞内除了核酸以外的一系列重要的生物大分子的合成基地，如蛋白质、脂质和糖类。

3. 高尔基体

高尔基体是细胞内物质交换的中心。它的主要功能是将内质网合成的多种蛋白质进行加工、分类与包装，然后分门别类地运送到细胞特定的部位或分泌到细胞外。

4. 核糖体

核糖体是椭球形的粒状小体，主要由 RNA 和蛋白质构成。核糖体的功能是按照 mRNA 的指令将氨基酸合成蛋白质多肽链，提供蛋白质分子的合成场所。

5. 线粒体和叶绿体

线粒体和叶绿体是细胞内的两个产能细胞器。线粒体普遍存在于各类真核细胞中，而叶绿体则仅存在于植物细胞中。线粒体是细胞中的能量加工厂，是细胞呼吸和能量代谢的中心，它含有细胞呼吸所需的各种酶和电子传递载体，可以将各种养料的潜能转化成细胞实现各种活动所需的能量。叶绿体是植物细胞特有的一种能量转换器，它是进行光合作用的中心。

值得一提的是，线粒体和叶绿体都具有环状 DNA、自身转录 RNA 及翻译蛋白质的系统，即线粒体和叶绿体中含有一定的遗传物质，并可通过转录翻译合成蛋白质。

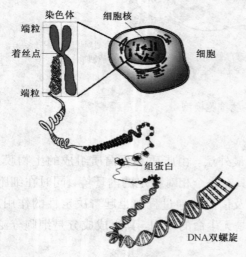

图 2.6 细胞核的基本结构

6. 细胞核

细胞核是真核细胞内最大、最重要的细胞器，是细胞遗传与代谢的调控中心。细胞核主要由核被膜、**染色体**（chromosome）、核仁及核骨架组成（见图 2.6）。细胞核是遗传信息的贮存场所，在这里进行基因复制、转录和转录初产物的加工，从而控制细胞的遗传与代谢活动。

7. 其他细胞器

其他细胞器包括溶酶体、中心体和细胞骨架等。溶酶体的功能是消化从细胞外吞入的颗粒和细胞本身产生的碎渣。溶酶体内含有许多水解酶，可催化蛋白质、多糖、脂类及 DNA 和 RNA 等大分子的降解。真核生物细胞中普遍存在由蛋白质纤维组成的三维网架结构，即由微管、微丝和中间纤维构成的细胞质骨架。微管与构建细胞壁、细胞定形、细胞内物质运输、信息传递及细胞的运动密切相关，微丝与肌肉收缩、细胞变形、细胞质流动等有关，中间纤维可能与细胞核定位、信息传递及 mRNA 运输有关。鞭毛和纤毛是细胞表面的附属物质，它们的功能是促进细胞运动。

2.3.3 细胞分裂

生物体由一个或者多个细胞组成。微观体积的绿藻、衣藻是单细胞的生物，单个细胞含有生命活动所需的全部物质。与单细胞生物相比，多细胞生物的一个主要优点是细胞类型的分化。分化的细胞具有各自特定的功能，执行特定的任务。而不同的细胞可以相互合作，完成单个细胞所不能完成的工作。特定功能的细胞聚集在一起，形成组织。人类有上皮组织、结缔组织、肌肉组织、神经组织等多种主要的组织类型。典型的脊椎动物有 200 多种分化的细胞。当一个细胞分化后，不能再转变成其他类型的细胞。虽然各种细胞的功能不同，但是它们具有相同的遗传物质、相同的基因，不同的仅仅是基因的表达模式。

　　一个细胞发展到一定时间就要分裂，变成两个细胞。在有丝分裂中，每个子细胞都得到一套完整的与亲细胞相同的遗传物质（见图 2.7）。在细胞真正分裂之前，细胞核中的每一条染色体都复制为两份。在细胞分裂过程中，这些复制的染色体彼此分开，并准确地分为完整的两组染色体，分别进入两个子细胞。细胞从一次分裂开始到下一次分裂开始所经历的全过程称为一个细胞周期。一个细胞的有丝分裂周期包括有丝分裂期（M 期）和分裂间期，而分裂间期又分为合成期（S 期）及合成期前后的两个间期（G1 期和 G2 期）。有丝分裂为单细胞生物提供了一种繁殖的机制，为多细胞生物提供了生长、发育的机制。

　　另一种细胞分裂方式是减数分裂（见图 2.8），它是生物体有性繁殖的基础。二倍体生物的体细胞中含有两套遗传物质，其中一套来自于母体，另外一套来自于父体。在减数分裂过程中，细胞首先进行遗传物质的复制，然后进行两次分裂，产生 4 个新的细胞，即性细胞。每个性细胞中的遗传物质只有一套，故性细胞又称为配子。当不同类型的配子（如精细胞、卵细胞）结合以后，形成合子（二倍体细胞），即受精卵。受精卵是一个新生命的开始，从受精卵出发，通过细胞反复不断的有丝分裂和分化，逐步成长发育成新的个体。例如，人类的体细胞是二倍体，有 46 条（23 对）染色体，

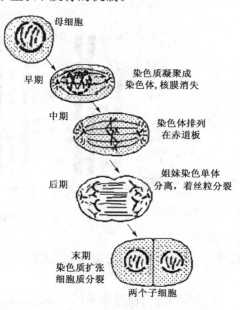

母细胞

早期　　　　染色质凝聚成
　　　　　　染色体，核膜消失

中期　　　　染色体排列
　　　　　　在赤道板

后期　　　　姐妹染色单体
　　　　　　分离，着丝粒分裂

末期
染色质扩张
细胞质分裂　　两个子细胞

图 2.7　有丝分裂过程

其中 44 条（22 对）为常染色体，另外两条为性染色体。经过减数分裂产生的性细胞（精子和卵子）是单倍体，仅有 23 条染色体。当精子和卵子结合以后，形成二倍体的受精卵，孕育出一个新的生命。

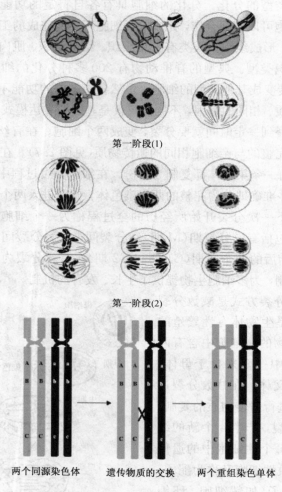

第一阶段(1)

第一阶段(2)

两个同源染色体　　　遗传物质的交换　　　两个重组染色单体

图 2.8　减数分裂过程

2.4　生命活动的动态运行

　　DNA 和蛋白质是细胞的基本组成部分，已知 DNA 是遗传物质的携带者，蛋白质是生物功能的执行者。那么从 DNA 到蛋白质，生物体是如何保证遗传密码被精确地表达，合成相应的蛋白质，并在合适的时间和空间里发挥作用呢？各种生命活动得以动态有序运行的法则是什么呢？在讨论了基因的基本概念之后，本节将详细阐释指导生命活动生态运行的基本法则——中心法则，并对生命活动的执行者——蛋白质的组成和结构进行介绍。

2.4.1　基因概述

1. 基因发现历史

人们很早就已经开始研究细胞中生物大分子的结构与功能。1857 年至 1864 年的 7 年间，孟德尔进行了豌豆的杂交研究（见图 2.9），1865 年发表了划时代的论文《植物杂交试验》。文中提出了"遗传因子"的概念，并得出了三条规律：显性规律、分离规律和自由组合规律。1866 年，孟德尔从实验中提出了假设：遗传因子是以生物成分存在的。

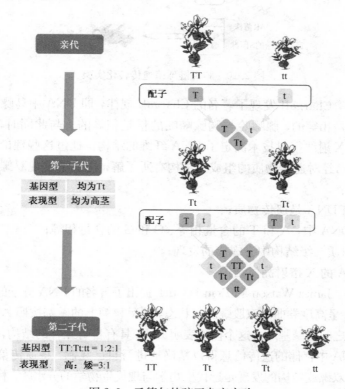

图 2.9　孟德尔的豌豆杂交实验

1871 年，Miescher 从死的白细胞核中分离出脱氧核糖核酸（DNA）。1909 年，丹麦遗传学家 Johansen 将孟德尔的遗传因子更名为**基因**（gene），希腊文意为"给予生命"。1933 年，美国遗传学家摩尔根将代表某一特定性状的基因与特定染色体联系起来，创立了染色体理论，使基因学说得到普遍承认。1944 年，美国微生物学家 Avery 等人经过 16 年的肺炎链球菌遗传转化研究，用实验证明了基因的化学本质是 DNA 分子（见图 2.10）。而在 Avery 和 McCarty 证明了

DNA 是生命器官的遗传物质以前，人们普遍认为染色体中的蛋白质携带基因，而 DNA 是一个次要的角色。

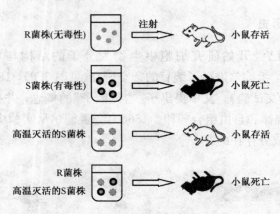

图 2.10 肺炎链球菌遗传转化实验

1944 年，Chargaff 发现了著名的 Chargaff 规律，即 DNA 中鸟嘌呤的量与胞嘧啶的量总是相等的，腺嘌呤与胸腺嘧啶的量是相等的。与此同时，Wilkins 和 Franklin 用 X 射线衍射技术测定了 DNA 纤维的结构。通过这些理论研究和实验方法，人们已经对遗传物质的组成和结构有所了解，构成了发现双螺旋结构的如下几个前提：

① 相信 DNA 是遗传物质；

② 在 DNA 中，A 和 T 的含量相等、C 和 G 的含量相等；

③ 蛋白质二级结构中 α 螺旋的发现；

④ DNA 的 X 衍射晶体结构。

1953 年，James Watson 和 Francis Crick 提出了著名的 DNA 分子的双螺旋结构模型。DNA 呈高度卷曲的双股螺旋链状态，脱氧核糖上的碱基按照 A-T 和 G-C 规律构成双链之间的碱基对。这个模型表明 DNA 具有自身互补的结构，根据碱基配对原则，DNA 中存储的遗传信息得以精确地进行自己复制，将遗传信息从亲代传递到子代。双螺旋结构的发现是近代生物学与现代生物学的分水岭，标志着生物学全面进入分子生物学时代。从此，生物学由宏观生物学进入微观生物学，生物学研究由形态、表型的描述逐步分解并细化到生物体的各种分子及其功能的研究。

2. 基因的内涵

人们常将基因比拟成盖楼的图纸、长成参天大树的种子，那么从生物学角度来说，基因的定义是什么呢？简单来说，基因是生命的密码，是染色体上的一段 DNA。更严格的定义是：基因是编码蛋白质或 RNA 分子的遗传信息的基本遗传单位。基因的物质载体是染色体。染色体由 DNA、蛋白质和少量 RNA 组成，基因在染色体上呈线性排列。

那么，任何一段 DNA 都是基因吗? 答案是否定的。一般认为，基因是可以被转录的 DNA 片段，包括启动子、编码序列和使 RNA 聚合酶停止的信号。图 2.11 给出了原核生物和真核生物的基因组成结构。原核生物可以由基因直接转录得到 mRNA。而真核生物的蛋白质编码基因有别于原核生物，由基因转录的 mRNA 前体包括外显子和内含子，外显子可翻译为蛋白质，内含子则要在mRNA 成熟化过程中被剪切除去。因此，真核生物的 mRNA 前体通过进一步的剪切才能成为成熟的 mRNA。

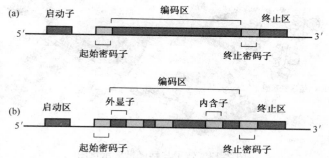

图 2.11　原核生物和真核生物的基因结构。(a)原核生物;(b)真核生物

2.4.2　中心法则

1954 年，Crick 提出了遗传信息传递的规律，即 DNA 是合成 RNA 的模板，RNA 又是合成蛋白质的模板，称为**中心法则**(central dogma)。作为分子生物学的基本法则，中心法则对以后分子生物学和生物信息学的发展都起到了极其重要的指导作用。20 世纪 70 年代，逆转录酶的发现是对中心法则的补充和丰富。

中心法则认为: DNA 核苷酸序列是遗传信息的贮存者，它通过自主复制得以永存，通过转录生成信使 RNA 进而翻译成蛋白质的过程来控制生命现象。这一法则适用于地球上的所有生物，体现了生命的统一性。分子生物学的中心法则见图 2.12，它说明了遗传信息由 DNA 分子到 RNA 再到蛋白质的传递过程。生物体的遗传信息以密码形式编码在 DNA 分子上，表现为特定的核苷酸排列顺序，并通过 DNA 的**复制**(replication)使遗传信息从亲代传向子代。在后代的生长发育过程中，DNA 分子中的遗传信息**转录**(transcription)到 RNA 分子中(即 RNA 聚合酶以 DNA 为模板合成 RNA)，再由 RNA **翻译**(translation)生成体内各种蛋白

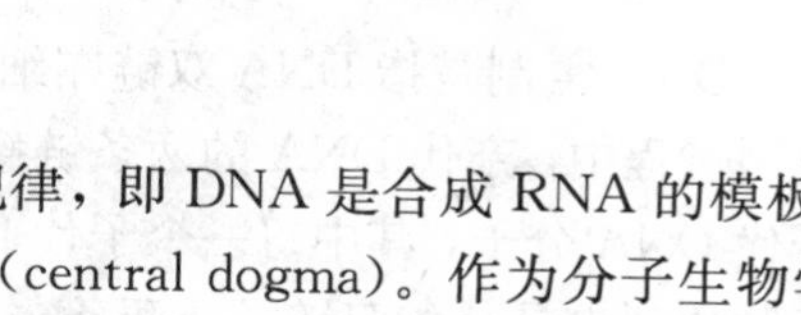

图 2.12　中心法则的基本过程

质，行使特定的生物功能。这样，通过遗传信息从亲代传向子代，并在子代表达，使子代获得了亲代的遗传性状。RNA 也能通过复制过程合成出与其自身相同的分子。此外，生物界还存在由 RNA 指导的 DNA 合成过程，即**逆转录**（reverse transcrip tase），这一过程发现于逆转录病毒中。通过基因转录和翻译得到的蛋白质分子可以反过来作用于 DNA，调控其他基因的表达。

由中心法则可知，DNA 控制着蛋白质的合成。整个过程包括 DNA 复制、转录、翻译、蛋白质合成和逆转录（见图 2.13）。

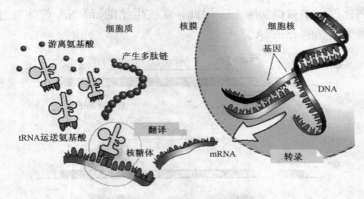

图 2.13　转录与翻译过程示意图

1. 复制：DNA→DNA

DNA 复制是指 DNA 双链在细胞分裂之前的分裂间期进行的复制过程。在复制过程中，亲代 DNA 的两条链解开，每条链作为新链的模板，从而形成两个子代 DNA 分子，其中每一个子代 DNA 分子包含一条亲代链和一条新合成的链。复制的结果是一条双链变成两条一样的双链，每条双链都与原来的双链相同。这个过程通过边解旋、边复制和半保留复制机制得以顺利完成。半保留复制可以保证遗传消息的准确传代，是遗传稳定性的分子基础。

2. 转录：DNA→RNA

以 DNA 为模板，在 RNA 聚合酶（RNA polymerase）的作用下合成 mRNA，将遗传信息从 DNA 分子上转移到 mRNA 分子上，这一过程称为转录。在体内，转录是基因表达的第一阶段，也是基因调节的主要阶段。转录可产生 DNA 复制的引物。在转录过程中，DNA 模板被转录方向从 3′端向 5′端；RNA 链的合成方向从 5′端向 3′端。

RNA 的转录过程一般分为两步：第一步合成原始转录产物（过程包括转录的启动、延伸和终止）；第二步是转录产物的后加工，使无生物活性的原始转录产物转变成有生物功能的成熟 RNA。

3. 翻译：RNA→蛋白质

翻译是将 mRNA 分子上的遗传信息转换成多肽的氨基酸排列顺序的过程，是基因表达的第二个阶段。因为 mRNA 是蛋白质合成的直接模板，合成过程实质上是将 mRNA 的核苷酸序列转换为蛋白质的氨基酸序列，是两种不同分子"语言"的转换，所以把以 mRNA 为模板的蛋白质合成过程称为翻译。

由于 mRNA 分子中只有 4 种碱基，而蛋白质中有 20 种氨基酸，显然单个碱基不能为氨基酸编码。如果 mRNA 序列中每两个相邻的碱基决定一个氨基酸残基，则只能表示 $4^2=16$ 种氨基酸；如果三个相邻碱基对应一个氨基酸，那么所能表示的氨基酸有 $4^3=64$ 种，可以满足 20 种氨基酸的编码需要。因此，mRNA 序列上三个相邻的碱基组成一个**密码子**(codon)，或称三联体密码，一个密码子对应一种氨基酸。至 1966 年，20 种氨基酸对应的 61 个密码子和 3 个终止密码子全部被查清(见表 2.2)。

表 2.2　通用遗传密码表

第二个碱基

第一个碱基	U	C	A	G	第三个碱基
U	UUU UUC 苯丙氨酸 UUA UUG 亮氨酸	UCU UCC UCA UCG 丝氨酸	UAU UAC 酪氨酸 UAA 终止密码子 UAG 终止密码子	UGU UGC 半胱氨酸 UGA 终止密码子 UGG 色氨酸	U C A G
C	CUU CUC CUA CUG 亮氨酸	CCU CCC CCA CCG 脯氨酸	CAU CAC 组氨酸 CAA CAG 谷酰胺	CGU CGC CGA CGG 精氨酸	U C A G
A	AUU AUC AUA 异亮氨酸 AUG 甲硫氨酸	ACU ACC ACA ACG 苏氨酸	AAU AAC 天冬酰胺 AAA AAG 赖氨酸	AGU AGC 丝氨酸 AGA AGG 精氨酸	U C A G
G	GUU GUC GUA GUG 缬氨酸	GCU GCC GCA GCG 丙氨酸	GAU GAC 天冬氨酸 GAA GAG 谷氨酸	GGU GGC GGA GGG 甘氨酸	U C A G

遗传密码的基本特征如下。

① 特殊密码子。在 64 个密码子中，UAG、UAA 和 UGA 是不编码的，它们的作用是引起翻译的终止，称为终止密码子(stop codon)。此外，AUG 既是甲硫氨酸的密码子，又是多肽合成的起始密码子(start codon)。

② 密码的简并性。大多数氨基酸所对应的密码子不止一种，20 种氨基酸中的 18 个具有多个密码子，这一现象称为密码的简并性(degeneracy)。由于密码子的简并性，在 DNA 复制和转录过程中即使发生某些错误，蛋白质的氨基酸序

列仍能不受影响，尤其当突变（遗传物质发生改变）发生在密码子的第三位时更是如此。通常，三联体密码子中的一个碱基的改变不足以引起所编码的氨基酸的改变。遗传密码是非常可靠的，能够尽可能地减少由于基因中核苷酸序列错误而导致所编码氨基酸出错的程度。

③ 密码无标点符号。即两个密码子之间没有任何起标点符号作用的密码子加以隔离。阅读密码必须按照一定的读码框架，从一个正确的起点开始，逐个顺次向下阅读，直到终止信号处停止。若插入或缺失一个碱基，就会使这一碱基之后的读码发生错误，这种错误称为移码。

④ 线性、不重叠。3 个碱基组成一个密码，密码之间是否有重叠呢？例如，对于序列 AAGGUCUUC，不重叠的 3 个密码子是 AAG、GUC 和 UUC，如果重叠一个碱基，则形成 4 个密码子：AAG、GGU、UCU 和 UUC。到目前为止，人们还没有发现密码重叠的现象。

⑤ 密码的通用性。各种高等和低等的生物（包括病毒、细菌和真核生物）基本上共用同一套密码。最初遗传密码的解读是在体外大肠杆菌无细胞蛋白质合成体系中得到的，迄今为止，除线粒体等细胞质基因外，反映编码规律的遗传密码表几乎是通用的。

进一步，统计不同氨基酸对应的密码子数目（见表 2.3）。可以发现，除 Arg 之外，编码某一氨基酸的密码子越多，该氨基酸在蛋白质中出现的频率就越高。

表 2.3　20 种氨基酸对应的密码子数目

氨　基　酸	密码子数目	氨　基　酸	密码子数目
丙氨酸	4	亮氨酸	6
精氨酸	6	赖氨酸	2
天冬酰胺	2	甲硫氨酸	1
天冬氨酸	2	苯丙氨酸	2
半胱氨酸	2	脯氨酸	4
谷酰胺	2	丝氨酸	6
谷氨酸	2	苏氨酸	4
甘氨酸	4	色氨酸	1
组氨酸	2	酪氨酸	2
异亮氨酸	3	缬氨酸	4

4. RNA 的反转录与 cDNA

人们最初以为遗传信息只能从 DNA 到 mRNA，再从 mRNA 翻译成蛋白质，由蛋白质来表达这些信息，实现生物功能。1970 年，Baltimore 和 Temin 等人发现有些 RNA 病毒能够将 RNA 反转录成 DNA，并找到了促成这一过程的反转录酶。反转录酶可在试管里把 mRNA 反转录成 DNA。这些 DNA 没有内含子，称为 cDNA。

反转录酶的发现对于遗传工程技术起到了很大的推动作用，目前它已成为一种重要的工具酶。基因工程技术中最常用的获取目标基因的方法是：用组织细胞提取 mRNA 并以它为模板，在反转录酶的作用下，合成出互补的 DNA（cDNA），由此构建 cDNA 文库（cDNA library），从中筛选特异的目标基因。

5. 由中心法则引发的思考

1）如何产生组织分化

从遗传学的角度讲，人体的肝细胞、脑细胞甚至大脚趾细胞之间并不存在差异。既然这些细胞内的基因完全相同，那么为什么人体能够产生各种不同的组织呢？

这是因为不同组织中的细胞只表达其中一部分基因，即只表达基因的一个子集，而且发育过程中基因子集的表达会受到严格的控制，这些控制包括地点（哪些细胞表达或不表达某些特定的基因）、时间（发育过程中基因开或关的时间）和表达数量（一个细胞需要某种编码蛋白质的数量可能是 2 个或者 2 万个）上的严格调控。

2）一个基因能否产生多个蛋白质

答案是肯定的。基因重排、RNA 编辑和**可变剪接**（alternative splicing）等机制可以从一个基因产生多种蛋白，从而使蛋白质组中蛋白质的数量大大超过基因组中基因的数量。从影响的基因数量和生物种类范围来看，可变剪接是扩大蛋白质多样性的最重要的机制。可变剪接的基本过程如图 2.14 所示。

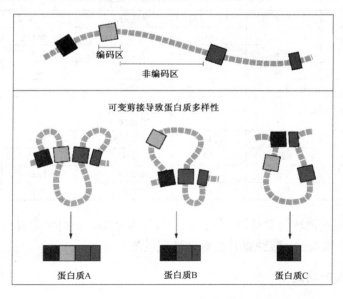

图 2.14　可变剪接过程示意图

可变剪接包括 3 种类型：内含子的保留；可变外显子的保留或切除；3′和 5′剪接位点的转移(shift)导致外显子的增长或缩短。通过可变剪接，单独一个基因可能产生十几种剪接异构体，有些基因甚至能够产生成千上万种剪接异构体。最突出的例子是果蝇的 Dscam 基因，通过可变剪接可能产生 38 000 多种 mRNA 异构体。

2.4.3 蛋白质解说

蛋白质是生物体内占有特殊地位的生物大分子，它是生物体的基本构件，也是生命活动的重要物质基础，几乎一切生命现象都要通过蛋白质的结构与功能而体现出来。因此，在分子生物学中，阐明蛋白质的结构与功能是探索生命奥秘的最基本任务。生物体内蛋白质种类繁多，结构各异，功能也多种多样。

1. 蛋白质定义

蛋白质是由许多**氨基酸**(amino acids)通过**肽键**(peptide bond)相连形成的高分子含氮化合物。氨基酸是蛋白质的基本组成单位。自然界中存在的氨基酸有 300 余种，但是组成人体蛋白质的氨基酸仅有 20 种。表 2.4 给出了 20 种标准氨基酸的名称和英文缩写。

表 2.4　20 种标准氨基酸的英文简写

氨基酸名称	英文缩写	简　　写	氨基酸名称	英文缩写	简　　写
甘氨酸	Gly	G	丝氨酸	Ser	S
丙氨酸	Ala	A	苏氨酸	Thr	T
缬氨酸	Val	V	天冬酰胺	Asn	N
异亮氨酸	Ile	I	谷酰胺	Gln	Q
亮氨酸	Leu	L	酪氨酸	Tyr	Y
苯丙氨酸	Phe	F	组氨酸	His	H
脯氨酸	Pro	P	天冬氨酸	Asp	D
甲硫氨酸	Met	M	谷氨酸	Glu	E
色氨酸	Trp	W	赖氨酸	Lys	K
半胱氨酸	Cys	C	精氨酸	Arg	R

按照氨基酸物理化学属性，可将氨基酸分为 4 类，分别为非极性疏水性氨基酸、极性中性氨基酸、酸性氨基酸和碱性氨基酸。

2. 蛋白质的功能

作为生物体的重要组成成分，蛋白质具有多种生物学功能。蛋白质最重要的生物学功能就是作为**酶**(enzyme)，催化体内的各种新陈代谢过程。同时，它还是有机体的重要结构成分。有些蛋白质具有激素功能，参与代谢调节，还有些蛋白质作为具有免疫功能的抗体参与免疫反应。

蛋白质的功能主要有以下几个方面。

① 酶的催化作用。几乎所有生物体系中的化学反应都被一种称为酶的大分子所催化，酶具有极强的催化能力，它们能将反应的速率提高至少 100 万倍。而在没有酶的情况下，生物体内的很多反应几乎不可能进行。常见的酶有脱氢酶、合成酶、蛋白酶、转移酶和激酶等。酶在维护细胞正常生理状态方面起着至关重要的作用。目前，已经发现的酶有几千种之多，且所有已知的酶都是蛋白质。

② 物质运载和贮存作用。很多小分子和离子是由专一蛋白质来运载的。例如，血红蛋白在红血球中运载氧，而一种相似的蛋白质——肌红蛋白，则在肌肉中运送氧；铁在血浆中为转铁蛋白所运载，而在肝中则与铁蛋白形成复合体贮存起来。

③ 营养贮存作用。许多蛋白质用于贮存营养，如卵清蛋白和酪蛋白。

④ 运动协调作用。蛋白质是肌肉的主要成分，肌肉的收缩是通过两种蛋白丝的滑动来完成的。在微观水平上，这样的协调动作，例如在有丝分裂过程中染色体的运动，以及精子靠鞭毛推动等，都是由具有特殊结构的蛋白质产生的。

⑤ 机械支持作用。结构蛋白具有保护生物体的作用。例如，胶原蛋白是肌腱、软骨、皮肤的主要构成部分，使它们具有高抗张强度；角蛋白是毛发、指甲、羽毛的主要构成部分；蚕丝蛋白是蜘蛛网的主要构成部分。

⑥ 免疫保护作用。抗体是高度专一的蛋白质，它们能够识别病毒、细菌及来自其他有机体的细胞，并与这些异物结合。蛋白质在区别自身和非自身中起着重要的作用。

⑦ 信号接受与传导作用。例如，受体蛋白接受与传递调节信号，嗅觉蛋白感受化学信号，视紫红质感受光信号。

⑧ 生长和分化的控制作用。遗传信息的受控顺序表达，对于细胞有序地生长和分化是十分重要的。例如，转录因子蛋白调控基因的表达，控制基因表达时空顺序；神经生长因子是一种蛋白复合体，在高等生物体中引导形成神经回路；胰岛素调控生物体内的糖代谢过程。

要注意的是，一种蛋白质的功能固然重要，但在具体的生物反应过程中，往往有多种蛋白质参与协同发挥作用。进一步，生命活动是众多蛋白质同时作用的结果，相互作用的蛋白质系统组成了所有生命活动的基础。

3. 蛋白质的分子结构

按照蛋白质的不同组织层次，蛋白质的分子结构分为**一级结构**（primary structure）、**二级结构**（secondary structure）、**三级结构**（tertiary structure）和**四级结构**（quaternary structure），其中二级、三级、四级结构称为高级结构。对于蛋白质各结构层次之间的关系而言，一级结构是最基本的，一级结构决定了其他各层次的高级结构。

1) 蛋白质的一级结构

蛋白质的一级结构是指多肽链中氨基酸的排列顺序和可能存在的二硫桥的位置。起作用的主要化学键是肽键。肽键是由一个氨基酸的 α 羧基与另一个氨基酸的 α 氨基脱水缩合而形成的化学键（见图 2.15）。一级结构是蛋白质空间构象和特异生物学功能的基础。

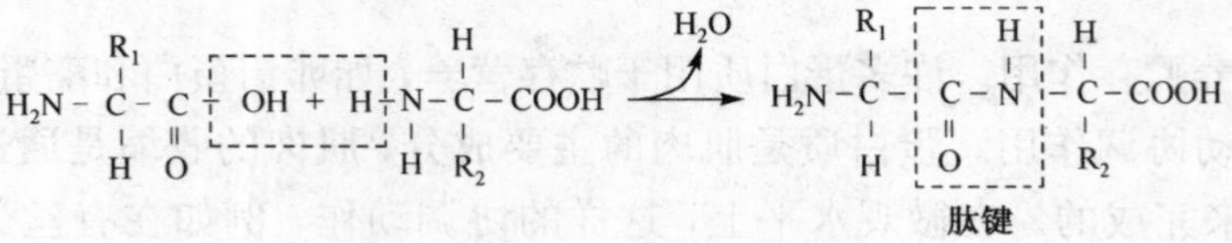

$$H_2N-\overset{H}{\underset{O}{C}}-\overset{}{C}+OH+H-\overset{}{N}-\overset{H}{\underset{R_2}{C}}-COOH \xrightarrow{\ H_2O\ } H_2N-\overset{R_1}{\underset{H}{C}}-\overset{}{\underset{O}{C}}-\overset{H}{N}-\overset{H}{\underset{R_2}{C}}-COOH$$

肽键

图 2.15 肽键示意图

2) 蛋白质的二级结构

蛋白质的二级结构是指蛋白质分子中某一段肽链的局部空间结构，即该段肽链主链骨架原子的相对空间位置，并不涉及氨基酸残基侧链的构象。稳定因素是氢键。蛋白质二级结构的主要形式有 α 螺旋（α-helix）、β 折叠（β-pleated sheet）、β 转角（β-turn）和无规卷曲（random coil）等，如图 2.16 所示。

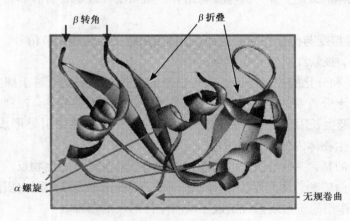

图 2.16 蛋白质的二级结构

α 螺旋是蛋白质中最多的二级结构，其平均长度是 10 个氨基酸残基，长度范围在 5～40 个氨基酸之间，通常位于内核的表面，疏水残基向内，亲水残基向外。β 折叠一般不单独出现，而是成对或多个出现。β 折叠的常见类型有两种：平行折叠和反平行折叠。β 转角在肽链内形成 180°回折，通常包含 4 个氨基酸残基。无规卷曲是没有确定规律性的肽链结构，用于介导蛋白质-蛋白质之间的相互作用。

3）蛋白质的三级结构

蛋白质的三级结构是指整条肽链中全部氨基酸残基的相对空间位置，即肽链中所有原子在三维空间的排布位置。其稳定因素包括疏水键、离子键、氢键和范德华力（Van der Waals）等。

另外，还存在一些超二级结构，如**模体**（motif）和**结构域**（domain）。在蛋白质分子中，2 个或 3 个具有二级结构的肽段，在空间上相互接近，形成一个具有特殊功能的空间构象，称为模体（见图 2.17）。模体体现为超二级结构或二级结构的组合，如一个 α 螺旋通过一个 β 转角连接另一个 α 螺旋。图 2.17 给出了两种典型的蛋白质模体结构。此外，大分子蛋白的三级结构常常可以分割为一个或数个球状或纤维状的区域，折叠得较为紧密，具有特定的功能，称为结构域。常见的结构域约含 100～200 个氨基酸残基，具有三维构象，往往是模体的组合。结构域既是结构单位，也是功能单位，可以独立行使生物学功能。在含有多个结构域的蛋白质中，各个结构域以一段柔性肽链连接或者相互紧密接触，并且不同的结构域与不同的功能相关联。

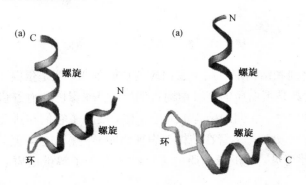

图 2.17　蛋白质模体举例。(a)螺旋-环-螺旋；(b)锌指结构

4）蛋白质的四级结构

每条具有完整三级结构的多肽链，称为亚基（subunit）。蛋白质分子中各亚基的空间排布及亚基接触部位的布局和相互作用，称为蛋白质的四级结构。亚基之间的结合力主要是氢键和离子键。

5)蛋白质结构与功能的关系

蛋白质的一级结构到四级结构如图 2.18 所示。蛋白质的氨基酸组成就像一个个积木块，蛋白质的一级结构是空间构象的基础，它确定了氨基酸的链接顺序；二级结构决定了氨基酸的邻里关系；三级结构让各个氨基酸构成一种和谐状态；而四级结构是两个以上造型的组合。那么，蛋白质复杂的结构又是如何产生并保持的呢？目前公认的原则是自由能最小原则，即蛋白质各种成分之间在化学能上具有最小自由能的状态是最稳定的。这也是蛋白质高级结构预测的基础。

蛋白质的结构决定功能，即特定的结构使其能够完成特定的生物学功能。如酶通过特定的构象产生催化作用、蛋白质之间由于互补的结构而发生相互作用等。通常情况下，蛋白质的结构保持着一定的稳定性。如果蛋白质的折叠发生错误，即蛋白质的构象发生改变，则可能影响其功能，严重时可导致疾病发生，如疯牛病等。

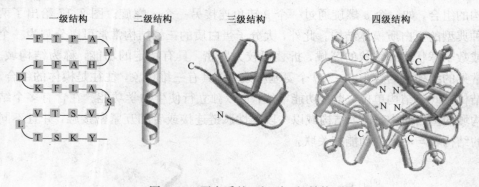

图 2.18 蛋白质的一级到四级结构

蛋白质的序列和结构都可用于蛋白质的功能预测，但是蛋白质的结构要比序列保守得多，尤其是蛋白质的高级结构。例如，肌球蛋白和血红蛋白都是最早测定结构的蛋白质之一，它们的结构惊人地相似，反映了它们在进化上的关系和作为氧携带者的保守功能。尽管在结构上表现出明显的相似性，但其序列的一致性只有 26%。由此可见，解析蛋白质的多级结构对于了解蛋白质功能和进化关系都具有重要意义。

2.5 生物学研究展望

现代生物学研究发现，所有生物体中的有机大分子都是以碳原子为核心，并以共价键的形式与氢、氧、氮及磷等以不同方式构成。不仅如此，一切生物体中的各类有机大分子都是以完全相同的单体，如蛋白质分子中的 20 种氨基酸、DNA 及 RNA 中的 8 种碱基所组合而成的，由此产生了分子生物学的 3 条基本原理。

1. 构成生物体各类有机大分子的单体在不同生物中都是相同的；
2. 生物体内一切有机大分子的构成都遵循共同的规则；
3. 某一特定生物体所拥有的核酸及蛋白质分子决定了它的属性。

正是由于不同生物体都由生命大分子组成，并遵循同样的运行规则，因此分子生物学成为生命科学最重要的研究基础。生命科学的研究过程不断地从宏观走向微观，从最初对动植物的整体形态学描述而开启的遗传学研究，到对组织器官的解剖学研究，再到单个细胞组分的细胞生物学研究，最后到以核酸、RNA 和蛋白质等有机大分子为对象的分子生物学研究，生命科学研究的对象不断细化，有关生命活动的微观运行规律不断被揭示。

随着实验技术的进步，科学家已经可以在单个分子水平上对生命进行精细的研究，如基因组的大规模测序、转录组的基因芯片研究、基于质谱技术的蛋白质组学研究等。通过 X 晶格射线、核磁共振、质谱等，可以精确地测定单个分子的空间结构。但是随着海量数据的发现和生物信息的大爆炸，人们已经不满足仅从微观角度对生命的砖块进行敲敲打打，而且从分子角度也不足以揭示整个生命大厦的运行规律。因此，基因组学、转录组学、蛋白质组学和代谢组学等以某一类分子的总体作为对象的组学研究开始蓬勃兴起，用于研究一个生物系统内所有组成成分的变化规律及相互作用关系的系统生物学登上了历史舞台。同时，人们期望采用各种分析手段，如数学、计算机、信息科学的方法来处理海量的数据，挖掘深藏的生命规律，从而使生物信息学成为生命科学研究的必要工具。进一步，人们开始着手从头设计生命，改造生命，由此催生了合成生物学和基因工程技术的迅猛发展。可以说，生命科学的发展历程是从宏观走向微观，又从微观走向宏观，对于生命体的系统性、动态性和差异性的研究成为生物学研究发展的必然方向。

20 世纪后期分子生物学的突破性成就，使生命科学在自然科学中的位置发生了革命性的变化，现已聚集起更大的力量，酝酿着更大的突破走向 21 世纪。生命科学的发展和进步也向数学、物理、化学、信息、材料及许多工程科学提出了很多新问题、新思路和新挑战，带动了其他学科的发展和提高。生命科学正在成为自然科学中进展最迅速、最具活力和生气的领域，成为新世纪的带头学科。

习题

1. 分析在不同物种中各密码子的使用频率，考察其是否与物种相关。
2. 分析蛋白质 RAF 的基本生物化学属性，包括分子质量、残基数目、等电点、疏水性和基本的氨基酸组成。
3. 采用二级结构预测软件分析蛋白质 RAF 的信号肽及疏水区等。

参考文献

1. 泽瓦勒贝，鲍姆. 理解生物信息学. 李亦学等，译. 北京：科学出版社，2012.
2. 朱玉贤等. 现代分子生物学(第三版). 北京：高等教育出版社，2011.
3. 吴庆余. 基础生命科学(第二版). 北京：高等教育出版社，2006.
4. 孙啸，陆祖宏，谢建明. 生物信息学基础. 北京：清华大学出版社，2005.
5. 佩特斯科，林格. 蛋白质结构与功能入门. 葛晓春等，译. 北京：科学出版社，2009.

第3章 生物信息学算法介绍

算法是生物信息学的立根之本，工具是生物信息学的研究利器。尽管实验提供了观测手段，给了我们海量的数据，却不能告诉我们最终的结果。从数据中挖掘知识，由分析来指导实验设计，生物信息学正在成为生物学研究中最重要的不可缺失的一环。它能否带我们去伪存真，诠释生命，发现奥秘呢？

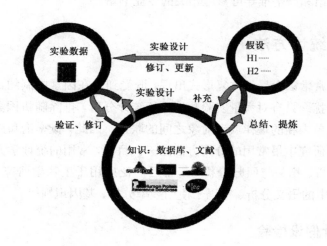

3.1　生物信息学算法概述

随着基因组和蛋白质组研究的不断深入，生物信息学在生物数据分析和处理中的应用越来越广泛，并使现代生物学研究方法发生了深刻的改变。现代生物研究更多地依赖信息技术的分析结果来提供进一步研究的线索和依据，强有力的数据处理分析工具成为现代生物科学研究发展的关键。本章介绍生物信息学研究的常用算法，包括统计方法、特征提取和模式分类方法，以及对分类模型的评估算法。这些算法在后续各章介绍的不同层面的组学数据处理中都有应用案例，而算法的详细介绍和严格推导可参考相关的专业书籍。

3.2　数学统计方法

生物活动常常以大量的重复形式出现，既受到内在因素的制约，又受到外界环境的随机干扰。只有对大量实验数据进行统计分析，排除随机因素的干扰，才能发现研究对象内在的规律或者对象之间的联系。因此，概率论和数学统计已成为现代生物学研究中最常用的分析方法之一。目前，常用的统计学方法包括假设检验、因素分析、相关与回归分析等，都已广泛应用于生物学研究的各个领域，如 DNA 语言中的语义分析、密码子使用频率分析、基因识别等。

3.2.1　统计假设检验

某事发生了，是由于碰巧，还是由于必然的原因呢？统计学家运用显著性检验来处理此类问题。假设检验是用来判断样本与样本、样本与总体的差异是由抽样误差引起还是由本质差别造成的统计推断方法。其基本原理是先对总体的特征进行某种假设，然后通过抽样研究的统计推理，对应该拒绝还是接受此假设进行推断。

生物现象的个体差异是客观存在的，以至于抽样误差不可避免，所以不能仅凭个别样本的值来下结论。当两组或多组样本的均数不同，或样本均数与已知总体均数不同时，应当考虑到造成这种差别的可能原因有两种：一是这几组样本来自同一总体，其均数差别仅仅由于抽样误差即偶然性所造成；二是这几组样本来自不同的总体，其均数差别虽然受抽样误差影响，但主要是由实验因素不同所引起的。假设检验的目的就是要排除抽样误差的影响，寻找具有统计意义上的显著差别，并了解事件可能发生的概率。

1. 假设检验的基本思想

假设检验基于概率论，认为事件的发生不是绝对的，只是可能性大小而已。其基本思想是反证法，即当一件事情的发生只有两种可能 A 和 B，为了肯定其中的一种情况 A，但又无法直接证实 A 时，通过否定另一种可能 B，就能间接地肯定 A。例如，考察两组样本的均值之间是否存在显著差异。可能的选择有两种：第一，无显著性差别，表示两组样本所代表的总体均值相同，只是由于抽样误差造成了样本均数的差别；第二，有显著性差别，表示两组样本所代表的总体均值不同。为了得到第二个结论，首先假定两组数据没有差别（第一种可能），然后判断在这种情况下获得当前这些抽样数据的可能性，如果在完全随机的情况下能够获得当前抽样数据的可能性非常小（小于一个特定的阈值），那么就说明假设不成立，即两组数据之间存在显著的差异。

假设检验过程一般包括以下 5 个步骤（见图 3.1）。

① 建立假设：假设样本来自某一特定总体。

检验假设（原假设，H_0）：两个总体均数相等；

备择假设（H_1）：与 H_0 相反。

② 确定显著性水平（α）：确定最大允许误差，区分大小概率事件的标准。

③ 计算统计量：选择不同的统计方法，如 U 检验或 T 检验，计算检验统计量，即样本与总体的偏离程度。

④ 确定概率值：根据特定分布计算与检验统计量对应的 P 值。

⑤ 做出推论：根据小概率反证法思想进行推断。

接受检验假设：当 $P \leqslant \alpha$ 时，拒绝 H_0，接受 H_1。

拒绝检验假设：当 $P > \alpha$ 时，不能拒绝 H_0，不能接受 H_1。

2. 假设检验的常用方法

最常见的假设检验可以大致归纳为独立性检验（如给定两个随机变量的样本，未知其分布情况，判定其是否独立）、差异显著性检验等（见表 3.1）。针对待解决问题中样本满足的分布不同，可选定相应的假设检验方法。常用的假设检验方法包括 3 类：正态分布检验、正态总体均值分布检验、非参数检验。其中，正态分布检验的应用范围最广，但要求样本满足正态总体的假设。在实际应用中，不能预知样本是否来自正态总体，可以考虑非参数检验方法，如 MATLAB 的统计工具箱提供了符号检验与秩和检验两种非参数检验方法。

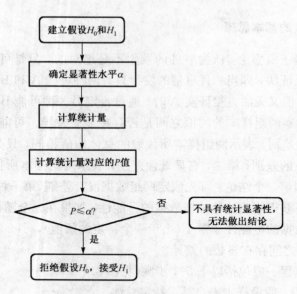

图 3.1 假设检验的基本流程

表 3.1 不同问题对应的假设检验方法

待解决的问题	假设检验方法
比较差别	卡方检验、T 检验、U 检验、F 检验、秩和检验等
联系	相关、回归分析
筛选影响因素	回归分析
推测	回归分析
分类	聚类、回归分析
鉴别	判别分析
综合变量信息	主成分分析
寻找潜在支配因素	因子分析

正态总体均值检验主要分为如下两种情况。

① T 检验（T test）适用于小样本的均值差异检验，特点是在均方差未知的情况下，可以检验样本平均数的显著性，分为单侧检验与双侧检验。当为双样本检验时，在双样本 T 检验中要用到 F 检验。

② Z 检验一般用于大样本（即样本容量大于 30）的均值差异性检验。

在生物信息学的研究中，为了分析生物系统的结构特性，有时需要人为地构建随机网络，用来构成参照网络，以发现真实网络的特有属性。例如，在网络模体发现过程中，通过随机化网络连接的方法构建 1000 个随机网络，采用经验 P 值来衡量真实网络中模体数量上的富集和缺失的统计显著性。又如，分析生物网络的无尺度特性时,采用随机化网络的方法构建对照集合,以发现真实网络的连接规律与随机网络是否有显著差别。

3. 假设检验举例

下面举例说明如何利用 T 检验比较两组样本的均值是否存在显著性差别。为了进行独立样本 T 检验,需要一个自(分组)变量(如性别:男、女)与一个因变量(如测量值),然后根据自变量的特定值比较各组中因变量的均值。表 3.2 给出了一组男女童身高的抽样数据,下面利用 T 检验比较其平均身高是否有显著差异。

表 3.2　10 个样本的身高数据

测试对象编号	性　别	身高(厘米)	测试对象编号	性　别	身高(厘米)
1	男	111	6	女	102
2	男	110	7	女	104
3	男	109	8	女	105
4	男	105	9	女	100
5	男	100	10	女	106

① 建立假设

H_0:男女平均身高相等

H_1:男女平均身高不相等

② 将表 3.2 的数据加载到 SPSS 软件中,男女对应身高各为一列。

③ 选择 SPSS 中 compare means 菜单的独立样本 T-test。选择双侧检验,以及统计显著性水平 alpha=0.05,运行。

④ 从输出结果查看 T 检验的 P 值,显示 $P=0.1480>0.05$,说明两组样本的均值差异没有达到显著水平。因此,接受 H_0 假设,即男女身高没有显著差异。

2. 假设检验的 P 值

用 SAS、SPSS 等专业统计软件进行假设检验时,在检验结果中通常会给出 P 值(Probability,P-Value),P 值是进行检验决策的一种依据。P 值即概率,反映某一事件发生的可能性大小。统计学根据显著性检验方法所得到的 P 值,一般以 $P<0.05$ 为显著,$P<0.01$ 为非常显著,其含义是样本间的差异由抽样误差所致的概率小于 0.05 或 0.01。实际上,P 值不能赋予数据任何重要性,只能说明某事件发生的概率。

以两种药物是否具有等效性的假设检验为例,在理解 P 值时应注意以下几点。

① P 值仅反映两组差别有无统计学意义，P 值的大小不表示两组数据差别的大小。例如，与对照组相比，A 药取得 $P<0.05$，B 药取得 $P<0.01$，并不表示 B 的药效比 A 强。

② 当 $P>0.05$ 时，认为两者无显著差异。但并不能否认无效假设，得出两种药物等效的结论。认为"两组差别无显著意义"与"两组基本等效"是相同的做法，是缺乏统计学依据的。

③ 显著性检验只是统计结论，判断差别还要根据专业知识。

3.2.2 回归与相关

医学上，许多现象之间都有相互联系，例如身高与体重、父亲身高与儿子身高、体温与脉搏、产前检查与婴儿体重、乙肝病毒与乙肝等。在这些有关系的现象中，它们之间联系的程度和性质也各不相同。如乙肝病毒感染是前因，得了乙肝是后果，乙肝病毒和乙肝之间是因果关系；有的现象之间因果不清，只是伴随关系，例如丈夫的身高和妻子的身高之间，就不能说有因果关系。相关与回归正是用于研究和解释两个变量之间相互关系的方法。

1. 相关

如果变量之间存在一定的关系，但是不像函数关系那样确定，则称这种关系为相关关系。如果相关关系是线性的，则称变量之间为**线性相关**（linear correlation）的。例如，身高与体重是正相关的，跳远成绩与 100 米跑成绩是负相关的。

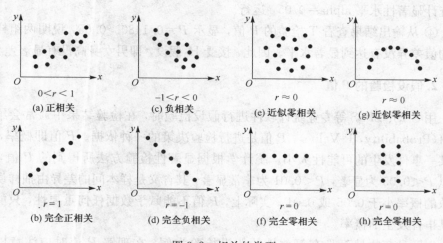

图 3.2 相关的类型

1) 相关系数

皮尔逊相关系数（pearson's correlation coefficient）又称相关系数或线性相关系数，一般用字母 r 表示。对于变量 X 和 Y，皮尔逊相关系数定义为

$$r = \frac{\sum_{i=1}^{n}(X_i - \bar{X})(Y_i - \bar{Y})}{\sqrt{\sum_{i=1}^{n}(X_i - \bar{X})^2 \sum_{i=1}^{n}(Y_i - \bar{Y})^2}} \tag{3.1}$$

其中，$\bar{X}$ 和 $\bar{Y}$ 分别为 X 和 Y 的样本平均数。n 为样本 X 和 Y 的数据维数。

皮尔逊相关系数的特点在于：r 值在 -1 和 1 之间；r 的绝对值越接近 1，两个变量的关联程度越强；r 的绝对值越接近 0，两个变量的关联程度越弱；正相关时，r 值在 0 和 1 之间，即一个变量增加，另一个变量也增加；负相关时，r 值在 -1 和 0 之间，此时一个变量增加，另一个变量将减少。根据 r 的取值，图 3.2 列出了常见的相关类型。皮尔逊相关系数能够用于发现两组数据之间的线性相关关系，但要求数据基本满足正态分布。

另一种常用的相关系数是**秩相关系数**（spearman's correlation coefficient）。秩相关系数利用两个变量的秩次大小进行线性相关分析，属于非参数统计方法。由于秩相关系数对原始变量的分布不做要求，因此其适用范围比皮尔逊相关系数更广。即使原始数据是等级资料，也可以计算其秩相关系数。虽然对于服从正态分布的数据也可以计算秩相关系数，但是其统计效能比皮尔逊相关系数要低一些，不容易检测出两者事实上存在的相关关系。如果不做特别说明，本章下面所提到的相关系数均指皮尔逊相关系数。

2) 相关系数的显著性检验

由计算公式可知，两组样本之间的相关系数是根据样本的观测值来计算的，抽取的样本不同，其具体的数值也会有所差异。因此，为了避免因为样本抽取方法的不同而造成的数学偏性，有必要进行相关系数的显著性检验。首先检验两个变量之间是否存在线性相关关系，如果不相关则不需要进行显著性检验，如果相关则可以采用 T 检验方法计算显著性水平。检验的步骤如下所示。

① 提出假设：H_0：$\rho = 0$；H_1：$\rho \neq 0$

② 计算检验的统计量：$t = \dfrac{r\sqrt{n-2}}{\sqrt{1-r^2}} \sim t(n-2)$

③ 确定显著性水平 α 并决策。若 $|t| > t_{2/a}$ 则拒绝 H_0；若 $|t| < t_{2/a}$ 则接受 H_0。

2. 回归

若已知变量之间存在相关关系，想要研究其中一个变量随其他变量（或受其

变量影响)的数量关系，则称该变量为因变量，称其他变量为自变量，这种因变量随自变量变化的数量关系称为因变量依自变量的**回归**(regression)。在统计学中把研究变量之间相关关系的方法称为相关分析，把研究因变量受自变量影响的数量关系的方法称为回归分析。

1)回归方程

描述 y 的平均值或期望值如何依赖于 x 的方程称为回归方程。当只涉及一个自变量时，其称为一元回归；因变量 y 与自变量 x 之间为线性关系时，称其为一元线性回归。对于具有线性关系的两个变量，可以用一个线性方程来表示它们之间的关系。

最简单的一元线性回归方程的形式如下：

$$\hat{y} = \beta_0 + \beta_1 x \tag{3.2}$$

其中，β_0 和 β_1 称为模型的参数。

类似地，一个因变量与两个及两个以上自变量之间的回归分析称为多元回归。描述因变量 y 如何依赖于自变量 $x_1, x_2, \cdots, x_p$ 的方程称为多元线性回归方程。涉及 p 个自变量的多元线性回归方程可表示为

$$\hat{y} = \beta_0 + \beta_1 x_{1i} + \beta_2 x_{2i} + \cdots + \beta_p x_{pi} \tag{3.3}$$

其中 $\beta_0, \beta_1, \beta_2, \cdots, \beta_p$ 是回归系数。

2)回归方程系数的确定

最小二乘法是确定回归方程中参数值的最常见方法。以一元线性回归方程为例($p=1$)，最小二乘法的基本思想是：使因变量的观察值与估计值之间的偏差平方和达到最小，据此来求得 $\hat{\beta}_0$ 和 $\hat{\beta}_1$。即

$$Q(\hat{\beta}_0, \hat{\beta}_1) = \sum_{i=1}^{n} (y_i - \hat{y})^2 = \sum_{i=1}^{n} e_i^2 = 最小 \tag{3.4}$$

用最小二乘法拟合的直线来代表 x 与 y 之间的关系时，比其他任何直线的拟合误差都小。

回归系数估计的最小二乘法公式如下：

设 $Q = \sum_{i=1}^{n} e_i^2 = \sum_{i=1}^{n} (y_i - \hat{y})^2 = \sum_{i=1}^{n} (y_i - \hat{\beta}_0 - \hat{\beta}_1 x_i)^2$，将 Q 对回归系数求偏导数，并令其等于零，可得

$$\begin{cases} \dfrac{\partial Q}{\partial \hat{\beta}_0} = -2 \sum_{i=1}^{n} (y_i - \hat{\beta}_0 - \hat{\beta}_1 x_i) = 0 \\[3mm] \dfrac{\partial Q}{\partial \hat{\beta}_1} = -2 \sum_{i=1}^{n} x_i (y_i - \hat{\beta}_0 - \hat{\beta}_1 x_i) = 0 \end{cases} \tag{3.5}$$

加以整理后有

$$\begin{cases} n\hat{\beta}_0 + \hat{\beta}_1 \sum_{i=1}^{n} x_i = \sum_{i=1}^{n} y_i \\ \hat{\beta}_0 \sum_{i=1}^{n} x_i + \hat{\beta}_1 \sum_{i=1}^{n} {x_i}^2 = \sum_{i=1}^{n} x_i y_i \end{cases}$$

求解该方程组即可计算出回归系数。

同样,有必要检验自变量和因变量之间的线性关系是否显著。具体方法是将回归偏差平方和(SSR)与剩余偏差平方和(SSE)进行比较,应用 F 检验来分析二者之间的差别是否显著。如果是显著的,则两个变量之间存在线性关系;如果不显著,则两个变量之间不存在线性关系。

3) 回归分析的应用

回归分析主要用于预测和估计,即根据自变量 x 的取值估计或预测因变量 y 的取值。以均值回归为例,利用得到的回归方程,对于自变量 x 的一个给定值 x_0,求出因变量 y 的平均值的一个估计值 $\hat{y}_0$,就得到了平均值的一个点估计。

但是,点估计无法给出估计的精度,点估计值与实际值之间是有误差的,因此需要进行区间估计。利用估计的回归方程,对于自变量 x 的一个给定值 x_0,求出因变量 y 的平均值 $\hat{y}_0$ 的估计区间,这一估计区间称为置信区间。$\hat{y}_0$ 在 $1-\alpha$ 置信水平下的置信区间为

$$\hat{y}_0 \pm t_{a/2}(n-2) S_y \sqrt{\frac{1}{n} + \frac{(x_0 - \bar{x})^2}{\sum_{i=1}^{n} (x_i - \bar{x})^2}}$$

其中 S_y 为估计标准误差。

3. 相关与回归的联系与区别

相关分析和回归分析有着密切的联系,它们不仅具有共同的研究对象,而且在具体应用时常互为补充。相关分析需是依靠回归分析来表明某种现象中的数量相关的具体形式,而回归分析则需依靠相关分析来表明现象中的数量变化的相关程度。只有变量之间存在高度相关性,进行回归分析以寻求其具体相关形式才有意义。可以说,相关分析是回归分析的基础和前提,而回归分析是相关分析的深入和继续。

同时,相关分析与回归分析之间存在明显的区别。首先,在相关分析中,不必确定自变量和因变量;而在回归分析中,必须事先确定哪个为自变量,哪个为因变量,而且只能从自变量去推测因变量,不能从因变量去推断自变量。其次,相关分析无法指出变量之间相互关系的具体形式;而回归分析能确切地指出变量之间相互关系的具体形式,它可以根据回归模型从已知量估计和预测未知量。最

后，相关分析所涉及的变量一般都是随机变量，而回归分析中的因变量是随机的，自变量则通常为给定的非随机变量。

在进行相关分析和回归分析时，应注意如下几个问题。

① 对变量进行相关与回归分析，要有实际意义。

② 先进行相关分析，相关显著时再建立回归方程。

③ 回归方程的运用范围为自变量的原取值范围，不可随意外推。

④ y 对 x 的回归方程与 x 对 y 的回归方程是不同的方程，不可互推。

⑤ 相关分析与回归分析只适用于正态分布或近似正态分布的变量。

4. 非线性相关和回归分析

以上所说的相关和回归均指的是线性情况，即线性相关和**线性回归**（linear regression）。在某些情况下，自变量和因变量之间不满足线性关系，但存在其他形式的近似函数关系，此时可进行非线性相关和非线性回归分析。常见的用于**非线性回归分析**（nonlinear regression analysis）的函数形式包括抛物线函数、双曲线函数、幂函数、指数函数、对数函数、S 形曲线函数和多项式方程。

对客观现象进行定量分析时，选择非线性回归方程的具体形式应遵循以下原则。

首先，方程形式应与有关实质性科学的基本理论相一致。例如，采用幂函数的形式，能够较好地表现生产函数；采用多项式方程能够较好地反映总成本与总产量之间的关系等。其次，方程应有较高的拟合程度。因为只有这样，才能说明回归方程可以较好地反映实际问题的内在规律。最后，方程的数学形式应尽可能简单。如果几种形式都能基本符合上述两项要求，则应该选择其中数学形式较简单的一种。一般来说，数学形式越简单，其可操作性就越强。

3.2.3 隐马尔可夫模型

隐马尔可夫模型（Hidden Markov Model，HMM）是一种统计分析模型，它用来描述一个具有隐含未知参数的马尔可夫过程。其难点是从可观察的参数中确定该过程的隐含参数。20 世纪 60 年代，Leonard 等人提出了隐马尔可夫模型；20 世纪 70 年代，马尔可夫模型开始用于语音识别；在 20 世纪 80 年代后半期，马尔可夫模型开始应用于生物序列，尤其是 DNA 的分析中。此后，马尔可夫模型在生物信息学中得到了广泛应用，主要包括基因组序列中蛋白质编码区域的预测、对于相互关联的 DNA 或蛋白质族的建模，以及从一级序列预测二级结构等。

比隐马尔可夫模型更基础、更重要的模型是**马尔可夫链**（markov chain），对于生物分子序列分析，马尔可夫链是一个很好的数学统计模型，因为马尔可夫链本身就是相继发生事件的序列，其特征是对于事件序列中任何一个事件都对应一个转移发生概率，而这个概率依赖于该事件之前的若干个事件。

3.3　特征选择与优化方法

生物信息学处理的对象多数是多特征、高噪声、非线性的数据集。例如，利用基因芯片可以在一次实验中同时检测出成千上万个基因的表达值，从而获得大量的基因表达数据。又如，蛋白质质谱技术可一次产出大量的蛋白质表达谱数据。但由于这些数据具有维数高、样本个数少的特点，常规的模式识别方法已不再适用。针对此类数据，如何剔除冗余特征、如何从海量数据中挖掘出隐藏在数据背后的有用生物信息，成为研究识别与分类问题的关键。

在样本个数有限的情况下，随着特征数目的增加，分类问题的计算复杂度将呈指数增长，会出现"维数灾难"。而特征选择对降低输入空间的维数、缩小求解问题的规模和降低计算方法的难度等，都有重要的作用。通过特征选择可以达到以下 4 个目的。

① 确定哪些是与输出相关的特征；

② 降低输入空间的维数，缩小求解问题的规模，从而降低计算方法的难度，减少训练时间；

③ 得到更好的决策函数，提高分类准确率；

④ 对数据的内在属性产生更深刻的认识。

对特征空间进行优化有两种基本方法：一种是特征选择，另一种是特征的组合优化。特征选择是对原特征空间进行筛选，去掉一些次要的特征，构造出一个新的精练的特征空间；而特征的组合优化则通过一种映射改造原特征空间，也就是说，每一个新的特征是原有特征的一个函数，以变换的手段来实现降维。

3.3.1　特征提取算法

在模式识别中，直接从样品得到的数据量往往是相当大的，必须要进行特征选择。例如，一段基因序列往往有成千上万个碱基，一次基因芯片实验能够检测出上千个基因的转录表达水平。为了对样品进行准确的识别，需要进行特征选择或特征压缩。特征选择指的是对原始数据进行抽取，抽取那些对区别不同类别最为重要的特征，而舍去那些对分类并无多大贡献的特征，得到能反映分类本质的特征。例如，颜色指标对信号灯设计很有用，用这个指标上的差异很容易将红灯和绿灯区分开。但是，如果用颜色指标区分人脸就会困难得多。换句话说，在这种情况下，这个指标就不是很有效。

特征提取需要解决两个问题：一是确定选择算法，在允许的时间内，以可忍受的代价找出最小的、最能描述类别差异的特征组合；二是确定评价标准，衡量特征组合是否最优，得到特征获取操作的停止条件。因此，一般分两步进行特征获取，先产生特征子集，然后对子集进行评价，如果满足停止条件，则操作完毕，否则重复前述两步直到条件满足为止。下面将从这两方面分别介绍特征提取的方法。

1. 按特征子集搜索算法分类

按照特征子集的形成方式，特征提取方法可以分为穷举法（exhaustion）、启发法（heuristic）和随机法（random）三类，如图 3.3 所示。

穷举法指遍历特征空间中所有特征的组合，选取最优特征组合子集的方法。当特征个数为 N 时，其计算复杂度为 $O(2^N)$。常用的方法有回溯方法等。其优点是能够得到最优子集，但实际情况下由于特征空间过于庞大，时间耗费和计算复杂度太大，导致穷举法的实用性不强。

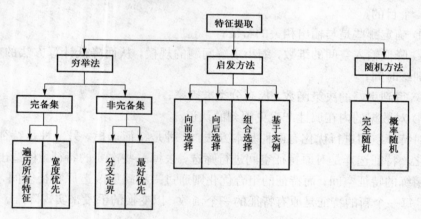

图 3.3　特征子集搜索算法分类[9]

启发式方法是一种近似算法，通过采用期望的人工机器调度规则，重复迭代产生递增的特征子集。当特征个数为 N 时，复杂度一般小于或者等于 $O(N^2)$。这种方法的实现过程比较简单而且快速，在实际中应用非常广泛，如向前（向后）选择、决策树法、Relief 方法等。但是，不能保证获得最优的结果，一般只能获得近似最优解。

随机方法是一种相对较新的方法，可以细分为完全随机方法和概率随机方法两种。完全随机方法是指"纯"随机产生子集，概率随机是指依照给定的概率来产生子集。虽然计算复杂度仍为 $O(2^N)$，但是通过设置最大迭代次数可限制其复杂

度小于 $O(2^N)$。常用的方法有 LVF(Las Vegas Filter)、遗传算法、模拟退火算法等。这类方法需要进行参数设置，并且由参数值决定能否得到最优解。

总之，上述三类中只有穷举法能保证最优，但是耗时长、计算复杂度高，后两者以性能为代价换取简单、快速的实现，但是不能保证最优。在实际应用中，为了折中性能和代价之间的矛盾，通常将几种方法结合使用，如采用三步法：首先使用 Relief 算法去除无关的特征，然后采用均值法去除冗余特征，最后进行标准的特征组合，以取得较好的效果。这也是进一步研究的方向。

2. 按特征评价标准分类

有效的特征选择可以降低学习问题的复杂性，提高学习算法的泛化性能，简化学习模型。以分类问题为背景，根据特征评价标准，传统的特征选择方法主要分为**过滤法**(filter)和**缠绕法**(wrapper)及相互混合的方法。目前，缠绕法和混合方法已成为特征选择的主流方法。

1)过滤法

过滤法使用一定的评价准则来增强特征与类之间的相关性，并削减特征内部的关联。可采用的评价函数很多，大体分为 4 类：(1)距离度量，如欧氏距离、S 阶 Minkowski 测度、Chebychev 距离和平方距离等；(2)信息度量，如信息增益或互信息；(3)依赖性度量，如皮尔逊相关系数、概率误差、Fisher 分数和最小平方回归误差等统计性相关系数；(4)一致性度量，典型算法有 Focus 和 LVF 等。根据选择的评价函数不同，常用的过滤法有互信息、信息增益、T 检验、F 检验、F 分值方法、马尔可夫毯、BSS/WSS 方法、Relief 评估方法和模糊逻辑等。

过滤方法通过考察数据的内在属性来评估特征的相关性，考虑单个基因而忽视了基因之间的相互联系。在过滤法中，基于某一准则给每一个特征打分，然后根据特征的得分进行排序，选出最前面的特征(例如前 50 个特征)。在特征选择的过程中不建立分类算法，即特征选择与分类过程是分离的，因此选出的基因具有较好的分类泛化能力。过滤法虽然计算简单，但是选择特征个数的阈值是一个人为事先给定的参数，它的选取可能会影响后面的实验结果，而且过滤法所选出的特征相关性比较大，存在很大的冗余性。这种方法所得的结果在大多数情况下并非最优的特征子集，甚至在仿真情况下还有可能得到最差的特征子集。

过滤法在生物数据的特征筛选中应用较为广泛。例如，在基因芯片数据处理中，用于选取差异表达基因的最简单方法是倍数法，即选取实验组比对照组中基因表达变化在两倍以上的基因作为差异基因。这就是一种过滤法，对于大量特征数据的预处理是非常有效的，但是由于方法过于简单，依赖于人为设定的阈值，因此可能漏掉一些重要的基因。还需要与其他统计方法和分类方法相结合，进行进一步的特征提取。

2)缠绕法

缠绕模型将特征选择算法作为学习算法的一个组成部分，并且直接使用分类性能作为特征重要性程度的评价标准。主要的缠绕法有聚类方法、遗传算法(Genetic Algorithm, GA)、EFST 和遗传算法/K 近邻法(Genetic Algorithm and the K-Nearest Neighbor, GA/KNN)等。在缠绕法中，特征选择与分类算法相结合，即将分类算法嵌入特征选择的过程中。由于特征选择与分类过程是同时进行的，所以选出特征的好坏与分类算法的选择有关。缠绕法的优点是分类准确率高，选出的特征个数少，特征的冗余性也较小，缺点是算法效率较低，计算量大，容易产生"过学习"。

在某些分类算法中，特征选择过程作为组成部分直接嵌入了学习算法，如支持向量机递归特征消去(Support Vector Machine Recursive Feature Elimination, SVM-RFE)方法、加权纯贝叶斯方法、布尔函数方法、自由森林和决策树算法。对于决策树算法，算法在每一分裂结点选择分类能力最强的特征，然后基于选中的特征对子集进行分割，决策树生成的过程也就是特征选择的过程。因此，采用这些分类算法时，不必预先进行特征选择。

3.3.2 数据压缩算法

另一类处理高维数据的方法是采用组合特征的方法来降维。对多个特征进行线性组合是一种非常具有吸引力的方法，因为线性组合容易计算，并且能够进行解析分析。本质上，线性组合方法是把高维数据投影到低维空间中。目前，经典的寻找有效线性组合特征变量的方法有两种：一种方法是**主成分分析**(Principal Component Analysis, PCA)，目的是寻找在最小均方意义下，能够最好地代表原始数据的投影方法；另一种方法是**多重判别分析**(Multiple Discriminant Analysis, MDA)，目的是寻找在最小均方意义下，能够最大程度地区分各类数据的投影方法。其他用于矩阵压缩的数学模型还有独立成分分析、奇异值分解和偏最小二乘法等。这些降维方法可以从多维空间中解析出主要的影响因素，简化复杂的数据结构。例如，使用降维方法分析肿瘤芯片数据，可以降低数据分析的复杂度，抽取原始芯片数据的主要特征，帮助发现潜在的生物标志物或肿瘤相关通路。

1. 主成分分析法

主成分分析法，即 PCA 算法，是最为常用的降维手段。其算法思想是将一个复杂的多参数问题通过逐级分解，转化为仅有少数参数的问题。通过将高维向量投影到低维空间，并在低维空间的少数变量中尽可能地保留能够反映问题的关键信息，从而极大地降低了问题的处理难度。

1）主成分分析法的基本原理

在生物学问题研究中，为了全面、系统地分析问题，需要考虑众多的影响因素。这些涉及的因素一般称为指标，在多元统计分析中也称为变量。因为每个变量都在不同程度上反映了所研究问题的某些信息，并且指标之间彼此有一定的相关性，所以统计数据反映的信息会在一定程度上有重叠。在用统计方法研究多变量问题时，变量太多会增加计算量和问题分析的复杂性，因此人们希望在进行定量分析的过程中，涉及的变量尽可能地少，但得到的信息量尽可能地多。主成分分析正是适应这一要求产生的，是解决这类问题的理想工具。

假定对同一类个体进行多项观察时，涉及多个随机变量 $X_1, X_2, \cdots, X_p$，它们之间存在相关性，需要借助一定的分析工具来概括诸多信息的主要方面。希望有一个或几个较好的综合指标来概括信息，而且这些综合指标能够互相独立地各自代表某一方面的性质。这个度量指标除了可靠、真实之外，还必须充分反映个体间的差异。如果某项指标，对于不同个体的取值都大同小异，那么该指标就不宜用来区分不同的个体。因此，一项指标在个体间的差异越大越好。主成分分析正是按这种思路来设计算法的，以"差异大"作为好的标准来寻求综合指标（见图 3.4）。

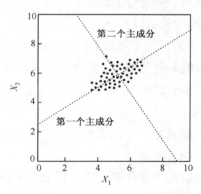

图 3.4   主成分分析示意图。对于一组二维变量进行主成分分析，经过坐
标变换后，两个主成分代表了样本数据中差异最大的两个方向

主成分分析法借助于一个正交变换，将分量相关的原向量转换成分量不相关的新向量，这在代数上表现为将原随机向量的协方差阵变换成对角形阵，在几何上表现为将原坐标系变换成新的正交坐标系，使之指向样本点散布最开的 p 个正交方向，然后对多维变量系统进行降维处理，使之能以一个较高的精度转换成低维变量系统。

2）主成分的一般定义

设有随机变量 $X_1,X_2,\cdots,X_p$，样本标准差记为 $S_1,S_2,\cdots,S_p$。首先进行标准化变换：$C_j = a_{j1}x_1 + a_{j2}x_2 + \cdots + a_{jp}x_p$，$j = 1,2,\cdots,p$。

各主成分定义如下：

① 若 $C_1 = a_{11}x_1 + a_{12}x_2 + \cdots + a_{1p}x_p$，且使 $\mathrm{Var}(C_1)$ 最大，则称 C_1 为第一主成分；

② 若 $C_2 = a_{21}x_1 + a_{22}x_2 + \cdots + a_{2p}x_p$，$(a_{21},a_{22},\cdots,a_{2p})$ 垂直于 $(a_{11},a_{12},\cdots,a_{1p})$，且使 $\mathrm{Var}(C_2)$ 最大，则称 C_2 为第二主成分；

③ 类似地，可计算出第三、四、五…主成分，至多有 p 个。

3）主成分的性质

主成分 $C_1,C_2,\cdots,C_p$ 具有如下性质：

① 主成分间互不相关，即对任意 i 和 j，C_i 和 C_j 的相关系数 $\mathrm{Corr}(C_i,C_j) = 0$，$i \neq j$。

② 组合系数 $(a_{i1},a_{i2},\cdots,a_{ip})$ 构成的向量为单位向量。

③ 各主成分的方差是依次递减的，即 $\mathrm{Var}(C_1) \geqslant \mathrm{Var}(C_2) \geqslant \cdots \geqslant \mathrm{Var}(C_p)$。

④ 总方差不增不减，即 $\mathrm{Var}(C_1) + \mathrm{Var}(C_2) + \cdots + \mathrm{Var}(C_p) = \mathrm{Var}(x_1) + \mathrm{Var}(x_2) + \cdots + \mathrm{Var}(x_p) = p$。这一性质说明，主成分是原变量的线性组合，是对原变量信息的一种重新组合，主成分不增加总信息量，也不减少总信息量。

⑤ 主成分和原变量的相关系数 $\mathrm{Corr}(C_i,x_j) = a_{ij} = a_{ji}$。

⑥ 令 $X_1,X_2,\cdots,X_p$，的相关矩阵为 $\boldsymbol{R}$，$(a_{i1},a_{i2},\cdots,a_{ip})$ 是相关矩阵 $\boldsymbol{R}$ 的第 i 个特征向量。而且，特征值 λ_i 就是第 i 主成分的方差，即 $\mathrm{Var}(C_i) = \lambda_i$。其中 λ_i 为相关矩阵 $\boldsymbol{R}$ 的第 i 个特征值，且 $\lambda_1 \geqslant \lambda_2 \geqslant \cdots \geqslant \lambda_p \geqslant 0$。

4）主成分数目的选取

根据主成分的定义，如果有 p 个随机变量，就有 p 个主成分。由于总方差不增不减，C_1、C_2 等前几个综合变量的方差较大，而 C_{p-1}、C_p 等后几个综合变量的方差较小。实际上，只有前几个综合变量才称得上主要成分，后几个综合变量为次要成分。实际使用时，总是保留前几个，忽略后几个。

保留多少个主成分取决于保留部分的累积方差在方差总和中所占的百分比（即累计贡献率），它标志着前几个主成分所概括信息的多少。实践中，粗略规定一个百分比即可决定保留几个主成分；如果多保留一个主成分，累积方差增加无几，就不再多留。

5）主成分分析应用举例

主成分分析的目标是寻找 $r(r<P)$ 个新变量，使它们反映事物的主要特征，

压缩原有数据矩阵的规模。每个新变量是原有变量的线性组合，体现原有变量的综合效果，具有一定的实际含义。这 r 个新变量称为主成分，它们可以在很大程度上反映原来 p 个变量的影响，并且这些新变量是互不相关的，也是正交的。通过主成分分析，压缩数据空间，将多元数据的特征在低维空间里直观地表示出来。例如，将多个时间点、多个实验条件下的基因表达谱数据（p 维）表示为三维空间中的一个点，就意味着将数据的维数从 p 降到 3 。

在进行基因表达数据分析时，一个重要问题是确定每个实验数据是否是独立的，如果每次实验数据之间不是独立的，则会影响基因表达数据分析结果的准确性。对于由基因芯片检测到的基因表达数据，应用主成分分析法，可以将各个基因作为变量，也可以将实验条件作为变量。当以基因作为变量时，通过分析确定一组"主要基因元素"，就能说明基因的特征，解释实验现象；当以实验条件作为变量时，通过分析确定一组"主要实验因素"，就能刻画实验条件的特征，解释基因的行为。下面着重考虑以实验条件作为变量的主成分分析法。以取前 3 个主成分为例，具体的主成分分析步骤如下。

① 计算矩阵 X 的样本的协方差矩阵 S：

$$S = \frac{1}{n-1} \sum_{i=1}^{p} (x_i - \bar{x}) (x_i - \bar{x})^T \qquad (3.6)$$

$$\bar{x} = \frac{1}{p} \sum_{i=1}^{p} x_i$$

② 计算协方差矩阵 S 的特征向量 $e_1, e_2, \cdots, e_p$ 的特征值 λ_i，$i = 1, 2, \cdots, p$。将特征值按照从大到小排序：$\lambda_1 > \lambda_2 > \cdots > \lambda_p$。

③ 将数据投影到特征矢张成的空间中，这些特征矢的相应特征值为 $\lambda_1, \lambda_2, \lambda_3$。现在数据可以在三维空间中展示为云状的点集。

对于主成分分析，确定新变量的个数 r 是一个两难的问题。r 越小则数据的维数越低，既便于分析，又降低了噪声。但是 r 过于小时，可能丢失一些有用的信息。究竟如何确定 r 呢？这需要进一步分析每个主成分对信息的贡献。

令 λ_i 代表第 i 个特征值，定义第 i 个主成分的贡献率为 $\frac{\lambda_i}{p}$。前 r 个主成分的累计贡献率为 $\frac{1}{p} \sum_{i=1}^{r} \lambda_i$。贡献率表示所定义的主成分在整个数据分析中承担的主要意义占多大的比重，当取前 r 个主成分来代替原来全部变量时，累计贡献率的大小反映了这种取代的可靠性。累计贡献率越大则可靠性越大，反之则可靠性越小。一般要求累计贡献率达到 70% 以上。

经过主成分分析，一个多变量的复杂问题被简化为低维空间的简单问题。利用这种简化方法进行作图，能够形象地表示和分析复杂问题。在分析基因表达数据时，既可以针对基因作图，也可以针对实验条件作图。前者称为 Q 分析，后者称为 R 分析。

下面举例加以说明。对酵母 6000 多个基因[10]在 7 个时间点的表达数据进行主成分分析（见表 3.3），每列数据代表主成分的系数。可以看出，前两个主成分反映了 89% 以上（78.37%＋10.84%）的变化，而前三个主成分反映了 93% 以上的变化，因此取前三个主成分即可。图 3.5 给出了 7 个特征值的图示。

表 3.3　酵母表达数据的主成分分析结果

时间(小时)	主　成　分						
	1	2	3	4	5	6	7
0	−0.0245	−0.3033	−0.1710	−0.2831	−0.1155	0.4034	0.7887
9.5	0.0186	−0.5309	−0.3843	−0.5419	−0.2384	−0.2903	−0.3679
11.5	0.0713	−0.1970	0.2493	0.4042	−0.7452	−0.3680	0.2035
13.5	0.2254	−0.2941	0.1667	0.1705	−0.2385	0.7520	−0.4283
15.5	0.2950	−0.6422	0.1415	0.3358	0.5592	−0.2110	0.1032
18.5	0.6596	0.1788	0.5155	−0.5033	−0.0194	−0.0961	0.0667
20.5	0.6490	0.2377	−0.6689	0.2601	−0.0673	−0.0039	0.0521
特征值	7.5936	1.0505	0.4090	0.2565	0.2175	0.0961	0.0659
方差变化(%)	78.3719	10.8421	4.2217	2.6475	2.2452	0.9920	0.6797

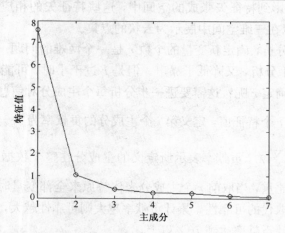

图 3.5　7 个主成分对应的特征值

图 3.6 给出了前三个主成分的系数变化曲线。第一个主成分代表各个基因

表达的加权平均。如果某个基因对应此主成分的值为较大的正数，则基因表达上调，如果此主成分的值为较大的负数，则基因表达下调。第二个主成分表示在时间序列中基因表达的变化。如果某个基因的表达量随时间不断增加，则此主成分的值为正；如果表达量随时间不断减小，则此主成分的值为负。

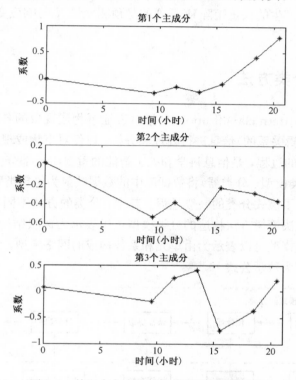

图 3.6　前三个主成分系数随时间的变化曲线

2. 偏最小二乘法

偏最小二乘法（Partial Least Squares，PLS）是一种新型的多元统计数据分析方法，由伍德和阿巴诺等人于 1983 年首次提出。偏最小二乘法在一个算法下，可以同时实现回归建模（多元线性回归）、数据结构简化（主成分分析）及两组变量之间的相关性分析（典型相关分析）。

主成分回归的主要目的是提取隐藏在矩阵 X 中的相关信息，用于预测变量 Y 的值。这种做法仅使用部分独立变量，可消除噪声的影响，从而达到改善预测模型质量的目的。但是，主成分回归仍有一定的缺陷，当一些有用变量的相关性很小时，在选取主成分时就很容易漏掉这部分分量，使最终预测模型的可靠性下降。而偏最小二乘回归可以解决这个问题。它采用对变量 X 和 Y 都进行分解的方法,从变量 X 和 Y 中同时提取成分(通常称为因子),再将因子按照它们之间的相关性从大到小排列。在建模过程中,关键是要决定选择几个因子参与建模。

偏最小二乘回归与主成分回归的不同之处在于得分因子的提取方法不同。简而言之,主成分回归产生的权重矩阵 W 反映的是预测变量 X 之间的协方差,偏最小二乘回归产生的权重矩阵 W 反映的是预测变量 X 与响应变量 Y 之间的协方差。

3.4 模式分类方法

模式分类(pattern classification)是指对表征事物或现象的各种形式的(数值的、文字的和逻辑关系的)信息进行处理和分析,以便对事物或现象进行描述、辨认、分类和解释的过程,是信息科学和人工智能的重要组成部分。目的是利用一个分类函数(分类模型、分类器)将数据库中的数据映射为给定类别中的一个。

图 3.7 给出了模式分类的一般过程。其中,分类的方法不同,模型的表示形式就不同。利用决策树方法构造的分类模型可以表示为树状结构或者分类规则,神经网络的分类模型可以表示为由单元和系数构成的网络模型,而贝叶斯分类的模型则可以表现为数学公式。

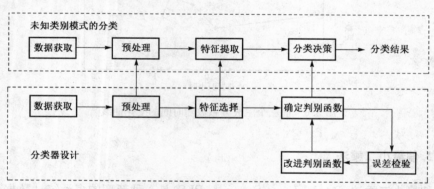

图 3.7　模式识别系统及识别过程[11]

一个完整的分类过程包括模型构造、模型测试和模型应用三个步骤(见图 3.8)。每个步骤的功能如下。

① 模型构造。分析样本的类别与其具备的一些特征之间的依赖关系,并将这种关系用特定的模型表示出来。例如,分析以往的病历,根据病人的症状和诊断结果,得到疾病诊断模型。用来构造模型的数据集称为训练数据集或者训练样本集,即训练集。

② 模型测试。检测模型的准确度,最终得到描述每个类别的分类模型。用

来评价模型的数据集称为测试数据集或者测试样本集，简称测试集。测试的过程是对测试数据依次检测，根据模型确定样本的类别，然后与实际类别相比较，如果相同，则称预测结果是正确的，否则说明预测结果是错误的。模型的准确度定义为测试集中结果正确的样本的比例。

③ 模型应用。利用得到的分类模型，预测在未知的情况下样本所属的类别。这个过程与模型评价基本相同，只是输入数据的类别是未知的。

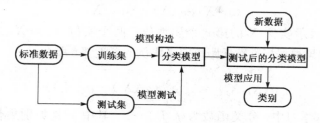

图 3.8　分类的三个基本步骤[11]

从处理问题的性质和解决问题的方法等角度，模式识别可分为**有监督分类**（supervised classification）和**无监督分类**（unsupervised classification）两种。二者的主要差别在于，训练样本集中每个样本的类别是否预先已知。一般来说，有监督分类往往需要提供大量已知类别的样本。大部分模式分类方法都用于解决有监督分类问题，如线性判别器、贝叶斯模型、K 近邻法等。在实际问题中，预先已知样本的类别可能存在一定困难，因此有必要研究无监督分类。对于无监督分类问题，常用聚类算法来处理。

用于分类的算法很多，根据采用的技术可以分为以下 4 大类。

① 基于信息论，主要包括决策树系列算法。

② 基于概率统计，主要包括贝叶斯网络、回归算法。

③ 基于实例，主要包括最近邻分类、基于案例的推理。

④ 基于人工智能，主要包括神经网络、遗传算法等。

下面简要介绍几种有代表性的模式分类方法，包括 K 近邻法、贝叶斯模型、决策树、支持向量机、人工神经网络、遗传算法及聚类算法。

3.4.1　K 近邻法

K 近邻（K-Nearest Neighbor，KNN）分类算法是一个理论上比较成熟的方法，也是最简单的分类算法之一。该方法的思路是：如果一个样本在特征空间中的 K 个最相似（即特征空间中最邻近）的样本中的大多数属于某一个类别，则该样本也属于这个类别。

1. K 近邻法的基本思想

K 近邻法的基本假设是：近邻的对象具有类似的预测值。因此，只要在多维空间 R^N 中找到与未知样本最近邻的 K 个点，就可以根据这 K 个点的类别来判断未知样本所属的类别。假设所有的实例对应于 N 维空间中的点，设 X 的特征向量为

$$\langle a_1(X), a_2(X), \cdots, a_N(X) \rangle$$

其中，$a_r(X)$ 表示实例 X 的第 r 个属性值。两个实例 X_i 与 X_j 之间的距离为 $d(X_i, X_j)$，如果根据标准欧氏距离定义实例的最近邻，那么，

$$d(X_i, X_j) = \sqrt{\sum_{r=1}^{N} (a_r(X_i) - a_r(X_j))^2} \tag{3.7}$$

在 K 近邻学习中，分类函数为 $f: R^N \rightarrow Y$，其中 Y 是类别集合 $\{Y_1, Y_2, \cdots Y_M\}$，即各种不同的分类，M 为分类数。最近邻数 K 值的选取由每类样本中的数目和分散程度决定，对不同的应用可以选取不同的 K 值。

如果未知样本周围的样本点个数较少，那么该 K 个点所覆盖的区域将会较大，反之则较小。因此最近邻算法易受噪声数据的影响，尤其是受到样本空间中孤立点的影响。其根源在于基本的 K 近邻算法中，待测样本的 K 个最近邻样本的地位是平等的。实际上，一个对象受其近邻的影响是不同的，通常距离越近的对象对其影响越大。因此，在实际应用过程中，可对不同的样本设置相应的权重值。

2. K 近邻法的算法描述

K 近邻法的分类过程如下。首先，计算新样本与训练样本之间的距离，找到距离最近的 K 个邻居；然后，根据这些邻居所属的类别来判定新样本的类别。如果它们都属于同一个类别，那么新样本也属于这个类别；否则，对每个候选类别进行评分，按照某种规则确定新样本的类别。例如，考虑一个疾病诊断案例（见图 3.9）。将病人在基因 A 和基因 B 的表达水平作为是否患病的判断依据，横轴为基因 A 的表达水平，纵轴为基因 B 的表达水平，已知阳性数据集（患病人群）和阴性数据集（正常人群）在空间的分布，判断一个新的病人是否患有该种疾病。

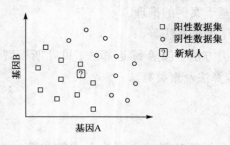

图 3.9 K 近邻法示意图

选取 K=6，由于新病人的大部分近邻都属于阳性集合，因此可以判定该病人已患病。

K 近邻法的具体算法描述如下。

输入：训练数据集 $D = \{(X_i, Y_i), 1 \leqslant i \leqslant N\}$，其中 X_i 是第 i 个样本的条件属性，Y_i 为类别，新样本为 X，距离函数为 d。

输出：X 所属的类别 Y。

for $i = 1$ to N

　　计算 X 与 X_i 之间的距离 $d(X, X_i)$；

end

对距离排序，得到 $d(X, X_{i1}) \leqslant d(X, X_{i2}) \leqslant \cdots \leqslant d(X, X_{iN})$；

选择前 K 个样本：$S = \{(X_{i1}, Y_{i1}), \cdots, (X_{iK}, Y_{iK})\}$；

统计 S 中每个类别出现的次数，确定 X 所属的类别 Y。

3. K 近邻法需要解决的问题

1）寻找合适的训练数据集

训练数据集应该是对历史数据的一个很好的覆盖，这样才能保证最近邻有利于预测，选择训练数据集的原则是使各类样本的数量大体一致。另外，选取的历史数据要有代表性。常用的方法是按照类别把历史数据分组，然后在每组中选取一些有代表性的样本组成训练集。这样既降低了训练集的大小，又保持了较高的准确度。

2）确定距离函数

距离函数决定了哪些样本是待分类样本的 K 个最近邻居，它的选择取决于实际的数据和待决策的问题。如果样本是空间中的点，最常用的是欧几里德距离。其他常用的距离函数有绝对距离、平方差和标准差。

3）决定 K 的取值

邻居的个数对分类的结果有一定的影响。一般先确定一个初始值，再进行调整，直到找到合适的值为止。

4）综合 K 个邻居的类别

多数法是最简单的一种综合方法，从邻居中选择一个出现频率最高的类别作为最后的结果，如果频率最高的类别不止一个，就选择最近邻居的类别。权重法则是较复杂的一种方法，对 K 个最近邻居设置权重，距离越大，权重就越小。在统计类别时，计算每个类别的权重和，最大的那个就是新样本的类别。

4. K 近邻法的特点

K 近邻法的优点是简单、直观、易于理解，应用范围广，模型不需要预先构造。近邻分类是一种懒散的学习方法，即它存放所有的训练样本，并且直到新的样本需要分类时才建立分类模型。这与决策树和反向传播算法等急切学习法形成鲜明对比,后者是在接收待分类的新样本之前需要构造一般模型,而前者是在接收新样本之后才进行搜索。懒散学习法在训练时比急切学习法更快,但将所有的计算都推迟到分类阶段,因此分类速度较慢。

K 近邻法的缺点是需要大量的训练数据;搜索邻居样本的计算量大,占用大量的内存;距离函数的确定比较困难;分类的结果与参数有关。由于 K 近邻法缺乏清楚的应用背景知识,认为每个属性对于分类的贡献相同,当数据中存在许多不相关属性时,可能会引起分类混乱和精确度下降。一般在样本较少且对分类速度要求不高的情况下,适合使用 K 近邻分类器。

3.4.2　贝叶斯分类器

在日常生活中,人们往往按照常识推理,而这种推理通常是不准确的。例如,当看见一个头发潮湿的人走进来,可能会认为外面下雨了,也许他只是洗了头发;当在公园里看到一男一女带着一个小孩,可能会认为他们是一家人,也许事实并非如此。在科学研究中,也同样需要进行科学合理的推理。但是,实际问题一般都比较复杂,存在许多不确定性因素,给准确推理带来了很大的困难。为了提高推理的准确性,人们引入了概率理论。贝叶斯分类器由 Judea Pearl 于 1988 年最早提出,是一种基于概率的不确定性推理网络。它是用来表示变量集合连接概率的图形模型,提供了一种表示因果信息的方法。贝叶斯分类器的分类原理是通过某对象的先验概率,利用贝叶斯公式计算出其后验概率,即该对象属于某一类的概率,选择具有最大后验概率的类作为该对象所属的类。由于其严格的数学基础和良好的分类性能,贝叶斯分类器逐步成为处理不确定性信息技术的主流方法,并且在生物信息学、计算机智能科学、医疗诊断等领域中得到了广泛应用。

1. 贝叶斯定理

设 X 是未知类别的数据样本(如基因芯片数据、组学数据等)。H 为某种假定,如假定数据样本 X 属于某个特定的类 C。要解决的分类问题是:在给定观测数据样本 X 的情况下,计算假定 H 成立的概率,即 $P(H \mid X)$。如果该概率大于一定的阈值,那么可以判断 H 成立,即 X 属于类别 C。$P(H \mid X)$ 称为后验概率,或称条件 X 下 H 的后验概率。作为对比,$P(H)$ 是 H 的先验概率,独立于 X。由此可见,后验概率 $P(H \mid X)$ 比先验概率 $P(H)$ 利用了更多的样本信息。类似地,$P(X \mid H)$ 是条件 H 下 X 的后验概率。$P(X)$ 是 X 的先验概率。对于特定的样本集,$P(X)$、$P(H)$ 和 $P(X \mid H)$ 可以由给定的样本数据计算得到。而贝叶斯定理提供了由 $P(X)$、$P(H)$ 和 $P(X \mid H)$ 计算后验概率 $P(H \mid X)$ 的方法。

贝叶斯定理可表示为

$$P(H \mid X) = \frac{P(X \mid H)P(H)}{P(X)} \tag{3.8}$$

例如，在疾病诊断中，假定数据样本由患病和未患病人体的体征数据组成（如白细胞含量等），X 为体征数据，H 表示已患病，则 $P(H \mid X)$ 反映了当白细胞含量高于某个阈值时，判定所属人体已经患病的可信程度。而先验概率 $P(H)$ 是患病率，即任意给定的数据样本为患者的概率。类似地，$P(X \mid H)$ 是条件 H 下 X 的后验概率，即已知 H 是患者，X 的白细胞含量高于设定阈值的概率。$P(X)$ 是 X 的先验概率，指从数据集中随机取出一个数据样本，其白细胞含量高于设定阈值的概率。在分类时，首先根据给定的样本数据，计算出白细胞高于阈值的概率 $P(X)$、患病率 $P(H)$ 和患病样本中白细胞高于阈值的概率 $P(X \mid H)$，然后根据贝叶斯定理计算出白细胞高于阈值时该样本是患者的概率 $P(H \mid X)$。如果这一概率大于某一特定值，则可用白细胞含量作为患病与否的评定标准。

通常，判定样本类别需要同时考虑样本的多个属性，如上述的例子中，很难仅仅通过白细胞的含量来判定就医的人是否患病，还需要同时考虑其他症状，如体温、血小板含量等。这些不同的属性构成了贝叶斯网络的结点，根据各属性之间的联系可以构建出网络的基本结构，进而计算出各类别依赖于各种属性的条件后验概率，将后验概率最大的一类判定为最终的类别。

贝叶斯分类器是用于分类的贝叶斯网络。该网络中应包含一组类结点 C，其中 C 的取值来自于类集合 $C = (C_1, C_2, \cdots, C_m)$，还包含一组特征结点 $X = (X_1, X_2, \cdots, X_n)$，表示用于分类的特征。对于贝叶斯分类器，给定某一待分类的样本 D，其分类特征值为 $x = (x_1, x_2, \cdots, x_n)$，则样本 D 属于类别 c_i 的概率 $P(C = c_i \mid X_1 = x_1, X_2 = x_2, \cdots, X_n = x_n)$，（$i = 1, 2, \cdots, m$）应满足下式：

$$P(C = C_i \mid X = x) = \max\{P(C = C_i \mid X = x),$$
$$P(C = C_2 \mid X = x), \cdots, P(C = C_m \mid X = x)\} \tag{3.9}$$

由贝叶斯公式可知

$$P(C = C_i \mid X = x) = \frac{P(X = x \mid C = C_i)P(C = C_i)}{P(X = x)} \tag{3.10}$$

其中，$P(C = C_i)$ 可由领域专家的经验得到，而 $P(X = x \mid C = C_i)$ 和 $P(X = x)$ 的计算较为困难。

2. 4 种贝叶斯分类模型

贝叶斯分类器的应用过程包括两个阶段：第一阶段是贝叶斯网络的学习，即从样本数据中构造分类器，主要是结构学习；第二阶段是贝叶斯网络的推理，即计算类结点的条件概率，对样本数据进行分类。这两个阶段的时间复杂性均取决于特征值间的依赖程度，甚至可以是 NP 完全问题，因而在实际应用中，往往需要对贝叶斯分类器进行简化（见图 3.10）。根据对特征值间不同关联程度的假设，可以得出各种贝叶斯分类器，目前研究较多的贝叶斯分类器主要有 4 种，分别是**朴素贝叶斯模型**（naive bayes）、**树扩展型朴素贝叶斯模型**（Tree-Augmented Naive bayes，TAN）、**网络扩展型朴素贝叶斯模型**（Bayesian network Augmented Naive bayes，BAN）和**通用贝叶斯网络**（General Bayesian Network，GBN）。图 3.10 中，C 表示分类结点，x_1、x_2、x_3 和 x_4 表示分类属性，C 与 x_1 之间存在连接，表示该属性对于分类是有用的，x_1 与 x_2 之间存在连接，表示它们之间具有相关性。在朴素贝叶斯模型中，要求各属性之间相互独立，因此属性之间不存在连接关系。树扩展型朴素贝叶斯模型和网络扩展型朴素贝叶斯模型允许部分属性结点之间存在连接，但要求整体网络具有树形结构或有限定的网络结构。通用贝叶斯网络对于各结点之间的连接关系不做任何限制。

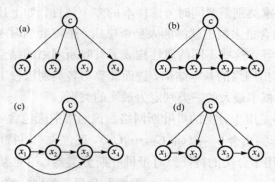

图 3.10　四种贝叶斯分类模型[12]。(a)朴素贝叶斯模型；(b)树扩展型朴素贝叶斯模型；(c)网络扩展型朴素贝叶斯模型；(d)通用贝叶斯网络

1）朴素贝叶斯模型

在贝叶斯分类器中，为简化计算，可以假定各种特征变量 x 是相对独立的，即朴素贝叶斯模型。此类模型只需要根据少量的训练数据估计出必要的参数（变量的均值和方差），而不需要确定整个协方差矩阵。

在朴素贝叶斯模型中，既可以独立地学习每个属性 x_k（$k = 1, 2, \cdots, n$）在类别 C_i（$i = 1, 2, \cdots, m$）下的条件概率，也可以独立地学习每个属性 x_k 的先验概率。由特征 $x = (x_1, x_2, \cdots, x_n)$ 之间的条件独立性假设，有

$$P(X = x \mid C = C_i) = \prod_{k=1}^{n} P(X_k = x_k \mid C = C_i) \tag{3.11}$$

概率 $P(X_1 \mid C_i)$，$P(X_2 \mid C_i)$，$\cdots$，$P(X_n \mid C_i)$ 可以由训练样本计算得到。

进一步，根据贝叶斯公式可以计算出一个样本在给定属性下各类别的后验概率：

$$P(C = C_i \mid X = x) = P(C = C_i) \prod_{k=1}^{n} \frac{P(X_k = x_k \mid C = C_i)}{P(X_k = x_k)} \tag{3.12}$$

并预测该样本属于后验概率最大的类别。

朴素贝叶斯模型发源于古典数学理论，有着坚实的数学基础及稳定的分类效率。该模型所需估计的参数很少，对缺失数据不太敏感，算法也比较简单。理论上，朴素贝叶斯模型与其他分类方法相比具有最小的误差率，但实际上并非如此，这是因为朴素贝叶斯模型假设各属性之间相互独立，在实际应用中该假设往往是不成立的，这给模型的正确分类带来了一定影响。

2)通用贝叶斯网络

朴素贝叶斯模型的条件独立性假设在实际样本中很少能够得到满足，因此许多研究人员着手研究更通用的贝叶斯网络。通用贝叶斯网络是一种无约束的贝叶斯网络分类器，对网络结构不加限定，因而可以描述各属性之间的关联关系。

贝叶斯网络的构建过程

通用贝叶斯网络是一个带有概率注释的有向无环图，图中的每一个结点均表示一个属性，图中两结点之间若存在一条弧，则表示这两个结点对应的属性是概率相关的，反之则说明这两个随机变量是条件独立的。网络中任意一个结点 X 均有一个相应的条件概率表，用以表示结点 X 在其父结点取各可能值时的条件概率。若结点 X 无父结点，则 X 的条件概率表为其先验概率分布。贝叶斯网络的结构及各结点的条件概率表定义了网络中各变量的概率分布。

贝叶斯网络的建模过程包括两步：模型选择(结构学习)和参数学习。模型选择用于创建网络结构，参数学习用于估计各网络结点之间的概率值。贝叶斯网络学习的核心是结构学习，即通过对给定的样本数据集的学习，从大量的结构中选出最适合该数据集的网络结构。设求解问题有 n 个随机变量，则包含 n 个结点的所有有向无环图都可以作为贝叶斯网络的候选结构，且候选结构的数目将随变量数目呈指数级增长，因此理论上这是一个 NP 困难问题。结合先验知识，并采用优化的搜索算法，可以使结构学习问题变得可解。现有的贝叶斯网络结构学习方法分成两类，一类是基于评分-搜索的学习方法，通过贝叶斯评分矩阵推断网络结构并进行模型评估。对于每个可能的模型，根据评分矩阵计算它与样本集合之间吻合程度的概率评分。由于搜索空间大，一般是在结点有序的前提下，根据评分矩阵的可分解性进行局部优化或随机搜索。评分-搜索方法过程简单规范，但是学习效率不高，易陷入局部最优结构，只适用于变量较少情况下的结构学习；

另一类是基于依赖分析的学习方法，该方法比较复杂，但是在某些假设条件下学习效率较高，能够获得全局最优结构。

贝叶斯网络的应用举例

下面以一个简单的例子说明通用贝叶斯网络的应用过程。根据生活常识，可以建立一个简单的贝叶斯网络（见图 3.11），用于描述由下雪引发的系列事件，以及各事件之间的因果关系和条件概率。

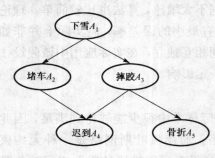

图 3.11　贝叶斯网络举例

图 3.11 共有 5 个结点和 5 条边。下雪 A_1 是一个原因结点，它会导致堵车 A_2 和摔跤 A_3。已知堵车 A_2 和摔跤 A_3 都可能最终导致上班迟到 A_4。另外，如果摔跤严重还可能导致骨折 A_5。其中，像 A_1 这样没有输入的结点称为根结点（root），其他结点统称为非根结点。贝叶斯网络中的边表示结点之间的依赖关系，如果两个结点之间存在连接，则说明两者之间有因果联系，如果两者之间既没有直接的连接也没有间接的有向连通路径，则说明两者之间没有依赖关系，即是相互独立的。结点之间的相互独立关系是贝叶斯网络的一个重要属性，可以大大减少网络构建过程的计算量，同时根据独立关系来学习贝叶斯网络也是一种重要的网络构建方法。使用贝叶斯网络结构可以清晰地显示属性结点之间的关系，使应用贝叶斯网络进行推理和预测变得易于实现。

可以发现，结点之间的有向路径可能不只一条，一个祖先结点可以通过不同的途径来影响它的后代结点。例如，下雪可能会导致迟到，而导致迟到的直接原因可能是堵车，也可能是在雪天滑倒摔了一跤。当一个原因结点的出现会导致某个结果的产生时，都是一个概率的表述，而不是必然的，这样就需要为每个结点添加一个条件概率。一个结点在其双亲结点（直接的原因结点）的不同取值组合条件下取不同属性值的概率，就构成了该结点的条件概率表。贝叶斯网络中的条件概率表是结点的条件概率的集合。利用贝叶斯网络进行推理，实际上是利用结点的先验概率和条件概率表计算目标结点的后验概率的过程。条件概率可以由某方面的专家总结以往的经验给出（这是非常困难的，只适合某些特殊领域），也可以通过条件概率公式，从大样本数据中统计得到。这里，结合已有知识和样本统计结果，直接给出图 3.11 中贝叶斯网络的部分条件概率表，以便对条件概率表产生一个感性的认识。

如果将结点 A_1 下雪当成证据结点，那么发生 A_2 堵车的概率如何呢？表 3.4 给出了相应的条件概率。

表 3.4 给出了最简单的情况,如果有不只一个双亲结点,那么情况会变得更为复杂。由表 3.5 可以发现,当堵车 A_2 和摔跤 A_3 取不同的属性值时,导致迟到 A_4 的概率是不同的。条件概率表中的每一项都以当前结点的双亲结点作为条件集。如果一个结点有 n 个父结点,在最简单的情况下(即每个结点都是二值结点,只有两个可能的属性值:真或假),那么它的条件概率表有 $2 \times n$ 行;如果每个属性结点有 k 个属性值,则有 $k \times n$ 行记录,其中每行有 $k-1$ 项(因为 k 项概率的总和为 1,所以只需知道其中的 $k-1$ 项,最后一项可以用减法求得),这样该条件概率表将一共有 $(k-1) \times k \times n$ 项记录。因此,当一个结点的父结点较多时,其条件概率表会变得非常复杂,要估计的参数非常多。

表 3.4 A_2 关于 A_1 的条件概率表

A_1	$P(A_2|A_1)$	
	真	假
真	0.8	0.2
假	0.1	0.9

表 3.5 A_4 关于 A_2, A_3 的条件概率表

A_2	A_3	$P(A_4|A_2, A_3)$	
		真	假
真	真	0.9	0.1
真	假	0.8	0.2

动态贝叶斯网络

由于静态的贝叶斯网络定义为有向无环图,不包括自调控和时间过程调控。因此,静态贝叶斯网络不能用于推断有反馈回路的基因调控网络。为了考察网络的动态过程,研究人员发展了动态贝叶斯网络。在动态贝叶斯网络中,采用了动态的样本数据,例如基于时间的基因表达谱数据,限定网络结构不随时间发生变化,但是不同时间的网络结点之间可以存在连接关系。动态贝叶斯网络可以用于建立准确率更高的分类器,已广泛用于基因调控网络的构建,但是相比静态网络,其计算复杂度也大大提高了。

3)扩展型朴素贝叶斯模型

有研究人员将朴素贝叶斯模型和通用贝叶斯网络进行比较后发现,在某些领域使用非限制性贝叶斯网络通常并不能提高精确度,甚至可能会降低精确度。因此,Friedman 提出了一种折中办法,称为树扩展型朴素贝叶斯模型(TAN)。树扩展型贝叶斯模型的基本思想是放松朴素贝叶斯的独立性假设条件,借鉴通用贝叶斯网络表示依赖关系的方法,扩展朴素贝叶斯的结构,使其能容纳属性之间存在的依赖关系。如图 3.10 所示,树扩展型贝叶斯模型对朴素贝叶斯模型进行了扩展,允许各特征变量所对应的结点构成一棵树。而网络扩展型贝叶斯分类器进一步扩展了树扩展型贝叶斯模型,允许各特征变量所对应的结点之间构成一个图,而不只是树。

研究人员对这 4 种贝叶斯分类模型进行分析和比较,得到以下结论:对于一些规模较小的数据集而言，朴素贝叶斯模型和树扩展型贝叶斯模型的分类效果较好，并且当数据集属性间的关联性较弱时，朴素贝叶斯模型的分类效果要优于树扩展型贝叶斯模型。这说明，虽然朴素贝叶斯模型所要求的特征变量独立性假设在许多情况下不符合实际，但是其分类精度并不差，而且朴素贝叶斯模型具有不需要进行结构学习、计算简单的特点，因而在很多应用中不失为一种实用的选择。对于规模较大、属性之间关联性较强的数据集而言，采用网络扩展型贝叶斯模型和通用贝叶斯网络的效果较好。

4）贝叶斯分类器的特点

贝叶斯分类器具有如下 3 个主要特点。

① 能够形象地表示各属性之间的依存关系。该分类器将多元知识进行图解和可视化，形成一种概率知识表达与推理模型，能够形象地表示网络结点变量之间的因果关系及条件相关关系。

② 具有强大的不确定性问题处理能力。该分类器采用条件概率表达各个信息要素之间的相关关系，能够在有限的、不完整的、不确定的信息条件下进行学习和推理。

③ 能够有效地进行多源信息表达与融合。该分类器可以将各种信息纳入网络结构中，按结点的方式统一进行处理，有效地按信息的相关关系进行融合。

由于贝叶斯分类器能够处理不完整和带有噪声的数据集，方便将现有的经验与数据集的潜在知识相结合，弥补了各自的片面性与缺点，因此在生物信息处理和生物模型构建上发挥了重要作用。

3.4.3 决策树方法

1. 决策树的基本原理

决策树（decision tree）又称判定树，是用于分类和预测的一种树结构。决策树学习是以实例为基础的归纳学习算法。它着眼于从一组无次序、无规则的实例中推理出用决策树形式表示的分类规则。它采用自顶向下的递归方式，在决策树的内部结点进行属性值的比较，并根据不同属性判断从该结点向下的分支，在决策树的叶结点得到结论。所以，从根结点开始对应着一条合取规则，整棵树就对应一组析取表达式规则。

决策树分类算法起源于概念学习系统（Concept Learning System，CLS），然后发展到 ID3 方法达到高潮，最后又演化为能处理连续属性的 C4.5，此外决策树还有 CART、SLIQ、SPRINT 等。最初的算法利用信息论中信息增益方法寻找训练集中具有最大信息量的字段，把决策树的一个结点字段的某些值作为分水岭建立树的分枝；在分枝下建立下层结点和子分枝，生成一棵决策树。然后再剪枝、优化，最后把决策树转化为规则，利用这些规则就可以对新事例进行分类。

2. 决策树的分类过程

使用决策树进行分类包括两个步骤。

① 建立决策树模型，即利用训练集建立并精化一棵决策树。这实际上是一个从数据中获取知识、进行机器学习的过程，通常可分为两个阶段。首先建树（tree building），这是一个递归的过程，最终将得到一棵树；然后剪枝（tree pruning），目的是降低由于训练集存在噪声而造成的起伏。

② 利用生成完毕的决策树对输入数据进行分类。对输入的待测样本，从根结点依次测试记录待测样本的属性值，直到到达某个叶结点，从而找到该待测样本所在的类。

决策树方法的操作流程如图 3.12 所示。

1）决策树的构建过程

决策树的构造采用的是自上而下的递归构造方法，实际上是"分而治之"（divide and conquer）的过程。决策树的生成是从根结点开始的，从结点对应的样本集中选取分类效果最好的决策属性作为测试属性，并以此为基点形成分枝结点，分枝结点的数量与其上一层结点属性的取值个数相同。重复以上过程，以当前结点为基点继续扩展决策树，直到满足结束条件（所有结点已经成功分类或遍历了所有属性）时，决策树停止生长，同时标记当前结点为叶子结点。如何选取分类效果最好的决策属性是决策树方法的一个核心问题。传统的属性选取标准有 Gini 索引、信息增益和信息增益率等。

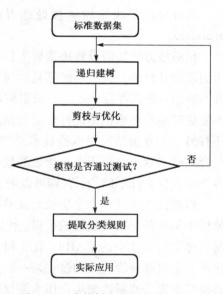

图 3.12　决策树方法的操作流程图

下面给出了决策树构造过程的一般性步骤。

① 初始条件为一个经过数据选取、预处理及转换过的样本集合和一棵空树，然后从根结点开始选取测试属性，并依次划分当前样本集；

② 如果当前结点对应的样本集中的所有样本属于同一个类别，则创建一个带有该类别标签的叶子结点并停止；

③ 否则，用最优测量方法计算当前结点对应样本集合的所有可能划分；

④ 选择最优划分对应的决策属性作为当前结点的测试属性，并创建与该测试属性取值个数同样多的子结点；

⑤ 使用测试属性的取值标注父结点和分支结点之间的边，并将父结点对应的样本集划分到每个分支结点；

⑥ 把分支结点作为当前结点，递归执行第2步至第5步，直到不存在可以再进行划分的结点为止。

构造好决策树以后，接下来需要提取分类规则，获取数据集合背后的知识，以便在实际应用中对新数据进行分类和预测。

2) 决策树的剪枝处理

由于基本的决策树方法没有考虑噪声，构造的决策树可能出现与样本集合过度拟合(overfitting)的现象。因此，通常需要对决策树进行剪枝处理，以限制决策树的规模，提高预测精度，并使结果变得更容易理解。

两种常用的决策树剪枝处理方法是预剪枝(pre-pruning)和后剪枝(post-pruning)。

预剪枝方法提前设置决策树生长的最大深度，使决策树不能充分生长，进而达到预剪枝目的。其核心问题是如何事先指定树的最大深度，如果设置的最大深度不恰当，那么将会导致过于限制树的生长，使决策树的表达式规则趋于一般，不能更好地对新数据集进行分类和预测。除了事先限定决策树的最大深度之外，还有另一个方法是采用检验技术对当前结点对应的样本集合进行检验。如果该集合的样本数量已小于事先指定的最小允许值，那么停止该结点的继续生长，并将该结点变为叶子结点，否则可以继续扩展该结点。

后剪枝技术是在完全生长而成的决策树的基础上，根据一定的规则标准，剪掉树中不具备一般代表性的子树，代之以叶子结点，进而形成一棵规模较小的新树。决策树方法中的 CART、ID3 和 C4.5 算法主要采用后剪枝技术。后剪枝操作是一个边修剪边检验的过程，一般标准是：在决策树的不断剪枝操作过程中，将原样本集合或新数据集合作为测试数据，检验决策树对测试数据的预测精度，并计算出相应的错误率。如果剪掉某个子树后的决策树对测试数据的预测精度或其他测度不降低，就剪掉该子树。

3) 决策树应用举例

下面举例说明如何采用决策树方法进行癌基因的分类和预测。首先，通过现有的疾病相关数据库，经整理和去冗余得到癌基因的标准数据集，并随机挑选一部分非癌基因作为对照集。根据文献报道，癌基因通常能够与更多的蛋白质发生相互作用，分子量更大，并且与其他癌基因联系紧密(在其邻居结点中包含更多的癌基因)。因此，可以提取基因的生物化学属性和网络特征，作为判断一个基因是否为癌基因的依据。表 3.6 给出了部分癌基因和非癌基因对应的特征值。

表 3.6　基因对应的特征值

基因的 Entrez 编号	连 接 度	IN 指标	分 子 量	残基数	是否为癌基因
6929	53	0.30	67600	654	是
2033	218	0.36	264160	2414	是
5295	222	0.37	53486	454	是
3146	55	0.29	24894	215	是
672	118	0.45	207720	1863	是
4851	57	0.32	272575	2556	是
7094	90	0.26	269667	2541	是
1822	91	0.14	125414	1190	是
156	49	0.29	79667	689	是
162	21	0.33	104636	949	是
182	12	0.33	133798	1218	是
1387	217	0.36	265336	2442	是
2130	117	0.23	68478	656	是
208	21	0.62	55769	481	是
217	9	0.22	56381	517	是
238	12	0.75	176442	1620	是
2335	81	0.30	259225	2355	是
267	4	0.25	72996	643	是
274	31	0.32	50185	454	是
5590	73	0.41	46622	409	是
151	3	0.33	49954	450	否
152	3	0.33	49522	462	否
153	15	0.20	51224	477	否
154	34	0.26	46557	413	否
1128	8	0.38	51421	460	否
51747	4	0	51466	432	否
159	1	0	50097	456	否
160	23	0.35	107546	977	否
161	15	0.20	103960	939	否
26608	1	0	49798	447	否
57559	10	0.6	49783	436	否
116449	3	0.67	49483	428	否
166	21	0.24	21970	197	否
174	2	0.5	68677	609	否
175	19	0.26	37194	346	否
177	8	0.13	42803	404	否
178	2	0	174634	1532	否
181	4	0.25	14440	132	否
183	15	0.20	53154	485	否
185	21	0.43	41061	359	否

然后，在 Weka 软件中选择 J48 决策树，进行 5 倍交叉验证，建立分类器模型（见图 3.13）。结果表明，在阳性集的 20 个癌基因中，有 17 个被正确地判定为癌基因，在阴性集的 20 个非癌基因中，有 5 个被错误地判定为癌基因，总的分类准确率为 80%。可以看到第 1 个和第 3 个特征作为主要的分类依据，位于决策树的根部。而第 4 个特征在决策树中没有体现，说明该特征对于癌基因分类的区分能力较弱。最后，对于该决策树，可以提取出相关规则，用于新的癌基因预测。

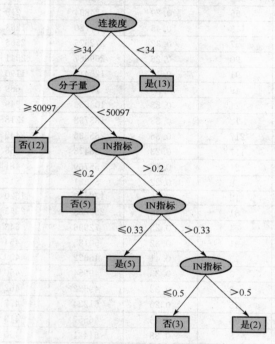

图 3.13　用于癌基因分类的决策树

4) 决策树的特点

决策树方法是解决分类和预测问题的强有力工具，其优势在于：复杂度较小，分类速度快；抗噪声能力强，分类精度高；生成的模式简单易懂，决策树本身就代表了分类规则。

但是决策树模型也有其自身的缺点，如难以处理缺失数据、可能出现过度拟合问题，以及忽略了数据集中属性之间的相关性等。模型过分拟合和拟合不足是机器学习算法应用过程中可能出现的两个相对应的问题。当决策树很小时，训练和检验误差都很大，这种情况称为模型拟合不足。出现拟合不足的原因是模型尚未学习到数据的真实结构。随着决策树中结点数的增加，模型的训练误差和检验误差都会随之下降。当树的规模变得太大时，虽然训练误差还在继续降低，但是检验误差开始增大，导致模型过分拟合。因此，为了防止过度拟合，可以考虑进行人工剪枝等干预工作，限制决策树的大小。另外，在模型训练和验证过程中，应该保证训练集和测试集有类似的规模，以避免训练集过大而导致的过度拟合现象。

3.4.4　支持向量机方法

1. 基本原理

支持向量机（Support Vector Machine，SVM）方法建立在统计学习理论的 VC 维理论和结构风险最小原理基础上，根据有限的样本信息在模型的准确率（即对特定训练样本的学习精度）和学习能力（即无错误地识别任意样本的能力）之间寻求最佳折中，以期获得最好的推广泛化能力。本质上，支持向量机属于一般化线性分类器，其特点是能够同时最小化经验误差与最大化几何边缘区，因此支持向量机也称为最大边缘区分类器。由于支持向量机能够处理回归问题和模式识别等诸多问题，并可推广到预测和综合评价等领域，因此广泛用于生物学数据的统计分类和回归分析中。

2. 算法流程

支持向量机由线性可分情况下的最优分类面发展而来，其基本思想可以用图 3.14 的二维情况加以说明。在图 3.14 中，实心点和空心点代表两类样本，H 为分类线，H_1 和 H_2 分别为经过各类并离分类线最近的样本且平行于分类线的直线，它们之间的距离称为分类间隔（margin）。所谓最优分类线要求分类线不但能将两类正确区分（训练错误率为 0），而且使分类间隔最大。分类线方程为 $x \cdot w + b = 0$，对其进行归一化，使得对线性可分的样本集 $(x_i, y_i), i = 1, \cdots, n, x \in R^n$，$y \in \{+1, -1\}$，满足：

$$y_i[(w \cdot x_i + b)] - 1 \geqslant 0, \quad i = 1, \cdots, n \qquad (3.13)$$

其中，w 为最优解的向量参数，R^n 为 n 维的欧氏空间。

此时分类间隔等于 $2/\|w\|$，使间隔最大等价于使 $\|w\|^2$ 最小。满足条件（3.13）且使 $\frac{1}{2}\|w\|^2$ 最小的分类面称为最优分类面，H_1 和 H_2 上的训练样本点称为支持向量。

利用拉格朗日优化方法可以把上述最优分类面问题转化为其对偶问题，即在满足约束条件：

$$\sum_{i=1}^{n} y_i \alpha_i = 0 \tag{3.14}$$

和 $\alpha_i \geqslant 0$，$i = 1, \cdots, n$ 的情况下，对 α_i 求解下列函数的最大值：

$$Q(\alpha) = \sum_{i=1}^{n} \alpha_i - \frac{1}{2} \sum_{i,j=1}^{n} \alpha_i \alpha_j y_i y_j (x_i \cdot x_j) \tag{3.15}$$

其中 α_i 为原问题中与每个约束条件对应的拉格朗日乘子。这是一个不等式约束下二次函数寻优的问题，存在唯一解。容易证明，解中将只有一部分（通常是少部分）α_i 不为零，对应的样本就是支持向量。求解上述问题后，得到的最优分类函数为

$$f(x) = \mathrm{sgn}\{(w \cdot x) + b\} = \mathrm{sgn}\left\{ \sum_{i=1}^{n} \alpha_i y_i (x_i \cdot x) + b \right\} \tag{3.16}$$

实际上，式（3.16）只对支持向量进行求和。b 是分类阈值，可以用任一个支持向量求得，或者通过两类中任意一对支持向量取中值得到。对于非线性问题，可以通过非线性变换将其转化为某个高维空间中的线性问题，在变换空间中求解最优分类面。

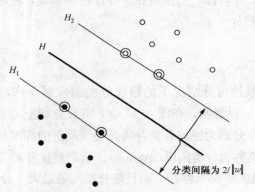

图 3.14　支持向量机分类超平面示意图

在支持向量机方法中，核函数是少数几个能够调整的参数之一。尽管一些实验结果表明，核函数的具体形式对分类效果的影响不大，但是核函数的形式及其参数的确定决定了分类器的类型和复杂程度，是一种控制分类器性能的重要手段。常用的核函数包括多项式函数式（3.17）和径向基函数式（3.18）等，

$$k(x, x') = (x \cdot x' + 1)^n \tag{3.17}$$

$$k(x, x') = \exp(-\gamma \| x - x' \|^2), \gamma > 0 \tag{3.18}$$

目前，已有多种成熟的工具提供支持向量机的训练和应用，常用的工具有 Weka 和 LIBSVM。

3. 支持向量机方法的特点

支持向量机方法的主要优点如下。

① 专门针对有限样本情况，其目标是得到现有信息下的最优解，而不仅仅是样本数趋于无穷大时的最优值；

② 算法最终将转化成一个二次型寻优问题，从理论上讲，得到的将是全局最优解；

③ 算法将实际问题通过非线性变换转换到高维特征空间，在高维空间中构造线性判别函数来实现原空间中的非线性判别函数，该特殊性质能保证模型具有较好的推广能力，同时它巧妙地解决了维数问题，其算法复杂度与样本维数无关。

支持向量机与决策树方法类似，能够生成逻辑变量的判别结果。在理论上，当输入参数较多时，支持向量机比决策树方法更适于分类和预测。但是支持向量机无法像决策树那样生成可解释的规则，运行速度较慢，而且同样可能出现过拟合现象。

3. 4. 5   人工神经网络

人工神经网络（Artificial Neural Network，ANN）是通过模拟人脑神经元的特性及脑的大规模并行结构、信息的分布式和并行处理等机制建立的一种数学模型。人工神经网络是一个高度复杂的非线性动力学系统，它具有较强的自学习、自组织、自适应、记忆、联想和推理等能力。由于它的自适应性质，神经网络在处理实际问题中用"样本学习"的机制替代了传统的编程机制，所以特别适用于对待解决的问题了解较少，但又存在大量训练数据集的情况。而且，由于神经网络基本处理单元之间存在大量的联系，它能处理噪声数据，具有自容错性。同时，一个复杂的或者多层网络能够提取输入数据之间的高阶相关关系。

人工神经网络以其独特的结构和信息处理的方法在许多领域得到了成功应用，特别是在解决模式识别问题和优化问题方面。在生物信息学研究中，如基因识别和蛋白质结构预测方面，神经网络具有重要的应用，并且能够取得较好的分类效果。

1. 反向传播神经网络

研究人员已建立了许多不同的神经网络模型，但在生物信息学中，应用最多的是**反向传播神经网络**（Back Propagation Neural Network，BP 网）。反向传播神经网络被认为是稳定性和鲁棒性较强的人工神经网络之一，而且属于有监督学习的网络模型。已经证明：任何一个在闭区间内的连续函数都可以用一个三层的反向传播神经网络来逼近，也就是说，一个三层反向传播神经网络可以完成任意连续的 n 维数据到 m 维数据的映射。

标准的反向传播神经网络由三层神经元组成：输入层、隐藏层和输出层。输入层从外界环境接收信息，输出层则给出神经网络系统对外界环境的反应，隐藏层不像输入输出层那样和外界有直接联系，它从网络内部接收信息，所产生的输出也只用于神经网络系统中的其他处理单元，主要是完成整个网络的非线性特征提取。图 3.15 给出了一个反向传播神经网络的结构示意图，其中输入层有 7 个结点，输出层有 2 个结点，隐藏层有 3 个结点。

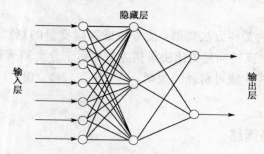

图 3.15　反向传播神经网络结构示意图

2. 反向传播神经网络基本算法

反向传播神经网络算法由正向传播和反向传播两部分组成。在正向传播过程中，输入信息从输入层经隐层单元处理后，传至输出层。每一层神经元的状态只影响下一层神经元的状态。如果在输出层得不到期望输出，就转为反向传播，即把误差信号沿连接路径返回，并通过修改各层神经元之间的连接权值，使误差信号最小。

反向传播神经网络算法的基本流程如图 3.16 所示。可以发现，反向传播神经网络模型把一组输入输出样本的函数问题转变为一个非线性优化问题，并使用了优化技术中最普通的梯度下降法。如果把神经网络看成输入到输出的映射，这个映射就是一个高度非线性映射。

3. 神经网络的特点

在使用人工神经网络时，应注意以下几点。
① 神经网络很难解释，目前还没有能对神经网络做出显而易见解释的理论。

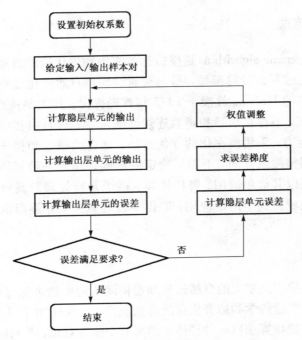

图 3.16　反向传播神经网络学习算法框图

②　神经网络会学习过度，在训练神经网络时一定要恰当地使用一些能严格衡量神经网络的方法，如测试集方法和交叉验证法等。这主要是由于神经网络太灵活、可变参数太多，如果给出足够的时间，它几乎可以"记住"任何事情。

③　对于复杂问题，训练一个神经网络需要相当可观的时间才能完成。但是，一旦神经网络建立好了，在用它做预测时运行速度较快。

④　建立神经网络需要做的数据准备工作量很大。要想得到准确度高的模型，必须认真地进行数据整理、转换、选择等工作。例如，神经网络要求所有的输入变量都必须是 0 至 1（或 −1 至 1）之间的实数，因此像"地区"之类文本数据必须先做必要的处理之后才能用来作为神经网络的输入。

目前，神经网络已成功地应用于生物信息学的多个方面。在基因预测中，神经网络用于识别内含子、外显子、启动子和转录识别位点等。在蛋白质结构预测方面，神经网络不仅用于预测蛋白质特殊结构，如信号肽、跨膜区等，而且用于蛋白质二级结构和三级结构的预测。但是，对于生物信息学而言，神经网络模型还存在一些问题，如参数的生物学意义不明确等。同时，对固定训练样本的过度拟合也使它的预测性能大打折扣。

3.4.6 遗传算法

遗传算法（genetic algorithm）是模拟达尔文生物进化论的自然选择和遗传学机理的生物进化过程的计算模型，是一种通过模拟自然进化过程搜索最优解的方法。它由美国的 Holland 教授于 1975 年首先提出，其主要特点是：直接对结构对象进行操作，不存在求导和函数连续性的限定；具有内在的隐并行性和良好的全局寻优能力；采用概率化的寻优方法，能自动获取和指导优化的搜索空间，自适应地调整搜索方向，不需要确定的规则。作为一种新的全局优化搜索算法，遗传算法以其简单通用、鲁棒性强、适于并行处理及高效和实用等显著特点，在各个领域得到了广泛应用，取得了良好效果，并逐渐成为重要的智能算法之一。

1. 基本原理

遗传算法是模拟达尔文的自然选择和遗传淘汰的生物进化过程的计算模型。它的思想源于生物遗传学和适者生存的自然规律，是具有"生存＋检测"的迭代过程的搜索算法。遗传算法以一种群体中的所有个体为对象，并利用随机化技术指导对一个被编码的参数空间进行高效搜索。其中，选择、交叉和变异构成了遗传算法的遗传操作；参数编码、初始群体的设定、适应度函数的设计、遗传操作设计、控制参数设定这 5 个要素组成了遗传算法的核心内容。

遗传操作包括 3 个基本遗传算子：选择（selection）、交叉（crossover）和变异（mutation）。个体遗传算子的操作都是在随机扰动情况下进行的，因此群体中个体向最优解迁移的规则是随机的。需要强调的是，这种随机化操作和传统的随机搜索方法是有区别的。遗传操作进行的是高效有向的搜索，而不是如一般随机搜索方法所进行的无向搜索。

2. 操作流程

遗传算法的操作流程如图 3.17 所示，下面对其中的要点进行介绍。

1）初始化

选择一个群体，即选择一个串或个体的集合 $\{b_i\}$，$i=1, 2, \cdots, n$。这个初始的群体也是问题假设解的集合，一般取 $n=30\sim160$。通常以随机方法产生串或个体的集合 $\{b_i\}$，$i=1, 2, \cdots, n$。通过这些初始假设解经逐步进化求出问题的最优解。

2）选择

从群体中选择优秀个体，淘汰劣质个体的操作称为选择。选择的目的是把优化的个体(或解)直接遗传到下一代,或通过配对交叉产生新的个体再遗传到下一代。选择操作建立在群体中个体的适应度评估的基础上,目前最常用的选择算子是适应度比例方法。

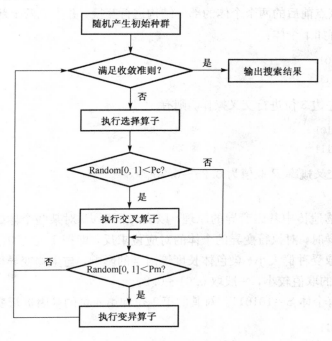

图 3.17　遗传算法流程图

设群体大小为 n,适应度函数为 f,个体 b_i 的适应度为 $f(b_i)$,则 b_i 被选择的概率为 $P\{b_i\} = \dfrac{f(b_i)}{\sum\limits_{j=1}^{n} f(b_j)}$。该概率反映了个体 i 的适应度在整个群体的个体适应度总和中所占的比例。个体适应度越大,其被选择的概率就越高,繁殖下一代的数目就越多。个体的适应度越小,繁殖下一代的数目就越少,甚至被淘汰。这样,就产生了对环境适应能力较强的后代。从问题求解角度来讲,就是挑选出与最优解较接近的中间解。

3)交叉

在自然界生物进化过程中起核心作用的是生物遗传基因的重组(加上变异)。同样,遗传算法中起核心作用的是遗传操作的交叉算子。所谓交叉是指把两个父代个体的部分结构加以替换重组而生成新个体的操作。通过交叉,遗传算法的搜索能力得以大幅提高。

对于选中用于繁殖下一代的个体,随机地选择两个个体的相同位置,按交叉

概率 P_c 在选中的位置实行交换。这个过程反映了随机信息交换，目的是产生新的基因组合，即新的个体。交叉时，可实行单点交叉或多点交叉。最常用的交叉算子为单点交叉(one-point crossover)。其具体操作是在个体串中随机设定一个交叉点，将该点前后的两个个体的部分结构进行互换，并生成两个新个体。

例如，有如下个体：

S1＝100101

S2＝010111

选择它们的左边 3 位进行交叉操作，则有

S1′＝**010**101

S2′＝**100**111

一般而言，交叉概率 P 取值为 0.25～0.75。

4)变异

根据生物遗传中基因变异的原理，以变异概率 P_m 对某些个体的某些位执行变异。在变异时，对执行变异的个体的对应位求反，即把 1 变为 0，把 0 变为 1。变异率的选取受种群大小、染色体长度等因素的影响，与生物变异极小的情况一致，通常 P_m 的取值较小，一般取 0.01～0.2。

例如，有个体 S＝101011。对其的第 1 位和第 4 位的基因进行变异，则有

S′＝**0**01**1**11

遗传算法引入变异的目的有两个。首先，使遗传算法具有局部的随机搜索能力。当遗传算法通过交叉算子已接近最优解邻域时，利用变异算子的这种局部随机搜索能力可以加速向最优解收敛。显然，这种情况下的变异概率应取较小值，否则接近最优解的积木块会因变异而遭到破坏。其次，使遗传算法维持群体多样性，以防止出现未成熟收敛现象。此时变异概率应取相对较大的值。

在遗传算法中，交叉算子因其全局搜索能力而作为主要算子，变异算子因其局部搜索能力而作为辅助算子。通过交叉和变异这对相互配合又相互竞争的操作，使遗传算法具备兼顾全局和局部的均衡搜索能力。所谓相互配合，是指当群体在进化过程中陷于搜索空间中某个超平面而仅靠交叉不能摆脱时，通过变异操作可以帮助其摆脱困境。所谓相互竞争，是指当通过交叉已形成所期望的积木块时，变异操作有可能破坏这些积木块。如何有效地配合使用交叉和变异操作，仍是目前遗传算法的一个重要研究内容。

5)终止条件

当最优个体的适应度达到给定的阈值，或者最优个体的适应度和群体适应度

不再上升时，或者迭代次数达到预设的代数时，算法终止。预设的代数一般设置为 100～500 代。

3. 遗传算法应用举例

本例演示如何采用遗传算法求解函数的最大值。已知函数形式为 $f(x) = x\sin(10\pi x) + 2, x \in [-1, 2]$。利用 MATLAB 的遗传算法工具箱实现搜索过程，在 MATLAB 窗口中键入 gatool 即可调用。首先编写目标函数的 M 文件，在遗传算法的 GUI 中键入函数名，选择参数后，进行求解。运行结果显示，最优解为 1.86，算法收敛过程如图 3.18 所示。

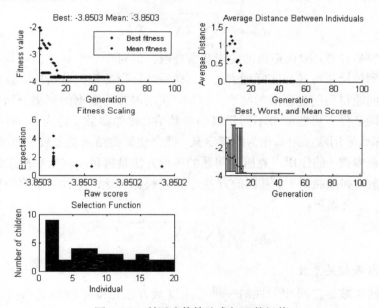

图 3.18　利用遗传算法求解函数极值

3.4.7　聚类算法

聚类分析(clustering)是一种典型的无监督分类方法，它强调对数据自然聚集状况的分析，没有检验或测量样本，即事先并不知道分类结构及每个对象所属的类别。其目标是将研究对象分成几个群体，使群体内部对象之间的相似性较高，而不同群体对象之间的相似性较低。因此，聚类适合于背景知识不足情况下的分类分析，用于挖掘数据的内在组成规律。例如，在不了解基因表达模式的情况下，通常采用层次聚类对基因芯片数据进行分析，以发现具有相似表达模式的基因集合，从而鉴定肿瘤细胞中的特殊功能模块。但是聚类分析计算量较大，其时间复杂度比有监督分类的计算量大得多。

1. 聚类分析中的距离定义

聚类算法按照每一对数据点之间的距离来决定其所属的类别。距离的定义决定了样本之间的相似程度，因此对于聚类分析非常重要。常见的距离定义包括欧氏距离、皮尔逊相关系数和马氏距离等。

1）欧氏距离

假设对于 M 个样本中的每个样本，都测定了 N 个不同的参数，例如基因或者蛋白质的表达水平，样本 A 中第 i 个基因的参数值为 X_{iA}。那么样本 A 和样本 B 之间的欧氏距离定义如下：

$$d_{AB} = \sqrt{\sum_{i=1}^{N} (X_{iA} - X_{iB})^2} \tag{3.19}$$

由于容易计算，欧氏距离的使用非常普遍。但对于一个真实的生物系统，欧氏距离得到的结果可能与实际相去甚远，在后续进行的聚类分析中，会导致相应的生物学问题得到明显歪曲的结论。例如，在基因芯片数据的聚类分析中，两组样本在不同条件下可能测得不同量级的参数值，比如参数 i 约为 1，而参数 j 约为 100，那么采用欧氏距离作为距离定义，就会使聚类结果受参数 j 的严重左右，而无法体现参数 i 的作用。克服该问题的一种方法是将每个变量都按照其变异程度进行缩放，如按照第 i 个基因的方差 s_i^2 来进行标准化。这种方法称为标准化的欧氏距离，定义如下：

$$d_{AB} = \sqrt{\sum_{i=1}^{N} \frac{(X_{iA} - X_{iB})^2}{s_i^2}} \tag{3.20}$$

2）皮尔逊相关系数

衡量两组数据之间相关性的一种常用度量方法是皮尔逊相关系数。皮尔逊相关系数的定义与上一节统计学方法介绍中的一致。同样考察样本 A 和 B，其参数矩阵为 $\{X_{1A}, X_{2A}, \cdots, X_{NA}\}$ 和 $\{X_{1B}, X_{2B}, \cdots, X_{NB}\}$，它们之间的相关系数定义为

$$r_{AB} = \frac{1}{N-1} \sum_{i=1}^{N} \left(\frac{X_{iA} - \bar{X}_A}{s_A}\right) \left(\frac{X_{iB} - \bar{X}_B}{s_B}\right) \tag{3.21}$$

其中，$\bar{X}_A$ 为样本 A 中数据的均值，s_A 为样本 A 中数据的标准差；$\bar{X}_B$ 和 s_B 的定义与 $\bar{X}_A$ 和 s_A 的类似。

在基因芯片数据的聚类分析中，采用皮尔逊相关系数作为距离函数，能够表征表达模式在形状上的差异，而不是表达量的绝对值。如图 3.19 所示，已知 3 个基因 A、B 和 C 关于时间的表达量变化情况，其中 A 和 B 在各时间点的表达量之间仅相差一个常数，A、B 和 C 均具有类似的变化趋势。分别计算两两基因之

间的欧氏距离和相关系数。采用欧氏距离时，距离定义受实际值的影响，认为 A 和 C 基因之间距离较大，相似性较差。而相关系数方法可以将两个在不同样本中绝对表达值不同但表达模式相似的基因鉴定为相似，A 和 B 基因均与 C 的基因表达具有较高的相关系数。在基因芯片的聚类分析中，对于样本的聚类主要采用欧氏距离，而对于基因聚类主要采用皮尔逊相关系数。

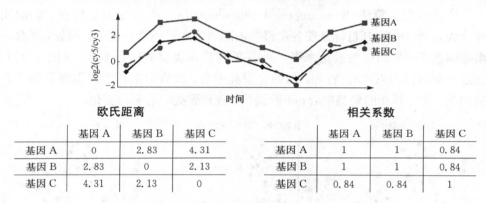

欧氏距离

	基因 A	基因 B	基因 C
基因 A	0	2.83	4.31
基因 B	2.83	0	2.13
基因 C	4.31	2.13	0

相关系数

	基因 A	基因 B	基因 C
基因 A	1	1	0.84
基因 B	1	1	0.84
基因 C	0.84	0.84	1

图 3.19　聚类分析中不同的距离函数

3）马氏距离

如果不同参数值之间存在相关性，例如基因表达过程中两个基因共用启动子或者位于同一条代谢通路，则可以采用另一种距离的定义，即马氏（mahalanobis）距离。马氏距离类似于标准化的欧氏距离定义，但是加入了体现参数相关性的项，具体定义为

$$d_{AB} = \sqrt{\sum_{i=1}^{N} \frac{(X_{iA} - X_{iB})^2}{s_i^2} + \sum_{i=1}^{N} \sum_{j=1}^{N} \frac{(X_{iA} - X_{iB})(X_{jA} - X_{jB})}{\mathrm{cov}(X_{iA}, X_{jB})}} \tag{3.22}$$

马氏距离综合考虑了不同表达模式之间的差异性和相关性，适合于某些特殊要求下的聚类分析。

2. 聚类分析算法

划分方法（partitioning method）和层次方法（hierarchical method）是聚类分析的两种主要方法。划分方法根据不同类之间的相似性或一个类的可分离性来合并和分裂类，其他的聚类方法还有基于密度的聚类（density-based method）、基于网格的聚类（grid-based method）和基于模型的聚类（model-based method）等。

1）划分法

给定一个包括 N 个记录的数据集，划分法将构造 K 个分组，每一个分组就代表一个聚类，$K<N$。而且这 K 个分组满足下列条件：（1）每个分组至少包含

一个数据记录；(2)每个数据记录属于且仅属于一个分组。对于给定的 K，该算法首先给出一个初始的分组划分，以后通过反复迭代的方法改变分组，使每一次改进之后的分组方案都比前一次更好。其评判标准是：同一分组中的记录距离越近越好，而不同分组中的记录距离越远越好。采用这个基本思想的算法有 K 均值聚类算法、K-MEDOIDS 算法和 CLARANS 算法。

K 均值聚类算法(K-means clustering algorithm)将 N 个对象根据它们的属性分为 K 个分割，其目标是使各个群组内部的均方误差总和最小。例如，考察一组基因在不同组织中的表达水平，利用 K 均值聚类将其进行划分(见图 3.20)，设定类别数目为 $K=3$。首先，初始化聚类中心；然后根据就近原则划分每个点的归属，并计算新的聚类中心；不断迭代，直到聚类中心不再变化。

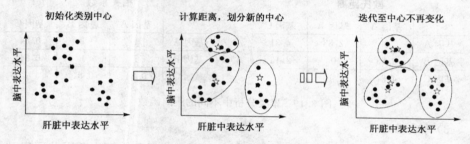

图 3.20　K 均值聚类算法示意图

2) 层次法

这种方法对给定的数据集进行层次性的分解，直到满足某种终止条件，具体可以分为"自底向上"和"自顶向下"两种方案。例如，在"自底向上"方案中，初始时假定每个数据记录都是一个单独的组，通过迭代过程将那些相互邻近的组合并，直到所有的记录都合并为一个分组或者满足其他终止条件(见图 3.21)。代表算法有 BIRCH 算法、CURE 算法和 CHAMELEON 算法。

3) 基于密度的方法

基于密度的方法与其他方法的根本区别在于：它不是基于各种距离，而是基于密度。这样就能克服基于距离的算法只能发现"类圆形"聚类的缺点。该方法的指导思想是，只要一个区域中的点的密度大于某个阈值，就把它加入与之相近的聚类中。代表算法有 DBSCAN 算法、OPTICS 算法和 DENCLUE 算法。

4) 基于网格的方法

这种方法首先将数据空间划分为有限个单元的网格结构，所有处理都以单个的单元为对象。这种方法的突出优点是处理速度快，通常与目标数据库中记录的个数无关，而只与把数据空间分为多少个单元有关。代表算法有 STING 算法、CLIQUE 算法和 WAVE-CLUSTER 算法。

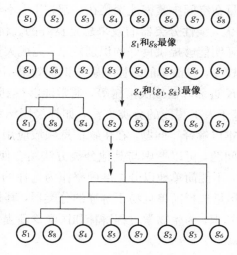

图 3.21　层次聚类方法示意图

3.4.8　分类器的选择

以上给出了多种分类方法。在实际应用过程中,应该如何选择合适的分类器呢? 首先,要区分该问题是有监督还是无监督分类问题。如果没有任何有关样本类别的先验知识,唯一的分类依据是样本的特性,那么就只能采用无监督分类方法,即聚类算法。如果有已知类别的样本训练集,那么就属于有监督分类问题,可以采用贝叶斯分类器、线性分类器或非线性分类器等。

对于有监督分类问题,如果能够获得样本的统计分布知识,就可以考虑采用基于统计参数的决策分类方法,如贝叶斯模型。如果有条件得到准确的统计分布知识,包括各类先验概率和条件概率,即可计算出样本的后验概率,以此作为产生判别函数的必要依据,利用贝叶斯模型实现对样本的分类。但是,在统计参数未知的情况下,就必须经过学习阶段,从已知样本数据中获得对样本概率分布的估计,才能对未知的样本按照贝叶斯模型实现分类。

在一般情况下,要得到准确的统计分布知识是极其困难的,这时可以考虑使用几何分类器,如线性分类器、非线性分类器和支持向量机等。几何分类器的设计过程主要是判别函数或决策面方程的确定过程。设计分类器首先要确定准则函数,然后利用训练样本集合确定该分类器的参数,使判别准则达到最佳。判别函数可以是线性函数,也可以是非线性函数。设特征向量的特征分量数目为 n,可分类数目为 M,符合某种条件就可以使用线性分类器,正态分布条件下一般适合使用二次函数决策面。在可分类数目 $M=2(n+1)\approx 2n$ 时,几乎无法用一个线性函数分类器将它们分成两类。理论上,$M>n+1$ 时不能应用线性分类器,但如果一个类别的特征向量在空间中紧密地聚集在一起，几乎不与其他类别的特征向量混合，则无论 M 多大，线性分类器的效果总是良好的。例如，在字符识别中，线性函数分类器已经证明能够提供良好的识别效果，完成大量字符的识别任务。

当已知背景知识较少，且简单的线性判别器识别效果不佳时，可以考虑基于实例的学习方法，如 K 近邻算法或决策树等，通常能够得到较好的分类效果（不一定是最好的）。而基于人工智能的分类方法，如神经网络和遗传算法，由于其算法的复杂性和结果难以解释等问题，在生物信息领域应用范围有限，但是对于较复杂的分类和搜索问题，可以考虑与其他分类方法结合使用。需要注意的是，在应用各种分类器时，不能简单地以分类准确率作为选择的标准，在分类效果相差不大的情况下，应尽量选择简单且易于解释的分类器，其最终目的是挖掘生物信息中潜在的生物学知识，为生物学过程解释和医学诊断提供依据。

3.5　模型评估方法

以上介绍了用于生物学问题研究的多种分类模型。为了评价分类模型的性能，则需要进行模型评估，下面介绍如何构建标准数据集及常用的性能评价指标。

3.5.1　构建标准数据集

对于有监督分类方法，需要在训练集的基础上构建分类模型。如果要检验一个分类模型的性能，则需要在测试集上对模型进行定量的评估。对于已知类别的样本较多的情况，可选取一部分样本专门作为测试集用于模型评估。而对于样本数量较少，或者模型可能产生过拟合的情况下，通常采用交叉验证的方法构建多个训练集和测试集，以检验模型的平均分类效果。

常见的交叉验证形式包括 K 倍交叉验证和留一验证。

K 倍交叉验证（K-fold cross validation）是指将初始样本随机分割成 K 个等份，选择其中 1 份作为测试数据，其他 $K-1$ 份用来训练。交叉验证重复 K 次，直到每份验证一次，然后平均 K 次分类的结果，作为最终的分类性能。该方法的优势在于，重复运用随机产生的子样本进行训练和验证，能充分地利用现有数据集来避免模型的过度拟合。其中，10 倍交叉验证是最常用的交叉验证方法。

留一验证（Leave-One-Out Cross Validation，LOOCV）是指仅选择原样本中的一项作为测试样本，而剩余的留作训练样本。这个步骤一直持续到每个样本都被作为一次测试样本。留一验证的原理与 K 倍交叉验证一致，可以认为是 K 倍交叉验证的极端情况，即 K 就等于样本总数的情况。

除了交叉验证之外，还有自助聚集（Bootstrap aggregation，Bagging）和无放回随机抽样方法等，也可用于构建分类模型所需的训练集和测试集。

3.5.2 评价指标

1. 准确率、灵敏度与特异性

考虑一个二类预测问题，其结果或者为真（Positive）或者为假（Negative）。在双分类器中，有 4 类可能的输出。如果输出的预测为真而实际的结果也为真，则称为**真阳性**（True Positive，TP）；然而，如果实际的结果为假，则称为**假阳性**（False Positive，FP）。反之，一个**真阴性**（True Negative，TN）发生在预测结果和实际结果都为假时，而**假阴性**（False Negative，FN）发生在预测输出为假而实际值为真时。例如，考虑一个人通过检测来测试是否患有某种疾病。假阳性是这个人被测试为患病但实际为健康的情况。假阴性是这个人被测试为健康的但实际为患病的情况。

各种预测结果如表 3.7 所示，1 代表阳性，0 代表阴性。

表 3.7 分类方法的预测结果

实际值		预　测　值		合　　计
		1	0	
实际值	1	真阳性（TP）	假阴性（FN）	阳性（TP+FN）
	0	假阳性（FP）	真阴性（TN）	阴性（FP+TN）
合计		预测为阳性（TP+FP）	预测为阴性（FN+TN）	TP+FP+FN+TN

利用表 3.7 可定义评价分类器性能的常用指标。一是**灵敏度**（sensitivity），即真阳性率（True Positive Rate，TPR），刻画的是分类器所识别出的阳性实例占所有阳性实例的比例。二是**特异性**（specificity），即真阴性率（True Negative Rate，TNR），表征了分类器认为阴性的阴性实例占所有阴性实例的比例。三是**准确率**（accuracy），定义为预测正确的部分占所有测试样本的比例。另外两种常用指标是精确度（precision）和召回率（recall）。

$$准确率 = \frac{TP + TN}{TP + FP + TN + FN}$$

$$真阳性率 = \frac{TP}{TP + FN}, \quad 假阳性率 = \frac{FP}{FP + TN} \tag{3.23}$$

$$精确度 = \frac{TP}{TP + FP}, \quad 召回率 = \frac{TP}{TP + FN}$$

在衡量分类系统准确性时，准确率是评估系统分类性能的综合指标，但仅有准确率还不够，通常要给出分类系统的灵敏度和特异性。灵敏度表示其识别数据集中真阳性数据的能力，而特异性表示其识别数据集中假阳性数据的能力。

2. 受试者工作特征曲线

通常，分类器的评价指标不是固定的值，随着分类参数的增大，系统的灵敏度降低而特异性增加。**受试者工作特征曲线**（Receiver Operating Characteristic curve，ROC 曲线）能够反映敏感性和特异性随参数改变的连续变化情况。通过将分类参数设定出多个不同的临界值，可以计算出一系列灵敏度和特异性，再以灵敏度为纵坐标、（1－特异性）为横坐标绘制成曲线，即为 ROC 曲线（见图 3.22）。曲线下的面积越大，分类准确性越高。在 ROC 曲线上，最靠近坐标图左上方的点为敏感性和特异性均较高的临界值。对于完全无价值的分类系统，灵敏度和特异性始终相等，其 ROC 曲线相当于从（0，0）到（1，1）的对角线，曲线下的面积为0.5。对于完善的分类系统，真阳性率始终为 1，假阳性率始终为 0，曲线下的面积为 1。

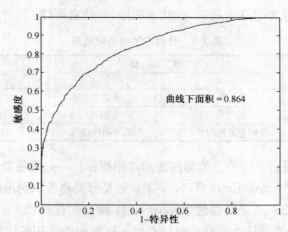

图 3.22　ROC 曲线示意图。对于癌基因预测的例子，选择不同的阈值，
绘制ROC曲线。曲线下的面积为0.864，说明分类效果较好

ROC 曲线将灵敏度与特异性以图示方法结合在一起，能够准确地反映分类方法中灵敏度和特异性的关系，是系统准确性的综合代表。一方面，ROC 曲线不固定分类界值，允许中间状态存在，利于使用者结合专业知识，权衡漏诊与误诊的影响，选择一个最合适的截断点作为诊断参考值。另一方面，ROC 曲线下的面积可以定量地评价分类准确性，曲线越凸，越接近左上角，表明其分类效率越高，这有利于不同分类器之间的性能比较。

3.6　生物信息学算法展望

随着数据量不断增长,人类基因组计划的完成和人类蛋白质计划的实施,生物信息呈指数级增长,使得利用生物信息学技术挖掘海量数据的生物学含义变得紧迫和重要。因此模式识别和机器学习的算法在生物信息学中得到了广泛的应用,如假设检验方法用于发现不同条件下的差异表达基因,聚类方法用于挖掘基因之间的调控关系,K 近邻法用于疾病分型研究,支持向量机方法用于预测潜在的蛋白质相互作用关系等。统计、分类和预测方法作为生物信息学的主要工具,为研究人员提供了大规模数据分析的手段和实验设计的重要参考。

需要注意的是,生物学数据有其自身的特点,在选择数据分析和建模方法时,一定要充分了解实验背景和数据的产出过程,这样才能有针对性地进行数据预处理和知识挖掘,建立有意义的生物学模型。此外,为了充分借助高性能计算指导生物学的理性设计和实验优化,研究人员正在不断努力尝试将现有算法进行改进,以使其更适于生物数据分析。生物系统的建模和分类方法呈现出多元化趋势,对于同一个问题,通常有多种模型和方法可选,对于不同方法的选择和组合应用也是生物信息学中有待研究的一个重要问题。本章仅介绍了几种目前应用较多的算法,后面的章节将结合具体实例介绍如何应用这些模型。

习题

1. 下表是 20 个患者的住院数据,比较使用抗生素及不使用抗生素的患者在平均住院时间上是否有显著差别(取显著水平 $\alpha = 0.05$)。

编　号	性　别	年　龄	使用抗生素	住院时间(天)
1	女	30	否	5
2	女	73	否	10
3	女	40	否	6
4	女	47	否	11
5	女	25	否	5
6	男	82	是	14
7	男	60	是	30
8	女	56	否	11
9	女	43	否	17
10	男	50	否	3
11	女	59	否	9

（续表）

编　　号	性　别	年　　龄	使用抗生素	住院时间（天）
12	男	32	否	5
13	男	36	是	7
14	男	69	否	4
15	男	47	是	3
16	男	4	否	3
17	女	22	是	8
18	女	33	是	8
19	女	20	否	5
20	男	19	是	11

2. 已知新生儿的血压受出生体重和出生天数的影响，下表是 10 个婴儿测量的舒张压、出生体重（千克）及年龄（出生天数），建立血压关于体重和年龄的多重回归方程。已知一个婴儿的出生体重为 3.63 千克，预测其出生 3 天后的平均舒张压。

编　　号	体重（千克）	出　生　天　数	舒张压（mmHg）
1	3.83	3	89
2	3.40	4	90
3	2.84	3	83
4	2.95	2	77
5	3.69	4	92
6	3.54	5	98
7	3.50	2	82
8	2.98	3	85
9	3.42	5	96
10	2.55	4	95

3. 已知 10 名病人服药前后的血红蛋白含量如下：

病 人 编 号	1	2	3	4	5	6	7	8	9	10
服药前	11.3	15.0	15.0	13.5	12.8	10.0	11.0	12.0	13.0	12.3
服药后	14.0	13.8	14.0	13.5	13.5	12.0	14.7	11.4	13.8	12.0

问该药是否引起了血红蛋白含量的显著变化（取显著水平 $\alpha = 0.05$）？

4. 采用支持向量机和反向传播神经网络方法对表 3.6 中的数据进行分类，绘制 ROC 曲线。

5. 利用遗传算法求解一个线性规划问题：一个化工厂生产两种产品，每个产品 x_1 的利润为 200 元，x_2 的利润为 400 元，而生产一个 x_1 产品需要 4 千克的 A 原料和 2 千克的 B 原料，生产一个 x_2 产品需要 6 千克的 A 原料和 4 千克的 B 原料及 1 千克的 C 原料。现有的三种原料数量分别为 $A = 120$ 千克，$B = 72$ 千克，$C = 10$ 千克。那么，在此条件下，管理人员应如何设计生产才能使工厂的利润达到最大？

6.氨基酸属性的聚类分析。从 http://www.genome.jp/aaindex 下载 20 种天然氨基酸的 544 种表征值，去除含有 NA 标记的属性，得到 531 个表征值。比较不同距离、不同聚类方法的系统聚类结果。进一步，经过主成分分析后，选取合适的主成分进行系统聚类，分析聚类结果。

参考文献

1. 许忠能. 生物信息学. 北京：清华大学出版社，2008.

2. 罗斯纳. 生物统计学基础(第五版). 孙尚拱，译. 北京：科学出版社，2008.

3. 孙振球等. 医学统计学(第二版). 北京：人民卫生出版社，2010.

4. 西奥多里蒂斯等. 模式识别(第四版). 李晶皎等，译. 北京：电子工业出版社，2011.

5. 威滕等. 数据挖掘(第二版). 董琳等，译. 北京：机械工业出版社，2006.

6. 王翼飞，史定华. 生物信息学——智能化算法与应用. 北京：化学工业出版社，2006.

7. 尚志刚等. 生物医学数据分析及其 Matlab 实现. 北京：北京大学出版社，2009.

8. 梁艳春等. 生物信息学中的数据挖掘方法及应用. 北京：科学出版社，2011.

9. 王娟，慈林林，姚康泽. 特征选择方法综述. 计算机工程与科学，2005，vol. 27(12)，pp. 68-71.

10. J. L. DeRisi et al., Exploring the metabolic and genetic control of gene expression on a genomic scale, *Science*, 1997, vol. 278(5338), pp. 680-686.

11. 杨淑莹. 模式识别与智能算法——Matlab 技术实现(第二版). 北京：电子工业出版社，2011.

12. 邓甦，付长贺. 四种贝叶斯分类及其比较. 沈阳师范大学学报(自然科学版)，2008，vol. 26(1)，pp. 31-33.

13. 潘永丽. 决策树分类算法的改进及其应用研究. 云南财经大学，2011.

14. 贺清碧. BP 神经网络及应用研究. 重庆交通学院，2004.

第4章 基因组技术与研究方法

　　人类基因组计划曾轰轰烈烈地开始，也已沸沸扬扬地结束，成为无数话题的焦点。转瞬间，人类基因组计划已完成十年有余，人们不禁要问：人类基因组计划是否完成了它的预期使命？基因组完全测序之后，我们还要做些什么？基因组对我们的生活有什么样的影响和改变呢？

4.1　基因组概述

　　各种生物体之间存在着差异，这种差异正是由基因组所决定的。基因组控制着生物体的生长发育，控制着生命活动。要想认识生物的本质，就必须首先认识基因组。基因组学的出现始于 1986 年，美国约翰·霍普金斯大学著名人类遗传学家和内科教授 McKusick 创造了基因组学这个名词。从定义上讲，基因组是一个物种中所有基因的整体组成。它不仅包括全部的功能基因序列，还包括基因之间相互作用（调控机制）所具有的遗传信息。因此，人类基因组可以从两层意义上理解，既可以认为是遗传信息，也可以认为是遗传物质。而基因组研究的目的是从整体水平上研究基因的存在、基因的结构与功能，以及基因之间的相互关系。

　　随着人类基因组计划的开展，海量的基因组数据不断产出，基因组学数据的分析和处理成为基因组学研究的首要任务。不同于单个或几个基因的作用机制研究，基因组学数据的处理难度较大，主要原因有 3 个方面。首先，基因组信息量大，至少比单个基因高几个数量级；其次，发现和纠正基因组测序错误是一个艰巨的任务，但又是对基因组数据进行解读必须要完成的工作；最后，当时针对基因组数据分析的生物信息学方法还比较欠缺。这样就迫切需要发展新的生物信息学方法，用于基因组信息的存储、获取、处理、分配、分析和注释。正是由于基因组计划的开展和对基因组数据分析的需要，才促进了生物信息学的蓬勃发展。因此，对基因组数据的分析和处理一直是生物信息学的核心内容，尤其在生物信息学发展的初期，几乎是生物信息学的全部内容。

　　随着基因组计划的完成，人们已经进入了后基因组时代，即功能基因组时代。研究人员开始关注基因组信息的注释和解读，并充分利用基因组计划产出的大量数据来推动研究的深入，如利用全基因组序列构建进化树，利用基因组中的单个基因的差异来研究疾病和个体差异性，从而使基因组学的生物信息学研究内容更加丰富。

　　本章主要介绍基因组学技术的最新进展和生物信息学在基因组学数据处理中的应用。首先简要介绍人类基因组计划的完成过程和对生物信息学提出的挑战，其次讨论在后基因组时代，如何利用生物信息学方法挖掘基因组信息，最后是基因组与疾病的关联研究，并举例说明如何采用生物信息学工具进行基本的序列比对和系统发生树构建，最后总结了在基因组计划完成十余年的今天，基因组学研究所取得的主要成就，并对将来的研究方向进行展望。

4.2　人类基因组计划

4.2.1　人类基因组计划的提出

1. 人类基因组计划的初衷

人类基因组计划由美国科学家于 1985 年率先提出，并于 1990 年正式启动。美国、英国、法国、德国、日本和我国科学家共同参与了这一价值达 30 亿美元的人类基因组计划。这一计划旨在为 30 多亿个碱基对构成的人类基因组精确测序，发现所有人类基因并确定其在染色体上的位置，破译人类全部遗传信息。人类基因组计划与曼哈顿计划、阿波罗计划并称为三大计划。

2. 基因组计划的研究对象

经研究之后，基因组计划选择了人类作为研究目标。为什么不选择基因组规模较小或有经济意义的生物呢？选择人作为研究对象的主要原因在于：人类是在进化历程中最高级的生物，破解人类的遗传密码有助于认识自身、掌握生老病死规律，从而帮助进行疾病的诊断和治疗，进一步了解生命的起源等问题。同时，为了与人类基因组进行比较，人类基因组计划还包括了对 5 种生物基因组的研究，即酵母、线虫、大肠杆菌、小鼠和果蝇(见图 4.1)。应用模式生物揭示某种具有普遍规律的生命现象，已经成为生命科学研究的基本策略。其好处在于，将这些模式生物得到的数据与人类基因组相比较，不仅可以通过不同生物基因序列的同源性来阐明人类相应基因的功能，而且可以进行很多在人体内不可能进行的实验研究。

4.2.2　人类基因组计划的主要任务

人类基因组计划主要有两项任务：一是进行 23 条染色体的遗传、物理图谱构建及脱氧核糖核苷酸顺序的分析；二是致力于基因识别及功能的研究。其具体内容包括：对人类基因组进行标记和划分；对基因组 DNA 进行切割和克隆，并利用已知的标记将这些克隆的 DNA 片段有序排列；测定人类基因组的全部 DNA 序列。

最终，人类基因组计划要完成作图(遗传图谱、物理图谱的建立及转录图谱的绘制)、测序和基因识别，还包括模式生物(如大肠杆菌、酵母、线虫、小鼠等)基因组的作图和测序，以及信息系统的建立。同时，对致病基因的克隆也是人类基因组计划的目标之一。疾病与基因直接或间接相关，通过生物学、医学等技术对相关基因进行抑制或调控，即可取得治疗疾病的效果。如果掌握了与某种疾病相关的基因及其突变，就可以对该疾病进行预测、诊断甚至治疗。如果能够做到"因人施药"，将是基因组研究给人类带来的最大福音。

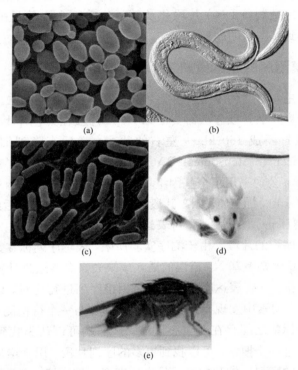

图 4.1　五种模式生物。(a)酵母；(b)线虫；(c)大肠杆菌；(d)小鼠；(e)果蝇

1）遗传图谱

遗传图谱（genetic map）又称连锁图谱，以具有遗传多态性（在一个遗传位点上具有一个以上的等位基因，在群体中的出现频率皆高于 1%）的遗传标记为"路标"，以遗传学距离（在减数分裂事件中两个位点之间进行交换、重组的百分率，1% 的重组率称为 1cM）为图距的基因组图。遗传图谱的建立为基因识别和完成基因定位创造了条件。

2）物理图谱

物理图谱（physical map）是指构成基因组的全部基因的排列和间距的信息，它是通过对构成基因组的 DNA 分子进行测定而绘制的。绘制物理图谱的目的是将有关基因的遗传信息及其在每条染色体上的相对位置线性而系统地排列出来。

3）转录图谱

对基因转录表达产物 mRNA 互补的 cDNA（其片段称为表达序列标签，EST）进行大规模测序，是序列标签位点的主要来源，并以此构建人类基因组转录图。

4)序列图谱

随着遗传图谱和物理图谱的完成，测序就成为重中之重的工作。DNA 序列分析技术是一个包括制备 DNA 片段化及碱基分析、DNA 信息翻译的多阶段过程。通过测序得到基因组的序列图谱。

4.2.3　大规模测序的基本策略

大规模测序主要有两种策略：逐个克隆法和全基因组鸟枪法。公共领域测序计划采用了逐个克隆法。该方法需要已知 DNA 片段在染色体上的位置和方向。首先，染色体被打断成 150 kbp[①] 左右的片段，然后克隆到细菌人工染色体(Bacteriall Artifical Chromosomes，BACs)中，再进一步打碎，克隆，测序，组装。而美国 Celera 公司采用了全基因组鸟枪法。该方法假定 DNA 片段在染色体上的位置和方向未知，随机将 DNA 片段打碎，克隆，测序，最后组装。

通过初步测序得到的是一系列**表达序列标签**(Expressed Sequence Tags，EST)，即 DNA 序列的片段。由于测序实验所限，表达序列标签数据质量普遍不高，其中可能出现未知碱基 N、错误的插入或缺失。需要通过计算机软件将表达序列标签进行拼接，并将表达序列标签与基因组序列进行比对，以寻找全长的基因(见图 4.2)。当搜索中发现有几个表达序列标签与一个待检测序列匹配时，通常这些表达序列标签之间存在着重叠区域，这样就可以认为找到了一段调和序列。对调和序列进一步搜索，可以找到更多的序列片段，用于增加整体拼接的准确性。这种反复的序列比较和拼接就是表达序列标签拼接，它是用于获得全长基因序列的主要方法。用于拼接的软件工具有 Staden、TIGR 和 Phrap 等。目前，已有专门的数据库收录原始的表达序列标签，它们对现有核酸数据库中尚未收录的基因片段是一个很好的补充，大大丰富了 DNA 序列数据库的内容。

4.2.4　人类基因组计划的完成

2000 年 6 月 26 日，公共领域和 Celera 公司同时宣布完成人类基因组工作草图，2001 年 2 月 15 日，*Nature* 刊文发表国际公共领域结果，2001 年 2 月 16 日，*Science* 刊文发表 Celera 公司及其合作者结果(见图 4.3)。2003 年 4 月，中国、美国、英国、日本、法国、德国六国政府首脑联名发表声明，宣布国际人类基因组测序协作组已经解读了人类生命密码书中所有章节的秘密，获得了人类基因组的完成图。破译遗传语言的人类基因组计划被誉为生命科学的"登月计划"，共耗时 13 年。蕴含着人类生命遗传奥秘的遗传语言由 30 亿个碱基对组成，其测序结果由专门的网站

①　kbp 表示千碱基对。

(http://www. sanger. ac. uk/HGP)收录，全世界都可以不受限制地免费获取这些信息。同时，许多模式生物基因组计划完成了测序工作，更多的生物基因组被列入测序计划中。人类掌握了极大量的遗传数据，期待揭示其中的生命奥秘。

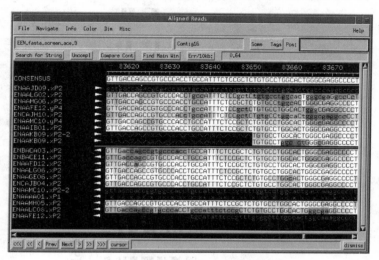

图 4.2 通过计算机软件进行表达序列标签的拼接

对于人类基因组计划，中国也做出了自己的贡献。1994 年，中国人类基因组计划在吴旻、强伯勤、陈竺、杨焕明的倡导下启动，先后开展了"中华民族基因组中若干位点基因结构的研究"和"重大疾病相关基因的定位、克隆、结构和功能研究"。1997 年，我国成立了第一家生物信息中心——北京大学生物信息中心，它是欧洲分子生物学网络组织 EMBnet 的中国国家结点，几年来与多个国家的生物信息中心建立了合作关系，并为国内外用户提供了多项生物信息服务。在此之后，中国人类基因组研究北方中心(北京)、南方中心(上海)和华大基因研究中心(北京)相继成立，为中国开展基因组生物信息学的研究创造了数据条件。1999 年9 月，中国获准加入人类基因组计划，承担了测定人类 3 号染色体短臂上一个约30 Mb[①]区域的测序任务，该区域约占人类整个基因组的 1%。基于人类基因组计划工作的实施，中国在基因组测序方面取得了长足的进步，先后测定了水稻(oryza sativa)、腾冲嗜热杆菌(thermoanaerobacter tengcongensis)、家蚕(bombyx mori)、日本血吸虫(schistosoma japonicum)等一批生物的基因组序列。

1. 人类基因组概况

图 4.4 给出了人类单倍体基因组中的 23 条染色体。

---

① Mb，megabase，兆碱基，即一百万个碱基。

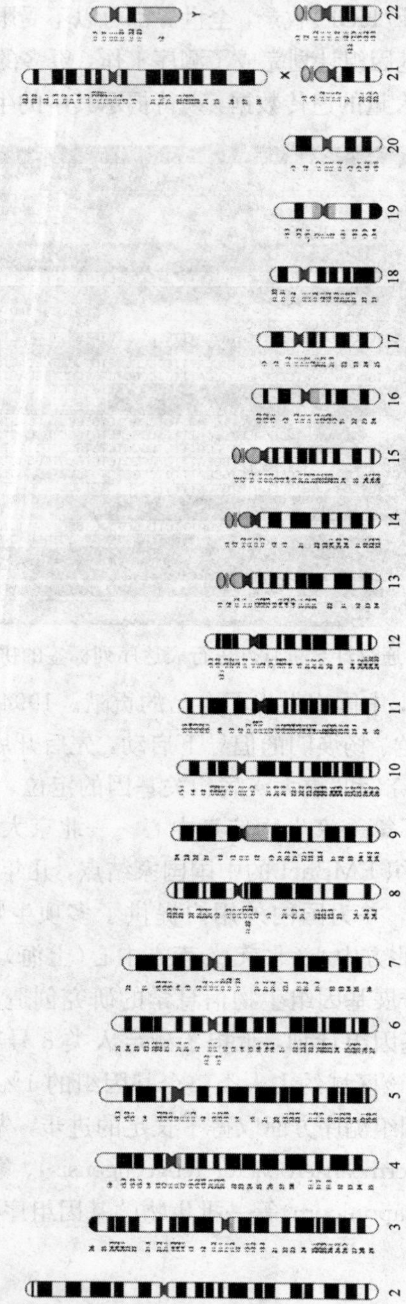

图4.3 人类单倍体基因组中的23条染色体

人类核基因组 DNA 总长度约为 31.647 亿个碱基对。其中，编码序列约占 3%，非编码序列约占 97%。人类基因组包含约 2.5 万个基因，分布于 22 对常染色体和 X、Y 性染色体。表 4.1 对比了人类与其他物种的基因组概况。随着越来越多物种的基因组测序完成，将有助于人类基因组的功能研究和进化分析。

表 4.1　人类与其他物种的基因组比较

物　种	英 文 名 称	碱基对数目（百万）	基 因 数 目	平均基因密度（碱基/基因）	染 色 体 数
人	Homo sapiens	3200	～25000	10000	46
小鼠	Mus musculus	2600	～25000	10000	40
果蝇	Drosophila melanogaster	137	13000	9000	8
拟南芥	Arabidopsis thaliana	100	25000	4000	10
线虫	Caenorhabditis elegans	97	19000	5000	12
酿酒酵母	Saccharomyces cerevisiae	12.1	6000	2000	32
大肠杆菌	Escherichia coli	4.6	3200	1400	无
流感嗜血杆菌	Haemophilus influenzae	1.8	1700	1000	无

2. 人类基因组计划的影响

人类基因组计划是生命科学史上第一个大的科学工程，开始了对生物全面、系统研究的探索。基因组计划的成功使我们了解了包括大肠杆菌、酵母、线虫、果蝇、小鼠等模式生物和人类的所有遗传信息组成，大规模的基因和这些基因产物的功能基因表达图谱。人类基因组计划的完成对于科学研究、生物技术和医学，甚至人类社会和经济生活的各个方面都有重要而深远的影响。

首先，人类基因组计划推动了生物学的基础理论研究。确定人类基因组中基因的序列、组织和物理位置，有利于研究基因的功能及其相互之间在表达和调控机制方面的联系，了解转录和剪接调控元件的结构与位置，从整个基因组结构的宏观水平上理解基因转录与转录后的调控。同时，确定人类基因组有助于从整体上了解染色体结构，包括各种重复序列及非转录"框架序列"的大小，了解各种重复序列和非转录序列在染色体结构、DNA 复制、基因转录和表达调控中的影响和作用，发现新的基因和蛋白质。

其次，人类基因组计划对生物进化研究具有重要意义。生物的进化史都刻写在各基因组的"天书"上，通过比较基因组学，人们可以研究更多的进化问题。如起源于 13 亿年前的草履虫是人的亲戚吗？人是由 300 万年至 400 万年前的一种猴子进化来的吗？人类的祖先是否起源于非洲？第一次"走出非洲"是在 200 万年前吗？

再次，人类基因组计划对生物技术的影响非常深远，它催生了基因工程药物的开发，如分泌蛋白（多肽激素、生长因子、趋化因子、凝血和抗凝血因子等）及其受体；深化了基因和抗体试剂盒、诊断和研究用生物芯片、疾病和筛药模型的研究；推动了细胞、胚胎和组织工程；促进了多种生物技术的发展，如胚胎和成年期干细胞、克隆技术和器官再造等。

最后，人类基因组计划将给医学和制药方面带来重大革命。人类基因组计划有助于发现新的致病基因；通过基因治疗解决传统方法无法解决的疑难杂症；识别疾病易感基因并对风险人群进行生活方式、环境因子的干预。人类基因组计划还可以帮助筛选新药和药物作用的靶标；辅助合理的药物设计，对基因蛋白产物的高级结构进行分析和预测，模拟药物作用过程；促进个体化的药物治疗及药物基因组学的发展。

同时，人类基因组计划的完成也引发了人们的诸多担忧。或许侏罗纪公园不再只是科幻故事？会不会有人利用基因组数据制造灭绝性的生物武器？怎样解决由人类基因组计划引发的基因专利战和基因资源的掠夺战？在基因组时代，人们怎样保护个人隐私？

在人类基因组计划完成的初期，时常可以听到人们关于基因组作用的讨论和担忧。但是随着时间的流逝，人们越来越清楚地发现，基因组仅仅提供了一个数据基础和一种出现重大变革的可能性。距离真正的实际应用和远景规划，还有很长的路要走。总的来说，只要人们能够正确地利用基因组数据资源，基因组数据就将会造福于人类。

3. 新一代测序计划

1980 年，英国生物化学家 Frederick Sanger 与美国生物化学家 Walter Gilbert 建立了 DNA 测序技术并获得诺贝尔化学奖。此后十几年间，几乎所有的 DNA 测序操作都采用半自动化毛细管电泳 Sanger 测序法。这种以 Sanger 测序法为基础的测序技术称为第一代测序技术（见图 4.5）。该技术的基础是双脱氧链末端终止法——根据核苷酸在某一固定的点开始，随机在某一个特定的碱基处终止，产生 A、T、C、G 四组不同长度的一系列核苷酸，然后在尿素变性的凝胶上电泳进行检测，从而获得 DNA 序列。

高通量鸟枪 Sanger 测序法的基本流程是：首先，基因组 DNA 被随机切割成小片段分子，接着众多小片段 DNA 被克隆入质粒载体，随后转化到大肠杆菌中。

然后，培养大肠杆菌提取质粒，进行测序，获得一系列长短不一的末端标记有荧光的片段。最后，对每个延伸反应产物末端的荧光颜色进行识别来读取 DNA 序列。在人类基因组计划的实施过程中，对多项测序技术进行了改进：用体外 PCR 替代了大肠杆菌扩增质粒的过程；使用荧光标记物取代了放射性标记物；使用毛细管电泳取代了传统的平板凝胶电泳；建立了末端配对测序法，可对短片段序列进行测序。

后来，Sanger 测序法发展成为鸟枪循环芯片测序法，其流程为：首先将基因组 DNA 随机分割成小片段 DNA 分子，然后在这些小片段 DNA 分子的末端连接上普通的接头，最后用这些小片段 DNA 分子制成克隆芯片。每一个克隆都含有一个小片段 DNA 分子的许多个副本，许多克隆集合在一起就形成了克隆芯片。这样一次测序反应可以同时对众多的克隆进行测序。最后与 Sanger 测序法中一样，通过对每个延伸反应产物末端的荧光颜色进行识别来读取 DNA 序列。重复上述步骤就能获得完整的序列。

随着 DNA 测序技术的飞速发展，研究人员很快推出了第二代测序技术。该测序技术的基础是焦磷酸测序法，由 4 种酶催化同一反应体系中的酶级联化学发光反应，适合于对已知的短序列进行测序分析。这两代测序方法都是在化学发光物质的协助下，通过读取 DNA 聚合酶或 DNA 连接酶将碱基连接到 DNA 链的过程中释放出的光学信号，从而间接地确定碱基序列。除了需要昂贵的光学监测系统，还要记录、存储并分析大量的光学图像，使仪器的复杂性和成本增加，这种依赖生物化学反应读取碱基序列的方法更增加了试剂和耗材的使用。

第三代测序技术是基于纳米孔的单分子读取技术，这种方法读取数据更快，有望大大降低测序成本，改变个人医疗的前景。其基本原理是在纳米孔中配置纳米电极，用电测方法测量一个 DNA 的核酸碱基排列。单分子测序技术可以避免聚合酶链式反应扩增的过程，从根本上消除由此可能产生的误差。目前，纳米孔单分子测序技术还不够成熟，存在错误率较高等问题，预计能用于大规模测序的仪器最快将于 2013 年面世。有了这种新技术，人类基因组测序的费用将大为降低，估计平均每个样品仅需花费 100 美元。同时，该技术的测序速度要比目前市场上广泛应用的第二代测序技术快 20 000 倍。10 年前，人类基因计划组和Celera 基因公司花费了数年的时间才得到完整的人类基因组序列图。但到了 2008 年，由于有了新一代的测序仪，仅用了 3 个月的时间就获得了 James Watson 的个人完整基因组序列。现在，利用商业化单分子实时测序仪（Single Molecule Real-Time sequencing，SMRT），可以在几分钟之内完成人体基因组测序的工作。

新一代的测序仪提供了前所未有的高并行、快速度和低成本测序，使基因组研究工作迅速向深度和广度发展。DNA 测序技术已广泛应用于生物学研究的各个领域,很多生物学问题都可以借助高通量DNA测序技术予以解决。新一代测序技术的出现,让基因组测序这项以前专属于大型测序中心的特权能够被众多研究人员分享,从而产生了个体基因组(personal genomics)、肿瘤基因组(cancer genome atlas)、环境基因组(environmental genomics)和进化基因组(evolutionary genomics)等多个研究方向。目前,新的测序技术及手段还在不断涌现,新一代DNA测序技术有助于人们以更低的成本,更全面且更深入地分析基因组、转录组及蛋白质相互作用组的各项数据。在不远的将来,各种测序技术将成为一项广泛使用的常规实验手段,给生物学和生物医学研究领域带来重大变革。

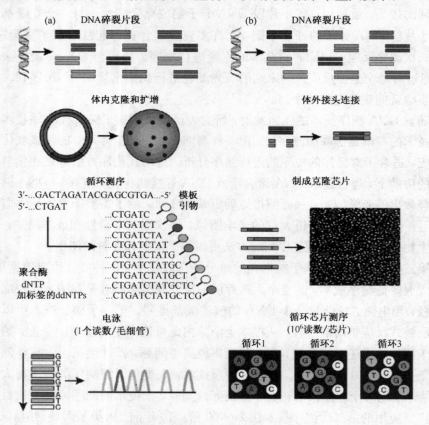

图4.5 传统Sanger测序法及其改进测序技术的工作流程图[5]。(a)高通量鸟枪Sanger测序法;(b)鸟枪循环芯片测序法(见彩图)

4.2.5 人类基因组计划对生物信息学的挑战

随着人类基因组计划的实施,实验数据和可利用信息急剧增加,人类基因组计划提供了以往不可想象的巨量的生物学信息资源,信息的管理和分析成为人类基因组计划的一项重要工作。随着基因组计划的完成，对于海量生物学数据的分析和解读成为研究的重点，也对生物信息学提出了更加严峻的挑战。如何发现新的未知功能基因？如何比较不同基因组之间的差别？如何揭示生命背后的奥秘，发现新的生物学规律？这都需要借助于生物信息学方法。作为生命科学研究所必需的研究工具，生物信息在生命科学实践中越来越显示出它的重要作用，无论是在实验设计还是结果分析上，都离不开生物信息学方法的指导。

　　在以研究基因功能为核心的后基因组时代，大规模的结构基因组、蛋白质组及药物基因组的研究计划成为新的热点，生物信息学的研究内容更加广泛（见图 4.6）。生物信息数据库及相关技术、生物信息数据的分析和开发、比较基因组学、基因分型及其与疾病的关系等都是需要深入研究的重要课题。可以说，生物信息技术已成为后基因组时代的核心技术之一。

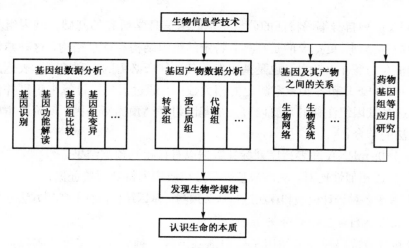

图 4.6　基因组数据的生物信息学分析

4.3　功能基因组

　　基因组的 DNA 测序只是人类对自身基因组认识的第一步。在获得了海量的基因组数据之后，迫切需要对基因组数据中蕴含的信息进行解读。例如，数以亿计的 ACGT 序列中包含什么信息？基因组中的这些信息怎样控制有机体的发育？基因组本身又是怎样进化的？这些新问题的出现，一方面对生物信息学提出了严峻的挑战，一方面也促进了生物信息学的长足发展，人类从此进入了以生物信息学为中心的后基因组时代，即功能基因组时代。功能基因组从基因组信息与外界环境相互作用的高度，阐明了基因组的功能。研究内容包括基因组功能注释、比较基因组学、DNA 序列变异性和基因组表达调控等。下面介绍功能基因组研究的主要内容，包括基因组注释、进化论和比较基因组学。

4.3.1 基因组注释

基因组注释（genome annotation）利用生物信息学方法和工具，对基因组中所有基因的生物学功能进行高通量的注释，是当前功能基因组学研究的一个重点。基因组注释包括基因识别和基因功能注释两个方面。其中，基因识别的核心是确定全基因组序列中所有基因的确切位置，即基因组的结构注释。另外，鉴于非编码区序列分析的重要性日益凸显，本节也对这方面内容进行简要介绍。

1. 基因识别

DNA 序列自身编码特征的分析是基因组信息学研究的基础。基因组不仅是基因的简单排列，更重要的是它具有特定的组织结构和信息结构，这种结构是在长期的演化过程中产生的，也是基因发挥其功能所必需的。利用国际表达序列标签数据库 dbEST 和各实验室测定的相关数据，通过大规模计算来识别并预测新基因，这是基因组注释的重要内容。从基因组序列预测新基因，现阶段主要采用 3 种方法的结合：

① 分析 mRNA 和表达序列标签数据以直接得到预测结果；

② 通过相似性比对，从已知基因和蛋白质序列得到间接证据；

③ 基于各种统计模型和算法进行从头预测。基因结构注释的典型方法见图 4.7。

1）表达序列标签序列分析

寻找开放读码框是最初用于确定新基因的一种方法。开放读码框或开放阅读框是 DNA 或 mRNA 序列中一段较长的、连续的、能够编码蛋白质的序列片段，它不包括两端的起始密码子和终止密码子。如果能够从表达标签序列中找到开放阅读框，即部分的基因编码区，就有可能在此基础上发现新的基因。目前，研究人员已发展了多种方法从基因组 DNA 序列中确定新基因的编码区，如基于编码区具有的独特序列特征，基于编码区与非编码区在碱基组成上的差异，基于高维分布的统计方法、神经网络方法、分形方法及密码学方法等。基因预测的基本步骤包括：

① 识别可能的外显子；

② 辨别起始、内部和终止外显子；

③ 将起始密码子、部分内部外显子和终止外显子拼接起来，形成可能的基因；

④ 确保该可能的基因没有内部的移位或终止密码子；

⑤ 仅保留外显子，完成基因预测。其中最重要的工作是识别出基因的结构，找到基因的编码区。

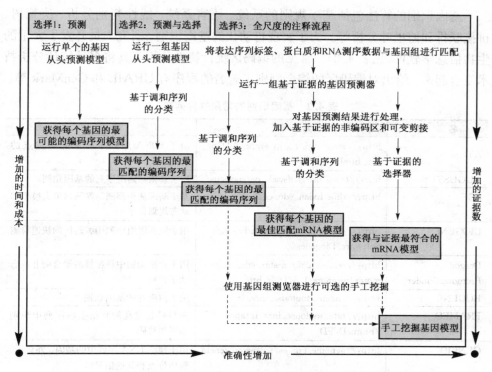

图 4.7　基因组结构注释的三种基本方法[10]。随着更多证据
的应用，时间复杂度的增加，基因模型的准确度更高

2）同源搜索和从头预测

用于识别基因结构的方法主要有两种：一种是基于 DNA 序列的同源比较；另一种是基于现有生物学知识对基因进行从头预测，其目的是从核酸序列中寻找基因，发现基因的位置、功能位点、表达与调控机制。为了确认一段 DNA 序列中基因的位置和结构，需要综合运用多种方法，如利用碱基组成、剪切位点特征、PolyA 信号、核苷酸使用频率、转录信号、转译信号和尺寸分布等。在重复片段频繁出现的区域里，通常不太可能出现基因编码区和调控区。如果某 DNA 片段的蛋白质产物与某已知蛋白质具有较高的序列相似性，那么这个 DNA 片段可能属于外显子片段。在一段 DNA 序列上出现统计上的规律性，即所谓的"密码子偏好性"，也能说明这段 DNA 可能是蛋白质编码区。与"模板"序列的模式相匹配等。另外，通过序列的 A-T、G-C 组成的不同也可给出一些线索。G-C 含量很高的区域称为 CpG 岛。一般认为，高含量的 G-C 位于一个基因的起始，因而被

作为基因的标记。G-C 含量高的 DNA 片段可能存在基因，而 A-T 含量高的片段可能是基因间隔。

3) 基因识别软件

基因识别的算法包括基于规则的系统、语言系统、线性判别分析、决策树、拼接联排和傅里叶分析等。为了实现自动化的基因识别，研究人员开发了大量的生物信息学软件(见表 4.2)。常见的编码区统计特性分析工具将多种统计分析技术组合起来，给出对编码区的综合判别。著名的程序有 GRAIL 和 GenMark 等。

表 4.2　基因识别的常用软件列表 *

名　称	网　址	描　述
ATGpr	http://www. hri. co. jp/atgpr/ATGpr_sim. html	用于 cDNA 序列中转录起始位点的识别
AUGUSTUS	http://bioinf. uni-greifswald. de/augustus/	用于真核基因组序列的基因预测
BGF	http://tlife. fudan. edu. cn/bgf/	基于基因从头预测的隐马尔可夫模型和动态规划程序
DIOGENES	http://www. dur. ac. uk/p. j. heslin/Software/Diogenes/	用于短基因组序列中编码区的快速检测
Dragon Promoter Finder	http://research. i2r. a-star. edu. sg/promoter/promoter1_5/DPF. htm	用于脊椎动物中核糖核酸聚合酶 II 的启动子识别
EUGENE	http://eugene. toulouse. inra. fr/	用于拟南芥的基因识别
FRAMED	http://tata. toulouse. inra. fr/apps/FrameD/FD	在 G-C 含量高的真核生物序列中识别基因和移码
GENEID	http://genome. crg. es/software/geneid	用于预测 DNA 序列中的基因、外显子、剪切位点和其他信号区
GENEPARSER	http://home. cc. umanitoba. ca/~psgendb/birchdoc/package GENEPARSER. html	将 DNA 序列解析成内含子和外显子
GeneMark	http://topaz. gatech. edu/GeneMark/gmchoice. html	一组基因预测程序
GeneMark. hmm	http://topaz. gatech. edu/GeneMark/hmmchoice. html	用于真核生物和原核生物的基因预测
GeneTack	http://topaz. gatech. edu/GeneTack/	用于原核生物的基因移码预测
NIX	http://www. hgmp. mrc. ac. uk/Registered/Webapp/nix/	结合多种预测软件的结果，包括 GRAIL，FEX, HEXON, MZEF, GENEMARK, GENEFINDER, FGENE, BLAST, POLYAH, REPEATMASKER, TRNASCAN
GLIMMER	http://www. ncbi. nlm. nih. gov/genomes/MICROBES/glimmer_3. html	用于微生物中 DNA 序列的基因识别
VEIL	http://www. cs. jhu. edu/~genomics/Veil/veil. html	用于脊椎动物中基因识别的隐马尔可夫模型

（续表）

名　　称	网　　址	描　　述
MORGAN	http://www.cbcb.umd.edu/~Salzberg/morgan.html	用于脊椎动物中基因识别的决策树系统
SPLICE PREDICTOR	http://www.fruitfly.org/seq_tools/splice.html	基于贝叶斯统计模型，用于植物 mRNA 前体中潜在剪切位点的识别
GENESCAN	http://genes.mit.edu/GENSCAN.html	基于傅里叶变换的基因识别程序
NNPP	http://www.fruitfly.org/seq_tools/promoter.html	基于神经网络的启动子预测方法
Regulatory Sequence Analysis Tools	http://rsat.ulb.ac.be/rsat	提供一系列模块化的计算机程序，专门用于非编码区中调节信号的检测
GENOMESCAN	http://genes.mit.edu/genomescan.html	从多物种的基因组序列中定位基因并预测外显子与内含子结构
ORF FINDER	http://www.bioinformatics.org/sms/orf_find.html	用于寻找开放阅读框的图形化分析工具
GrailEXP	http://compbio.ornl.gov/grailexp/	用于预测 DNA 序列中的外显子、基因、启动子、CpG 岛和重复元件

根据 http://en.wikipedia.org/wiki/List_of_gene_prediction_software 整理

2. 基因组的功能注释

对基因进行高通量功能注释的方法主要有 3 种：

① 对序列数据库进行搜索，基于序列之间的相似性来预测基因功能；

② 基于序列中包含的模体来预测基因的功能；

③ 对直系同源序列进行聚类分析（Cluster of Orthologous Group，COG），利用新基因与已知功能基因的相似性，为新基因的注释提供依据。

大多数同源基因在不同真核生物中拥有相似的主要生物功能，通过在某些物种中获得的基因或蛋白质的生物学信息，可以用以解释其他物种中对应的基因或蛋白质。但是在各文献中，对已知基因的功能描述往往各不相同，而且不够全面，不利于新基因的功能预测。为了有效地提取和综合在各种文献中的基因功能信息，研究人员建立了一套具有动态形式的控制字集（controlled vocabulary），即基因本体（Gene Ontology，GO）。它是一套用于解释基因及蛋白质在细胞内功能的标准注释系统，包括三个组成部分：**生物过程**（biological process）、**分子功能**（molecular function）和**细胞组分**（cellular component）。而这三个组分又可以分成不同的子类，层层向下构成树形分支结构（见图 4.8）。由于采用了标准的字集描述方法，基因本体可以准确地描述已知基因的功能。进一步，通过整合同源性比较、序列特征分析、进化关系等多种生物学证据，可以用于新基因的功能注释。

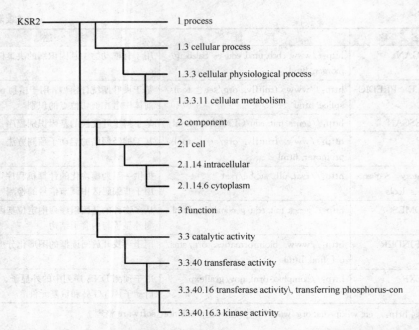

图 4.8　基因本体的层级结构示意图。蛋白质对应的基因本体条目可能包括同一功能类别下的很多层,例如蛋白质KSR2的基因本体功能注释层级结构可以细分为4到5层

3. 非编码区生物学意义的分析

　　非蛋白质编码区约占人类基因组的 97%,其生物学意义目前尚不是很清楚,但是从演化角度看,其中必然蕴含着重要的生物学功能。由于它们并不编码蛋白质,一般认为它们的生物学功能可能体现在对基因表达的时空调控上。调控元件是目前已知的具有重要调控功能的非编码序列,非编码序列的存在与真核生物的基因表达调控密切相关,许多功能和作用主要通过调控元件完成。调控元件的研究是生物信息学较早开始的研究课题,是非编码区研究的主要方面,它是指基因周围能与特异性转录因子结合而影响转录水平的 DNA 序列片段,本质上一些较短的保守 DNA 结合位点。对于原核基因组,调控元件的一般长度为 10~30 bp[①];而对于真核基因组,其长度更短,通常为 5~15 bp。分析和识别这些转录调控元件及功能是理解和解释基因组行为和转录调控机制的重要步骤。调控元件主要包括启动子、增强子、终止子、衰减子、绝缘子、沉默子和反义子等,这些调控元件在基因表达调控中相互协调运作,对基因的表达调控发挥着不同的作用。

---

　　① 　bp(base pair),碱基对。

对蛋白质非编码区进行生物学意义分析的策略有两种。一种是基于功能已知的 DNA 元件的序列特征，预测蛋白质非编码区中可能含有的 DNA 元件，从而预测其可能的生物学功能；另一种则是通过数学理论直接探索蛋白质非编码区中未知的序列特征，从理论上预测其可能的信息含义。除了各种算法之外，人们也开发了一些用于识别调控元件的常用软件，如 AlignACE、Weeder、YMF、Gibbs Sampler 和 MEME 等，可供研究人员免费使用。

目前，研究人员仅仅阐释了非编码 DNA 和非编码 RNA 中很小一部分功能，对于调控元件的研究取得了初步进展，距离真正揭示非编码区的调控机制还有很长的路要走。但可以预见的是，寻找这些区域的编码特征、信息调节与表达规律将是未来相当长时间内的热点，也是取得重要成果的源泉。

4.3.2 进化论和比较基因组学

生命是从哪里起源的？生命是如何进化的？遗传密码是如何起源的？鼠和人的基因组大小相似，基因的数目也类似，但是鼠和人为何差异如此之大？不同人种之间基因组的差别仅为 0.1%，但是他们的表型之间的差异十分明显，这是为什么呢？完整基因组序列的比较研究是解决这些问题的重要途径。目前，随着测序技术的进一步发展，已经有上千个物种的基因组完成了测序，为不同物种之间的比较分析提供了基础。

比较基因组学基于基因组图谱和测序结果，通过对已知的基因和基因组结构进行比较，以了解基因的功能、表达机理和物种进化。目的是利用模式生物基因组与人类基因组在编码顺序上和结构上的同源性，揭示基因功能和疾病分子机制，阐明物种进化关系及基因组的内在结构。

基于完整基因组数据的生物进化研究主要包括如下 4 部分。

① 序列相似性比较。将待研究序列与 DNA 或蛋白质序列库进行比较，用于确定该序列的生物属性。完成这一工作只需要使用两两序列比对算法，常用的软件有 BLAST 和 FASTA 等；

② 序列同源性分析。将待研究序列加入一组与之同源但来自不同物种的序列中进行多序列比对，以确定该序列与其他序列之间的同源性大小。完成这一工作必须使用多序列比对算法，常用的软件有 Clustal 等；

③ 系统进化树构建。根据序列同源性分析的结果，重建能够反映物种之间进化关系的进化树，常用软件有 PYLIP 和 MEGA 等；

④ 稳定性检验。为了检验已构建的进化树的可靠性，需要进行统计可靠性检验，通常构建过程要随机地进行成百上千次，只有以大概率（70% 以上）出现的

分支点才是可靠的。通用的方法是 Bootstrap 算法,相应的软件已包括在构建系统进化树所用的软件中。

1. 序列比对

序列比对又称为序列对位排列或序列联配,其基本思想是找出检测序列和目标序列的相似性。一般方法是通过插入间隔(gap)的方法使不同长度的序列对齐,达到长度一致。优化的对位排列应该使间隔的数目最小,同时序列间的相似性区域最大。序列比对可以在蛋白质之间、核酸之间、蛋白质与核酸之间进行。通过比较序列之间的相似区域和保守性位点,可以寻找二者可能的分子进化关系,发现共同的保守区域和位点,获得蛋白质折叠类型的信息等。

1)序列比对与同源性

按照基因在进化上的关系,可以定义直系同源和旁系同源(见图 4.9)。直

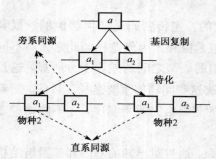

图 4.9　直系同源与旁系同源示意图

系同源是指两个基因通过物种形成而产生,或源于不同物种的最近的共同祖先。旁系同源是指两个基因在同一物种中,通过至少一次基因复制或分歧的事件而产生。其中,直系同源更重要,它体现了基因在物种进化上的关联关系。通常认为,直系同源序列(orthologs)在不同的物种中具有相近甚至相同的功能及相似的调控途径,扮演相似的角色,而且绝大多数核心生物功能是由相当数量的直系同源基因承担的。直系同源是基因组序列功能注释与分析中最可靠的选择。但是,由于过去的进化历史是无法重演的,无法通过实验来验证,因此序列比对就成为发现直系同源序列的一种基本方法。

在序列同源性模型中,假设所有的生物都起源于同一个祖先,序列不是随机产生的,而是在进化上,不断发生着演变。从相同和不同的有机体中,比对核酸或蛋白质序列,是分子生物信息学的重要任务。通过序列比对,能够发现不同物种中的同源基因,进而由序列的保守性推断基因功能上的保守性。即如果基因 A 与基因 B 具有序列的保守性,那么基因 A 可能具有类似基因 B 的功能。通过寻找不同基因的相同序列片段,可以推断最新测定的基因功能、预测基因家族的新成员并探索基因的进化关系。在基因组测序的工作中,序列相似性检索还可以帮助预测蛋白质编码和翻译产物的功能与定位。

序列比对的理论基础是进化学说。如果两个序列之间具有足够的相似性,就推测二者可能有共同的进化祖先,经过序列内残基的替换、残基或序列片段的缺

失，以及序列重组等遗传变异过程分别演化而来。序列相似和序列同源是不同的概念，序列之间的相似程度是可以量化的参数，而序列是否同源需要有进化事实的验证。在残基-残基比对中，可以明显看到序列中某些氨基酸残基比其他位置上的残基更保守，这些信息揭示了这些保守位点上的残基对蛋白质的结构和功能是至关重要的，例如它们可能是酶的活性位点残基，形成二硫键的半胱氨酸残基，与配体结合部位的残基，与金属离子结合的残基，形成特定结构基序的残基等。但并不是所有保守的残基都一定是结构功能重要的，可能它们只是由于历史的原因被保留下来，而不是由于进化压力而保留下来。因此，如果两个序列有显著的保守性，要确定二者具有共同的进化历史，进而认为二者有近似的结构和功能，还需要更多实验和信息的支持。通过大量实验和序列比对的分析，一般认为蛋白质的结构和功能比序列具有更大的保守性，因此粗略地说，如果序列之间的相似性超过 30%，它们就很可能是同源的。

2）序列比对算法

最常见的比对是在蛋白质序列之间或核酸序列之间进行的**双序列比对**（pairwise sequence alignment），通过比较两个序列之间的相似区域和保守性位点，寻找二者可能的分子进化关系。进一步，可以将多个蛋白质或核酸同时进行比较，即**多序列比对**（multiple sequence alignment），寻找这些有进化关系的序列之间共同的保守区域、位点和谱模式，从而探索导致它们产生共同功能的序列模式。此外，可以把蛋白质序列与核酸序列相比较，以探索核酸序列可能的表达框架；还可以把蛋白质序列与具有三维结构信息的蛋白质相比较，从而获得蛋白质折叠类型的信息。

目前，人们已开发出多种算法进行序列比对，包括双序列比对和多序列比对等。下面分别对其进行说明。

按照历史发展，双序列比对的算法主要有 Gibbs 和 McIntyre 提出的点阵法，Needleman 和 Wunsch 建立的全局优化的序列比对算法，以及 Smith 和 Waterman 提出的局部优化的序列比对算法。后两种算法都依靠打分矩阵实现，属于动态规划算法。进一步，随着 FASTA & BLAST 的开发，启发式优化算法得到了长足的发展和广泛的应用。

早期的序列比对是全局的序列比较，但由于蛋白质具有模块性质，可能借由外显子的交换来产生新的蛋白质，因此局部比对会更合理。通常用打分矩阵描述序列两两比对问题，两条序列分别作为矩阵的两维，矩阵点是两维上对应两个残基的相似性分数，分数越高则说明两个残基越相似。这样，序列比对问题就变成了在矩阵里寻找最佳比对路径的问题，目前最有效的方法是 Needleman-Wunsch 动态规划算法，在此基础上又改良产生了 Smith-Waterman 算法和 SIM 算法。在

FASTA 程序包中可以找到用动态规划算法进行序列比对的工具 LALIGN，它能给出多个不相互交叉的最佳比对结果。

在进行双序列比对时，有两个方面的问题直接影响着最终的相似性分值，即取代矩阵和空位罚分。粗糙的比对方法仅用相同/不同来描述两个残基的关系，无法描述残基取代对结构和功能的不同影响。因此，如果用一个取代矩阵来描述氨基酸残基两两取代的分值，就会大大提高比对的敏感性和生物学意义。国际上常用的取代矩阵有 PAM 和 BLOSUM 等，根据不同的构建方法和不同的参数选择，还可以进一步细分为 PAM250、BLOSUM62、BLOSUM90 和 BLOSUM30 等。对于不同的对象，可以采用不同的取代矩阵以获得更多信息，例如对同源性较高的序列可以采用 BLOSUM90 矩阵，而对同源性较低的序列可以采用 BLOSUM30 矩阵。空位罚分是为了补偿插入和缺失对序列相似性的影响，由于没有什么合适的理论模型能很好地描述空位问题，因此空位罚分缺乏理论依据而带有更多的主观特色。一般的处理方法是用两个罚分值，一个对插入的第一个空位罚分，如 10~15；另一个对空位的延伸罚分，如 1~2。对于具体的比对问题，采用不同的罚分方法会取得不同的效果。

对于比对计算产生的分值，到底多大才能说明两个序列是同源的呢？这需要借助于统计学方法。其基本思想是产生一组具有相同长度的随机序列，将随机比对分值与最初的比对分值相比，以考察比对结果是否具有显著性。相关的参数 E 代表了随机比对分值不低于实际比对分值的概率。对于严格的比对，要求 E 值必须低于一定的阈值才能说明比对的结果具有足够的统计学显著性，这样就排除了由于偶然的因素产生高比对分值的可能性。

多序列比对，顾名思义，就是对两条以上可能有系统进化关系的序列进行比对的方法。多序列比对可用于描述一组序列之间的相似性关系，以便了解一个基因家族的基本特征，寻找模体、保守区域等。也可用于分子进化分析，描述一组同源基因之间的亲缘关系的远近。

多序列比对的目标是产生优化的序列对位，使间隔的数目最小，同时序列之间的相似性区域最大。多序列比对的最终结果可以用一个**调和序列**（consensus）表示，有时也称为假想序列（pseudo-sequence），通常加在比对后所有序列的下面。这一调和序列的残基是由对应的同一列残基归纳而得到的。调和序列只是多序列比对结果的一种表示方式。还可以用权重矩阵来表示比对结果。与 BLAST 的局部匹配搜索不同，多序列比对大多采用全局比对的算法。目前，大多数的多序列比对算法都基于渐进比对的思想，在序列两两比对的基础上逐步优化产生多序列比对的结果。相关软件有 ClustalW/X、POA 和 MUSCLE 等。

3）序列比对软件

Genbank 和 SWISS-PROT 等序列数据库提供的序列搜索服务都是以序列两

两比对为基础的。不同之处在于为了提高搜索的速度和效率，各种序列搜索算法都进行了一定程度的优化，如最常见的 FASTA 工具和 BLAST 工具。FASTA 是第一个广泛应用的序列比对和搜索工具包，包含若干个独立的程序。为了提高序列搜索的速度，FASTA 建立了序列片段的"字典"，提前在该字典里搜索可能的匹配序列。在 FASTA 的结果报告中，会给出每个已搜索序列与查询序列的最佳比对结果，以及这个比对的统计学显著性评估 E 值。可下载 FASTA 的网址是 ftp：//ftp. virginia. edu/pub/fasta/。

　　BLAST 是目前应用最广泛的序列相似性搜索工具，相比 FASTA 有更多改进，速度更快，并建立在严格的统计学基础之上。NCBI 提供了基于网页的 BLAST 服务，用户可以把序列填入网页上的表单里，选择相应的参数后提交到数据服务器中进行搜索，然后从电子邮件中获得序列搜索结果。BLAST 包含 5 个程序和若干个数据库，分别针对不同的查询序列和待搜索的数据库类型（见表 4. 3）。其中翻译的核酸库，是指搜索比对时按密码子将核酸数据中所有可能的阅读框转换成蛋白质序列。

表 4. 3　BLAST 序列比对程序

程　序	数据库	查　询	描　述
Blastp	蛋白质	蛋白质	可能找到具有远源进化关系的匹配序列
Blastn	核酸	核苷酸	适合寻找分值较高的匹配，不适合远源关系
Blastx	蛋白质	核酸（翻译）	适合新 DNA 序列和表达序列标签序列的分析
TBlastn	核苷酸（翻译）	蛋白质	适合寻找数据库中尚未标注的编码区
TBlastx	核酸（翻译）	核酸（翻译）	适合分析表达序列标签序列

　　在 BLAST 的基础上，研究人员还发展了位点特异性反复 BLAST（PSI-BLAST）。PSI-BLAST 的特色是每次用谱模式搜索数据库后再利用搜索结果重新构建谱模式，然后用新的谱模式再次搜索数据库，如此反复直至没有新的结果产生为止。PSI-BLAST 率先应用了带空位的 BLAST 搜索数据库，将获得的序列通过多序列比对来构建第一个谱模式。PSI-BLAST 自然地拓展了 BLAST 方法，能寻找蛋白质序列中的隐含模式。研究表明，这种方法可以有效地找到很多序列差异较大而结构功能相似的相关蛋白质，甚至可以与一些结构比对方法，如 Threading 相媲美。PSI-BLAST 服务可以在 NCBI 的 BLAST 主页上找到，也可以从 NCBI 的 FTP 服务器下载 PSI-BLAST 的独立程序。BLAST 在线工具的网址是 http：//www. ncbi. nlm. nih. gov/BLAST/，下载网址是 ftp：//ncbi. nlm. nih. gov/blast/。

　　FASTA 和 BLAST 是目前使用得最为频繁的两套数据库搜索软件。它们的功能相近，都是将用户提交的核酸序列或蛋白质序列与指定数据库中的全部序列进行比较。一般认为，BLAST 运行速度快，对蛋白质序列的搜索更为有效。FASTA运行较慢，对核酸序列更为敏感。

关于多序列比对软件，目前使用最广泛的是 ClustalW（它的单机版是 ClustalX）。ClustalW 采用一种渐进的比对方法。首先，将多个序列两两比对构建距离矩阵，反映序列之间的两两关系；然后，根据距离矩阵计算产生系统进化树，对关系密切的序列进行加权；最后，从最紧密的两条序列开始，逐步引入邻近的序列并不断重新构建比对，直到所有序列都被加入为止。

作为免费软件，ClustalW 可以供研究人员自由使用，其下载网址是 ftp://ftp. ebi. ac. uk/pub/software/。ClustalW 采用选项单逐步指导用户进行操作，用户可根据需要选择打分矩阵、设置空位罚分等。EBI 的主页还提供了基于网页的ClustalW 服务（http://www. ebi. ac. uk/clustalw/），用户将序列和各种要求通过表单提交到服务器，服务器会将计算结果通过电子邮件返回给用户。ClustalW对输入序列的格式要求比较灵活，可以是 FASTA 格式，还可以是 PIR、SWISS-PROT、GDE、Clustal、GCG/MSF 或 RSF 等格式。输出格式也可以选择，有ALN、GCG、PHYLIP 和 GDE 等。

ClustalX 是 Clustal 多重序列比对软件的 Windows 版本。ClustalX 为进行多重序列和轮廓比对及结果分析提供了一个整体环境。在软件窗口中可以直接显示出多个序列的比对结果，并采用多种颜色对保守区的特征加亮处理（见图 4.10）。ClustalX 还提供了序列剪切、修改、插入及局部序列比对等功能，可以执行比对质量分析，其中低分值片段或异常残基将以高亮显示。ClustalX 比对结果是构建系统发育树的前提，将结果文件转换为 PHY 格式，输入到 PHYLIP 软件则可进行系统发育树的分析。

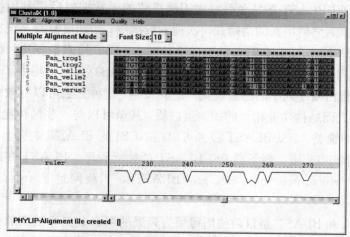

图 4.10　采用 ClustalX 构建的序列全局比对结果（见彩图）

2. 进化树构建

进化树(tree of life)是指重建所有生物的进化历史并以系统树的形式加以描述。根据蛋白质序列或结构差异关系可构建分子进化树(evolutionary tree)或种系发生树(phylogenetic tree)。在进化树中，分支层次反映了产生新的基因复制或享有共同祖先的生物体的歧异点，而树枝的长度反映了当这些事件发生时已存在的蛋白质与现在的蛋白质之间的进化距离。根据进化树不仅可以研究从单细胞生物到多细胞生物的进化过程，而且可以粗略估计现存的各类种属生物的分歧时间(见图 4.11)。

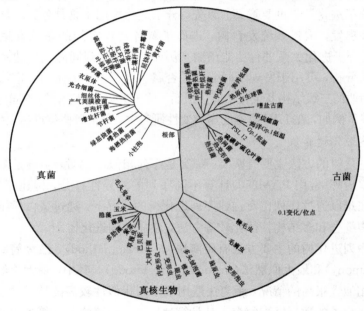

图 4.11　基于 16S rRNA 构建的进化树

1)分子进化

进化是指生物在一个长时期中发生演化的现象。在经典进化理论中，主要通过物理和表型特征来区分物种，如生物体的大小、颜色和触角个数等。而在现代进化理论中，利用从遗传物质中提取的信息作为物种特征，具体来说，就是核酸序列或蛋白质分子。从分子水平研究进化有助于进一步阐明物种进化的分子基础，探索基因起源机制，从基因进化的角度研究基因序列与功能的关系。

从历史来讲，分子进化研究的重要基础是分子进化钟概念和中性理论。20 世纪 60 年代初，随着不同生物来源的大量蛋白质序列的测定，人们发现：某一蛋白在不同物种之间的取代数与所研究物种之间的分歧时间近似呈线性关系，进而提出了分子水平具有恒速变异的假设，又称为"分子钟"。之后，陆续有研究人员发现：蛋白质中氨基酸的置换是随机的而非模式性的，尽管物种内存在大量的变异，但是它们并无可见的表型效应，也与环境条件没有明显的关联。基于以上研究成果，日本群体遗传学家提出：(1)在进化过程中，绝大部分的核苷酸置换是中性或近似中性的随机突变结果；(2)许多蛋白质的多态性在进化选择上为中性或近似中性，并在群体中维持着突变引入与随机灭绝之间的平衡。这就是中性理论，其核心在于变异是随机的而非有选择性的。分子进化钟的发现与中性理论的提出，极大地推动了进化尤其是分子进化的研究。它不仅用于粗略估计不同类群生物之间的进化时间，也用于构建进化树。

研究分子进化具有重要意义。首先，分子进化可用于物种分类。从物种的一些分子特性出发，构建系统发育树，进而了解各物种之间的系统发生关系。其次，可根据分子进化关系进行功能预测。例如，通过序列同源性构建系统发育树并进行相关分析，可用于发现不同分子是否属于同一家族，而同一家族的大分子往往具有相似的三级结构及生化功能。最后，分子进化可用于计算不同分子或位点的进化速率。例如，在 HIV 病毒的高突变性研究中，分析哪些位点易发生突变。

2)构建进化树算法

构建进化树的方法主要有两类：一类是序列相似性比对，主要是基于氨基酸相对突变率矩阵(常用 PAM250)计算不同序列的差异性打分，构建序列进化树；另一类是在难以通过序列比对构建序列进化树的情况下，通过蛋白质结构比较包括刚体结构叠合和多结构特征比较等方法，建立结构进化树。

构建序列进化树的主要方法有**距离法**(distance method)、**最大简约法**(maximum parsimony)和**最大似然法**(maximum likelihood)。其中，最大简约法主要适用于序列相似性很高的情况，距离法适用于序列相似性较高的情况，最大似然法可用于任何相关的数据序列集合。从计算速度看，距离法的计算速度最快，其次是最大简约法，最后是最大似然法。

距离法考察数据组中所有序列的两两比对结果，通过序列两两之间的差异决定进化树的拓扑结构和树枝长度。最大简约法考察数据组中序列的多重比对结果，优化出的进化树能够利用最少的离散步骤去解释多重比对中的碱基差异。最大似然法考察数据组中序列的多重比对结果，优化出拥有一定拓扑结构和树枝长度的进化树，这个进化树能够以最大的概率导致考察的多重比对结果。其基本原理是：评估所选定的进化模型，考察其能够产生实际观察到的数据的可能性。在该方法中，将所有可能的核苷酸轮流置于进化树的内部结点上，计算其产生实际数据的可能性。通过将所有可能的核苷酸再现概率求和，能够得到一个特定位点的似然值；进一步，将所有比对位点的似然值求和，计算出整个进化树的似然值。

蛋白质结构数据的数量日益增多，精度也越来越高，使得结构比较变得可行。研究发现蛋白质结构比序列的保守性更强，可以进行结构叠合比较，分析它们之间的进化关系。目前有关蛋白质结构比较的研究方法有很多种，主要包括刚体结构叠合比较、多特征的结构比较方法。

基于序列的进化树适用于描述相似性较大的蛋白质的进化关系，刚体叠合所构建的进化树适用于同源蛋白质结构预测的骨架结构的选择，而结构的多特征比较则适用于分歧较大的蛋白质结构。

3）全基因组系统发生分析

以上介绍了一些基于单条序列的系统发生树构造方法，此类系统发生树只能反映单个基因或蛋白质的进化历程，但是生物体的全基因组是由大量的基因及非编码核酸组成的，因此从理论上讲，研究不同物种进化历史的最佳方法是在全基因组水平上构建系统发生树。不同于基于单个基因的系统发生研究，在全基因组水平上可以利用不同的特征（如序列特征或结构特征），从多个角度来研究物种之间的系统发生关系。

基于多棵系统发生树的方法

该方法分为 3 步。首先，识别直系同源基因，重建基因组中单个基因的系统发生树；然后，根据每一组直系同源基因构造系统发生树，比较分析各个系统发生树，找出它们的共性；最终得到一棵最佳的全基因组系统发生树。基于多棵系统发生树的方法的优点是可以使用不同参数构建不同基因的系统发生树，从而解决了不同基因可能有不同进化速率的问题，同时所选序列不必在每个物种中都存在。

基于基因内容的方法

一个基因组包含的所有基因称为该基因组的**基因内容**（gene content）。对基因组进行分析时，最简单直接的方法就是观察该基因组中包含的所有基因。一般认为，亲缘关系近的物种之间拥有较多的相同基因，而亲缘关系远的物种之间拥有较少的相同基因，即物种之间的亲缘关系与它们拥有的相同基因的数目成正比。因此将两个物种之间的相似性定义为：两个物种拥有的相同基因的数目除以它们总的基因数目。该定义的进化距离代表的是基因获得和丢失的进化事件。另一种引申方法是利用两个基因组之间的直系同源基因进化距离的分布特征来研究系统发生关系。在理论上，一个基因组中不同基因的进化速率是不同的，这主要是由于不同的功能基因所受的自然选择压力的强度不同。因此，两个基因组之间直系同源基因进化距离的分布特征包含了物种之间的进化信息。

基于蛋白质折叠结构的方法

基于蛋白质折叠（protein fold）结构的方法与基于基因内容的方法相似，即将一个物种中是否存在某种蛋白质的折叠结构作为特征建立 0/1 矩阵，然后利用这个矩阵来构建系统发生树。但是，蛋白质的折叠结构是和功能相关的，序列不同的蛋白质可能有相同的结构，所以一种蛋白质折叠结构的缺失不能用一次家族特有基因的丢失和水平基因传递来解释。因此，水平基因传递和家族特有基因的丢失，对于用这种方法进行系统发生分析没有什么影响。

基于基因次序的方法

基因次序（gene order）就是基因在染色体上的排列顺序。基因次序在亲缘关系近的物种之间具有较高的保守性，而在亲缘关系远的物种之间保守性较低。随着亲缘关系的由近及远，基因次序的保守性下降很快。尽管如此，大量保守的基因次序存在于中等距离的物种中，所以基因次序仍是一个有价值的信息，可以用于分析物种之间的关系。基因次序的保守性可以归结为以下 3 方面的原因。

① 物种的分化时间不长，基因次序的变化程度较小；

② 存在整块基因的水平传递；

③ 基因块的存在对细胞的适应性很重要。

本质上，基于基因次序的方法通过分析基因重排或比较基因组中的基因次序，来研究物种之间的系统发生关系，从而构建系统发生树。

基于代谢途径的方法

这种方法通过比较不同物种中参与同一代谢途径的酶和底物来获得进化信息。本质上，这种方法也属于基于序列比较的方法，只是依据代谢途径来选择参加比对和分析的蛋白质。图 4.12 给出了一个基于代谢途径构建系统进化树的示意图。

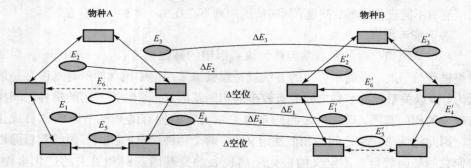

图 4.12　基于代谢途径构建进化树[1]。方形表示化合物，椭圆形表示酶。
根据序列相似性，可以发现两个物种中的酶之间的对应关系。但在
不同的物种中，同源酶的序列存在一定差异。也有可能在一个物
种中有，但在另一物种中没有，即出现了一个空位。根据不同物种
中代谢途径的差异和同源酶序列上的差异，可构建系统进化树

通过以上介绍可发现，基于全基因组的系统发生分析的方法是多种多样的，每种方法都基于不同的生物分子特征，各有优缺点，有不同的适用范围。基于多棵系统发生树的方法和基于基因内容的方法适用范围很广，尤其是基于基因内容的方法，可用来进行一般性的粗略分析。由于基于基因内容的方法受水平基因传

递的影响很大,所以在分析之前一定要识别直系同源基因,以提高分析结果的准确性。基于多棵系统发生树的方法计算量较大,但是它能够考虑不同基因的不同进化速率,对基于不同基因构建的系统发生树,使用不同的参数。基于蛋白质折叠方法的困难在于,目前已知折叠结构的蛋白质还很少,要做这样的分析只能对蛋白质的折叠结构进行预测。对于基于基因次序的方法,由于基因次序保守性的特点,即随着亲缘关系的疏远保守性迅速下降,因此只能用于亲缘关系较近的物种的分析,可以作为其他方法的补充。基于代谢途径的方法对不同生物中存在的相似代谢途径的差异以及代谢途径上的酶和底物进行分析,具有重要的生物学意义。但是,现有研究主要针对小规模的代谢途径进行分析,想要对物种中所有的代谢途径进行总体分析,还存在较大难度。

4)进化树构建软件

常见的系统进化树构建与分析软件见表 4.4。

表 4.4　分子进化与系统发育分析软件

软 件 名 称	网　　　　址	描　　　述
PHYLIP	http://evolution. genetics. washinton. edu/phylip. html	目前发布最广,用户最多的通用系统树构建软件
PAUP	http://paup. csit. fsu. edu/	国际上最通用的系统树构建软件之一,由美国史密森尼中心开发
Tree of Life	http://phylogeny. arizona. edu/tree/program/program. html	由美国亚利桑那大学建立的系统发育网站
MEGA	http://www. megasoftware. net/	由美国宾夕法尼亚州立大学开发的分子进化遗传学软件
MOLPHY	http://www. ism. ac. jp/ismlib/softother. e. html	由日本国立统计数理研究所开发,采用最大似然法构建系统树
PAML	http://abacus. gene. ucl. ac. uk/software/	由英国伦敦大学开发,采用最大似然法构建系统树和分子进化模型
PUZZLE	ftp://fx. zi. biologie. uni-muenchen. de/pub/puzzle	应用最大简约法构建系统树
TreeView	http://taxonomy. zoology. gla. ac. uk/rod/treeview. html	由英国格拉斯哥科学中心开发
Phylogeny	http://www. ebi. ac. uk/Tools/phylogeny	由欧洲生物信息研究所开发的系统发育分析软件

4.4　差异基因组学

人类基因组计划的完成将基因组科技带入了新的境界,也开启了分子生物学、蛋白质组学、药物基因组学等新的研究趋向。其中,利用基因序列数据的检测与分析，寻找个体间基因序列的差异性，成为后基因组时代的一项重要研究内容。研究个体之间的基因序列差异性，不仅对于族群遗传学、演化学的研究相当重要，而且在利用连锁不平衡进行复杂性遗传疾病的相关性研究上也扮演着重要的角色。

4.4.1 人类遗传多态性

遗传信息变异是所有基因组的共同特征。不同个体和群体在疾病易感性、对环境致病因子反应性和其他性状上的差别，都与基因组序列中的变异有关。目前，许多科学家正致力于人类序列的变异，即 DNA 多态性的研究。DNA 多态性主要包括两种：序列多态性和长度多态性。例如：

① 序列多态性（SNP-单碱基多态性）

    同源染色体　5-GGTTTA**C**ACC**T**AA-

    同源染色体　5-GTTTTA**A**ACC**G**AA-

② 长度多态性（VNTR-可变的串联重复顺序）

    同源染色体　5-AATCAATCAATC-

    同源染色体　5-AATCAATCAATCAATCAATC-

而 DNA 长度多态性又可进一步分为如下两类。

① 可变数目串联重复序列（VNTR），其核心序列较长（如大于 8 碱基），也称为小卫星 DNA；

② 短串联重复序列（STR），其核心序列较短（如 2～5 碱基），也称为微卫星 DNA。

在 DNA 序列变异中，以**单核苷酸多态性**（Single Nucleotide Polymorphism，SNP）最让人感兴趣。它是最普遍发生的一种遗传变异，也是造成个体差异性的主要原因。通过比较个体之间的单核苷酸多态性差异，可以研究药物对不同个体可能造成的生理生化反应，或者针对单基因遗传性疾病进行全基因组搜寻，对多基因遗传性疾病进行已知染色体位置的关联研究。

4.4.2 单核苷酸的多态性

有的人吸烟喝酒却长寿，也有人自幼就病痛缠身；同一种治疗肿瘤的药物，对一些人非常有效，对另一些人则完全无效。这是为什么呢？答案是他们的基因组中存在的差异。这种差异很多表现为单个碱基上的变异，也就是单核苷酸的多态性。

1. 单核苷酸多态性的定义

单核苷酸多态性是指由于单个核苷酸碱基的改变而导致的核酸序列的多态性。在不同个体的同一条染色体或同一位点的核苷酸序列中，绝大多数核苷酸序列一致而只有一个碱基不同的现象，就是单核苷酸多态性。它包括单碱基的转换、颠换、插入及缺失等形式。在目前已知的单核苷酸多态性中，所占比例最多的单一碱基对变异是以 T 取代 C，约占已知总数的三分之二。

在 DNA 序列差异性中，单核苷酸多态性是人类可遗传的变异中最常见的一种，占所有已知多态性的 90％以上。单核苷酸多态性在基因组内以两种形式存在：一是遍布于整个基因组的大量单碱基变异；二是分布在基因编码区（coding region）的单碱基变异，称为 cSNP。根据对生物遗传性状的影响，cSNP 又分为两种：同义 cSNP 和非同义 cSNP。其中，同义 cSNP 所致的编码序列的改变并不影响其所翻译的蛋白质的氨基酸序列，突变碱基与未突变碱基的含义相同。非同义 cSNP 是指碱基序列的改变，足以使以其为蓝本翻译的蛋白质序列发生改变，影响蛋白质的功能。通常，这种改变是导致生物性状改变的直接原因。

在遗传学分析中，单核苷酸多态性作为一类遗传标记得以广泛应用，主要源于它的以下几个特点。

1）密度高

在人体中，单核苷酸多态性的发生率约为 0.1％。目前已发现了约 400 万个单核苷酸多态性位点，平均每 1 kb 长的 DNA 中，就有一个单核苷酸多态性存在。由于单核苷酸多态性的发生频率非常高，且每个人的 DNA 上所发生的单核苷酸多态性皆不相同，因此单核苷酸多态性常被当成一种基因标记。

2）富有代表性

特定的单核苷酸多态性等位基因被认为是人类遗传疾病的致病因子。单核苷酸多态性标记（SNP marker）可能出现在蛋白质的编码基因上，改变蛋白质的结构和功能，使个人体质倾向于"易患上某种疾病"或改变个人"对某些药物的反应"。同时，单核苷酸多态性也可能出现在基因的非编码区，操控基因的表达。在个体中筛选这类等位基因可以检查其对疾病的遗传易感性。

3）遗传稳定性

与微卫星等重复序列多态性标记相比，单核苷酸多态性具有更高的遗传稳定性。即使经过代代相传，单核苷酸多态性引起的改变不大，因此可用于研究族群演化过程。

4）易实现分析的自动化

单核苷酸多态性标记在人群中只有两种等位型。在检测时只需一个"＋/－"或"全/无"的方式，而无须像检测限制性片段长度多态性、微卫星那样对片段的长度进行测量，使基于单核苷酸多态性的检测分析方法更容易实现自动化。

2. 单核苷酸多态性检测方法

需要注意的是，并非所有的单核苷酸多态性都有临床意义。单核苷酸多态性在单个基因及整个基因组的分布是不均匀的。通常，非转录序列中的变异要多于转录序列中的变异，即使在转录区，非同义突变的频率也比其他方式突变的频率低得多。对疾病发生和药物治疗具有重大影响的单核苷酸多态性，估计只占数以百万计的单核苷酸多态性的很小一部分。如何从数百万的单核苷酸多态性中，找到具有明确临床意义的功能性单核苷酸多态性，是研究人员所面临的重大挑战。

从理论上讲，任何用于检测单个碱基突变或多态性的技术都可用于单核苷酸多态性的识别和检出。例如，限制性长度多态性、等位基因特异性 PCR、等位基因特异性寡核苷酸探针杂交、对已定位的序列标签位点和表达序列标签进行再测序等。但是，这些传统的检测技术难以实现大规模操作，也不适用于单核苷酸多态性的自动化批量检测。近年来，研究人员已发展了一些针对单核苷酸多态性的自动化批量检测方法，如 DNA 芯片和质谱检测技术等。特别是随着大量单核苷酸多态性位点的发现和单核苷酸多态性数据的累积，以全基因组分子位点为基础设计的基因芯片成为单核苷酸多态性检测的主流方法。通过选取全基因组中有代表性的分子标记位点，开发高通量的基因芯片，可以对数百万个常见的变异位点进行批量检测。

3. 单核苷酸多态性的应用

目前普遍认为，单核苷酸多态性研究是基因组领域理论成果走向应用的关键步骤，是联系基因型和表现型之间关系的桥梁。单核苷酸多态性提供了一个强有力的工具，用于高危群体的发现、疾病相关基因的鉴定、药物的设计和测试，以及生物学的基础研究等。大量存在的单核苷酸多态性位点，使人们有机会发现与各种疾病（包括肿瘤）相关的基因组突变。同时，单核苷酸多态性在基础研究中也发挥了巨大的作用，近年来对 Y 染色体单核苷酸多态性的分析，使得在人类进化、人类种群的演化和迁徙领域取得了一系列重要成果。

下面重点介绍基于单核苷酸多态性的疾病易感基因研究。目前，行之有效的系统搜寻重大疾病易感基因的研究方法是**全基因组关联研究**（Genome-Wide Association Study，GWAS）。

1）全基因组关联研究

人类基因组计划、单倍型图谱计划（HapMap）和千人基因组计划的相继实施，揭示了人类基因组中海量的单核苷酸多态性信息。例如，在单倍型图谱计划中，科学家对全球三大人种（黑种人、白种人和黄种人）中的数百个样本进行了基因分型，描述和记录了在不同人群中基因组常见遗传变异的等位基因和基因型频率。目前，该计划已发现了人类基因组中 1000 多万个常见单核苷酸多态性，并构建了人类基因组差异的公众数据库。这些已知的单核苷酸多态性数据奠定了全基因组分析的数据基础。另外，随着高通量单核苷酸多态性分型技术的飞速发展，全基因组、高通量的基因芯片可以对数百万个常见的变异位点进行批量检测，为实现全基因组海量单核苷酸多态性的基因型扫描分析奠定了技术基础。例如，利用人类全基因单核苷酸多态性检测芯片，研究人员能够对个体中数十万到一百万个单核苷酸多态性同时进行检测。同时，高效统计分析软件的出现，使得处理海量分型数据的难题也迎刃而解。

在此基础上，复杂疾病的全基因组关联研究策略应运而生。1996 年，Risch 和 Merikangas 发现在常见复杂疾病的遗传学研究中，关联研究非常有效，并提出全基因组关联研究的概念[13]。关联研究是基于"常见疾病，常见变异"的假设，其基本原理是：在一定人群中选择病例组和对照组，比较全基因组范围内所有单核苷酸多态性位点的等位基因或者基因型频率在病例组与对照组之间的差异。如果某个单核苷酸多态性位点的等位基因或基因型在病例组中出现的频率明显高于或低于对照组，就认为该位点与疾病之间存在关联性。可以根据该位点在基因组中的位置和连锁不平衡关系推测可能的疾病易感基因。例如，某个单核苷酸多态性位点的等位基因 C 在糖尿病患者中的频率是 0.355，而在对照组中的频率是 0.123，经过统计分析发现差异具有显著性，就可以推测该基因位点与糖尿病存在关联性。

全基因组关联研究是系统搜寻重大疾病易感基因的研究方法，为揭示人类复杂疾病的发病机制提供了更多的线索。该方法在全基因组层面上，开展多中心、大样本、反复验证的基因与疾病的关联研究，能够全面揭示疾病发生、发展与治疗相关的遗传基因。这一研究方法的引入，使得对遗传流行病的发病预测不再停留于传统的年龄、家族史等"环境性"因素分析，而是通过对人体的全基因组的分析，找出可能导致将来发病的基因，并结合环境性因素，得出包括癌症在内的多种流行病的发病率。由于该策略不基于生物学假设，有望发现全新的疾病相关基因或通路。

2)在多种疾病中的应用研究

目前，研究人员已经在阿尔茨海默、乳腺癌、糖尿病、冠心病、肝癌、肺癌、前列腺癌、肥胖、胃癌等一系列复杂疾病方面进行了全基因组关联研究，并找到了很多与疾病相关的易感基因。以淋巴癌为例，通过全基因组关联研究，研究人员发现了超过 20 个可能导致这一病症的基因位点，如果某一个体的基因组符合所有这些特征，并结合"种族"等因素进行综合判断，该个体得淋巴癌的最高可能性将达52％。在肝癌研究方面，解放军军事医学科学院与国内多家单位合作开展了乙型病毒相关肝癌的全基因组关联研究[17]。结果发现，1p36.22① 的 UBE4B-KIF1B-PGD 区域是一个全新的肝癌易感基因区域，联合 P 值为 1.7×10^{-18}（见图 4.13），证明了遗传易感性在肝癌发生发展中的病因学意义。在图 4.13 中，单核苷酸多态性位

---

① 是染色体的一段区域。

点 rs17401966 在荟萃分析中的 P 值以蓝色菱形表示，在全基因组关联研究阶段的 P 值以红色菱形表示。其他位点的颜色代表其与 rs17401966 之间的连锁不平衡(LD)程度，红色表示 $r^2 \geqslant 0.8$，橙色表示 $0.5 \leqslant r^2 < 0.8$，黄色表示 $0.2 \leqslant r^2 < 0.5$，白色表示 $r^2 \leqslant 0.2$。浅蓝色线表示重组率(来自 HapMap 计划的数据)。各基因的位置由 Santa Cruz Genome Browser(http://genome. ucsc. edu/)基因组浏览器获得。rs17401966 位于 KIF1B 基因的内含子 24。图的下部显示了 rs17401966 前后共约 1 Mb 范围内的 LD 结构，该 LD 结构由广西病例对照人群的基因型数据计算得出。各单核苷酸多态性位点之间的 LD 值以 r^2 表示，红色的程度表示 r^2 值的大小，最深的红色表示 $r^2 = 1$。重组率和 LD 结构均清晰地指出 rs17401966 所在区域的边界。该区域长约 244 Kb，包括了 KIF1B、PGD 和 UBE4B 基因的 3′端。癌症易感基因的发现，不仅为深入阐明癌症的发生机制开辟了新的研究方向，而且为癌症的风险预测和早期预警研究提供了理论依据；同时，也为后续开发新型的治疗药物奠定了基础。

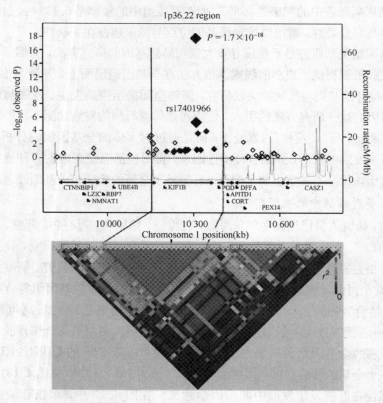

图 4.13　肝癌易感区域 1p36.22 的关联图[17]。横坐标表示基因组的位置，纵坐标表示单核苷酸多态性的 P 值($-\log_{10} P$)(见彩图)

4.5 基于 MATLAB 工具箱的基因序列分析

4.5.1 序列比对

序列比对是基因组数据分析的重要基础,其主要目的是判断两个序列之间是否具有足够的相似性,从而判定二者之间是否具有同源性。序列比对的基本算法主要有两种,一是用于全局比对的 Needleman-Wunsch 算法,二是用于局部比对的 Smith-Waterman 算法,而后者又是在前者的基础上发展起来的。在 MATLAB 生物信息工具箱中,基于这两种序列比对算法提供了专门的函数。

本节以人和鼠的 HEXA 基因为对象,介绍如何采用 MATLAB 生物信息工具箱进行序列比对,内容包括从基因数据库中获取序列信息,查找序列的开放阅读框,将核苷酸序列转换为氨基酸序列,绘制比较两个氨基酸序列的散点图,用 Needleman-Wunsch 算法和 Smith-Waterman 算法进行比对,以及计算两个序列的同一性。

1. 查找序列信息

黑蒙性痴呆症(Tay-Sachs)是一种由于缺乏 β-氨基己糖苷酶 A(Hex A)而导致的常染色体隐性遗传疾病,可以导致患儿的智力缺陷、失明和瘫痪。通过早期的基因筛查可以对该病进行诊断,其中编码 Hex A 酶的一种重要基因是 HEXA。在该例中,通过对人和小鼠中 HEXA 基因的序列比对,来帮助确定该家族基因的特点。

1)查找目的基因

在 NCBI 数据库中,选择核苷酸[Nucleotide],搜索[Tay-Sachs]。查找结果返回编码酶 HexA 的 α 和 β 亚基的基因和编码活化剂酶的相关页面(见图 4.14)。可知 NCBI 中人类基因 HEXA 的登录号是 NM_000520。

2)读入人基因序列

用 getgenbank 函数将基因信息以结构列表的形式导入 MATLAB 工作区。

```
humanHEXA=getgenbank('NM_000520')
humanHEXA =
LocusName：'NM_000520'
LocusSequenceLength：'2437'
LocusNumberofStrands：''
LocusTopology：'linear'
```

LocusMoleculeType：′mRNA′

LocusGenBankDivision：′PRI′

LocusModificationDate：′28-OCT-2012′

Definition：′Homo sapiens hexosaminidase A (alpha polypeptide) (HEXA)，mRNA.′

Accession：′NM_000520′

Version：′NM_000520.4′

GI：′189181665′

Project：[]

Keywords：[]

Segment：[]

Source：′Homo sapiens (human)′

SourceOrganism：[4x65 char]

Reference：{1x10 cell}

Comment：[37x67 char]

Features：[161x74 char]

CDS：[1x1 struct]

Sequence：[1x2437 char]

SearchURL：′http://www.ncbi.nlm.nih.gov/entrez/viewer.fcgi？db＝nucleotide&id＝NM-000520′

RetrieveURL：[1x107 char]

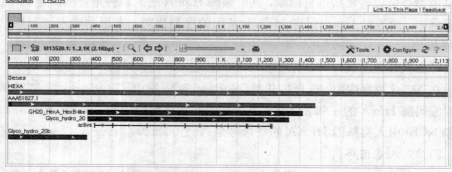

图 4.14　在 NCBI 中检测人的 HEXA 序列信息

3）读入小鼠同源基因序列

　　许多基因的序列和功能是通过同源基因在进化过程中被保留下来的。发现同源基因是推断未知基因功能和特征的重要依据，而确定同源基因的基本方法就是利用基因之间的序列相似性。通过 NCBI 网站下载小鼠中 HEXA 基因的序列，将其与人的 HEXA 基因进行序列比对。

在小鼠的基因组中查询 Hex A，可以找到小鼠中 HEXA 基因的序列登录号为 AK080777，用下面的命令可读出小鼠基因序列信息。

mouseHEXA＝getgenbank('AK080777')

mouseHEXA ＝

LocusName：'AK080777'

LocusSequenceLength：'1839'

LocusNumberofStrands：''

LocusTopology：'linear'

LocusMoleculeType：'mRNA'

LocusGenBankDivision：'HTC'

LocusModificationDate：'06－OCT－2010'

Definition：[1x150 char]

Accession：'AK080777'

Version：'AK080777. 1'

GI：'26348756'

Project：[]

Keywords：'HTC; HTC_FLI; CAP trapper. '

Segment：[]

Source：'Mus musculus (house mouse)'

SourceOrganism：[4x65 char]

Reference：{1x8 cell}

Comment：[11x66 char]

Features：[33x74 char]

CDS：[1x1 struct]

Sequence：[1x1839 char]

SearchURL：'http://www. ncbi. nlm. nih. gov/entrez/viewer. fcgi? db ＝ nucleotide&id ＝AK080777'

RetrieveURL：[1x106 char]

2. 确定蛋白质编码序列

一段核苷酸序列在蛋白质编码段的前后都包含了调控序列。通过分析调控序列，可以确定用于编码最终蛋白质中氨基酸的核苷酸序列。

1）查找人的 HEXA 中的开放阅读框

采用 seqshowORFs 函数查找人的 HEXA 基因序列中的所有开放阅读框，标记开放阅读框中起始密码子和终止密码子的位置。

humanORFs＝seqshowORFs(humanHEXA. Sequence)；

结果显示了三个开放阅读框，其中最长的是第一个阅读框(见图 4.15)。

```
Frame 1

000001    agttgccgacgcccggcacaatccgctgcacgtagcaggagcctcaggtccaggccggaagtga
000065    aagggcagggtgtgggtcctcctggggtcgcaggcgcagagccgcctctggtcacgtgattcgc
000129    cgataagtcacggggcgccgctcacctgaccagggtctcacgtggccagcccctccgagagg
000193    ggagaccagcgggccatgacaagctccaggctttggttttcgctgctgctggcggcagcgttcg
000257    caggacgggcgacggcctctggccctggcctcagaacttccaaacctccgaccagcgctacgt
000321    cctttacccgaacaactttcaattccagtacgatgtcagctcggccgcgcagccggctgctca
000385    gtcctcgacgaggccttccagcgctatcgtgacctgcttttcggttccgggtcttggcccgtc
000449    cttacctcacagggaaacggcatacactggagaagaatgtgttggttgtctctgtagtcacacc
000513    tggatgtaaccagcttcctactttggagtcagtggagaattatacctgaccataaatgatgac
000577    cagtgtttactcctctctgagactgtctggggagctctccgaggtctggagactttagccagc
000641    ttgtttggaaatctgctgagggcacattctttatcaacaagactgagattgaggactttcccg
000705    ctttcctcaacggggcttgctgttggatacatctcgccattacctgccactctctagcatcctg
000769    gacactctggatgtcatggcgtacaataaattgaacgtgttccactggcatctggtagatgatc
000833    cttccttcccatatgagacttcacttttccagagctcatgagaaaggggtcctacaaacctgt
000897    cacccacatctacacagcacaggatgtgaaggaggtcattgaatacgcacggctccggggtatc
000961    cgtgtgcttgcagagtttgacactcctggccacacttgtcctggggaccaggtatccctggat
```

图 4.15　人的 HEXA 中最长的开放阅读框

2)确定小鼠的 HEXA 中的开放阅读框

类似地，采用 seqshowORFs 函数寻找小鼠的 HEXA 中的开放阅读框，最长的是第一个阅读框(见图 4.16)。

mouseORFs＝seqshowORFs(mouseHEXA. Sequence)；

```
Frame 1

000001    gctgctggaagggagctggccggtgggccatggccggctgcaggctctgggtttcgctgctgc
000065    tggcggcggcgttggcttgcttggccacggcactgtggccgtggccccagtacatccaaccta
000129    ccacggcgctacaccctgtaccccaacaacttccagttccggtaccatgtcagttcggccgcg
000193    caggcgggctgcgtcgtcctcgacgaggccttttcgacgctaccgtaacctgctcttcggttccg
000257    gctcttggccccgaccagcttctcaaatacaaacagcaaacgttgggggaagaacattctggtggt
000321    ctccgtcgtcacagctgaatgtaatgaatttcctaatttggagtcggtagaaaattacaccccta
000385    accattaatgatgaccagtgtttactcgcctctgagactgtctggggcgctctccgaggtctgg
000449    agactttcagtcagctgtttggaaatcagctgagggcacgttctttatcaacaagacaaagat
000513    taaagacttcctcgattccctcaccggggcgtactgctggatacatctcgccattacctgcca
000577    ttgtctagcatcctggatacactggatgtcatggcatacaataaattcaacgtgttccactggc
000641    acttggtggacgactcttccttcccatatgagagcttcactttccagagctcaccagaaaggg
000705    gtccttcaaccctgtcactcacatctacacagcacaggatgtgaaggaggtcattgaatacgca
000769    aggcttcggggtatccgtgtgctggcagaatttgacactcctggccacactttgtcctgggggc
000833    caggtgccctgggttattaacaccttgctactctgggtctcatctctctggcacatttggacc
000897    ggtgaaccccagtctcaacagcacctatgacttcatgagcacactcttcctggagatcagctca
000961    gtcttccggactttttatctccacctgggaggggatgaagtcgacttcacctgctggaagtcca
```

图 4.16　小鼠的 HEXA 中最长的开放阅读框

3. 比较氨基酸序列

在确定人和小鼠的 HEXA 基因核苷酸序列中的开放阅读框之后，就可以将核苷酸序列的蛋白质编码段转换为相应的氨基酸序列，并使用比对功能来确定两组序列之间的相似性。

1) 将开放阅读框转换为氨基酸序列

采用 nt2aa 函数将核苷酸序列转换成对应的氨基酸序列。

mouseProtein＝nt2aa(mouseHEXA. Sequence)

humanProtein＝nt2aa(humanHEXA. Sequence)

2) 绘制散点图

比较人和小鼠的 HEXA 基因对应的氨基酸序列。

seqdotplot(mouseProtein,humanProtein,4,3)

ylabel('Mouse hexosaminidase A')

xlabel('Human hexosaminidase A')

散点图是用于确定两组序列相似性的最简单的方法之一。在图 4.17 中，对角线平直连续，表示这两组序列的相似性较高。

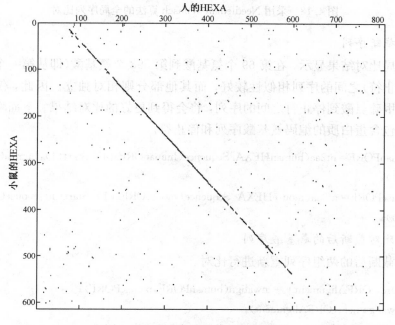

图 4.17　两组氨基酸序列的散点图

3）比对两组氨基酸序列

采用基于 Needleman-Wunsch 算法的 nwalign 函数进行两组序列比对，可返回全局比对的计算统计量。

［GlobalScore, GlobalAlignment］＝nwalign（humanProtein, mouseProtein）

showalignment（GlobalAlignment）

可以看到，两组序列的计算同一性为 60%，图 4.18 为比对的部分图示。

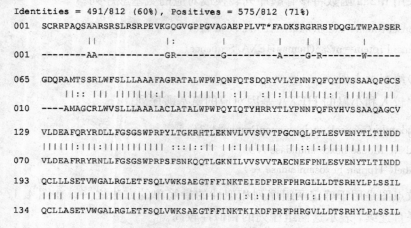

图 4.18　采用 Needleman-Wunsch 算法的全局序列比对

4）截断序列

全局比对结果显示，在第 69 个氨基酸到第 598 个氨基酸（即从第一个甲硫氨酸到停止符）之间的序列相似性较好，而其他部分则相对独立。因此，仅考虑从第一个甲硫氨酸到停止符之间的序列，将会得到更好的比对结果。下面将序列截断至只包含蛋白质的编码氨基酸序列和停止符。

humanPORF＝nt2aa（humanHEXA. Sequence（humanORFs（1）. Start（1）：humanORFs（1）. Stop（1）））；

mousePORF＝nt2aa（mouseHEXA. Sequence（mouseORFs（1）. Start（1）：mouseORFs（1）. Stop（1）））；

5）比对截断后的氨基酸序列

将截断后的两组序列重新进行比对。

［score, ORFAlignment］ ＝ nwalign（humanPORF, mousePORF）；

showalignment（ORFAlignment）；

图 4.19 显示了截断序列比对的结果，计算同一性为 84%。

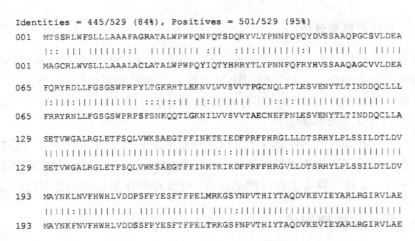

```
Identities = 445/529 (84%), Positives = 501/529 (95%)
001   MTSSRLWFSLLLAAAFAGRATALWPWPQNFQTSDQRYVLYPNNFQFQYDVSSAAQPGCSVLDEA
      |::  |||  ||||||:|  ||||||||  :||  :||:||||||||:|  ||||||  || |||
001   MAGCRLWVSLLLAAALACLATALWPWPQYIQTYHRRYTLYPNNFQFRYHVSSAAQAGCVVLDEA

065   FQRYRDLLFGSGSWPRPYLTGKRHTLEKNVLVVSVVTPGCNQLPTLESVENYTLTINDDQCLLL
      |:||||:|||||||||||  ::::::||  ||:|||||||  ||::|:||||||||||||||||
065   FRRYRNLLFGSGSWPRPSFSNKQQTLGKNILVVSVVTAECNEFPNLESVENYTLTINDDQCLLA

129   SETVWGALRGLETFSQLVWKSAEGTFFINKTEIEDFPRFPHRGLLLDTSRHYLPLSSILDTLDV
      |||||||||||||||||||||||||||||||||:|:||||||||:||||||||||||||||||||
129   SETVWGALRGLETFSQLVWKSAEGTFFINKTKIKDFPRFPHRGVLLDTSRHYLPLSSILDTLDV

193   MAYNKLNVFHWHLVDDPSFPYESFTFPELMRKGSYNPVTHIYTAQDVKEVIEYARLRGIRVLAE
      ||||||:|||||||||||:||||||||||||||||||||||||||||||||||||||||||||||
193   MAYNKFNVFHWHLVDDSSFPYESFTFPELTRKGSFNPVTHIYTAQDVKEVIEYARLRGIRVLAE
```

图 4.19　基于截断序列的比对结果

6) 局部比对两组氨基酸序列

相对于将序列进行截断处理以便更好地比对，一种替代方法是直接使用局部比对函数。下面的 swalign 函数采用的是 Smith-Waterman 算法，可返回局部比对的结果。

[LocalScore, LocalAlignment] = swalign (humanProtein, mouseProtein)

LocalScore = 1057

LocalAlignment

showalignment(LocalAlignment)

以颜色作为标记，图 4.20 显示了部分比对结果，可以看到在整个编码区内两个基因都得到了很好的比对效果。其局部比对的计算同一性为 83%。

```
Identities = 454/547 (83%), Positives = 514/547 (94%)
001   RGDQR-AMTSSRLWFSLLLAAAFAGRATALWPWPQNFQTSDQRYVLYPNNFQFQYDVSSAAQPG
      ||  |  ||::  |||  ||||||:|  ||||||||  :||  :||:||||||||:|  ||||||  |
001   RGAGRWAMAGCRLWVSLLLAAALACLATALWPWPQYIQTYHRRYTLYPNNFQFRYHVSSAAQAG

064   CSVLDEAFQRYRDLLFGSGSWPRPYLTGKRHTLEKNVLVVSVVTPGCNQLPTLESVENYTLTIN
      |  ||||||:|||:|||||||||||  ::::::||  ||:|||||||  ||::|:||||||||||||
065   CVVLDEAFRRYRNLLFGSGSWPRPSFSNKQQTLGKNILVVSVVTAECNEFPNLESVENYTLTIN

128   DDQCLLLSETVWGALRGLETFSQLVWKSAEGTFFINKTEIEDFPRFPHRGLLLDTSRHYLPLSS
      ||||||  |||||||||||||||||||||||||||||:|:||||||||:||||||||||||||||
129   DDQCLLASETVWGALRGLETFSQLVWKSAEGTFFINKTKIKDFPRFPHRGVLLDTSRHYLPLSS

192   ILDTLDVMAYNKLNVFHWHLVDDPSFPYESFTFPELMRKGSYNPVTHIYTAQDVKEVIEYARLR
      ||||||||||||||:|||||||||||:|||||||||||||||||||||||||||||||||||||||
193   ILDTLDVMAYNKFNVFHWHLVDDSSFPYESFTFPELTRKGSFNPVTHIYTAQDVKEVIEYARLR
```

图 4.20　采用 Smith-Waterman 算法的局部比对

4. 序列比对结果分析

本节以两个同源基因的序列比对为例，介绍了如何使用 MATLAB 生物信息工具箱进行基本的全局比对和局部比对。对于不熟悉编程的用户，MATLAB 还提供了基于图形用户界面的序列分析工具 Seqtool，可以方便地完成数据输入、序列比对和结果显示等功能。

同时，利用 MATLAB 工具箱可以进行基因组规模的序列比对，以寻找直系同源或旁系同源基因，并考察整个基因组进化的特点。进一步，对于序列比对的结果，可基于蒙特卡罗方法进行扰动分析，计算序列比对结果的显著性打分。

4.5.2 系统发生树构建

系统发生是指一群有机体发生或进化的历史，系统发生树就是描述这一群有机体发生或进化顺序的拓扑结构，它是产生新的基因复制或享有共同祖先生物体分支点的一种反映。基于 DNA 和蛋白质序列的多序列比对结果来构建系统进化树，是进化论研究的重要内容。目前用于系统发生分析的算法和软件有很多，主要算法有简约法、距离矩阵法、最大似然法和相容法等。在距离矩阵法中，用来将 DNA 序列转变成矩阵的算法包括 Jukes and Cantor、Kimura、F84 和 LogDet 等，而进一步利用这些矩阵来构建系统发生树时，又有**非加权配对算术平均法** (Unweighted Pair Group Method with Arithmetic，UPGMA)、**邻接法**(Neighbor Joining，NJ)、最小进化法(Minimum Evolution Method)和 Filch-Mar-golish 法等多种方法。在 MATLAB 生物信息工具箱中，可以自由选择一种方法用于计算序列对的距离，还可以选择其他方法用于计算创建树的分级聚类距离。

利用 MATLAB 生物信息工具箱，下面以人科线拉体基因序列作为分子标记构建一株人科系统发生树，说明系统发生树的分析和构建过程。

1. 选定研究对象

利用基因的分子特征可以帮助研究人类起源等进化问题，相关研究多采用线粒体 DNA (mtDNA)序列来分析系统发生关系，并构建系统发生树。选择 mtDNA 作为系统发生和群体进化研究的分子标记，主要基于以下原因。

① mtDNA 的大小和结构在脊椎动物中十分保守，保持严格的母性遗传，无重组及其他遗传重排现象，后代能完整地保存祖先的遗传信息，同时避免了产生混杂遗传信息的可能。

② 一级结构进化活跃，速度快，积累的变异多。mtDNA的碱基替代率是单拷贝核基因组的 5～10 倍，从而使 mtDNA 能在较短时间内积累较多的突变，形

成群体特异的遗传标记,提高了 mtDNA 的信息量和分辨率。线粒体控制区(错位或 D 环)是动物 DNA 中变化最快的序列之一。

③ 在所有哺乳动物和绝大多数的脊椎动物中,mtDNA 具有高度的专一性,一般无组织特异性。

④ 多态性的 mtDNA 序列歧异普遍存在于物种内,甚至是同一种群的个体之间。

⑤ 单个细胞内拷贝数多,分子结构简单,分子较小。已发表的线粒体全序列测定工作表明,脊椎动物线粒体基因组的长度大多在 16 Kb 左右,且基因排列紧密,没有或很少含有间隔序列,所有基因无内含子,易于测序与分析。

2. 通过 NCBI 查找系统发生数据

NCBI 的分类网点包含了许多有关系统发生和分类学的信息,它们来自已发表的文献、数据库和分类学知识。这里利用人科 12 个物种(包括猩猩、黑猩猩、大猩猩、人及其他原始人类物种)作为分类学例子来查找信息并下载线粒体 D 环序列。

进入 NCBI 主页后查找人类分类学信息,在 Search 列表中选择[Taxonomy],在 for 框中键入[hominidae]进行搜索,获取待研究序列的 GenBank 标号,下载不同物种对应的线粒体 D 环序列,利用这些数据创建系统发生树。

```
data = {'German_Neanderthal'  'AF011222';        %德国尼安德特人
        'Russian_Neanderthal'  'AF254446';        %俄罗斯尼安德特人
        'European_Human'  'X90314';               %欧洲人
        'Puti_Orangutan'  'AF451972';             %菩提猩猩
        'Jari_Orangutan'  'AF451964';             %杰瑞猩猩
        'Western_Lowland_Gorilla'  'AY079510';    %西部低地大猩猩
        'Eastern_Lowland_Gorilla'  'AF050738';    %东部低地大猩猩
        'Mountain_Gorilla_Rwanda'  'AF089820';    %卢旺达山地大猩猩
        'Chimp_Troglodytes'  'AF176766';          %穴居黑猩猩
        'Chimp_Schweinfurthii'  'AF176722';       % Schweinfurthii 黑猩猩
        'Chimp_Vellerosus'  'AF315498';           % Vellerosus 黑猩猩
        'Chimp_Verus'  'AF176731'; };             %维洛黑猩猩
```

用 getgenbank 函数可从 GenBank 数据库将序列数据读取到 MATLAB 变量中。

```
for ind = 1:length(data)
primates(ind).Header = data{ind,1};
primates(ind).Sequence = getgenbank(data{ind,2},'sequenceonly','true');
end
```

3. 创建 12 个物种的系统发生树

利用 MATLAB 的生物信息工具箱,可分别用非加权配对算术平均法(UPG-MA)和邻接法(NJ)构建 12 种人科动物的系统发生树。下面简要介绍这两种算法,并给出进化树构建结果。

1)非加权配对算术平均法

首先将两个距离最近的物种合成一个复合物种组。如果距离矩阵中的最小值是 D_{AB}(物种 A 和 B 之间的距离),那么物种 A 和 B 可合成一组 AB。第一次聚类以后,更新距离矩阵,计算新组 AB 和其他物种之间的两两距离。然后,将新的距离矩阵中距离最小的两个物种再次合成一个复合物种组。如此反复,直到所有的物种都聚为一类。UPGMA 算法的最大优点是对于表型数据和分子数据,甚至是两者结合都很适用,缺点是该算法假定树的所有分支的进化速率是相同的,因此当不同分支的进化速率差异很大或有同源序列平行进化时,常常得到错误的分子进化树。

2)邻接法

邻接法是目前应用最广泛的距离法,基于最小进化原理构建进化树,即树的所有分支长度之和最小的拓扑结构为最优树。在每一轮聚类过程中,考虑所有可能的物种树,把树的整个分支长度之和最小的物种对聚为一组,并产生新的距离矩阵。该方法的关键步骤是计算发散系数,然后生成一个速率校正距离矩阵。但是,当物种数较大时,主要采用启发式搜索,可能会遗漏一些拓扑结构更合理的树。

3)进化树构建结果

分别采用 UPGMA(seqlinkage 函数)和 NJ(seqneighjoin 函数)算法来构建进化树。

采用 UPGMA 算法来构建进化树的一般步骤是:利用 Jukes-Cantor 距离方法(seqpdist 函数)计算成对序列之间的距离;在距离的基础上,用 UPGMA 法(seqlinkage 函数)来创建分级聚类树,先把最类似的序列集中在一起,再把其他序列按照相似性降序添加到树上。

distances＝seqpdist (seqs, 'Method', 'Jukes-Cantor', 'Alphabet', 'DNA');
tree＝seqlinkage(distances, 'UPGMA', seqs)

用 plot 函数绘制系统发生树(见图 4.21),图形底部显示了物种间假设的进化关系,它们位于每个分支上。由该系统发生树可以发现 4 个主要的进化分支,包括人、大猩猩、黑猩猩和猩猩。进一步,还可以按照物种之间的路径长度对系统发生树进行剪枝处理。

h＝plot(tree,'orient','bottom')；
ylabel('Evolutionary distance')
set(h. tetminalNodeLabels,'Rotation',－45)

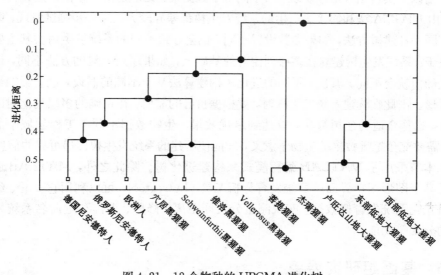

图 4.21　12 个物种的 UPGMA 进化树

对于同样的基因序列数据，可采用 seqneighjoin 函数构建邻接系统发生树，如图 4.22 所示。

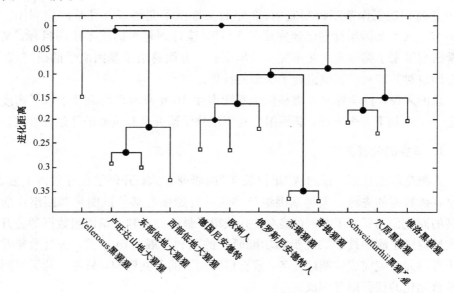

图 4.22　12 个物种的邻接进化树

4. 进化树构建结果分析

由以上实验结果可以发现，对于同一个数据集，无论是拓扑结构还是置信度水平，由 UPGMA 法和邻接法产生的系统发生树都差异较大。进一步测试发现，即使采用同一种建树方法，如果参数设置不同，也会导致不同的系统发生树。其主要原因在于：系统发生树建立在多序列比对的基础上，如果序列比对的方法不同，最终产生的树就会不同。其次，不同的进化树构建算法基于不同的假设，也会影响最终的树形。因此在构建系统发生树时，要根据自己的需要，在正确的多序列比对的基础上，选择合适的建树算法，以达到最优效果。生物数据不同于工程领域中的数据，需要充分挖掘数据的生物学意义，才能使所建的系统发生树传递可靠的信息。

本节采用了 MATLAB 编程模式来构建进化树。除此之外，MATLAB 还提供了基于图形用户界面的系统发育分析工具 phytreetool，可以利用它查看、编辑和格式化系统发育树数据，实现测量分支间距离，修剪、重排和重命名系统发育树的分支等功能。

4.6　基因组研究展望

1990 年 10 月，人类基因组计划在美国正式启动，随后英、日、德、法和中国先后加入，逐渐发展为一项大型国际科技合作计划，数千名科学家投身其中。2000 年基因组工作草图绘制完毕，3 年后又推出了完整版人类基因序列图。到 2010 年，人类基因组计划已经完成了 10 年，该计划是否达成了预期目标，又给科学研究带来了哪些重大变革呢？科学家们一方面总结了基因组学的研究成果，一方面也对其带来的影响进行了深刻的反思。

总的来说，科学界对人类基因组草图诞生 10 年来取得的成绩予以了高度的肯定[23]，在如下 5 个方面，基因组学对于生物学研究具有重要的开创性意义。

1. 数据的公开共享

人类基因组计划一反过去"单打独斗"的研究方式，开创了在互联网上发布、共享科研数据的先河。人类基因组计划从一开始便与某些试图将基因组注册为专利的商业公司展开了激烈的竞争，并获得了最终的胜利。基因组数据的公开性极大地促进了测序技术的进步和功能研究的顺利开展。10 年前，历时数年花费数千万美元才能完成的测序任务，现在借助网上的公共资源，只需要几天时间和几种自动化的仪器即可完成。

2. 揭秘人类起源

人类基因组计划为研究人类起源和迁徙史提供了全新的途径，此前的考古学和语言学研究已经将人类的发源地指向了非洲，基因研究为其提供了更为确凿的证据支持。基因组研究揭示，人类其实是一个非常年轻的物种，不同种族的人之间也非常相似。比如现代欧洲人、东亚人、南亚人的祖先，都曾经"走出非洲"，在漫长的进化史中迁徙到他们最终的栖息地。

3. 扑灭疾病的苗头

人类基因组计划还为一系列重要项目奠定了基础，其中之一就是国际人类基因组单体型图计划，它的目标是解密人体的单核苷酸多态性。作为人类个体差异的源头，单核苷酸多态性是研究人类疾病、遗传、变异的重要依据，如肿瘤、心脏病和糖尿病等。因此，有科学家将单体型图计划称为人类基因组计划最大的收获。

4. "垃圾基因"不"垃圾"

人类基因组计划发现，人类的基因只有约 2.5 万个，比预期的基因数目少得多。因此，仅从基因本身无法揭示人的复杂性。科学家们从中受到了启发，将眼光转向了基因之外的遗传物质——垃圾 DNA，即不能编码形成蛋白质的 DNA，它们占人体内全部 DNA 的 97%。近年来，越来越多的研究表明，"垃圾 DNA"绝不像它的名字一样毫无用处，它们也承载着人类重要的遗传信息，有待进一步研究和发现。目前，解读非编码基因已经成为功能基因组研究的重要内容之一，对于了解基因转录调控过程具有重要意义。

5. 助力遗传学研究

人类基因组计划在 10 余年的开拓性研究过程中，发明了许多更新、更快、成本更低的基因测序方法，其成果即人类基因序列图还能为新的测序方法提供比对依据。人类基因组计划获得了多种模式生物的遗传信息数据，如何充分发挥这些信息的作用，将成为下一步研究的重点。

同时，也有人对人类基因组计划的实际应用意义提出了质疑。2010 年 6 月 12 日，《纽约时报》头版刊出了对基因组学研究的评论：10 年内基因图谱几乎没有带来任何新药[24]。他们认为人类基因组计划给公众带来的"实惠"与当年描绘的蓝图存在距离。当人类基因组计划小组宣布完成基因图谱草图时，美国时任总统克林顿说：这一进展将彻底改变人们对绝大多数疾病的诊断、预防和治疗手段。但是迄今为止，基因图谱并没有真正在医学领域发挥作用。这一评论在客观上说明了基因组学在疾病研究上所面临的困难。实际上，疾病是基因与环境相互作用的结果，不仅仅由基因决定，尤其是复杂疾病，如高血压、糖尿病等，都涉及多个基因的调控。人类基因组计划只是为疾病研究奠定了数据基础，想要真正用于疾病诊断和治疗，则需要对基因组进行更深入的解读。

当初人类基因组计划时间表是完成基因测序后，再用 50～100 年（或未知的时间）完成基因表达的破译。可见基因组计划的完成只是一个开始，破解基因密码是一个更加浩大的工程，而且仅靠基因组研究还不足以揭示生命的奥秘。生命的复杂性和多样性更多地体现在蛋白质组层面。因此，对基因组学数据的处理已经不再是生物信息学研究的全部内容，对于转录组学、蛋白质组学和系统生物学的研究正在成为生物信息学中新的热点。

习题

1. 从 NCBI 网站查找并下载人类的线粒体基因组，采用 MATLAB 软件分析该基因组序列中的核苷酸组分，绘制核苷酸成分分布饼图，进一步分析该序列中 64 种密码子的出现频率。

2. 在 NCBI 网站上查找 SARS 病毒基因组，下载同一病毒类属的 14 个冠状病毒全基因组序列，采用 ClustalW 进行全序列比对，了解 SARS 病毒与其他冠状病毒在序列上的区别。

3. 提取 SARS 基因编码的 14 种蛋白质序列，采用 BLAST 进行比对，分析 SARS 病毒所编码的蛋白质在结构和功能上的特点。

4. 调研糖尿病相关的单核苷酸多态性位点，考察各位点对应的易感基因及其与环境因素（抽烟、喝酒、肥胖、家族史）之间的关联。

参考文献

1. 坎贝尔等. 基因组学、蛋白质组学和生物信息学(第二版). 孙之荣等，译. 北京：科学出版社，2007.

2. R. Dulbecco, A turning point in cancer research: Sequencing the human genome, *Science*, 1986, vol. 231, pp. 1055-1056.

3. 顾坚磊，周雁. 中国基因组生物信息学回顾与展望. 中国科学 C 辑：生命科学，2008, vol. 38(10), pp. 882-890.

4. 佩夫斯纳. 生物信息学与功能基因组学. 孙之荣等，译. 北京：化学工业出版社，2006.

5. S. Jay, J. Hanlee, Next-generation DNA sequencing, *Nature Biotechnology*, 2008, vol. 26 (10), pp. 1135-1145

6. M. R. Jonathan, H. L. John, The development and impact of 454 sequencing, *Nature Biotechnology*, 2008, vol. 26(10), pp. 1117-1124.

7. P. Dmitry, F. N. Norma, Stephen RQ, Single-molecule sequencing of an individual human

genome，*Nature Biotechnology*，2009，vol. 27，pp. 847-850.

8. M. L. Metzker, Sequencing technologies-the next generation，*Nat Rev Genet*，2010，vol. 11 (1)，pp. 31-46.

9. C. S. Pareek, R. Smoczynski, A. Tretyn, Sequencing technologies and genome sequencing，*J Appl Genet*，2011，vol. 52，pp. 413-447.

10. M. Yandell, D. Ence, A beginner's guide to eukaryotic genome annotation，*Nature Reviews Genetics*，2012，vol. 13，pp. 329-342

11. 孙啸，陆祖宏，谢建明. 生物信息学基础. 北京：清华大学出版社，2005.

12. 樊龙江. 生物信息学札记(第三版). 浙江大学，2010

13. N. Risch, K. Merikangas, The future of genetic studies of complex human diseases，*Science*，1996，vol. 273(5281)，pp. 1516-1517.

14. R. Sachidanandam, D. Weissman, S. C. Schmidt et al. , A map of human genome sequence variation containing 1. 42 million single nucleotide polymorphisms，*Nature*，2001，vol. 409 (6822)，pp. 928-933.

15. J. Hoh, J. Ott, Mathematical multi-locus approaches to localizing complex human trait genes，*Nat Rev Genet*，2003，vol. 4(9)，pp. 701-709.

16. T. A. Pearson，T. A. Manolio, How to interpret a genome-wide association study，*JAMA*，2008，vol. 299，pp. 1335-1344.

17. H. Zhang, Y. Zhai, Z. Hu et al. , Genome-wide association study identifies 1p36. 22 as a new susceptibility locus for hepatocellular carcinoma in chronic hepatitis B virus carriers，*Nat Genet*，2010，vol. 42(9)，pp. 755-758.

18. 权晟，张学军. 全基因组关联研究的深度分析策略. 遗传，2011，vol. 33(2)，pp. 100-108.

19. 李红燕，刘新星，谢建平等. MATLAB 7. X 生物信息工具箱的应用—序列比对(二). 现代生物医学进展，2008，vol. 8(2)，pp. 351-353.

20. 刘新星，李寿朋，王婧等. MATLAB 7. X 生物信息工具箱的应用—系统发生分析(五). 现代生物医学进展，2008，vol. 8(11)，pp. 2112-2115.

21. K. Matthias, S. Anne, R. W. Schmitz et al. , Neanderthal DNA sequence and the origin of modern humans，*Cell*，1997，vol. 90，pp. 19-30.

22. 张乐平，黄非，闵波等. 基于 MATLAB 生物信息学工具箱构建分子系统发生树. 医学信息学杂志，2010，vol. 31(6)，pp. 34-37.

23. 冯那. 人类基因组计划 10 年记. 人与科学，2010.

24. 李娜. 人类基因组计划十年反思. 科技导报，2010，vol. 28(13)，pp. 11.

第5章 转录组技术与数据分析

已知不同人体的基因组序列差异很小，并且每个人体内各种细胞共用一套遗传密码。那么，到底是什么导致了组织分化，造成了生老病死呢？答案是细胞内不同基因的表达。基因组无法解答生命运行的所有奥秘，那么转录组能否为我们揭开生命动态研究的第一幕呢？

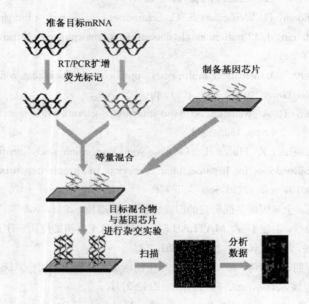

5.1　转录组概述

随着人类基因组测序的完成，科学家发现即使获得了完整的基因图谱，距离了解生命活动还有很大差距。从基因图谱无法得知基因表达的产物是否出现与何时出现？基因表达产物的浓度是多少？这些问题的实质是不了解按照特定的时间、空间进行的基因表达谱。随着越来越多的基因测序工作的完成，接下来的问题就是解读基因的功能，研究基因所参与的细胞内的生命过程、基因表达的调控、基因与基因产物之间的相互作用，以及相同的基因在不同细胞内或不同疾病和治疗状态下的表达水平等。因此，在人类基因组项目之后，转录组的研究迅速受到科学家的青睐。**转录组**（transcrptome）是转录后的所有 mRNA 的总称。**转录组学**（transcriptomics）则研究细胞在某一功能状态下所有 mRNA 的类型与拷贝数（见图 5.1）。

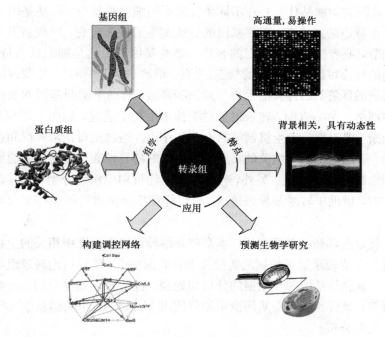

图 5.1　转录组的特点与应用

图 5.1 总结了转录组研究的特点及其应用。一方面，转录组数据具有动态性。不同于基因组，转录组的定义中包含了时间和空间的限定。同一细胞在不同的生长时期及生长环境下，其基因表达情况是不完全相同的。人类基因组包含 30 亿个碱基对，其中大约只有 25 000 个基因能够转录成 mRNA 分子，转录后的

mRNA 能被翻译生成蛋白质的仅占整个转录组的 40% 左右。通常，在不同的组织中基因表达情况具有显著差别，如脑组织或心肌组织等分别只表达全部基因中不同的 30% 而显示出组织的特异性。因此，转录组研究比基因组研究更复杂，能够给出生命活动过程的更详细的动态信息。另一方面，转录组数据存在着维数高、噪声强的特点。随着转录组学实验技术的发展，目前已发展了多种高通量、易操作的实验方法，如基因芯片和 RNA 测序等，能够批量获得大量的转录表达数据。一次实验往往能够检测出成千上万个基因的表达情况，而且数据质量与实验样本和实验条件等密切相关，从而使对转录组数据的分析和处理成为一项艰巨的任务。要从海量的转录组数据中去除噪声影响、发现有用的知识及构建基因表达网络，都需要生物信息学的方法和工具。

在应用上，转录组学从 RNA 水平研究基因表达的情况，是研究细胞表型和功能的一个重要手段。一方面，转录组学为生物学机理研究，尤其是调控网络构建提供了重要的数据基础。通过对转录组学数据的分析，可以回答一些生物学问题，例如基因的功能是什么？在不同条件或不同细胞类型中，哪些基因的表达存在差异？在特定的条件下，哪些基因的表达发生了显著改变，这些基因受到哪些基因的调节，或者控制哪些基因的表达？哪些基因的表达是细胞状态特异性的，根据它们的行为可以判断细胞的状态(生存、增殖、分化、凋亡、癌变或应激等)。对这些问题的回答，结合其他生物学知识和数据，有助于阐明基因的表达调控路径和调控网络。另一方面，转录组学对于预测生物学研究，如医学临床诊断、药物疗效判断、揭示疾病发生机制等具有重要作用。通过比对正常人群和患者的转录组差异，筛选出与疾病相关的具有诊断意义的特异性表达差异，就能够实现疾病的早期诊断和干预治疗。另外，转录组研究还可用于疾病分型，尤其是对原发性恶性肿瘤，借助于转录差异表达谱，可以详细描绘出患者的生存期及对药物的反应等。

鉴于转录组学研究的重要性，本章将介绍转录组学研究中相关的生物信息学方法。首先介绍转录组学数据的实验技术和数据特点；然后讨论转录组学数据的分析方法，重点是基因芯片数据的分析和处理，包括表达差异分析、聚类分析和分类分析等；最后通过一个实例演示如何使用 MATLAB 生物信息学工具箱进行基因芯片数据分析。

5.2 转录组研究的实验技术

按照转录组观测技术的特点，可以分为逐个实验方法(如 RNA 印迹法、实时聚合酶链式反应法等)和高通量的方法(如基因芯片表达谱、基因表达串联分析、大规模平行测序技术等）。按照其能否检测未知 mRNA，可分为封闭系统和开放式系统。封闭系统需要有候选集合，只能检测候选集合中 mRNA 的表达量，如基因芯片技术。而开放式系统可以检测未知的 mRNA，如基因表达串联分析、大规模平行测序技术。目前，用于转录组数据获得和分析的主流方法有基于杂交技术的**基因芯片**（gene chip 或 microarray）技术、基于序列分析的**基因表达序列分析**（Serial Analysis of Gene Expression，SAGE）、**大规模平行信号测序系统**（Massively Parallel Signature Sequencing，MPSS），以及最新提出的 RNA 测序技术等。下面就简要介绍其中几种实验技术的基本原理。

5.2.1　基因芯片技术

基因芯片技术，也称核酸微阵列芯片技术，产生于 20 世纪 90 年代，在近十几年迅速地规模化和产业化，已经成为转录组研究的重要支撑技术。基因芯片技术主要基于杂交原理，即利用 4 种核苷酸之间两两配对互补的特性，使两条在序列上互补的单核苷酸链形成双链。基本技术路线是：制备芯片，在一个约 1 cm² 大小的玻璃片上，将称为探针的 cDNA 或寡核苷酸片段固定在上面；从细胞或组织中提取 mRNA，通过 RT-PCR 合成荧光标记的 cDNA，与芯片杂交；用激光显微镜或荧光显微镜检测杂交后的芯片，获取荧光强度，分析并得到细胞中 mRNA 的丰度信息。

根据探针的类型和长度，基因芯片可以分为两类。其中一类是较长的 DNA 探针（大于 100 碱基）芯片。这类芯片的探针往往是聚合酶链式反应的产物，通过点样方法将探针固定在芯片上，主要用于 RNA 的表达分析。另一类是短的寡核苷酸探针芯片，其探针长度为 25 碱基左右，一般通过在片（原位）合成方法得到，这类芯片既可用于 RNA 的表达监控，也可用于核酸序列分析。

按照不同的用途，还可将基因芯片分为检测型基因芯片和表达谱基因芯片等。检测型基因芯片主要用于检测样品中的目标核酸分子上是否存在某种特异性片段，而表达谱基因芯片主要用于分析样品中各种目标核酸分子的相对丰度，带有普查的特性。目前，应用最多的是表达谱基因芯片。

1. cDNA 微阵列

1995 年，斯坦福大学率先研制成功 cDNA 微阵列并将其应用于基因表达分析。首先将细胞内的 mRNA 逆转录成 cDNA 并分离，然后将分离得到的所有或部分 cDNA 作为探针，用机器手按照阵列的形式点到玻璃片上。玻璃片上的每个点只包含一种 cDNA 分子，这样就制成了 cDNA 微阵列。在使用 cDNA 微阵列时，首先提取组织或细胞系中的 mRNA 样本，逆转录成 cDNA 并用荧光素标记；然后把标记混合物加到 cDNA 微阵列上，与探针杂交，杂交过程完成后，清洗微阵列；最后用激光扫描仪扫描并获取荧光图像，对图像进行分析，得到 cDNA 芯片上每个点的荧光强度值。荧光强度值定量反映了样本中存在的与探针互补的 mRNA 丰度，即探针所对应基因在样本中的表达水平。

为了比较不同样本间的差别，cDNA 芯片通常采用双色荧光系统。测量样本用红色荧光素（Cy5）标记，对照样本用绿色荧光素（Cy3）标记。将这两个样本制备成具有不同荧光素标记的 cDNA，并按 1:1 的比例混合，然后与 cDNA 微阵列杂交，通过不同波长的激光扫描杂交后微阵列，获取荧光强度并成像。来自两个样本的基因如果以相同水平表达则图像显示为黄色，如果表达水平有差异，则图像显示为红色或绿色（见图 5.2）。因此，cDNA 微阵列的实验数据反映了两个样本中基因的相对表达水平。

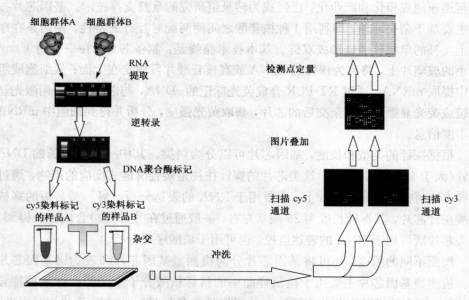

图 5.2　cDNA 微阵列芯片的实验流程（见彩图）

2. 寡核苷酸芯片

在寡核苷酸芯片中，以美国昂飞（Affymetrix）公司制造的 GENECHIP 系列芯片应用最为广泛（见表 5.1）。该系列寡核苷酸芯片主要用于 DNA 多态性检测和基因表达分析，也可以用于微生物基因组的再测序。它将光掩模技术与传统的 DNA 合成化学相结合，制造的寡核苷酸阵列具有非常高的密度。例如，昂飞公司的 Human Genome U133 芯片包含了 100 万个不同的寡核苷酸探针，代表了 47 000 个人类基因。

表 5.1　昂飞公司的全基因组芯片

芯片类型	转录物/基因数量
拟南芥基因组	24000
线虫基因组	22500
果蝇基因组	18500
大肠杆菌基因组	20366
人类基因组 U133	47000
小鼠基因组	39000
酵母基因组	5841（出芽酵母）& 5031（裂殖酵母）
大鼠基因组	30000
斑马鱼	14900
按蚊①/疟原虫	4300(疟原虫) & 14900（按蚊）

① 按蚊也叫疟蚊，可传播疟原虫

　　寡核苷酸探针的长度通常为 20～25 碱基，在检测 mRNA 丰度时可能存在寡核苷酸之间的非特异性交叉杂交，这可能会掩盖杂交信号；此外，对于特定的寡核苷酸，信号强度对于寡核苷酸的碱基组成比较敏感。对于第一个问题，昂飞公司的解决办法是采用匹配/失配探针对的方法，即在设计一个特异的寡核苷酸（匹配）时，同时设计一个非特异的寡核苷酸探针，该探针仅仅在中间位置有一个碱基替换（失配），如图 5.3 所示。如果该探针特异性良好，则匹配和失配的亮度将会有较大差别，反之则说明该探针对于特定的样本特异性较差。为了解决第二个问题，在设计探针时，对于每个待检测的 mRNA 包含多个寡核苷酸探针，例如设计 11～20 对探针来检测一个转录物。

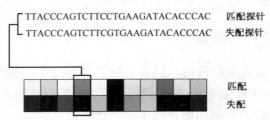

图 5.3　匹配探针和失配探针。原始的探针称为匹配探针（Perfect Match，PM），对应的探针称为失配探针（MisMatch，MM）

　　与 cDNA 微阵列不同的是，寡核苷酸芯片的杂交实验采用单个样本，而不是 cDNA 微阵列实验中测量样本与对照样本的混合物。寡核苷酸芯片的检测结果有两种，一种用 P/A/M(Present/Absent/Don't Know)表示，表示有/无/不确定。P/A/M 可以用来判断样本中有无特定基因的表达，这个结果对于一些定性实验是有意义的，例如判断肿瘤与正常细胞的基因表达差异。另一种用荧光信号强度值表示。当需要对几个不同条件下的基因表达情况进行分析时，对基因表达的相对变化更感兴趣，所以多采用荧光强度值。

3. 基因芯片技术特点

cDNA 芯片和寡核苷酸芯片的使用均比较广泛，二者之间的明显差异如下。

① cDNA 芯片为双色杂交，最终测量值为相对值；而寡核苷酸芯片为单色测量，最终形成绝对表达水平，因此可以在不同实验之间进行比较。

② cDNA 芯片价格比较便宜，一般每片在 50～200 美元之间；而寡核苷酸芯片价格相对昂贵，每片大约在 200～500 美元之间。与半导体产品相似，工业化的寡核苷酸芯片也会遵从反摩尔定律，价格随时间递减。

③ cDNA 芯片为实验室制备，工业化程度不高，质量略差，但是可以根据不同实验室的需求进行"自定义"，因此其灵活性较高；与之相对应的，寡核苷酸芯片由企业工业化生产，其质量相对较高，但是却不可自定义，其可变性较差。

对于基因表达分析，cDNA 微阵列芯片和寡核苷酸芯片的最大优点是高通量性，在一次芯片实验中，可以对成千上万个基因的表达进行并行测量。而且基因芯片方法可以快速完成检测，具有成熟的实验方法和数据分析支持，便于直接观测和专项研究。

但是基因芯片技术本身也有一些局限性，它只能研究封闭体系，很难得到转录物的绝对数量，并且对可变剪接敏感。由于实验环节较多，虽然在设计芯片时可以通过添加阴性和阳性探针等手段来评价数据的质量，但是数据的可靠性仍然是对数据进行后续分析时必须考虑的一个问题。

5.2.2 基因表达序列分析

研究基因表达模式也可采用基因表达序列分析技术。基因表达序列分析由 Velculescu 于 1995 年首先提出，并逐渐发展成为一种以测序为基础，用于全基因组表达谱分析和寻找差异基因的新技术。该技术可以同时反映正常或异常等不同功能状态下，细胞的整个基因组基因表达的全貌。特别是提供了一种定量基因表达的分布图，而无须对基因性质和生物系统预先有所了解，不必依赖以前的转录信息。

1. 基因表达序列分析的原理

基因表达序列分析技术以转录子(cDNA)上特定区域 9～11 碱基的寡核苷酸序列作为标签(Tag)来特异性地确定 mRNA 转录物，然后通过连接酶将多个标签(20～60 个)随机串联形成大量的多联体并克隆到载体中，对每个克隆进行测序(见图 5.4)。应用基因表达序列分析软件，可确定表达的基因种类，并可根据标签出现的频率确定基因的表达丰度，构建基因表达序列分析文库。由于基因表达序列分析标记物短小一致，可以将聚合酶链式反应扩增(2 个双标记物顺序连接作为聚合酶链式反应的模板)的错误减少到最小。因此这是一个高度敏感的系统，可用于低丰度序列的确定。

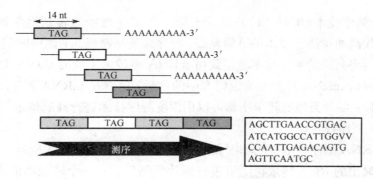

图 5.4　基因表达串联分析示意图

基因表达序列分析的主要依据有如下两方面。

① 来自转录物内特定位置的一个短的寡核苷酸序列(9～10 碱基)含有鉴定一个转录物特异性所需的足够信息，可以作为区别转录物的标签。例如，一个 9 碱基序列能够分辨 262 144 种不同的转录物(4^9)，而人类基因组估计仅能编码 80 000 种转录物，所以理论上每个 9 碱基标签能够代表一种转录物的特征序列。

② 将这些标签串联在一起，形成串联体，对克隆到载体的串联体进行测序分析，可确定表达的基因，并根据标签数来确定基因的表达丰度。因而这一技术不仅能够全面分析组织或细胞中表达的基因，同时还给出了这些基因的定量信息。

2. 基因表达序列分析的特点

基因表达序列分析技术是一种快速而高效的分析组织或细胞基因表达的方法，它不仅能够全面分析特定组织或细胞表达的基因，并得到这些基因表达丰度的定量信息，而且还能比较不同组织、不同时空条件下基因的表达差异。基因表达序列分析操作相对简便，任何一个具备聚合酶链式反应和测序仪器的普通分子生物学实验室都能使用这项技术，可在操作中采用锚定酶与标签酶的不同组合，更具灵活性。作为一种开放的差异基因表达技术，基因表达序列分析技术可用于发现未知的基因。并且，基因表达序列分析方法的实验结果可以直接与发表在 SAGEmap 表达数据库中的不同来源的数据相比较。

尽管基因表达序列分析技术具有很多优秀的特性，它在转录组研究中的应用却不是十分广泛，其原因主要在于基因表达序列分析仍存在一些不足之处。由于在实验初始需要的样本量大、标签的确认比较困难、技术流程复杂、工作量和成本高昂等问题，限制了基因表达序列分析技术的推广和应用。

5.2.3　RNA 测序技术

RNA 测序技术（RNA-SEQ）是基于第二代测序技术的转录组学研究方法。随着新一代高通量测序技术的迅猛发展，测序通量不断提高，测序时间和成本显著下降。而将高通量测序技术应用到由 mRNA 逆转录生成的 cDNA 上，获得来自不同基因的 mRNA 片段在特定样本中的含量，这就是 mRNA 测序或 mRNA-SEQ。同样，各种类型的转录物都可以用深度测序技术进行高通量定量检测，统称为 RNA 测序技术。

利用 RNA 测序技术检测基因表达水平的实验流程如图 5.5 所示。其基本原理是对提取出的 RNA 转录物随机进行短片段测序。若一个转录物的丰度越高，则测序后定位到其对应的基因组区域的读段就越多，通过对定位到基因外显子区的读段计数，就能估计基因表达水平。该技术能在单核苷酸水平对任意物种的整体转录活动进行检测，在分析转录物的结构和表达水平的同时，还能发现未知转录物和稀有转录物，精确识别可变剪切位点及编码区单核苷酸多态性，提供更全面的转录组信息。RNA 测序技术因其具有定量准确、可重复性高、检测范围广、分析可靠等优势，正成为研究基因表达和转录组的重要实验手段。

5.2.4　转录组检测技术比较

综合比较这几种常用的转录组检测技术，发现其各有优缺点和一定的适用范围。基因芯片是开发最早也是目前应用最广的高通量转录组检测技术。该技术成本适中，数据分析软件较多，整个方法较为成熟。然而，基于杂交技术的微阵列技术只限于已知序列，无法检测新的 RNA；杂交技术灵敏度有限，难以检测低丰度的目标（需要更多的样品量）和重复序列；难以检测出融合基因转录、多顺反子转录等异常转录产物。与芯片不同，基因表达序列分析不需要任何基因序列的信息，能够全局性地检测所有基因的表达水平，除了具有显示基因差异表达谱的作用外，还对那些未知基因特别是那些低副本基因的发现具有巨大的推动作用。大规模平行信号测序技术是对基因表达序列分析技术的改进，简化了测序过程，提高了精度，但两者都需要大量的测序工作，技术难度较大，而且涉及酶切、聚合酶链式反应扩增、克隆等可能会产生碱基偏向性的操作步骤，因而限制了其推广。RNA 测序技术作为最新的转录组检测方法，具有如下所示的诸多优势（见表 5.2）。

①　数字化信号。直接测定每个转录物片段序列和单核苷酸分辨率的精确度，可以检测单个碱基差异、基因家族中相似基因及可变剪接造成的不同转录物的表达。

②　高灵敏度。能够检测到细胞中少至几个副本的稀有转录物。

③　任意物种的全基因组分析。无须预先设计特异性探针，因而无须了解物种基因信息，能够直接对任何物种进行转录组研究，这对非模式生物的研究尤为重要。

④　更高的检测范围。高于 6 个数量级的动态检测范围，能够同时鉴定和定量稀有转录物和正常转录物。

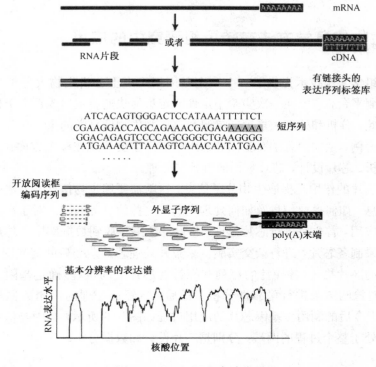

图 5.5　RNA-SEQ 实验流程

表 5.2 RNA 测序与其他转录组学技术比较[3]

项　目	基因芯片	SAGE/MPSS	RNA 测序
原理	杂交	Sanger 测序	高通量测序
信号	荧光模拟信号	数字化信号	数字化信号
分辨率	数个至 100 个碱基	单碱基	单碱基
通量	高	低	高
背景	高	低	低
基因表达定量范围	几十至几百倍	不适用	超过 8000 倍
全基因组图谱分析成本	高	高	相对较低
起始 RNA 用量	多	多	少

尽管 RNA 测序技术表现出很多优秀的特性，甚至有人预言基因芯片时代即将结束。但也有报道认为，RNA 测序数据在基因表达水平的估计方面与基因芯片相比没有明显的优势，相对不够成熟，加上测序的成本目前还远高于芯片实验的成本，所以更多人认为测序和基因芯片将长期共存，以各自不同的特点在转录组学研究中发挥作用。

5.3　生物信息学方法在转录组研究中的应用

转录组学实验技术提供了一个在全基因组尺度上分析生物大分子相互作用的快速检测平台，它能在一次实验中定性或定量地快速鉴定出成百上千种生物大分子。因此，分析和处理大规模转录组数据成为生物信息学的重要任务。以基因芯片数据为例，生物信息学在基因芯片中的应用主要体现在 3 个方面：实验数据管理与分析、芯片设计、芯片数据的分析与处理。

基因芯片的作用是提取生物分子信息，这就需要用生物信息学方法来解决提取什么信息、如何提取信息及如何处理和利用这些信息等问题。对于一个具体的基因芯片应用，首先是进行芯片设计，将设计结果存放到数据库中。然后根据芯片设计结果制备芯片，进行杂交实验。采集并处理芯片杂交后的荧光图像，结合数据库中的芯片描述(各探针的序列和探针在芯片上的位置)确定基因芯片检测结果，并对检测结果进行可靠性分析。最后，将经过处理的检测数据送入数据库，以便于今后的利用。基因芯片的应用过程如图 5.6 所示，其中与信息处理相关的工作处于整个过程的两端，分别是芯片设计和数据分析。

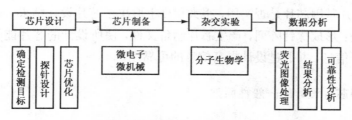

图 5.6 基因芯片应用流程

5.3.1 基因芯片数据标准

随着基因芯片技术的推广，大量基于 DNA 微阵列实验的基因表达数据公开发表，大部分实验数据可以从数据库或者文献中免费获得。这些数据主要是文本或 Excel 文件，有些包含了经过归一化处理后的比值，也有原始的荧光强度值。由于这些数据文件缺少原始的实验方案、实验材料、原始扫描图像、图像处理方法和数据归一化方法等信息，要比较或整合分析来自不同研究小组的基因表达数据就会变得非常困难。因此，迫切需要一种标准来描述和存储 DNA 微阵列基因表达数据，同时建立公共的 DNA 微阵列数据仓库。

1999 年，欧洲生物信息学研究所与德国肿瘤研究中心成立了微阵列基因表达数据(Microarray Gene Expression Data，MGED)讨论组。作为国际性的成员联盟，其目标是促进由功能基因组学和蛋白组学研究产生的微阵列数据的共享。在该组织的推动下，研究人员提出了**微阵列数据标准**(Minimum Information About a Microarray Experiment，MIAME)。它是对于解释和验证结果所必需的微阵列实验的最小信息描述，从整体实验规划和设计、芯片阵列的设计、样本收集提取和标记的方案、芯片杂交的流程和参数、影像数据的测量和规范、数据标准化校正分析这 6 个方面对芯片实验的描述进行了规划，以期统一芯片报告的格式及整合相关信息。至今为止，MIAME 策略已得到较为广泛的响应、认同和发展，一些公共的生物芯片信息数据库，如 EBI 的 ArrayExpress、NCBI 的 GEO、日本的 CIBEX 等均采用 MIAME 标准接受芯片数据，*Nature*、*The Lancet* 等专业期刊已经把 MIAME 格式作为接收芯片研究论文的必要条件(http://www.nature.com/nature/submit/policies/)，许多著名的芯片及软件生产商，如昂飞公司、Rosetta 生物软件公司、Iobion 信息公司等也纷纷将 MIAME 标准整合到相关产品中。

5.3.2 基因芯片设计

基因芯片设计是芯片应用流程中的关键环节，芯片设计结果将影响后续的各个环节，一片基因芯片是否实用，很大程度上取决于芯片设计结果。基因芯片设计的任务是：形成探针阵列，产生芯片制备文件，使所设计的芯片能够提取更多的生物分子信息，并通过设计提高信息的可靠性。

1. 基因芯片设计的一般性原则

基因芯片设计主要包括两个方面：①探针的设计，即如何选择芯片上的探针；②探针在芯片上的布局，即如何将探针排布在芯片上。

探针设计的关键是为每个基因找到特异性的探针。探针的特异性是指探针区分目的基因与非目的基因的能力，特异性保证了在杂交实验中，探针只与目的基因杂交，而不与非目的基因杂交。另外，由于探针排列于同一块芯片上，其杂交行为必须在相同的条件下进行，这一特点使探针设计问题变得更为复杂。即在保证探针特异性的同时还要保证其杂交行为的一致性。总的来说，在进行探针设计和布局时必须考虑以下几个方面：互补性、敏感性和特异性、容错性、可靠性、可控性和可读性。

2. cDNA 芯片与寡核苷酸芯片的设计

高密度基因芯片设计主要包括 3 个方面的任务：确定待检测的目标序列、设计寡核苷酸探针和优化芯片。

1) 确定目标序列

对于一个具体的基因芯片，首先根据基因芯片类型和所要解决的问题，利用生物信息学方法确定芯片所要检测的目标序列。确定所要检测的目标序列有两种方法。一种方法是根据基因名称或功能等，直接查询生物分子信息数据库，如 EMBL 和 GenBank，提取相应的 DNA 序列数据，作为基因芯片探针设计的参照目标序列。这种方法多用于再测序或研究基因多态性的芯片。在进行芯片设计时，根据参照序列设计一系列探针，以检测序列的每个位置上可能发生的变化。另一种方法是从一个完整的基因序列中，提取特征序列作为目标序列。若一个基因芯片的目标是检测特定的基因，则检测对象不必是整个基因序列，只要检测能够代表该基因的一小段特征序列即可。所谓特征序列就是一段高度特异的序列，用于代表一个基因。具体做法是：从完整的基因序列中选取若干个序列片段，使这些序列片段满足一定的约束条件，这些约束条件包括片段长度的限制和片段上碱基分布的限制。将这些片段与核酸数据库 EMBL 中的序列进行比较，最后取碱基等同比例小于一定阈值的片段作为特征片段。这种确定目标序列的方法多用于基因检测型芯片或基因表达型芯片。

2)探针设计

芯片设计的目标是形成芯片合成方案和步骤，产生制作掩膜板的 CAD 文件。在设计探针时，应尽可能使完全互补的杂交信号在最终芯片的荧光检测图像中突出显示出来。通过动态调节各个探针的长度及探针之间的覆盖长度，有效地减少碱基杂交错配，提高基因芯片检测结果的可靠性；进一步，将探针按照一定的规则排列在芯片上，形成探针阵列，并根据探针阵列设计制备芯片的掩膜板。

在探针设计中，序列特异性的寡核苷酸探针的设计方法发展得比较成熟，已有很多现成的设计软件，如 OligoWiz、PROBEmer、OligoArray、OligoPicker、ROSO、Osprey 和 Picky 等。这些方法可分为三类。第一类方法使用 BLAST 进行特异性探针的筛选，通过使用不同的运行参数使筛选具有一定的倾向性，然后依据杂交热力学分析对探针设定一些限制条件，得到优化的寡核苷酸探针。采用此类方法的软件包括 OligoWiz、OligoArray、OligoPicker 和 ROSO。第二类方法使用后缀数组(suffix array)描述每个目标序列的片段构成，通过比较后缀数组来寻找具有特异性的片段以设计寡核苷酸探针。采用此类方法的软件包括 PROBEmer 和 Picky。与第一类方法相比，这种方法具有更高的效率。第三类方法直接通过预测杂交结合自由能来衡量探针的特异性。通过 BLAST 或后缀数组匹配，只能在序列特征方面对特异性进行评价，而通过预测杂交结合自由能，就能在杂交动力学上对探针的特异性进行更准确的描述，但是这种方法的计算复杂度很高，需要在算法上进行必要的优化。采用此类方法的软件包括 Osprey。

3)芯片优化

cDNA 芯片制备一般采用点样法，多用于基因表达的监控和分析。寡核苷酸芯片制备一般采用在片合成方法。优化是寡核苷酸芯片设计的一个重要环节，包括探针的优化和整个芯片设计结果的优化。

高密度基因芯片制备的一个关键是掩膜板技术。利用掩膜板进行定位并控制探针的在片合成，可以得到很高的探针密度。但是制作掩膜板的代价较高，为了尽可能地提高基因芯片的制备效率，需要对设计好的基因芯片进行优化。通过对掩膜板进行优化，在不改变探针合成结果的前提下，可较大程度地减少所需的掩膜板数量，减少寡核苷酸单体合成的循环次数，从而降低基因芯片的制备成本，提高芯片制备效率。

3. 可靠性评估

基因芯片是一个包括很多环节的复杂系统，由于技术上的限制，在基因芯片制备、杂交及检测等方面都可能出现误差，芯片检测结果并非完全可靠。因此，必须对芯片检测结果进行可靠性评价。可靠性分析可以从如下两个方面进行。

① 根据实验统计误差(如探针合成的错误率、全匹配探针与错配探针的误识率等),分析基因芯片最终实验结果的可靠性;

② 对基因芯片与样本序列杂交过程进行分子动力学研究,建立芯片杂交过程的计算机仿真实验模型,以便在制作芯片之前分析所设计芯片的性能,预测芯片实验结果的可靠性。

5.3.3 数据分析算法

转录组技术能够检测不同条件下的基因转录变化,显示反映组织类型、发育阶段及环境条件应答的基因表达谱。当海量的芯片数据不断涌现时,产生了一系列新的问题:利用基因表达数据集,能否将未知功能的新基因归类到已知功能分类中? 能否将基因表达与基因功能联系起来? 能否发现新类型的共调控基因? 能否从芯片表达数据推断出完整的基因调控网络? 要解答这些问题,都要借助于生物信息学方法。鉴于生物学系统的复杂性,有必要发展从单个成分的定性描述到整个生物系统行为定量分析的各种算法和工具。

目前,对基因表达数据的分析主要在如下 3 个层次进行。

① 分析单个基因的表达水平,根据不同实验条件下基因表达水平的变化来判断它的功能。例如,可以根据表达差异的显著性来确定肿瘤分型相关的特异基因,常用的分析方法有统计学中的假设检验等。

② 考虑基因组合,研究一组基因的共同功能、相互作用及协同调控等,通常采用聚类分析等方法。

③ 尝试推断潜在的基因调控网络,从机理上解释观察到的基因表达数据,通常采用反向工程的方法。鉴于芯片数据分析的重要性和复杂性,下面将专门安排一节来描述基因芯片的数据分析与处理方法。

5.4 基因芯片数据分析与处理

芯片数据分析的目的是:处理芯片的高密度杂交点阵图像,从中提取杂交点的荧光强度信号进行定量分析,通过有效数据的筛选和相关基因表达谱的聚类,提取表达显著差异的基因或共表达基因,最终整合杂交点的生物学信息,发现基因的表达谱与功能之间可能存在的联系。

图 5.7 为芯片数据分析流程图。首先对芯片数据进行预处理,包括数据清洗、数据转换和标准化等,以减少数据中的错误,统一格式,便于后续的分析工作。接下来对芯片数据进行统计学分析,主要是表达差异的显著性分析和聚类分析,以发现在不同条件下具有显著差异的基因集合。然后根据研究的实际需求,

对芯片数据进行生物学分析，如功能分析、分类分析和生物学通路分析等。本节主要介绍芯片数据的预处理过程、统计学分析方法和生物学分析内容，最后简要介绍芯片数据处理的常用软件工具。

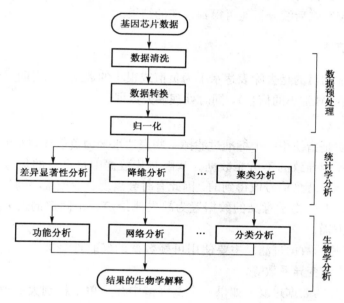

图 5.7　基因芯片数据分析流程图

5.4.1　基因表达数据预处理

一次基因芯片实验能够获得细胞在某一条件下的全基因组表达数据，包含成千上万个基因在细胞中的相对或绝对丰度。不同条件(细胞周期的不同阶段、药物作用时间、肿瘤类型、不同病人等)下的全基因组表达数据构成了一个 $G \times N$ 维的数据矩阵 M，通常情况下 $G \gg N$，其中每个元素 x_{ij} 表示第 i 个基因在第 j 个条件下的表达水平值；行向量 $x_{i\cdot} = (x_{i1}, x_{i2}, \cdots, x_{iN})$ 表示基因 i 在 N 个条件下的表达水平，称为基因 i 的表达谱；列向量 $x_{\cdot j} = (x_{1j}, x_{1j}, \cdots, x_{Gj})^T$ 表示 G 个基因在某一条件 j 下的表达水平。

$$M = \begin{bmatrix} x_{11} & x_{12} & \cdots & x_{1N} \\ x_{21} & x_{22} & \cdots & x_{2N} \\ \vdots & \vdots & \vdots & \vdots \\ x_{G1} & x_{G2} & \cdots & x_{GN} \end{bmatrix} \qquad (5.1)$$

对基因表达数据进行聚类、分类等数据分析之前，往往需要进行预处理，包括对丢失数据进行填补、清除不完整的数据或合并重复数据，对错误或无效数据的过滤，以及选择合适的数据转换方法等。通过数据预处理，可以去除样本信息中的噪声，减少误差的影响，尽量保持或恢复信息的真实性和完整性，并转换为适合后续数据分析的形式。数据预处理对于基因芯片数据分析至关重要，其结果的好坏将直接影响后续分析能否得到预期的结果。

1. 数据清洗

数据清洗的目的是去除表达水平为负值或很小的数据、或者明显的噪声数据（单个异常大或异常小的信号），同时处理缺失数据。

1）数据过滤

数据过滤是指使用一个标准过滤掉一些表达水平为负值或很小的数据，或者由于污染等原因导致的不可靠数据。基因芯片数据中每个点的信号值都是使用前景信号值减去背景信号值得到的，因此有时会出现负值或很小的值。数据过滤将这些显然没有生物学意义的数据置为缺失或给定一个固定的值。数据过滤包含如下两个方面。

① 单芯片的数据过滤。主要使用可疑数据的经验性舍弃方法，包括使用标准差、奇异值和变异系数等；

② 多芯片的数据过滤。如果一个基因谱中存在单个特别大的值，则往往是由于噪声造成的，对于这些异常数据点必须去除。数据过滤可以防止错误的数据进入后续分析，以保证后续分析结果的有效性。

2）缺失值处理

导致基因芯片数据缺失的原因有很多，如图像的损坏、低信号强度、灰尘等。在后续的统计分析中，特征基因提取的奇异值分解、主成分分析、某些聚类分析方法（如层次聚类）等工作都要求数据满足完整性，因此需要对缺失数据进行处理。一种方法是直接删除缺失数据所在的行或列，这种方法操作简单，但是同时删除了许多有效信息；另一种方法是对缺失数据进行填充，常用方法包括使用重复数据点对缺失数据进行填充、奇异值分解方法、加权 K 近邻法、行平均值法和中位数法。其中 K 近邻法具有简单化和实用性特点，适于处理大规模的数据。基因芯片数据通常是大型的数据矩阵，其中行表示基因，列表示一次实验，假如第 i 行、第 j 列数据缺失（第 i 个基因在第 j 个实验中的表达谱数据缺失），可以选取与基因 i 相似程度高，且第 j 个实验的数据不缺失的其他 k 个基因的实验数据来进行修补，相似程度可以用马氏距离、欧氏距离等来衡量，且这个相似距离可以当成修补的权重值。

2. 数据转换

经过清洗的基因表达谱数据往往还需要进行数据转换，其目的是在尽量保证原始数据特征不变的前提下，使变换后的数据更适于进行统计分析。数据转换包括对数转换和标准化两个步骤。对数转换可以根据需要构造出新的数据属性，以帮助理解分析数据的特点，而标准化可以将数据规范化，使之落在一个特定的数据区间内。

1）对数变换

对于双色荧光系统，样本分别标记为红色荧光(R)和绿色荧光(G)，可以直接绘制出散点图，如图 5.8(a)所示。可以发现，在原散点图中大多数基因的表达水平都不高，聚集在靠近原点的区域。为了便于分析，经常将数据进行对数变换，如图 5.8(b)所示。经过 $\log_2$ 变换，低表达基因被"提升"了，能够观察到更多的细节。此外，对数变换常能给出与原数据特征最为相似的变量，且变换后的变量可以进行更有效的显著性检验。有研究数据表明：未经对数变换的数据分布呈现出尖峰和长尾，而经过对数变换之后的数据则近似满足正态分布。

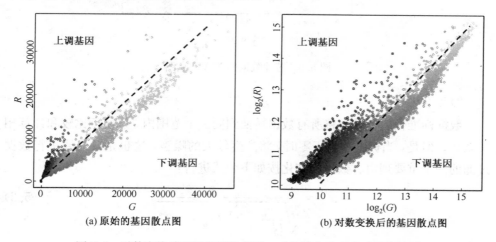

(a) 原始的基因散点图　　　　(b) 对数变换后的基因散点图

图 5.8　对数变换前后的基因散点图。对角线表示表达无变化的基因，对角线上方为表达上调基因，对角线下为表达下调基因

大多数芯片实验是基于表达谱来研究相关生物样本间的关系或者研究最简便的寻找差异表达基因的方法。而比率值(ratio)可以直观地显示表达水平的变化，其定义为两个样本中对应点信号强度的比值，如芯片上某点的比率值为：$M_i = R_i/G_i$。对其进行对数转换，当 $R/G = 2$ 时，$\log_2(R/G) = 1$；当 $R/G = 1/2$ 时，$\log_2(R/G) = -1$。经过对数变换之后，上调 2 倍和下调 2 倍在坐标轴上具有

相同的变化幅度，只是方向不同。在实际应用过程中，最常使用的是芯片数据经变换后的 MA 散点图（见图 5.9）。其中，M 为对数比值，$M = \log_2(R/G)$；A 为平均对数信号强度，$A = \frac{1}{2}\log_2(RG)$。$(M,A)$ 和 (R,G) 是一一对应映射，$R = 2^{A+\frac{M}{2}}$，$G = 2^{A-\frac{M}{2}}$。根据 MA 散点图可以方便地观察各基因表达的变化情况。如果 $M > 0$，则基因表达上调，否则基因表达下调。

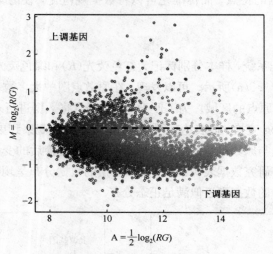

图 5.9　芯片数据的 MA 散点图

2)标准化

数据标准化的目的是将所有数据转换到同一个范围内，以便于比较和计算相关系数。但是，当标准差趋于零时，将产生较大的噪声，这也是首先要进行数据过滤的一个重要理由。数据标准化按如下公式进行：

$$x'_{ij} = \frac{x_{ij} - \bar{x}_i}{\sqrt{\dfrac{1}{N-1}\displaystyle\sum_{j=1}^{N}(x_{ij}-\bar{x}_i)^2}} \tag{5.2}$$

$$\bar{x}_i = \frac{1}{N}\sum_{j=1}^{N}x_{ij} \tag{5.3}$$

通过标准化，使每个基因表达谱的平均值为 0，标准差为 1。如果要求所有的数据 x 分布在 $[0,1]$ 之间，还需要进行如下转换：

$$x' = (x - x_{\min})/(x_{\max} - x_{\min}) \tag{5.4}$$

其中，$x_{\min} = \min\{x_1, x_2, \cdots, x_N\}$，$x_{\max} = \max\{x_1, x_2, \cdots, x_N\}$，如果要求数据满足分布在 $[a,b]$ 区间，则变换如下：

$$x' = \frac{(b-a)(x-x_{\min})}{x_{\max}-x_{\min}} + a \tag{5.5}$$

还有一种数据标准化方法是数据的中心化,通过调整每一个基因的数值来反映系列观察值的变化,例如平均值或者中值,以减少对照样本的影响。

3. 芯片的数据归一化

在芯片实验中,各个芯片的绝对光密度值是不一样的,直接比较多个芯片表达的结果显然会导致错误的结论,因此在比较多个芯片实验时,必须减少或消除各个实验之间的差异。最常用的方法便是芯片数据的归一化处理(见图 5.10)。

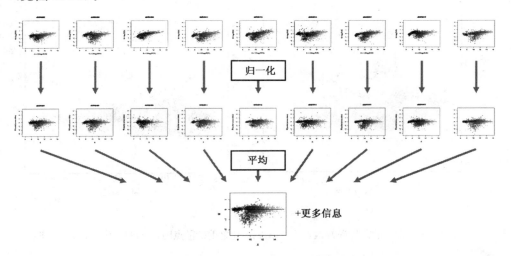

图 5.10 一组实验中多个芯片数据的综合

在进行归一化处理之前,必须先确定哪些基因是用于校正的基因。通常用来校正的基因有如下 3 种。

① 阵列上的所有基因。通常在一个芯片中只有一小部分基因是差异表达的,而其余大部分基因的表达在两种要比较的组织中并没有很大差异,因而可以将其作为荧光染色的相对强度参数。即如果芯片上只有极少数基因的表达是有差异的或者表达上调和下调的基因是对称的,那么可以将芯片上的所有基因用于校正处理。

② 恒定表达基因。有一些基因的表达通常被认为在各种条件下都是恒定的,称其为**看家基因**(housekeeping genes),如 β 肌动蛋白,这些基因也可以用来作为误差校正的参照基因。然而由于看家基因常常是高表达的,从而使有些低表达的基因会被错误地当成背景处理。

③ 一些特定的基因。在进行校正时也可以用一些特定基因来代替看家基因,

如峰值对照和梯度对照方法。在峰值对照方法中，将人工合成的基因或不同物种的基因等量打印在芯片上，这些对照基因的红绿荧光强度相等，因而可以用来作为参照基因。在梯度对照方法中，同一种基因被稀释成不同浓度打印在芯片上，在一定的浓度范围内，这些点的红绿荧光强度呈现线性规律。

按照所选的对照基因，归一化的方法可以将各点的光密度值或比值除以所有点的平均值，利用看家基因或特定的对照基因等作为该芯片的内部对照。其中，看家基因法最为常用。图 5.11 给出了归一化之后的芯片 MA 散点图，其预期效果是将各荧光强度相应的对数峰值校正到 0 附近，使基因表达基本满足正态分布，以减少噪声的影响，方便后续的分析。

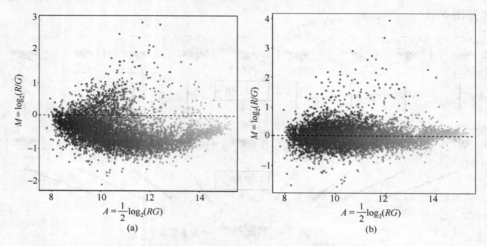

图 5.11 校正前后的芯片 MA 散点图。(a)归一化之前的散点图，(b)归一化之后的散点图

4. 数据预处理方法的选择

以上介绍了基因芯片数据预处理的常用方法。实际上，芯片数据预处理的方法很多，而且在不同的文献中均有应用。Autio 等人利用来自于多个芯片组的基因表达数据，比较和评估了 5 种常用标准化方法的准确率。这 5 种标准化方法方法包括：一般标准化、看家基因基础上的标准化、相等分位数标准化、韦伯分布基础上的标准化和芯片产生基础上的基因中心化（Array Generation based gene Centering，AGC）。结果表明，采用 AGC 标准化方法先进行样本内标准化，再进行样本间的标准化时，能够获得最好的预处理结果，在数千个样本之间得到可比较的基因值。类似地，Stafford 等人从敏感性和通用性、功能/生物学解释及特征选择和分类错误等方面对 8 种标准化方法进行比较，发现不同的标准化方法有其各自的适用范围。因此，在具体应用时，研究人员还需根据其分析目的和实际应用效果来选择合适的芯片数据预处理方法。

5.4.2　芯片数据的统计学分析

1. 基因表达差异的显著性分析

基因芯片的一个重要应用是进行比较实验，即比较两个条件下的基因表达差异，识别与条件相关的特异性基因。例如，识别可用于肿瘤分型的特异基因等。为了提高实验的可靠性，对于同一样本，往往需要进行两次或多次重复实验。但是，由于 DNA 微阵列的费用较高，不可能重复足够多的次数来满足实验数据分析的要求，因此需要采用统计方法寻找差异表达基因。那么何谓显著表达差异？通常是指一个基因在两个条件下的表达水平的检测值，在排除实验、检测等因素外，达到一定的差异，具有统计学意义，同时也具有生物学意义。常用的分析方法有如下 3 类。

① 倍数分析，计算每个基因在两个条件下的比值，若大于给定阈值，则认为是表达差异显著的基因；

② 采用统计分析中的 T 检验和方差分析，计算表达差异的置信度，以分析差异是否具有统计显著性；

③ 建模方法，通过确定两个条件下的模型参数是否相同来判断表达差异的显著性，例如贝叶斯方法。

下面分别讨论这 3 种分析方法。

1）倍数分析

最传统的差异表达基因的鉴别方法为倍数法。该方法用倍数来分析基因表达水平差异，即计算同一基因在两个条件下的表达水平的比值。如果变化比值超过一个常数，典型的常数是 2，即比值大于 2 或小于 0.5（以 2 为底的对数比值大于 1 或小于 −1），则认为该基因的表达差异是显著的。如果有多次实验重复，则分别计算每次实验中两个条件下的基因表达的对应比值，再取均值。或者按照百分比进行选择，例如选择 M 绝对值大的 5% 基因作为差异表达基因（见图 5.12）。

该方法是用于鉴别差异表达基因的最简单的方法，可以根据具体要求由数据分析人员自行确定阈值。但是，由于没有考虑差异表达的统计显著性，并且依赖于经验确定临界值，因此限制了其在实际中的应用。

2）假设检验方法

已知两个条件下的多次重复实验数据，为了判断基因的表达差异是否具有显著性，在研究中应用较多的是假设检验方法。假设检验方法包括两类：参数方法和非参数方法。参数方法适用于样本的数据为正态分布的情况，包括两个条件下的 T 检验和多个条件下的方差分析（ANalysis Of VAriance，ANOVA）等；非参数方法并不对数据的分布做任何假设，它们只对得到的结果向量进行分类分析，如微阵列显著性分析（Significance Analysis of Microarrays，SAM）方法、Wilcoxon 秩和检验等。在基因芯片数据分析中，非参数方法的应用要少于参数方法。下面分别讨论两种参数方法。

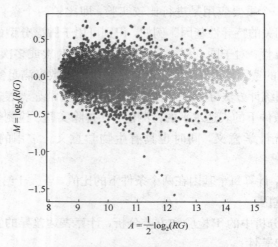

图 5.12　根据 5‰的比例选择表达差异基因

T 检验

T 检验主要用于样本含量较小（如 $n < 30$）、总体标准差未知的正态分布样本。它基于 T 分布理论来推断差异发生的概率，可以用于考察单个样本均值与总体均值之间的差异或两个平均数之间的差异是否显著。其基本原理是：对于同一事件的重复观测数据，数据分散程度（标准差）越小，其均值就越接近真实值。反之，如果重复实验的随意性很大，就说明其结果的误差较大（见图 5.13）。也就是说，单个样本的标准差越小，那么其均值越接近于从中抽样的总体的均值。

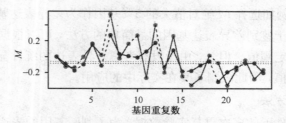

图 5.13　T 检验示意图。两组数据表示的基因具有基本相同
的对数比均值，但是分散程度较小的结果更可信

① 单个样本的 T 检验

在同一实验条件下，对 M 个基因进行了 N 次重复的芯片实验。对于基因 x，其在 N 次重复实验中的 M 值（表达量对数比值）为 $X = (M_1, M_2, \cdots, M_N)$，均值为 $\bar{x} = \dfrac{1}{N} \sum\limits_{i=1}^{N} M_i$。利用 T 检验计算其均值结果的可信程度。T 统计量定义为

$$T = \bar{x}/\mathrm{SE}(X),$$

其中 $\mathrm{SE}(X)$ 为标准差，$\mathrm{SE}(X) = \sqrt{\dfrac{1}{N} \sum\limits_{i=1}^{N} (M_i - \bar{x})^2}$。T 统计量随着标准差的增大而减小，利用 T 检验表，可以得到对应的假设检验 P 值。

也可以根据 T 检验得到的 P 值和变化倍数来共同筛选具有显著表达差异的基因（见图 5.14）。

② 配对样本的 T 检验

类似地，可以利用 T 检验考察两组数据的均值是否有显著差异，也就是考察两个均值的差值结果是否可靠。原假设为 $H_0: u_{g1} = u_{g2}$，即假设基因在两个条件下的平均表达水平相等，与之对应的备择假设是 $H_1: u_{g1} \neq u_{g2}$。T 统计量的计算公式如下：

$$T_g = \frac{\bar{x}_{g1} - \bar{x}_{g2}}{\sqrt{s_{g1}^2/n_1 + s_{g2}^2/n_2}} \tag{5.6}$$

其中 $\bar{x}_{gi} = \sum\limits_{j=1}^{n_i} x_{gij}/n_i$，$s_{gi}^2 = \dfrac{1}{n_i - 1} \sum\limits_{j=1}^{n_i} (x_{gij} - \bar{x}_{gi})^2$，$n_i$ 为某一条件下的重复实验次数，x_{gij} 是基因 g 在第 i 个条件下第 j 次重复实验的表达水平测量值。

根据统计量 T_g 值，可以得到显著性 P 值，它表示在零假设成立的情况下，出现该数据的概率。如果 P 值小于给定的显著性水平，就拒绝零假设，即认为基因 g 在两个条件下的表达差异是显著的。在 T 检验中，采用样本的标准差对两个总体平均值之间的距离进行归一化，可以克服固定倍数阈值方法的一些缺点。但是，由于实验花费较大或者实验过程较长等原因，重复次数 n_i 一般较小，$n_i = 2, 3$ 的小样本非常普遍。由于样本量小，总体方差被严重低估，使得 T 值较大，从而导致较高的假发现率（False Discovery Rate, FDR），即通过 T 检验得到的结果中表达差异不显著的基因数目偏多。这就需要更好的分析方法来克服这些缺点。在 T 检验中，经常使用的显著性水平是 $P=0.01$，表示在原假设正确的情况下，从总体中进行 100 次抽样，允许有 1 次不满足原假设。对于基因芯片实验，检测的基因数目巨大，如果微阵列上有 10 000 个基因，采用 $P=0.01$，将会有 100 个基因是由于偶然性而被错误地认为表达差异显著。这个数已经可能对后续的生物学分析产生很大的干扰，从而导致 T 检验分析结果的不可靠或失去意义。

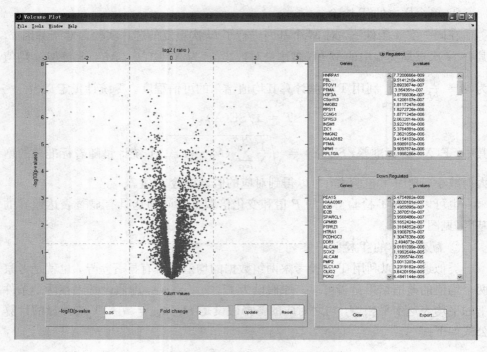

图 5.14　根据 P 值和变化倍数确定差异表达基因

为了解决这个问题，需要对 T 检验进行改进，降低由于分母中方差小而带来的错误。改进后的 T 检验计算公式如下：

$$d_g = \frac{\bar{x}_{g1} - \bar{x}_{g2}}{s_g + s_0} \tag{5.7}$$

$$s_g = \sqrt{a\left[\sum_{i=1}^{n_1} n_1 \, (x_{g1i} - \bar{x}_{g1})^2 + \sum_{i=1}^{n_1} n_2 \, (x_{g2i} - \bar{x}_{g2})^2 \right]} \tag{5.8}$$

$$a = \frac{1/n_1 + 1/n_2}{n_1 + n_2 - 2} \tag{5.9}$$

假设 d_g 的分布独立于基因表达水平。因为较低的表达水平会使 s_g 的值较小，导致 d_g 值变化较大。为了保证 d_g 独立于基因表达水平，在分母上增加 s_0，增加 s_0 后可以降低 d_g 的方差。通过对设计的一组对照样本的分析，可以确定显著性的阈值，d_g 大于阈值的基因被认为是表达差异显著的。

方差分析

在基因芯片数据分析中，经常需要进行两组以上的数据比较，或含有多个自变量并控制各个自变量单独效应后的各组之间数据的比较（如性别、药物类型与剂量），此时，需要采用方差分析方法进行多组数据的比较。方差分析又称变异数分析或 F 检验，被认为是 T 检验的推广，其目的是推断两组或多组样本的总体平均数是否相同，检验两个或多个样本平均数的差异是否有统计学意义。

2. 芯片数据的聚类分析

另一种用于基因芯片数据统计分析的重要方法是**聚类分析**（cluster analysis）。聚类的对象可以是基因，也可以是样本。其主要任务是确定具有相似表达模式的基因，这些具有相似表达模式的基因可能具有共同的特征，如共同的调节元件、共有的生物功能或者共同的细胞起源等。通常，某一特定途径中的基因或者受相同环境变化影响的基因应当是共调控的，并且具有相似的表达模式，通过对这些共同表达基因进行聚类分析，不仅可以对基因的功能研究给予提示，还可以对基因调控途径和调控网络的研究给予启发。

1）相似性度量函数

对基因表达谱进行聚类分析之前，必须首先确定反映不同基因表达谱相似程度的度量函数，根据该函数可以将相似程度高的基因分为一类。常见的相似性度量有距离、点积、相关系数、互信息等。欧氏距离、相关系数可以反映基因之间的共表达关系。如果两个基因表达谱之间的距离小于给定的阈值或相关系数大于某个给定的阈值，就可以认为它们是共表达的。距离和相关系数之间存在关联，在具体应用时，可以根据需要进行转换。

距离和相关系数反映的都是基因表达谱之间的相似性，这种相似性反映了基因的共表达行为，而基因的行为是复杂的，它们之间存在调控和被调控的关系，或者存在调控链，例如基因 A 调控 B，基因 B 调控 C。调控还有正性调控和负性调控之分。对于这些调控关系，它们的表达谱往往是不相似的，或者存在时延，或者存在反相，而基因表达的幅度也可能不相等。如何从数据中发现这些复杂的基因关系呢？互信息是一种有用的度量指标。假设两个基因表达谱分别为 $\boldsymbol{X} = (x_1, x_2, \cdots, x_m)$ 和 $\boldsymbol{Y} = (y_1, y_2, \cdots, y_m)$，它们的互信息（MI）定义如下：

$$\mathrm{MI}(\boldsymbol{X}, \boldsymbol{Y}) = H(\boldsymbol{X}) + H(\boldsymbol{Y}) - H(\boldsymbol{X}, \boldsymbol{Y}) \tag{5.10}$$

$$H(\boldsymbol{X}) = -\sum_{i=1}^{m} p(x_i) \log_2 p(x_i) \tag{5.11}$$

$\mathrm{MI}(\boldsymbol{X}, \boldsymbol{Y})$ 是向量 $\boldsymbol{X}$ 和 $\boldsymbol{Y}$ 的互信息，$H(\boldsymbol{X})$ 和 $H(\boldsymbol{Y})$ 分别是 $\boldsymbol{X}$ 和 $\boldsymbol{Y}$ 的熵，$H(\boldsymbol{X}, \boldsymbol{Y})$ 是向量 $\boldsymbol{X}$ 和 $\boldsymbol{Y}$ 的联合熵。归一化互信息（NMI）定义如下：

$$\mathrm{NMI}(\boldsymbol{X}, \boldsymbol{Y}) = \mathrm{MI}(\boldsymbol{X}, \boldsymbol{Y}) / \max[H(\boldsymbol{X}), H(\boldsymbol{Y})] \tag{5.12}$$

NMI 独立于单个信息熵，可以用于发现模式的相似性。

在实际应用过程中，选择何种度量函数主要依赖于待解决的问题。

2)聚类方法

由于目前对基因表达的系统行为了解得不全面，缺乏聚类的先验知识，所以对于基因表达谱数据通常采用无监督的聚类分析方法。下面介绍几种常用的聚类方法，包括**层次聚类**（hierarchical clustering）、**K 均值聚类**（K-means clustering）、**自组织映射**（Self-Organizing Map，SOM）和**双向聚类**（two-way clustering）。

层次聚类

目前在芯片数据分析中应用最多的是层级聚类方法。这种聚类方法能够得到类似于进化分析的系统树图，其中具有相似表达谱的基因彼此邻近，提示它们可能具有相似的功能（见图 5.15）。其主要思想是先将 n 个样本看成 n 类，计算类间的距离，再将相似性最高的两类合并为一个新类，得到 $n-1$ 类，再重新计算关系矩阵，不断重复这个过程直至所有基因融合成一个大类。用于芯片数据分析的层级聚类方法有很多种，根据合并新类时距离度量计算的不同，主要分为平均联接聚类法、完全联接聚类法、单联接聚类法、加权配对组平均法和组内聚类法等。因为距离矩阵的不同，各种层级聚类算法产生的结果略有区别。对于基因表达数据，最常使用的是平均联接聚类法，它一般能够给出可接受的结果。层级聚类的特点是易于使用，系统树图能提供一个关于数据结构的可视化结果，便于后续的数据处理和生物学分析。

K 均值聚类

K 均值聚类基于向量的表达模型将向量划分到固定的类中，其目的是建立一个向量组，使组内向量相似性较高，而组间向量相似性较低，它是一种比较简单的算法（见图 5.16）。该算法按照用户输入的 K 值将数据集分成 K 簇，计算每簇的平均值。然后再随机选择一个数据点，将此数据点加入平均值与该点值最接近的簇，重新计算各簇的平均值，重复上述步骤直至没有数据改变为止。

K 均值聚类是采用误差平方和为准则函数的动态聚类方法，其计算快速，适合于大规模的数据计算。当基因表达谱各类别之间分离较远时，该算法可以获得令人满意的聚类分析结果。但是 K 均值聚类也有不足之处，聚类中心个数 K 的选择、初始聚类中心的设定、基因排列的顺序及基因表达谱数据的分布等，都会影响聚类的结果。它对初始条件比较敏感，如果初始聚类中心没有选择好，就可能收敛在局域极小值上。另一个问题在于它是完全无结构的方法，聚类的结果是无组织的。

自组织映射

自组织映射是由 Kohonen 于 1990 年提出的类似大脑思维的一种人工神经网络方法，可以对模式数据进行自动聚类。它是一种竞争学习算法，能够实现从 N 维模式空间各点到输出空间少数点的映射。自组织映射属于无监督聚类算法，其训练过程以自组织的方式来实现，在训练完成后，分类信息存储在网络各结点连接权值向量中，与权值向量相似的输入向量将分为一类（见图 5.17）。自组织映射包括一维和二维模型，二维模型也称为 Kohonen 特征映射（Kohonen Feature Mapping，KFM）。它们的区别在于 KFM 考虑了邻近神经元的相互作用，即获胜的神经元对周围神经元由于距离的不同会产生不同的影响。

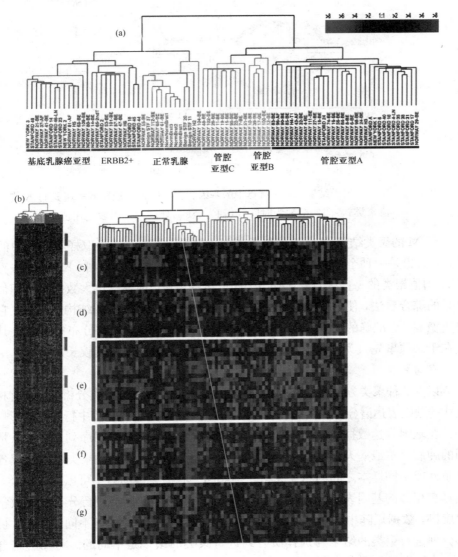

图 5.15　乳腺癌芯片数据的层次聚类分析结果[9]。该实验包括 85 个实验样本，有 78 个癌症样本、3 个良性肿瘤样本和 4 个正常组织样本，采用层次聚类方法分析 cDNA 芯片中各基因的表达模式。(a) 根据基因表达差异将肿瘤样本分为 5 类；(b) 整个基因芯片的层次聚类图；(c) ERBB2 类放大图；(d) 新的未知类别；(e) 基底乳腺癌细胞富集类；(f) 正常乳腺类；(g) 包含雌激素受体的管腔上皮细胞基因类（见彩图）

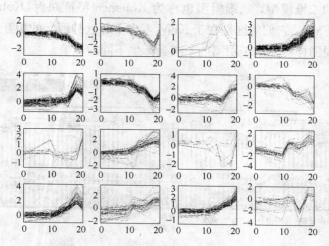

图 5.16　K 均值聚类结果。对于酵母中的基因表达数据[10]，选择 $K=16$ 进行 K 均
　　　　值聚类，各图的横轴为时间，纵轴为经$\log_2$处理的基因表达比值（见彩图）

KFM 的聚类结果与 K 均值聚类相似，它的优点是自动提取样本数据中的信息，同时也是一种全局的决策方法，能避免陷入局部最小。同时，KFM 方法克服了 K 均值聚类的一些缺点，它应用类间的全局关系，能够提供大数据集内相似性关系的综合看法，便于研究数据变量值的分布并发现其中的类结构。而且，它具有更稳健、更准确的特点，对噪声不敏感，一般不依赖于数据分布的形状。其缺点在于必须事先人为设定类的数目与学习参数，而且学习时间较长。

双向聚类

以上 3 种聚类方法，大多针对基因表达矩阵的各行进行聚类分析，将具有相似模式的基因表达谱分为一组，而双边聚类则同时考虑了表达矩阵中行和列的影响。

在基因表达数据矩阵中，列表示了实验条件，可以是时间序列，也可以是不同的肿瘤样本或病人样本。从生物学应用的角度讲，针对列的聚类可以发现各实验条件或不同样本之间的相互关系。例如同一肿瘤类型的样本可以聚成一类，它们具有相似的基因表达模式，这样就可以基于表达谱对肿瘤进行分类。从数学的角度讲，数据矩阵中的每一列对基因表达谱的行聚类结果有着不同的影响，挑选部分列进行聚类的结果与选择所有列进行聚类的结果是不同的。将两者结合起来，就称为双向聚类法。该算法在行和列两个方向上进行聚类分析，通常采用贪婪迭代搜索的方法来发现子矩阵或稳定的类，以挖掘子矩阵所具有的特定的生物学意义。在应用中，可以根据具体需要，确定以降低基因维数为主还是以降低样本维数为主，通过迭代来获得稳定的若干样本分类或基因分组。由于很难获得全局最优解，双向聚类的结果通常不唯一，受具体参数设置和搜索过程的影响。

3）聚类方法的选择和比较

目前，在基因芯片数据分析中，最常用的聚类分析方法是层次聚类、K 均值聚类和自组织特征映射法。实际上，可选的聚类方法很多，即使针对同一个数据集，也可以选择不同的相似度函数和不同的聚类参数。这就产生了一个问题，针对特定的数据集，应该如何选择合适的聚类方法？

首先，应针对不同数据集的特点来选择合适的聚类方法。如对于背景知识了解不多的数据集，层次聚类是最常用的聚类方法，它不需要预先设定聚类数目，可以直观地显示各基因之间相似的表达趋势。如果根据研究问题能够预先了解大概的类别数目，或者从层次聚类中可观察到明显的几个类别，可以考虑采用 K 均值聚类或自组织映射，以筛选具有规律性的表达模式。其次，各种聚类方法得到的结果不尽相同，它们可能从不同的侧面反映了特定的生物学知识，可将多种聚类方法的结果综合起来进行分析。最后，聚类的最终目标是发现生物学知识，即从数据出发，寻找新的生物学知识或得到对某些生物学问题的明确答案，例如预测未知功能的基因、明确样本的肿瘤分型、发现基因之间的调控关系等。因此，聚类方法的选定取决于待解决的生物学问题，那些有利于数据的生物学解读的方法，才是好的方法。聚类方法作为一种探索性的知识发现方法，最终还要通过生物学实验的验证才能证明其分类结果的有效性。

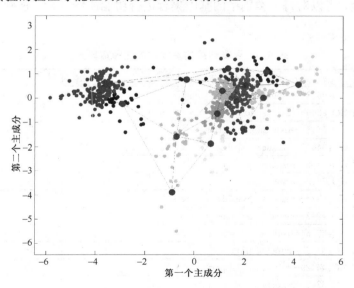

图 5.17　自组织映射的聚类结果。对于酵母中的基因表达数据[10]
进行自组织映射，深浅不同表示不同的聚类结果（见彩图）

5.4.3 基因芯片的生物学分析

表达差异基因检测和聚类等统计学分析是人们认识基因表达机理的第一步，接下来需要从功能角度研究这些差异转录现象的分子机理，结合已知生物学知识对结果进行生物学解释。

1. 基因功能分析

1）基因本体注释分析

对于不同实验条件或样本类型的基因芯片数据，基因本体分类是对发生差异表达的基因进行生物学意义解释的有效方法之一，可以提供生物学进程、分子功能和亚细胞组分的分类注释信息。常用的分析工具包括 GoMiner、DAVID 和 VisANT 等。

例如，针对酵母基因表达数据 K 均值聚类（见图 5.16）结果中的第 10 类基因（共 57 个基因），采用 DAVID 工具进行基因本体分类注释分析。表 5.3 按照富集程度由高到低（P 值越小说明富集程度越高）列出了该基因集合中主要的分类，表中靠前的类别说明该类基因主要定位于线粒体，与抗氧化活性、氧化还原等有关。类似地，可以对每个类别中的基因集合进行功能注释分析，查看其所完成的主要功能。

表 5.3　聚类结果的基因本体注释富集分析

类　别	基因本体条目	基　因　数	P 值
生物通路	GO：9628～response to abiotic stimulus	13	1.17×10^{-5}
生物通路	GO：9266～response to temperature stimulus	9	3.05×10^{-4}
生物通路	GO：55114～oxidation reduction	11	4.17×10^{-4}
生物通路	GO：34605～cellular response to heat	8	5.75×10^{-4}
生物通路	GO：9408～response to heat	8	0.001
生物通路	GO：7568～aging	5	0.003
生物通路	GO：6979～response to oxidative stress	5	0.004
生物通路	GO：7242～intracellular signaling cascade	6	0.013
生物通路	GO：33554～cellular response to stress	10	0.035
细胞组分	GO：5739～mitochondrion	16	0.002
细胞组分	GO：44429～mitochondrial part	10	0.006
细胞组分	GO：5740～mitochondrial envelope	7	0.025
细胞组分	GO：31090～organelle membrane	10	0.037
分子功能	GO：16209～antioxidant activity	4	0.001
分子功能	GO：4601～peroxidase activity	3	0.008
分子功能	GO：16684～oxidoreductase activity, acting on peroxide as acceptor	3	0.008

2）调控元件分析

在细胞中，有一些基因产物是转录调控因子，它们能够与基因上游的特定 DNA 序列相结合，从而调控这些基因的表达。对芯片数据进行聚类分析就能发现基因表达谱的相似性，而具有相似表达谱的基因往往具有共同的调控模式。也就是说，这些基因可能被共同的转录调控因子所调控，它们的基因上游往往有共同的保守序列片段。例如，对酵母的细胞周期数据进行聚类分析，比较具有相似表达谱的基因序列，可以得到一些转录因子的结合区域，如 SBF、MBF、MCM1 和 NDD1 等。同样，如果在一类基因的上游序列中都存在某种特征序列，也表明这类基因可能受到共同的转录因子调控。因此，基因表达谱是分析基因调控模式的重要依据。通过相关研究，不仅能将很多已知的转录因子结合区域与相应基因的表达谱联系在一起，而且还能用于发现具有重要意义的共有序列。

2. 基因表达数据的判别分析

判别分析是指依据样本的某些特性来判断样本所属的类型。与聚类分析不同的是，判别分析是一种有监督的学习方法，是在已有数据的基础上建立分类器，并利用所建立的分类器对未知样品的功能或状态进行预测。对基因芯片数据的判别分析，就是通过研究已知样本中基因的状态和功能，用于推断未知样本所属的类别，如样本所属的物种、部位、发育阶段或者肿瘤的类型等。

1）判别分析的一般步骤

下面以肿瘤分型问题为例，说明对基因表达数据进行判别分析的一般过程。其目的是根据已知肿瘤类型的样本数据来构建分类器，然后利用它对新的表达数据进行分类分析，以确定未知样本的肿瘤亚型。

肿瘤分型模型的建立过程主要包括如下 3 个步骤。

① 选择肿瘤分型特异基因。基因芯片实验可能包含成千上万个基因，但实际上影响样本分类的往往只是少数的关键基因。因此，需要挑选对于肿瘤诊断具有特异性的一组特征基因。确定特征基因最常用的方法是差异显著性分析，即将不同肿瘤类型的样本中具有显著差异表达的基因作为特征基因。但是，由于基因调控的复杂性和实验控制等因素的影响，这些基因可能无法达到很好的分类效果。因此，研究人员还发展了一些更复杂的方法，例如采用信息增益来评价基因在分类中的显著性，或采用遗传算法和分类相结合的方法来挑选特征基因。

② 构建分类器。根据实际需要选择合适的分类方法，如决策树、贝叶斯模

型、人工神经网络等。如果一种分类方法效果不理想，那么也可采用多种分类器分别建立预测模型，然后用投票法等整合多种分类结果，从而给出最终的分类。

③ 检验分类预测的有效性。即采用交叉验证或独立测试集对预测模型的分类效果进行评估。

2）疾病分型研究举例

下面以 1999 年 Golub 等人在白血病分型方面的工作为例，说明如何利用基因芯片数据建立预测模型。Golub 等人不使用任何先验知识，仅利用基因芯片数据建立了一套用于确定白血病类型的预测系统，以区分急性淋巴细胞性白血病（Acute Lymphoblastic Leukemia，ALL）和急性髓性白血病（Acute Myeloid Leukemia，AML）。首先，他们采集了 38 个白血病病人的骨髓样本（27 个 ALL，11 个 AML），采用寡核苷酸芯片记录了 6817 个基因在所有样本中的表达信息。然后，寻找与两种类别显著相关的基因，即在一个类中显著高表达，在另一类中显著低表达，共发现 1100 个基因与 AML-ALL 分类具有较高的相关性。然后，他们以每个基因与类别的相关系数为权重，采用有权重投票方法建立了预测模型，用于判断未知样本的所属类别。即计算一个样本中所有特征基因与 AML 和 ALL 的相关系数，分别取均值，如果与 AML 的平均相关系数更高，则认为该样本属于AML，否则属于 ALL。最终，他们选定了 50 个基因（见图 5.18）的集合作为标志物，采用交叉验证方法及独立测试集对预测模型进行了评估，得到了较好的分类效果。在图 5.18 中，上半部分基因在 ALL 中显著高表达，下半部分基因在AML 中显著高表达。值得注意的是，虽然这些基因的表达水平都与分类相关，但没有一个基因在一个类别中完全高表达，而在另一个类别中完全低表达。因此，有必要采用多基因的预测方法。

Golub 等人的研究证明，不同肿瘤亚型在基因表达上存在差异，通过对一组特异基因的表达检测，可以进行临床诊断，并指导治疗方案的制定。之后，很多研究组开展了利用基因芯片技术进行肿瘤诊断的研究工作，所涉及的肿瘤包括白血病、乳腺癌、肺癌、结肠癌等，部分成果已应用于临床实践。判别分析中所采用的分类器也得到了充分发展，从最初的简单投票模型，到决策树、贝叶斯统计模型、K 近邻模型、支持向量机、神经网络模型等，各种模型均有实际应用，并使判别精度得到了大幅度提高。

3. 基因表达数据的网络分析

借助基因芯片技术，人们正试图从基因调控网络的角度深入了解细胞行为的分子作用机制。不同于基因组的物理图和功能图，基因表达谱能够更直接地揭示基因组中各基因的功能信息和相互作用关系。因此，从基因芯片数据出发，通过数据分析构建基因调控网络已成为基因芯片生物学分析的重要内容。

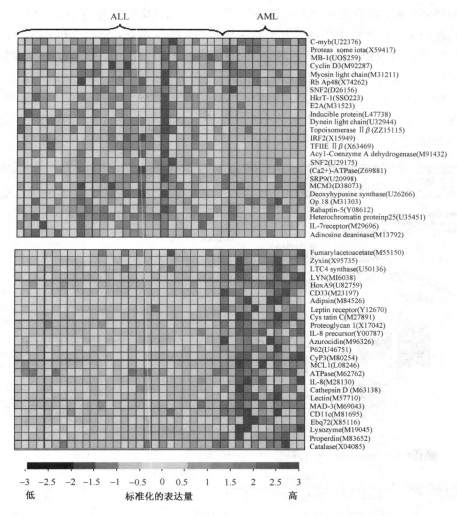

图 5.18　用于区分 AML 与 ALL 的 50 个基因[11]。这 50 个基因的表达都与 ALL-AML
　　　　类别划分显著相关。每行表示一个基因，列表示该基因在不同样本中对应的
　　　　表达水平。每个基因的表达水平在各样本之间进行标准化，使其均值为0，方
　　　　差为1。表达水平大于0的部分标注为红色，小于0的部分标注为蓝色（见彩图）

1）生物学通路分析

利用通路富集分析，可以发现差异表达基因所影响的生物学通路，对基因芯片数据进行生物学解读。一方面，将差异基因与相关的生物学通路进行比较和整

合分析,有助于找出基因之间的相互作用关系,进行通路动态仿真。另一方面,根据统计检验方法筛选显著差异的生物学通路,还能够发现目的基因与疾病之间在生物学通路或生化途径上的关联。例如,对有显著表达差异的基因进行 KEGG 通路注释分析,按富集程度由高到低(P 值越小,则富集程度越高)列出显著差异表达基因集中的生物学通路。对于某一具体的生物学通路,结合 KEGG 或 Gen-MAPP 可以直观地用图形显示两组样本(如实验组与对照组,疾病组与正常组)中基因表达发生变化的基因(见图 5.19)。该图的数据来源于小鼠的时序基因芯片实验,记录了从怀孕到生产过程中,小鼠子宫肌层 9000 多个基因的表达变化情况[16]。该图显示了相对于未孕小鼠,在某一个时间点孕期小鼠各基因的表达水平变化。

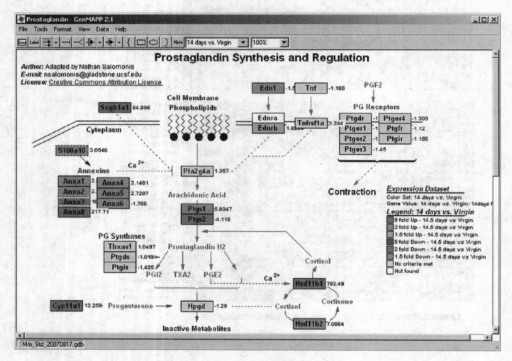

图 5.19　将基因表达差异水平映射到通路中[16]。每个方框代表一个基因或基因产物,图中的上调基因标记为红色,下调基因标记为蓝色(见彩图)

GenMAPP 还可以将多个时间点的基因表达水平映射在通路中,以观察其随时间或条件的变化情况(见图 5.20)。图中,每个基因框被分成多个平行的条带,每个条带代表一个时间点对应的基因表达水平。

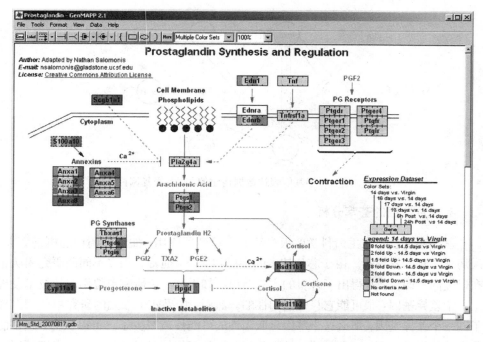

图 5.20　将基因表达时序变化情况映射到通路中[16]

2)基因调控网络构建

用于构建基因调控网络的数据主要有两种：时间序列数据和稳态数据。一方面，可以从时序的表达数据出发，利用多种技术建立调控网络（见图 5.21），如信息论、遗传算法、模拟退火算法等。但该方法要求采用非常短的采样时间间隔，而且要求数据噪声尽可能小，因此在很多情况下难以实现。另一方面，也可以根据稳态数据推测调控网络，但是需要进行多组扰动实验。到目前为止，推断基因调控网络的最有力的证据来自基因扰动数据。基因扰动实验通过基因工程的方法，过表达或低表达单个或多个基因，待整个系统趋于稳定后，再测量包括被扰动基因在内的所有基因的表达，从而推断受扰动基因影响的调控网络。基于稳态数据构建基因调控网络的方法有很多种，如基于布尔网络、逻辑模型、贝叶斯网络的方法等。

根据基因芯片数据推断 mRNA 与靶基因之间的调控关系，进一步整合已知基因之间的相互作用数据，可用于构建基因调控网络。该网络可以在全局水平上直观地反映基因之间的相互关系，有助于揭示基因调控网络的总体特性（见图 5.21）。

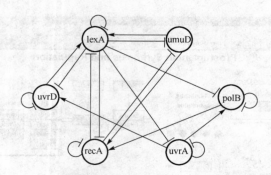

图 5.21 基于时序基因表达数据构建的 DNA 修复调控网络[17]

4. 芯片数据的荟萃分析

基因芯片技术在生命科学的很多领域中得到了应用，如细胞凋亡的机理研究、疾病标志物的发现等。由于芯片技术的发展和普及，通常有很多不同的研究团队正在研究同一课题，并得出了各自的实验结果。如果某一个研究单位用芯片技术发现了一个差异基因，很可能它只是假阳性的。然而，如果两个独立的研究单位都发现了同一个差异基因，那么这个基因是假阳性的可能性就减少了。可以认为，越多的研究单位报道了同一结果，这一结果是假阳性的可能性就越小。因此，将不同研究单位的芯片实验结果合并，能够大大提高基因芯片数据分析结果的可信度。

将不同研究单位和来源的数据合并称为**荟萃分析**（meta analysis），它来源于统计学概念，是指以同一课题的多项独立研究的结果为研究对象，在严格设计的基础上，运用适当的统计学方法对多个研究结果进行系统、客观、定量的综合分析。目前，已有研究人员将荟萃分析用于芯片数据分析，包括合并不同平台的芯片数据（例如昂飞公司的寡核苷酸芯片技术和 cDNA 芯片技术得到的数据）、合并复杂的芯片数据结构及不同来源的实验数据的比较。其主要目的是充分利用多种数据源，发现稳健的差异表达基因，提供更加可信的生物学分析结果。由于芯片数据的累积，荟萃分析将成为基因芯片数据分析的重要组成部分，用于发现与疾病形成和发展相关的基因、发现癌症相关基因等。

5.4.4 芯片数据分析软件

数据分析是基因芯片研究的关键，而软件是数据分析方法实现的主要手段。目前，用于基因芯片表达数据分析的软件种类很多，功能各异，有专门用于数据预处理和聚类分析的软件，也有功能强大的信息整合分析平台，还有基于 R 语言和 MATLAB 的多种软件包。下面介绍常用的基因芯片数据分析软件。

1. Cluster 和 TreeView

Cluster 和 TreeView 程序由斯坦福大学的 Mike Eisen 开发，是最早用于基因芯片数据分析的聚类和可视化工具。随着微阵列技术的逐渐推广，Cluster 和 TreeView 在微阵列数据分析中发挥了重要作用。Cluster 是聚类程序，聚类算法包括层次聚类、K 均值聚类、自组织映射和主成分分析方法。TreeView 则是视觉辅助工具，用于可视化 Cluster 的聚类结果。

2. GeneSpring

GeneSpring 是一个功能非常强的微阵列数据图形显示及分析的商业软件包。由于该软件开发得较早，因此常被认为是商用软件的通用标准。该软件能够处理各种商业芯片，如昂飞公司和安捷伦科技的标准芯片；提供了一系列的数据归一化和转换方法，帮助用户有效地去除不同实验间的非生物学差异，以保证数据的准确性；还包含了多种统计分析功能，如 T 检验、单参数或双参数方差分析、多次检测校正、Lowess 归一化、层次聚类、K 均值聚类、自组织映射、主成分分析等；其显示结果可以标准图形格式（如 PICT、PNG 等）输出。同时，GeneSpring 也提供了一些生物学分析功能，如基因本体富集化分析、基因组分析和基因组富集化分析、代谢通路分析、分子相互作用模型构建等。但是，其商业软件的性质限制了 GeneSpring 在科学研究中的应用，感兴趣的读者可通过 GeneSpring 的网站申请试用。

3. SAM 和 PAM

斯坦福大学的 Robert Tibshirani 教授及其所在实验室开发了许多在微阵列领域广为流传的统计分析软件，微阵列的置信度分析（Significance Analysis of Microarrays，SAM）及微阵列的预测分析（Prediction Analysis of Microarrays，PAM）就是其中的两个主要代表。

SAM 是用于在一组微阵列实验中寻找差异表达基因的统计分析软件。该软件以 Windows 版的 Microsoft Excel 附加软件的形式安装，其输入值是一组微阵列的实验数据或其他可观察变量，例如治疗组或对照组、癌症种类或其他一些临床诊断变量。SAM 将依次对每个基因计算一个统计值，用于测量该基因与临床分类变量的依赖性及其强弱，并利用随机重排的方法来决定统计值的置信度，最后由用户根据假阳性率和基因表达的倍数变化来挑选差异表达基因。

PAM 类似于 SAM，也以 Windows 版的 Microsoft Excel 附加软件的形式安装（需安装 R 平台），但主要是根据基因表达值来判断输入样品的分类归属。

4. MATLAB 工具箱

MATLAB 集成了多种可用于基因芯片数据分析与处理的工具箱，如生物信息工具箱、统计工具箱、神经网络工具箱等。在 MATLAB 的生物信息工具箱 (Bioinformatics toolbox)2.0 版中，包括了许多微阵列常用的数据输入和分析方法，如输入 Axon 扫描仪的输出文件则可用 gprread() 及 affread()，图形显示方法可用 maloglog() 及 maboxplot()、Lowess 归一化方法可用 malowess()、层次聚类方法可用 cluster() 等。利用统计工具箱(Statistics ToolBox)，可方便地引入常用的统计方法(如 T 检验)分析差异表达基因。而神经网络工具箱(Neural Net ToolBox)可用于自组织神经网络聚类及分类模型构建。这些工具箱为研究人员提供了一个开放的平台和可视化工具，用户既可以利用现有分析函数，也可以根据自己的需求建立新的运算方法。

表 5.4 给出了基因芯片数据分析的常用软件列表，按照其主要功能，可分为 5 类：探针设计、数据预处理、差异表达数据分析、聚类分析与结果的可视化，以及综合分析与数据分析平台。目前，生物芯片的数据处理仍在发展之中，不断有新的技术和方法出现，随着生物芯片的广泛应用，芯片的数据处理将日臻完善。

表 5.4　基因芯片数据分析常用软件

软 件 名 称	功 能 描 述	网　　　址
Array Designer	探针设计	http://www. premierbiosoft. com
OligoPicker	探针设计	http://pga. mgh. harvard. edu/oligopicker/index. html
Microhelper	数据预处理	http://www. changbioscience. com/microhelperinfo. html
KNNimpute	缺失值的估计	http://smi-web. stanford. edu/projects
SAM	差异显著性分析	http://www. stat. stanford. edu/~tibs/SAM
PAM	差异显著性分析	http://www. stat. stanford. edu/~tibs/PAM
PaGE	差异显著性分析	http://www. cbil. upenn. edu/PaGE
Cyber-T	差异显著性分析	http://cybert. microarray. ics. uci. edu/
Cluster	聚类分析、主成分分析	http://rana. lbl. gov/
TreeView	Cluster 软件结果可视化	http://rana. lbl. gov/
Xcluster	聚类分析	http://genome-www. stanford. edu/~sherlock/cluster. html
Java TreeView	聚类结果的可视化	http://sourceforge. net/projects/jtreeview/
GenMAPP	通路分析与可视化	http://www. genmapp. org/
GeneSpring	综合分析软件	http://www. genespring. com
SpotFire DecisionSite	综合分析软件	http://www. spotfire. com
R	数据分析平台	http://www. r-project. org/
Matlab	数据分析平台	http://www. mathworks. com/products/matlab/
Bioconductor	数据分析平台	http://www. bioconductor. org/
BASE	数据分析平台	http://base. thep. lu. se/

5.5　基于 MATLAB 工具箱的基因芯片数据分析

为了演示基因芯片数据分析的一般方法，本节以酿酒酵母的时序基因芯片数据处理为例，简要介绍如何利用 MATLAB 工具箱进行芯片数据分析和结果显示。

5.5.1　基因芯片数据来源

本例的基因芯片数据来自于文献[10]。该文使用基因芯片研究了酵母中绝大部分基因在发酵和呼吸作用过程中的时序表达情况。在双峰转换期间的 7 个时间点进行表达水平测量。完整数据集可通过基因表达综合数据库 GEO 下载，网址为：http://www.ncbi.nlm.nih.gov/geo/query/acc.cgi?acc=GSE28。

5.5.2　基因表达谱数据分析

1. 数据导入与初步分析

本例相关的数据存储在 MAT 文件夹 yeastdata.mat 中，包括基因名称及实验中 7 个时间点对应的基因表达水平（经 $\log_2$ 变换后的比值）。

① 载入数据 load yeastdata.mat

② 测量数据长度。查看该基因阵列中包含的所有基因数目，总基因数为 6400。

numel(genes)

ans = 6400

③ 选取开放阅读框。所有的基因名称都存储在 genes 矩阵中，其中第 15 行显示为开放阅读框 YAL054C。

genes{15}

ans = YAL054C

④ 导入酵母基因组开放阅读框信息。通过 web 函数可以从酵母基因组数据库 SGD 中导入该开放阅读框的有关信息。

url=sprintf('http://genome-www4.Stanford.edu/cgi-bin/SGD/locus.pl? locus=%s', genes{15});

web(url);

⑤ 单个开放阅读框的 $\log_2$ 比值图谱。绘制该开放阅读框关于时间的表达水平变化曲线，图中 y 轴为 $\log_2$ 比值，如图 5.22(a)所示。

```
plot(times，yeastvalues(15,:))
xlabel('Time (Hours)');
ylabel('Log2 Relative Expression Level');
```

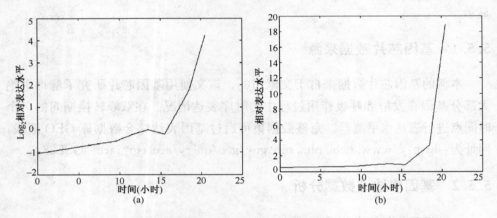

图 5.22　YAL054C 关于时间的表达水平变化曲线。(a)$\log_2$ 比值；(b)真实值

6) 绘制真实值图谱。如果对基因表达的真实值变化情况感兴趣，也可以很方便地绘制出该开放阅读框关于时间的真实值变化曲线，如图 5.22(b)所示。

```
plot(times，2.^yeastvalues(15,:))
xlabel('Time (Hours)');
ylabel('Relative Expression Level');
```

⑦ 绘制多重曲线图。在同一张图中绘制多个基因随时间的表达水平变化曲线，以便将该开放阅读框与其他基因进行比较，如图 5.23 所示。

```
hold on
plot(times，2.^yeastvalues(16:26,:)')
xlabel('Time (Hours)');
ylabel('Relative Expression Level');
title('Profde Expression Levels');
```

2. 基因过滤

通过对数据的初步分析，可以发现原始基因芯片数据的维数很大，而且大部分基因表达在实验中没有明显变化。为了便于后续分析，需要降低数据维数，过滤掉那些不包含有效信息的基因。

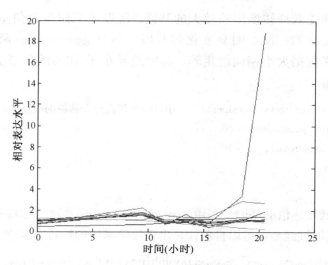

图 5.23　多个基因关于时间的表达水平变化曲线

① 移除空白基因。浏览基因目录会发现有部分基因记号为"EMPTY"。这些空白部位通常由噪声产生，可以利用 strcmp 函数和指数命令从数据组中移除。去除空白基因后，剩余基因数为 6314。

```
emptySpots = strcmp('EMPTY',genes);
yeastvalues(emptySpots,:)=[];
genes(emptySpots)=[];
numel(genes)
ans = 6314
```

② 移除丢失数据的基因。在基因表达数据中可以发现，部分区域的基因表达水平标记为"NaN"，即在某个时间点上该基因没有采集到数据。对于这些缺失值，可以采用平均数或中位数来估算，本例采用的是最简单的丢弃法。使用 isnan 函数标记丢失数据的基因，然后用指数命令移除它们。

```
nanIndices = any(isnan(yeastvalues),2);
yeastvalues(nanIndices,:)=[];
genes(nanIndices)=[];
numel(genes)
ans= 6276
```

③ 使用 genevarfilter 函数移除变化不显著的基因。如果绘制出所有基因的表达图谱，会发现某些图谱是平坦的，即在各个时间点上的表达水平没有发生显著变化，表明这些图谱对应的基因并未受到双峰转换的影响。因为本

例要找出那些受双峰转换影响较大的基因，所以可利用生物信息工具箱中的滤波函数来去除那些没有明显变化的基因。运行 genevarfilter 函数返回一个与原表达水平数据大小相同的矩阵，其中差异小于 10% 的值置为 0，而其他部分予以保留。

```
mask = genevarfilter(yeastvalues);    %用 mask 指向已经移除的被过滤的基因
yeastvalues = yeastvalues(mask,:);
genes = genes(mask);
numel(genes)
ans=5648
```

④ 移除低表达值的基因。利用 genelowvalfliter 函数移除那些表达值非常低的基因，该基因过滤函数可以自动计算出被移除基因的数目和名称。

```
[mask, yeastvalues, genes] = genelowvalfilter(yeastvalues,genes,'absval',log2(4));
numel(genes)
ans = 423
```

⑤ 移除平均信息量较小的基因。使用 geneentropyfilter 函数移除平均信息量（信息熵）较小的基因。

```
[mask, yeastvalues, genes] = geneentropyfilter(yeastvalues, genes,'prctile',15);
numel(genes)
ans=310
```

3. 聚类分析

经过前面的数据过滤，不仅提取了基因表达的有效信息，而且大大降低了数据维数，为后续分析提供了有利条件。进一步，可利用统计工具箱中的聚类方法来寻找不同基因图谱之间的联系。

① 层次聚类。首先，采用 pdist 函数计算出图谱中成对基因之间的距离，然后采用 linkage 函数创建分级的树状图。

```
corrDist=pdist(yeastvalues, 'corr');
clusterTree = linkage(corrDist, 'average');
```

进一步，采用 cluster 函数进行聚类划分，通过设定距离阈值或最大聚类数的方法来选定聚类数目。如设定最大聚类数为 16，可得到 16 个有明显差别的类（见图 5.24）。

```
clusters = cluster(clusterTree, 'maxclust', 16);
figure
```

```
for c=1:16
    subplot(4,4,c);
    plot(times,yeastvalues((clusters==c),:)');
    axis tight
end
suptitle('Hierarchical Clustering of Profiles');
```

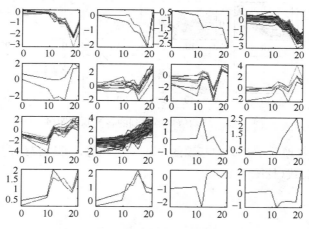

图 5.24 层次聚类分析得到的各类基因图谱

② K 均值聚类。统计工具箱还提供了 K 均值聚类函数,设定聚类数为 16,K 均值聚类结果如图 5.25 所示。由于算法不同,新发现的 16 个类与层次聚类方法给出的类并不相同。

```
[cidx, ctrs]=kmeans(yeastvalues,16,'dist','corr','rep',5,'disp','final');
figure
for c=1:16
    subplot(4,4,c);
    plot(times,yeastvalues((cidx == c),:)');
    axis tight
end
suptitle('K-Means Clustering of Profiles');
```

20 iterations, total sum of distances = 8.59736

27 iterations, total sum of distances = 9.14431

20 iterations, total sum of distances = 9.39444

16 iterations, total sum of distances = 9.21911

25 iterations, total sum of distances = 9.08707

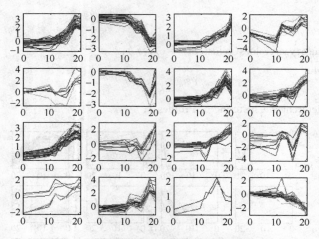

图 5.25　K 均值聚类得到的各类基因图谱

③ 为了清楚地显示各类中基因的总体变化趋势，可以仅绘制 K 均值聚类结果的图谱中心曲线（见图 5.26）。

```
figure
for c = 1:16
    subplot(4,4,c);
    plot(times,ctrs(c,:)');
    axis tight
    axis off % turn off the axis
end
suptitle('K-Means Clustering of Profiles');
```

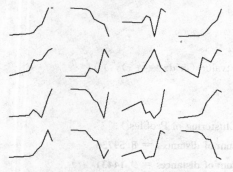

图 5.26　K 均值聚类的各类基因图谱中心曲线

④ 绘制树状图。利用 clustergram 函数，从层次聚类的结果创建热图并绘制分类树状图（见图 5.27）。

figure

clustergram(yeastvalues(:,2:end),'RowLabels',genes,'Colum-nLabels',times(2:end))

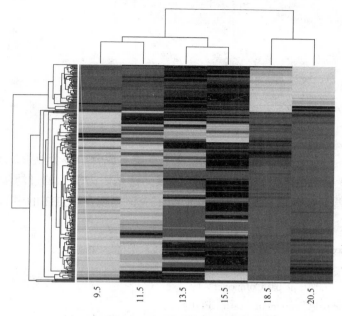

图 5.27　层次聚类分析的树状图(见彩图)

4. 主成分分析

在基因芯片数据分析中,主成分分析是一种用于降低数据维数的有效方法,可以从混有噪声的数据中提取出有用的信号。

① 计算基因表达数据的主成分。利用统计数据箱的 princomp 函数计算酵母基因表达数据的各个主成分。

pc＝princomp(yeastvalues)

pc＝

−0.0245　−0.3033　−0.1710　−0.2831　−0.1155　0.4034　0.7887

0.0186　−0.5309　−0.3843　−0.5419　−0.2384　−0.2903　−0.3679

0.0713　−0.1970　0.2493　0.4042　−0.7452　−0.3657　0.2035

0.2254　−0.2941　0.1667　0.1705　−0.2385　0.7520　−0.4283

0.2950　−0.6422　0.1415　0.3358　0.5592　−0.2110　0.1032

0.6596　0.1788　0.5155　−0.5032　−0.0194　−0.0961　0.0667

0.6490　0.2377　−0.6689　0.2601　−0.0673　−0.0039　0.0521

② 观察变化的累积结果。使用 cumsum 函数观察方差的累积结果,可看出 89.21% 的差异来自于首要的两个主成分。

```
[pc, zscores, pcvars] = princomp(yeastvalues);
cumsum(pcvars. /sum(pcvars) * 100)
ans=
78.3719
89.2140
93.4357
96.0831
98.3283
99.3203
100.0000
```

③ 绘制主成分分析散点图。绘制两个首要主成分中多个点形成的散点图(见图 5.28),显示存在两个较清楚的分隔区域。这是因为前面的过滤步骤已经移除了大部分低差异或低信息的基因,它们本来应该出现在散点图的中间区域。

```
figure
scatter(zscores(:,1),zscores(:,2));
xlabel('First Principal Component');
ylabel('Second Principal Component');
title('Principal Component Scatter Plot');
```

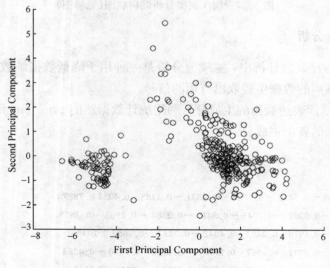

图 5.28 主成分分析散点图

④ 绘制有颜色标记的主成分分析散点图。另一种创建散点图的方法是使用统计工具箱中的 gscatter 函数,图中每组点都有不同的颜色标记(见图 5.29)。

```
figure
```

```
pcclusters＝clusterdata(zscores(:,1:2),6);
gscatter(zscores(:,1),zscores(:,2),pcclusters)
xlabel('First Principal Component');
ylabel('Second Principal Component');
title('Principal Component Scatter Plot with Colored lusters');
```

⑤ 标识散点图中的基因。利用统计工具箱中的 gname 函数可以标识散点图的基因。在散点图中选择尽可能多的点，选择完毕后，按回车键即可。

```
gname(genes)  %Press enter when you finish selecting genes.
```

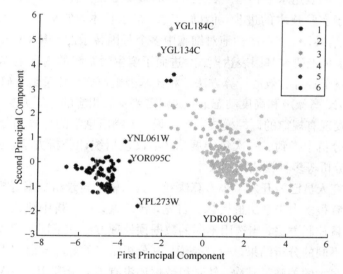

图 5.29　有颜色标记的主成分分析散点图(见彩图)

5.5.3　芯片数据分析小结

本节以酵母中的 cDNA 芯片数据处理为例，说明了如何使用 MATLAB 工具箱进行基本的数据显示、数据过滤和聚类分析。除了以上用到的函数外，MATLAB 生物信息学工具箱、统计学工具箱还提供一套整合的可视化工具集，如利用生物信息学工具箱可以绘制箱图、全对数图、I-R 图和微阵列的空间热图。使用统计学工具箱，能够对芯片数据结果进行分类，完成分级和 K 均值聚类，最终将数据以统计学可视化形式(如二维聚类图、热图、主成分图和分类树等)展现出来。同时，利用 MATLAB 工具箱可以进行初步的生物学分析，如基因本体功能注释分析等。

需要注意的是，这些数据处理方法只是提供了一系列候选的工具，在实际应用过程中如何进行数据预处理及选择何种聚类方法，主要取决于能否得到有意义的生物学结果。其基本目标是从海量的基因芯片数据中消除噪声干扰,提取有效信息,得到可用于分类的基因集合或从中发现新的生物学规律。

5.6 转录组研究展望

进入后基因组时代,生物学的一个主要任务是对基因的功能和作用方式进行解析,这是仅靠基因组数据分析无法实现的。因此,转录组学技术迅速发展,成为人们观察基因表达水平和基因表达方式的重要工具。转录组学研究的兴起,一方面要归功于实验技术的进步,借助于转录组学技术,如基因芯片或高通量的mRNA 测序结果,能够一次性地对细胞中多个基因转录的 mRNA 表达量进行观察,在转录水平上研究基因表达模式,进而了解生命系统的内在运作规律。另一方面,则受益于各种有效的计算方法。相比基因组研究,转录组学研究要复杂得多,它是高维、高噪声和高度动态的,这就需要发展相应的计算方法来消除噪声、降低维数、发现有规律的调控模式。可以说,生物信息学的计算和分析方法在转录组学数据分析中得到了一次集中展示,不仅包括统计分析方法,还包括降维、聚类、判别分析等多种模式识别技术。

尽管研究人员已经开发了很多算法和工具来辅助转录组数据分析,但是转录组研究中仍有很多尚未解决的问题。首先,转录组数据分析中缺乏一套标准的处理流程和质量控制方法,当选用不同的数据预处理方法和不同的聚类方法时,可能得到截然不同的分析结果。也就是说,其分析结果的好坏与研究人员已有的知识和经验有很大的关联。其次,转录组数据还没有被充分利用,一次实验通常能够产出成千上万的基因表达数据,往往很难对所有基因的表达模式都进行深入研究,而只能集中于少数几种有明显变化趋势的基因,对其进行后续的功能分析和验证。最后,想要从基因表达数据中发现基因之间的调控关系,进而重建出整个基因调控网络,还有相当大的难度,仅靠转录组学技术还无法实现。需要将转录组技术与先验基因本体信息及蛋白质相互作用信息等进行整合,才有可能初步构建基因调控的动态模型。鉴于该问题的复杂性,基因调控网络构建的内容将在7.6 节中继续讨论。

可以说,转录组学研究是解读基因组数据,研究基因功能的初步探索。它也是走向生命动态研究的第一步,揭示了中心法则中从基因到 mRNA 的转换过程。它为大规模的动态数据分析积累了经验,也为基因组走向疾病分型等实际应用开辟了道路。在此基础上,人们将开始研究从 mRNA 到蛋白质的翻译过程,即蛋白质组学研究,也将更加深入、系统地探寻生命内部的奥秘。

习题

1. 对于图 5.15 中的白血病样本的基因芯片数据，选择合适的特征提取和分类方法，建立分类模型。

2. 采用 MATLAB 程序中的生物信息学工具箱分析 5.5 节中提到的酵母基因芯片数据，提取不同条件下具有显著差异表达的基因。

参考文献

1. 孙啸，陆祖宏，谢建明. 生物信息学基础. 北京：清华大学出版社，2005.

2. 王怡，王海平，王全立. 基因表达系列分析技术研究进展. 医学分子生物学杂志，2004，vol. 1(3)，pp. 168-171.

3. 祁云霞，刘永斌，荣威恒. 转录组研究新技术：RNA-Seq 及其应用. 遗传，2011，vol. 33(11)，pp. 1191-1202.

4. F. Ozsolak et al. , Direct RNA sequencing, *Nature*, 2009, vol. 461(7265), pp. 814-818.

5. B. Henrik, Identification and normalization of plate effects in cDNA microarray data, *Preprints in Mathematical Sciences*, 2002, pp. 28.

6. R. Autio, S. Kilpinen, M. Saarela et al. , Comparison of Affymetrix data normalization methods using 6,926 experiments across five array generations, *BMC Bioinformatics*, 2009, vol. 10, pp. S24.

7. P. Stafford, M. Brun, Three methods for optimization of cross-laboratory and cross-platform microarray expression data, *Nucleic Acids Research*, 2007, vol. 35(10), pp. e72.

8. 吴斌，沈自尹. 基因表达谱芯片的数据分析. 世界华人消化杂志，2006，vol. 14(1)，pp. 68-74.

9. T. Sorlie et al. , Gene expression patterns of breast carcinomas distinguish tumor subclasses with clinical implications, *Proc Natl Acad Sci USA*, 2001, vol. 98(19), pp. 10869-10874.

10. J. L. DeRisi et al. , Exploring the metabolic and genetic control of gene expression on a genomic scale, *Science*, 1997, vol. 278(5338), pp. 680-686.

11. T. R. Golub et al. , Molecular classification of cancer: class discovery and class prediction by gene expression monitoring, *Science*, 1999, vol. 286(5439), pp. 531-537.

12. D. W. Huang, B. T. Sherman, R. A, Lempicki. Systematic and integrative analysis of large gene lists using DAVID bioinformatics resources, *Nature Protocols*, 2009, vol. 4, pp. 44-57.

13. X. Jiao, B. T. Sherman, R. Stephens et al. , DAVID-WS: a stateful web service to facilitate gene/protein list analysis, *Bioinformatics*, 2012, vol. 28(13), pp. 1805-1806.

14. K. D. Dahlquist et al. , GenMAPP, a new tool for viewing and analyzing microarray data on biological pathways, *Nature Genetics*, 2002, vol. 31(1), pp. 19-20.

15. S. W. Doniger et al. , MAPPFinder：Using Gene Ontology and GenMAPP to create a global gene-expression profile from microarray data，*Genome Biology*，2003，vol. 4，pp. R7-R7. 12.

16. N. Salomonis et al. , Identifying genetic networks underlying myometrial transition to labor，*Genome Biology*，2005，vol. 6，pp. R12 .

17. K. Mitra et al. , Reverse engineering gene regulatory network from microarray data using linear time-variant model，*BMC Bioinformatic*s，2010，vol. 11，pp. S56.

18. Y. Jing et al. , Advances to Bayesian network inference for generating causal networks from observational biological data，*Bioinformatics*，2004，vol. 20，pp. 3594-3603.

19. 单文娟. 基因芯片数据分析方法比较. 南京林业大学，2008.

20. 付旭平. 基因芯片数据分析. 复旦大学，2005.

21. 杨英杰、李红燕、云慧等. MATLAB 7. X生物信息工具箱的应用——基因表达图谱分析(4). 现代生物医学进展，2012，vol. 12(20)，pp. 3938-3942.

第6章 蛋白质组学技术与数据分析

在生命的大厦中，基因组是图纸，转录组是框架，而蛋白质组才是对系统动态运行过程的实时观测。仿佛这一次，我们终于可以揭开面纱，直击真相。通过蛋白质组学研究，我们能否抓住生命变化的瞬间？

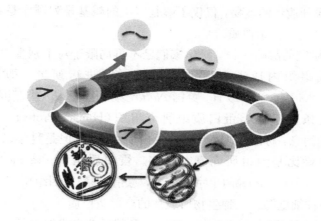

6.1　蛋白质组概述

自从人类基因组计划启动以来，公共媒体不断向大众勾画着一幅幅美丽的图景，使人们认为，一旦科学家把各种生物基因组的全部碱基排列顺序测定清楚，生命的遗传奥秘就会显露无余。但是，真实的图景远不像普通人想象的那样简单。遗传信息并不直接参与生命活动，而是通过控制蛋白质的合成来间接地指导有机体的新陈代谢。也就是说，一个基因所含的遗传信息，通过一系列复杂的反应，最终导致了相应蛋白质的合成，蛋白质再参与到生命的各种活动中去。所以，要想真正揭开遗传的奥秘，仅仅了解基因组的碱基排列顺序是不够的，还必须认识基因的产物——蛋白质。

与基因组研究的战略一样，科学家们已不再局限于对个别蛋白质进行研究，而是对细胞或组织内成千上万的蛋白质同时进行研究，即**蛋白质组学**（proteomics）。2001 年 2 月 15 日，英国 *Nature* 期刊在发布人类基因组框架图时，同期登载了一条关于人类蛋白质组研究组织（Human Proteome Organization，HUPO）成立的消息，标题就叫"现在是蛋白质组了"。但是科学家们也意识到，蛋白质组研究要比基因组研究复杂得多。**蛋白质组**（proteome）源于蛋白质（protein）与基因组（genome）两个字的结合，意指"一种基因组所表达的全套蛋白质"，即包括一种细胞乃至一种生物所表达的全部蛋白质。

蛋白质组学以细胞内全部蛋白质的存在及其活动方式作为研究对象，注重研究特定生理或病理状态下的所有蛋白质种类及其与周围环境（分子）的关系。不同于基因组，蛋白质组具有动态性。如果把基因组比拟为系统设计的"图纸"，那么蛋白质组则是对系统动态运行过程的观测。动态性带来了如下两个主要难题。

① 蛋白质组不能像基因组测序那样，通过一次性观测来获得系统完整的图谱，而是要针对具体的研究问题，不断地进行实时观测，这就要求观测技术具有较高的通量和准确性；

② 蛋白质组的组分是蛋白质，它们在量上存在着巨大的差异，要求观测系统具有较好的灵敏度和较广的动态范围。由于蛋白质组在表达丰度动态范围、物理化学性质等方面的复杂性，蛋白质组研究需要高通量、高灵敏度的实验技术支持。

正因为如此，质谱技术在蛋白质组研究中得到了广泛的应用，成为蛋白质鉴定与定量分析的支撑技术。本章主要介绍基于质谱技术的蛋白质组学，首先描述蛋白质组学的定义和研究内容，然后介绍常用的蛋白质组学技术，最后着重讨论如何采用生物信息学方法实现大规模的质谱数据分析。

6.2　蛋白质组学的定义

作为发现性科学，蛋白质学的发展非常迅速，很多概念不断被提出和修订，并且蛋白质组学中各研究主题之间也有一定的重叠。因此，为了清晰地定义和划分蛋白质组学的研究领域，本节将从历史发展的脉络出发，来逐步阐释蛋白质组学随时间演进的内涵和外延。

6.2.1　蛋白质组学发展历史

普遍认为，蛋白质组学的概念是澳大利亚的 Wilkins 在 1994 年提出的，当时他还是麦考瑞大学的一名博士研究生。1995 年，Kahn 在 *Science* 上撰文阐释了蛋白质组的概念，而 Wilkins 关于蛋白质组学的阐述发表于 1996 年。他采用了**双向电泳技术**(Two-dimensional electrophoresis，2D Gel)对大肠杆菌的蛋白质进行了"大规模"表达分析，主要通过等电点(pI)和分子量(molecular weight)与数据库中的蛋白质进行比较，以获得蛋白质的鉴定。作为初期探索，Wilkins 等人的工作既不是大规模的，也不是高通量的，而且存在很多值得探索的问题，但是其具有开创性的研究工作使得蛋白质组的概念逐步深入人心。在该文中，Wilkins 等人将蛋白质组研究表述为"针对一个物种、疾病或者正常状态组织的大规模的蛋白质鉴定"。同时，蛋白质组的定义"一个组织、细胞或者有机体在特定时刻、特定条件下表达的全套蛋白质"也基本形成，并得到了国内外蛋白质组研究专家的认同。

2000 年，蛋白质组学的奠基性综述发表。该文明确提出蛋白质组学的概念，阐述了蛋白组学相对于基因组学存在的价值，系统地总结了蛋白质组学的研究内容和技术方法。在该文中，蛋白质组学定位为"功能基因组学的一部分，通过研究基因表达产物来了解基因功能，包括大规模的蛋白质鉴定和基于酵母双杂交技术的相互作用分析"。文中还指出，蛋白质虽然是基因表达的产物，但是其翻译后修饰、可变剪接、相互作用、亚细胞定位等信息无法完全由基因组来确定，蛋白质组学作为一个动态的系统，对于研究基因功能有不可替代的作用。蛋白质组学的主要技术方法包括双向电泳、**质谱**(Mass Spectrometry，MS)、蛋白质芯片(protein-chip)、酵母双杂交等。蛋白质组学的研究问题也大量涌现，例如蛋白质表达鉴定、蛋白质定量分析、翻译后修饰分析和相互作用分析等。该文还讨论了作为主要的蛋白质组研究技术的质谱技术，比较明确地阐述了自底向上(bottom-up)和自顶向下(top-down)两种实验策略。

2002 年，两项质谱软电离技术(电喷雾和基质辅助激光解析)获得了诺贝尔化学奖，代表质谱实验技术取得了重要进展。以此为契机，Ruedi Aebersold 和 Matthias Mann 于 2003 年联名发表了题为"基于质谱的蛋白质组学"的文章，系统地总结了质谱技术在蛋白质组研究中的应用，同时对蛋白质组的研究内容和方法进行了梳理。基于质谱进行大规模蛋白质鉴定和定量分析、发现和研究翻译后修饰，结合信号转导通路进行仿真分析，完善和改进已有的模型，这成为以后很长一段时间内蛋白质组研究的主流策略。同年，Patterson 在 *Nature Genetics* 上撰文，回顾了蛋白质组发展的 10 年，展望了未来的发展方向。该文回顾了从蛋白质化学发展到蛋白质组学，从逐个研究蛋白质到从基因组水平上系统地研究蛋白质的研究历程，总结了蛋白质组学的实验技术和当前的研究重点（见图 6.1）。该文认为，蛋白质组学研究已经从开始的大规模蛋白质鉴定发展到从组学水平动态确定蛋白质的种类、翻译后修饰、丰度、相互作用，以及亚细胞分布等，并且大规模蛋白质定量分析将是未来研究的重点。

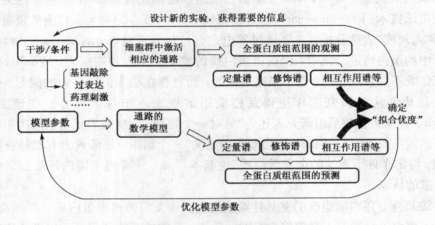

图 6.1　基于质谱技术的蛋白质组学研究

　　在此后的几年中，蛋白质组学发展迅速，但是以具体的研究和拓展为主，蛋白质组学的整体框架没有出现大的突破。这一时期，研究人员提出了植物蛋白质组学、疾病蛋白质组学、尿液蛋白质组学、血浆蛋白质组学、脑蛋白质组学、肝脏蛋白质组学、磷酸化蛋白质组学和临床蛋白质组学等众多概念，扩展了蛋白质组学的应用领域。而以技术和研究策略为代表的鸟枪法蛋白质组学、自底向上的蛋白质组学、定量蛋白质组学、表达谱蛋白质组学、翻译后修饰蛋白质组学、基于蛋白质芯片的蛋白质组学等，则反映了蛋白质组在技术策略上的发展。同时，关于人类蛋白质组的 3 大蛋白质组研究计划，"人类肝脏蛋白质组计划"、"人类血浆蛋白质组计划"、"人类脑蛋白质组计划"相继完成，并且提出将下一步的研究重点转移到疾病应用、定量分析上，这成为了蛋白质组学研究的代表性事件。值得一提的是，随着数据分析、数据质量、数据共享、数据标准等问题的提出，逐步产生了以生物信息学为重点的"计算蛋白质组学"。

随着实验技术的进步，蛋白质组学的研究范围还在不断扩展，目标是从表达、定量、结构、相互作用等多方面，深入地刻画某个组织样本或有机体中全套的蛋白质，针对不同应用需求，实现高精度、高覆盖和高灵敏度的分析。

6.2.2　蛋白质组学研究内容

在后基因组时代，蛋白质组学研究成为热点之一。与基因组不同，蛋白质组具有高度的动态特性，这是因为在不同的条件下，生命活动所需的蛋白质是不同的，并且蛋白质功能的发挥本身就是一个动态过程，伴随着翻译后修饰、亚细胞定位改变、构象改变等生化过程，难以通过单个条件下的实验来深入了解某个生物系统的蛋白质组。蛋白质组学试图大规模、全面地研究基因功能的执行体，即蛋白质，其研究内容包括大规模的**蛋白质鉴定和定量分析**（protein identification and quantification）、**亚细胞定位**（subcellular localization）、**蛋白质-蛋白质相互作用**（Protein-Protein Interaction，PPI）、**翻译后修饰**（Post Translational Modification，PTM）等（见图 6.2）。

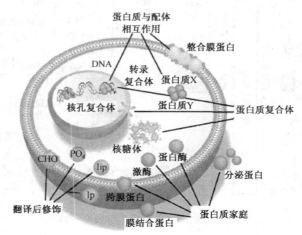

图 6.2　细胞层面的蛋白质组学研究内容

蛋白质组学的内在理念是"大规模地研究动态变化的某个限定条件下的全套蛋白质"。随着技术的发展和研究的深入，蛋白质组学的研究范围不断扩大，可以描述为"确定蛋白质的时空分布，大规模地研究每个蛋白质的功能及其之间的相互作用"。

6.3　蛋白质组学实验技术

　　蛋白质组技术涉及多学科知识与技术的综合运用，如生物化学、分子生物学、生物信息学等，具体过程包括蛋白质样品的制备、二维凝胶电泳分离、染色、成像分析和蛋白质质谱分析等，其中蛋白质的分离和质谱分析是实验技术的核心和关键。

　　一个典型的质谱蛋白质组实验包括以下 3 个步骤。

　　① 经过酶反应，样本处理后的蛋白质混合物被酶切成更小的肽段片段；

　　② 酶切后的肽段由液相色谱分离，根据不同的物理化学特性（如疏水性），肽段片段在不同的时间从色谱柱中流出；

　　③ 流出后的样本进入质谱仪，进行质谱分析，得到质谱数据。对质谱数据进行分析，可开展蛋白质组的鉴定、定量等研究。典型的蛋白质组学研究计划可以概括为图 6.3。

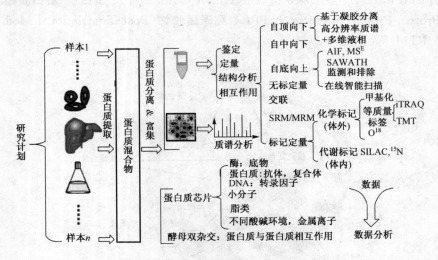

图 6.3　典型的蛋白质组学研究计划

　　为了解蛋白质组学数据的产出过程和数据特点，下面将介绍一些用于蛋白质分离和鉴定的核心实验技术，以及由这些实验技术衍生的生物信息学分析需求。

6.3.1　蛋白质分离技术

　　从生物样本中提取的蛋白质一般都是混合物，由于有些研究仅关注其中的部分蛋白质，同时后续的分析技术希望处理相对简单的样本，而过于复杂的样本会超出分析技术的灵敏度、分辨率和通量能力，因此在很多蛋白质组学研究中，都需要对提取的蛋白质进行预分离。常用的分离技术包括双向凝胶电泳、多维色谱分离和蛋白质芯片等。需要注意的是，分离技术并不是一个"可有可无的"的预处理步骤，有些情况下还可以作为主要的实验技术使用，例如利用双向电泳也可以直接完成蛋白质的鉴定和定量。

1. 双向电泳技术

蛋白质组的早期发展与双向电泳技术的贡献是密不可分的。双向电泳是等电聚焦电泳(Isoelectric Focusing Electrophoresis，IFE)和聚丙烯酰胺凝胶(SDS-PAGE)的组合，即先进行等电聚焦电泳(按照等电点分离)，然后再进行聚丙烯酰胺凝胶电泳(按照分子大小分离)，经染色得到二维分布的蛋白质电泳图(见图 6.4)。

双向电泳的设备已经高度集成化，从电泳实验和图像扫描到数据分析，都可以在同一个平台上完成，并且提供了较多的自动化支持和多元化的功能。如通用公司的 Ettan™ 2-D DIGE 荧光差异凝胶双向电泳(见图 6.5)，可以完成多重荧光标记的分析，从而对每个蛋白质都给定内标参考，实现准确的高通量差异定量分析。目前，双向电泳系统在重复性、分辨率和灵敏度等方面的性能已大大提高，并且能

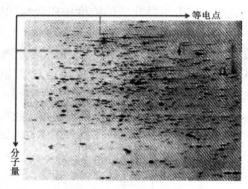

图 6.4　双向电泳原理示意图

够完成蛋白质鉴定、定量、翻译后修饰分析等。图像分析软件和算法的开发也有了很大进展，很大程度上提高了实验数据的信息利用率。

由扫描仪扫描后，双向电泳实验获取的数据是一幅幅图像，而数据分析软件则要完成图像信号的处理、定量、统计检验、缺失值处理及聚类分析等工作。因此，良好的实验设计和有效的数据分析是完成一个成功的双向电泳实验的必要条件。

2. 色谱技术

色谱法(chromatography，又称层析)是一种分离和分析方法，在分析化学、有机化学、生物化学等领域有着非常广泛的应用。色谱法利用不同的物质在不同相态的选择性分配，以流动相对固定相中的混合物进行洗脱，混合物中不同的物质会以不同的速度沿固定相移动，最终达到分离的效果。色谱法起源于 20 世纪

初并于 50 年代之后飞速发展，目前在不同的应用背景下，发展出了种类繁多的色谱分析方法。应用于蛋白质组的色谱技术主要是液相色谱，如用于蛋白质预分离的强阳离子交换色谱、用于磷酸化肽段富集的亲和色谱，以及用于肽段分离的在线反相色谱。在蛋白质组中，也经常将多种色谱技术结合使用，即多维色谱，利用蛋白质/肽段的不同属性实现高维度的样本分离。

蛋白质组中常用的在线**反相液相色谱**（Reversed Phase Liquid Chromatography，RPLC）分离原理如图 6.6 所示。它常与质谱仪在线联用，利用疏水性的不同将肽段混合物分离，使之按照一定的顺序先后进入质量分析器进行分析，其目的是降低某一时刻进入质量分析器的样品复杂度，增强质谱仪的分析能力，以便得到更多的有效图谱。在质谱平台中，反相色谱一般使用梯度洗脱方法。首先在进样过程中将肽段吸附在色谱柱的固定相上，然后使用流动相将肽段洗脱下来。由于流动相疏水性介质的浓度按照线性梯度增强，亲水的肽段先被洗脱，然后疏水的肽段逐渐被洗脱，通过进样系统依次进入质谱分析，这样就减小了某一时刻质谱分析样品的复杂程度。反相色谱分离的物理模型采用直观的"塔板理论"和基于扩散方程和质量守恒的偏微分方程理论。肽段经过色谱分离后，其流出浓度曲线的峰值时间称为**色谱保留时间**（Retention Time，RT）。肽段的色谱保留时间由肽段的序列、样品组成、环境温度、死区时间等因素决定。

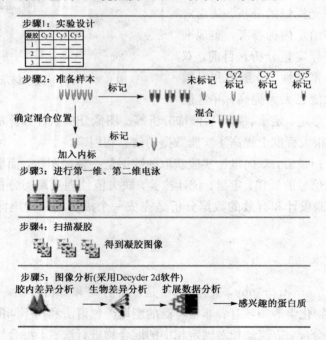

图 6.5 Ettan™二维 DIGE 荧光差异凝胶双向电泳系统的工作流程（见彩图）

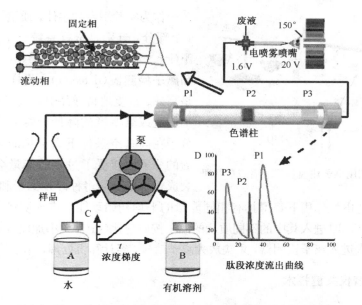

图 6.6　在线反相色谱的肽段分离示意图。图中显示了 3 个肽段 P1、P2 和 P3 的分离过程

肽段色谱行为的分析是计算蛋白质组学的重要研究内容。肽段色谱保留时间决定了肽段在反相色谱分析中洗脱的先后顺序，是肽段鉴定结果验证的重要证据。因此，肽段色谱保留时间预测是其中一个研究问题。另外，在基于液相色谱–质谱联用的肽段定量分析中，**离子流色谱峰**（eXtracted Ion Chromatography，XIC）面积是常用的肽段丰度定量指标，离子流色谱峰的构建、滤波和平滑，以及面积的数值计算，成为定量数据分析的重要研究内容。最后，为了支持复杂样本分析的实验设计，优化实验参数，色谱流出过程的模拟分析也是一个重要手段。

6.3.2　蛋白质鉴定与定量技术

在蛋白质组学研究中，质谱方法是用于蛋白质鉴定与定量分析的主要技术手段。在鉴定上，质谱方法主要通过测量分子的质量来确定分子类型。其蛋白质鉴定原理可以用从桌子的实体中还原桌子的设计图纸来说明，测量方法是称重。对于一个桌子，首先利用敲打的方法将桌子拆开，也就是样本分离工作，用于将蛋白质混合物分离；然后对各部分进行称重，该任务由质谱技术完成，由于无法直接测量分子水平肽段的质量，需要将蛋白质片段带上一定的电荷，对其质荷比进行测量；最后利用计算方法还原出桌子的设计图纸，即通过质谱数据分析从肽段的质荷比信息鉴定出样本中包含的蛋白质（见图 6.7）。此外，通过将分子碎裂、加上特定的质量标签等方法，质谱分析还能够实现复杂的分子结构鉴定和定量分析。

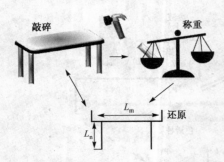

敲碎   称重 L_m 还原 L_n

图 6.7   利用桌子建模解释质谱测量原理

作为实验平台的主体，质谱仪主要包括 4 个部分，分别是**进样系统**（sample）、**离子源**（ion source）、**质量分析器**（mass analyzer）和**离子检测器**（detector）。进样系统的作用是高效、重复地将样品引入离子源中，并且不能造成真空度的降低。离子源是使样品分子在高真空条件下离子化的装置。电离后的分子因接受了过多的能量会进一步碎裂成较小质量的多种碎片离子和中性粒子。它们在加速电场作用下获得具有相同能量的平均初始动能后进入质量分析器。质量分析器将同时进入其中的不同质量的离子按质荷比（m/z）大小加以分离。分离后的离子依次进入离子检测器，采集放大离子信号，经计算机处理，用于绘制质谱图。

1. 质谱仪关键技术

质谱平台是一个集机械、电子、控制和计算机于一体的复杂系统，本节介绍与数据分析关系比较密切的电离、质量分析器、离子碎裂等质谱平台的主要组成部分，并给出了一些典型质谱平台及其实验过程描述。

1）电离技术

由于质量分析仪能够直接分析的是带电离子，对于中性的肽段或者蛋白质，需要首先使其带上电荷才能进行质荷比分析。蛋白质组学研究主要使用的是所谓的软电离技术，目的是尽量减少杂质引入，保持肽段分子的完整。软电离技术主要有两种：**电喷雾**（ElectroSpray Ionization，ESI）和**基质辅助激光解吸**（Matrix-Assisted Laser Desorption Ionization，MALDI）（见图 6.8）。

ESI 技术的基本流程是：通过强电场使喷入质量分析仪的液滴带上正电荷，并通过氮气气流不断蒸发液滴，使液滴上的电荷密度不断增大，所产生的库仑斥力最终使液滴爆裂，形成小液滴；这个过程不断重复，形成雾状；最后，使肽段的碱性基团（例如肽段的 N 端－NH_2基团）带上电荷并进入质量分析仪。

MALDI 技术的实现过程是：通过将分析物分布在特定基质上形成晶体，然后用激光照射晶体，基质分子吸收激光能量，样品解吸附，基质和样品之间发生电荷转移使样品分子电离，同时基质气化，将样品离子带入质量分析仪。

ESI 能够和在线反相色谱方便地联用，并且能够使肽段带上多个电荷，从而扩大肽段的分子量分析范围。MALDI 源一般只能使肽段分子带上单电荷，但是 MALDI 源可以在实验过程中停下来，等待一段时间再分析，便于采用结果驱动的实验策略。

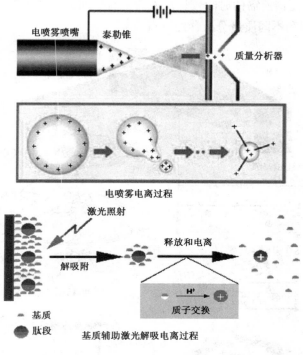

电喷雾喷嘴　泰勒锥　　　　　　　质量分析器

电喷雾电离过程

激光照射

释放和电离

解吸附

质子交换

— 基质

⬛ 肽段

基质辅助激光解吸电离过程

图 6.8　软电离技术

由于电离技术对于质谱平台分析的灵敏度影响很大，为了满足不同的应用需求并提高电离技术的性能，研究人员在 ESI 和 MALDI 的基础上开发出了多种新型的软电离技术。如最新发展的电喷雾解吸电离（Desorption ElectroSpray Ionization，DESI）技术，不仅能够像 ESI 一样使离子带上多电荷，而且能够通过控制激光束来实现电离的时间和空间位置选择，在影像质谱分析中得到了应用。

2）质量分析器

质量分析器是质谱仪的核心部件，其作用是利用带电离子在电磁场中的运动规律，将离子的质荷比转换为可以直接记录的物理量，例如时间、电压和电流等。按照测量质荷比原理的不同，质量分析器可以分为飞行时间（Time Of Flight，TOF）、四极杆（Quadrupole）、离子阱（Ion Trap）、傅里叶变换（Fourier Transform，FT）和电场轨道阱（Orbitrap）等多种类型（见图 6.9）。不同的质量分析器在精度、分辨率、灵敏度、质量检测范围等方面各不相同。例如，飞行时间具有比较高的精度，但是容易受到环境、温度等因素的干扰；离子阱对不同质荷比和不同丰度的离子的灵敏度不同，精度也比较低，但是可以用来存储离子，可以方便地进行离子筛选和多级质谱分析；傅里叶变换具有很高的精度，但是需要离子累积，产生一张图谱所需的时间较长。表 6.1 简单列出了这些质量分析器测量质荷比的基本原理和不同质量分析器的特点。

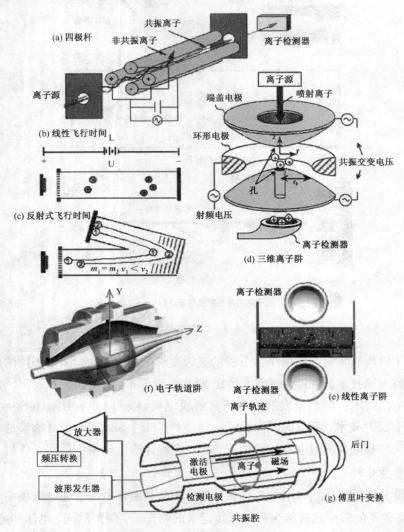

图 6.9　质量分析器示意图。(a)四极杆分析器，利用离子在交变电场中的稳定运动筛选离子；(b)线性飞行时间分析器，利用带电离子在电场中的飞行时间和质荷比的关系检测离子；(c)反射式飞行时间分析器，在线性飞行时间的基础上，加入反射电场，增长离子运动时间，可以提高分析器的分辨率；(d)三维离子阱，利用交变电场捕获离子和进行质量分析；(e)线性离子阱，离子阱的二维版本，可以提高分析器的灵敏度和通量；(f)电子轨道阱，利用带电离子在电场中的旋转运动来测量质荷比，精度和分辨率都比较高，并且不需要建立磁场的复杂设备，仪器体积比磁场类质谱仪小得多；(g)傅里叶变换质谱仪，利用带电离子在磁场中的运动规律来测量质荷比，精度和分辨率比较高，通量比较低

表 6.1　不同质量分析器的原理和特点

分析器类型	原　理	特　点	应　用
四极杆	离子在交变电场中的运动	分辨率：低 精度：低 一般作为离子过滤器使用	Q-STAR LCQ LTQ
线性飞行时间	离子在均匀电场中的飞行时间和质荷比的关系：$m/z = \dfrac{2eU}{L^2}t^2$	分辨率：一般 精度：一般 动态范围：中	Q-STAR ABI4700 ABI4800
反射飞行时间	与线性飞行时间相同	分辨率比线性飞行时间好	QSTAR ABI4700 ABI4800
三维离子阱	离子在交变电场中的运动，由广义坐标 $-a_x = a_r = -k\dfrac{4eU}{m}$，$q_x$ $=-q_r = -k\dfrac{2eV}{m}$ 确定的稳定区决定离子是否在阱中稳定运动	分辨率：低 精度：低 灵敏度：中 可以存储离子，能够在单个阱中进行多级质谱分析	LCQ
二维离子阱	同三维离子阱	灵敏度比三维离子阱高 动态范围大	LTQ
电子轨道阱	离子在交变电场中的运动：$m/z = k\dfrac{1}{\omega^2}$	分辨率：高 灵敏度：中 精度：高	LTQ-Orbitrap
傅里叶变换	离子在磁场中的运动：$m/z = k\dfrac{B}{f}$	分辨率：高 灵敏度：中 精度：高	LTQ-FT

说明：(1)各公式含义见相应的参考文献；(2)灵敏度、分辨率、动态范围等指标的描述是相对的，只是这几种分析器之间的比较；(3)LTQ、LCQ、LTQ-FT 和 LTQ-Orbitrap 是 Thermo Finnigan 公司的产品，ABI4700、ABI4800 和 Q-STAR 是 Applied Biosystems 公司的产品。

　　在这些质量分析器中，以 Oribitrap 质量分析器发展最为迅速，通过引入双压线性离子阱、高能碰撞诱导解离、边缘扩展快速傅里叶变换（eFFT）等技术，新型的 Elite 质谱仪能够进行快速的鸟枪法实验，并支撑大分子量范围的自顶向下分析。同时，人们还在不断探索新型的质量分析器和分析模式。例如，阿达马变换飞行时间质谱仪，通过离子的组合测量延长了离子飞过通道的时间，提高了分析的灵敏度和精度。而分布式三维离子阱利用电磁场控制，在同一个腔体内实现了多个势阱的功能，在并行化方面具有很大优势。傅里叶变换质谱仪的吸收控制模式被证明具有更高的分辨率和灵敏度。一种称为同轴离子阱的新型势阱控制技术也得到了开发应用，具有更好的分辨率和灵敏度。

3）离子碎裂

对于复杂样品来说，酶切肽段的分子量信息不足以区分不同的蛋白质。这时，需要将酶切肽段进一步碎裂，得到包含肽段序列信息的二级图谱，以便提高鉴定的区分能力。在质谱平台中，一般利用低能量的**惰性气体诱导碰撞**（Collision-Induced Dissociation，CID）来完成肽段碎裂。在一个空腔中，利用电场捕获特定质荷比的肽段，然后通过改变射频电压，使肽段离子和碎裂腔中的惰性气体进行碰撞，从而使化学键断裂，产生碎片离子（主要沿肽段的主链断裂，典型的碎裂模式和产生的互补离子见图 6.10），再通过质量分析得到**串联图谱**（Tandem mass spectrum，或 MS/MS spectrum）。由于肽段的碎裂位置基本上是可预测的，并且会产生质量相差一个氨基酸的离子序列，所以可以利用串联图谱对肽段进行测序。常用的方法是通过计算产生肽段碎裂的理论串联图谱，然后与实验图谱进行相似性比对来鉴定肽段，也就是数据库搜索。

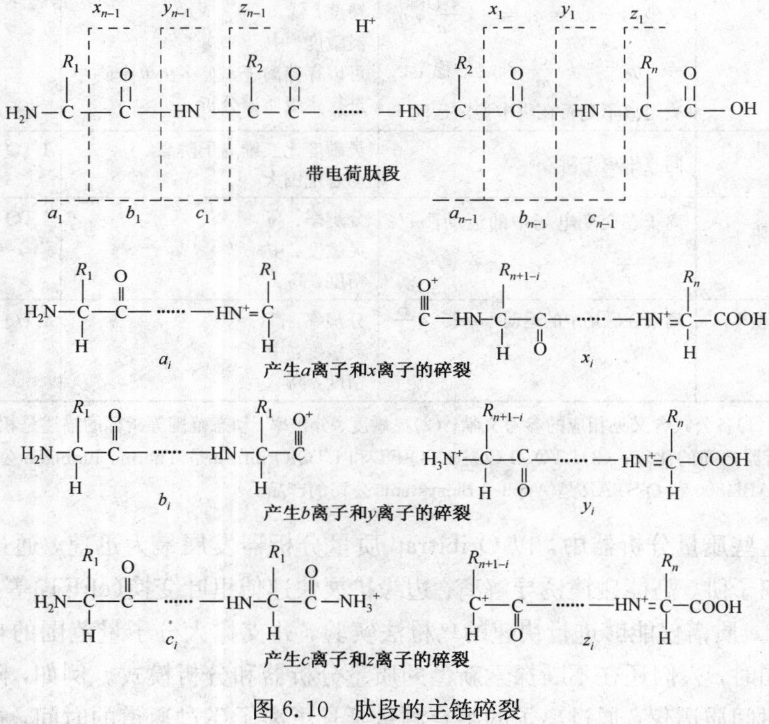

图 6.10　肽段的主链碎裂

2. 典型质谱平台

研究的需求推动了以生物质谱为代表的实验技术的快速发展。1999 年，质谱仪可以对亚阿托摩尔（attomole，对分子量为 10 KD（千道尔顿）的分子来说是 10^{-14} g）级别的蛋白质进行分辨率达到 10^6，精度为 $1/10^6$ 的高速分析（小于 1 s），但是尚缺乏商业化的质谱仪进行常规样本分析。目前，傅里叶变换质谱仪 Orbitrap 已经能够在 0.2 s 内完成分辨率在 10^5 左右的高通量分析。

　　由于工作原理和应用范围的不同，质谱仪有很多种类型。按照电离方式进行区分，有电喷雾电离质谱仪、基质辅助激光解吸电离质谱仪、快原子轰击质谱仪、离子喷雾电离质谱仪和大气压电离质谱仪。从质谱仪所用的质量分析器的不同，可将质谱仪分为双聚焦质谱仪、四极杆质谱仪、飞行时间质谱仪、离子阱质谱仪、傅里叶变换质谱仪等。下面仅介绍几种较为典型的用于蛋白质组鉴定与定量分析的质谱平台。

　　Applied Biosystems 公司的 4700 质谱仪（其系统组成见图 6.11）主要应用于采用双向电泳预分离后，进行自顶向下的分析。质量分析器采用两级飞行时间，共用线性飞行部分。线性飞行时间主要进行一级质谱分析，通过线性检测器采集一级图谱。反射飞行时间进行串联分析，使用反射离子检测器。利用 4700 质谱仪进行蛋白质组实验的典型流程如下所示。

　　① 将蛋白质混合物进行双向电泳分离，胶上酶切某个位点的蛋白质；

　　② 将得到的肽段混合物进行一级图谱分析，得到**肽质量指纹图谱**（Peptide Mass Fingerprinting，PMF）；

　　② 选择信号强度较强的几个母离子（parent ion）进行串联分析，得到串联图谱，也称为**肽段碎裂图谱**（Peptide Fragment Fingerprinting，PFF）；

　　④ 得到一级图谱和串联图谱之后，可以使用 GPS Explorer 软件（如 Mascot 搜库算法）进行数据库搜索，找到对应的肽段和蛋白质；

　　⑤ 逐个将胶上的位点进行上述分析，就可以确定样品中包含的蛋白质组分。

　　4700 质谱仪使用 MALDI 源，肽段带 +1 电荷，分子量分析范围一般。这种方法需要将双向凝胶电泳上的蛋白质位点逐个切下，实验操作比较烦琐，通量受到一定的限制。因为这种鉴定策略是按照从整体（蛋白质）到局部（肽段）的顺序进行分析的，所以称为自顶向下的实验策略。目前，该系列的质谱仪的最新型号为 AB SCIEX TOF/TOF 5800，在激光控制、飞行时间反射、母离子选择等方面采用了很多先进技术，扫描速度、灵敏度等方面有了很大提高，还能够支持影像化扫描，进行全细胞或者部分组织的三维空间蛋白质分析，直接得到多达几千种蛋白质在空间上的分布。

　　图 6.12 给出了 Thermo Finnigan 公司的 LTQ-Orbitrap 质谱仪的常用实验策略。LTQ-Orbitrap 是一种混合质谱仪，相当于在 LTQ 质谱仪的基础上加上了一个离子存储阱 C-Trap 和 Orbitrap 质量分析器。LTQ-Orbitrap 可以实现多种策略的实验分析，其中鸟枪法（shotgun）最为常用，其实验流程为：使用在线的反向色谱分离肽段，利用线性离子阱筛选离子和进行二级质量分析，C-Trap 存储离子，使用电子轨道阱进行精确的一级图谱分析。在这个过程中，通过 C-Trap 可以实现质量分析的并行化，也就是说，在 Orbitrap 进行质谱分析的同时，LTQ 还

可以进行串联质谱分析。鸟枪法从局部(肽段)到整体(蛋白质)来进行蛋白质鉴定,是典型的自底向上实验策略。

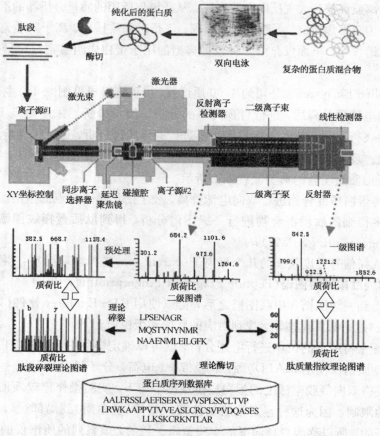

图 6.11 ABI 4700 质谱仪的组成和常用分析策略(见彩图)

LTQ-Orbitrap 质谱仪还可以完成自顶向下实验策略。具体的方法是:使用 Orbitrap 筛选蛋白质,使用线性离子阱进行一级和二级图谱分析。目前,基于 LTQ-Orbitrap 的自顶向下实验策略的主要局限是分子量分析范围比较窄,根据 Macek 等人的研究,这种策略的蛋白质分子量分析范围是 10~25 kD(也可写成 kDa,千道尔顿)。目前,经过了很多改进,Thermo Finnigan 公司推出了 Orbitrap 质谱仪的新型号 Elite。通过边缘扩展快速傅里叶变换算法,加上单独的高能碰撞解离腔,并引入双压线性离子阱技术,该质谱仪的分辨率和扫描速度均有很大提升,准确度已经达到了 1 ppm[①],能够完成自顶向下分析和常规的鸟枪法实验。

———————————

① ppm(part per million),百万分之一。

Thermo Finnigan 公司离子阱系列质谱仪（LCQ、LTQ、LTQ-FT 和 LTQ-Orbitrap）的最大特点在于通量高，一般采用鸟枪法实验策略，先鉴定肽段，然后组装蛋白质。目前，在表达谱研究中，串联质谱分析需要高通量的数据采集，所以即使在具有高精度的质量分析器的质谱平台上（LTQ-FT 和 LTQ-Orbitrap），二级图谱的产出一般也是采用精度低、通量高的离子阱。离子阱质谱数据在噪声、数据量等方面比较复杂，是数据分析方法研究的典型对象，也是人类蛋白质组计划的主要高通量数据来源。

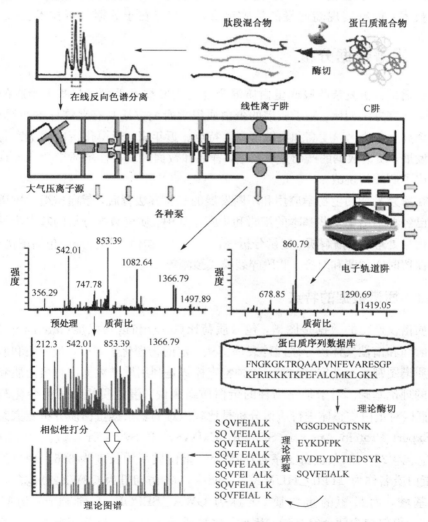

图 6.12　LTQ-Orbitrap 质谱平台及常用实验流程

最近，苏黎世联邦理工学院的 Ruedi Aebersold 实验室联合 Applied Bio-systems 公司在 AB Sciex Triple TOF 5600 质谱平台上开发了一种称为 SWATH 的数据无关（Data Independent Acquisition，DIA）的分析技术，利用该平台的快速扫描能力，实现了对 400~1200 Da（道尔顿）质量区间的肽段离子进行质谱扫描后，分 25 Da 一个区间碎裂肽段，得到混合串联质谱图谱。利用构建的图谱知识库来进行智能化的数据处理，能够利用碎片离子的离子流色谱峰完成肽段的定量和鉴定。这种方法综合了选择反应监测和数据独立采集技术，能够实现高通量的精确定量，其难点在于数据分析技术。

6.4 质谱数据分析

质谱是分析复杂肽段或蛋白质混合物的主要技术手段。与基于凝胶的蛋白质组学研究方法相比，基于质谱的蛋白质组学研究方法具有允许样本在线分离、采样率高、自动化程度高和灵敏度高等特点。近年来，规模化蛋白质组实验技术迅速发展，质谱数据的产出速度倍增，样品和数据的复杂性给质谱数据处理和分析提出了严峻的挑战。

在纷繁复杂的生物学应用和不断发展的实验方法背后，蛋白质组学质谱数据分析已经总结出了一些基本的策略和步骤。其中，质谱数据分析的基本步骤包括图谱信号处理、图谱解析、定量分析等，衍生的生物信息学研究还包括图谱聚类、色谱保留时间预测和对齐、肽段碎裂模式预测等。

6.4.1 质谱数据的特点

质谱仪产出的数据是图谱，包含**质荷比**（m/z）和**信号强度**（intensity）信息。由于酶切和惰性气体诱导碰撞碎裂都遵从一定的物理化学规律，蛋白质和肽段产生的质谱图都具有特定"模式"，这种特定模式是利用质谱数据进行蛋白质和肽段鉴定的理论基础。对于某一物种的蛋白质组来说，蛋白质的分子量变化范围很大，直接对蛋白质整体进行质谱分析是比较困难的。根据蛋白质分析专家系统网站（Expert Protein Analysis System，ExPASy）对 Swiss-Prot 数据库（Release 52.3，包含264 492条蛋白质序列）的统计，蛋白质平均长度为366。最长的蛋白质（蛋白质名称为 TITIN_HUMAN，Swiss-Prot 访问号为 Q8WZ42）包含 34 350 个氨基酸，而最短的蛋白质（名称为 GWA_SEPOF，Swiss-Prot 访问号为 P83570）仅仅包含两个氨基酸。因此，多数质谱实验不直接分析蛋白质，而是将蛋白质酶切，再对得到的肽段进行质谱分析。

质谱分析产出的数据一般分为肽质量指纹图谱（一级图谱）和肽段碎裂图谱

（串联图谱或二级图谱）。肽质量指纹图谱包含了蛋白质酶切肽段的质荷比和信号强度信息，而肽段碎裂图谱由肽段进一步碎裂产生，包含了碎片离子的质荷比和信号强度信息，可以从碎片离子系列中推断出肽段的一级结构。图 6.13 给出了两个典型的一级和二级图谱。

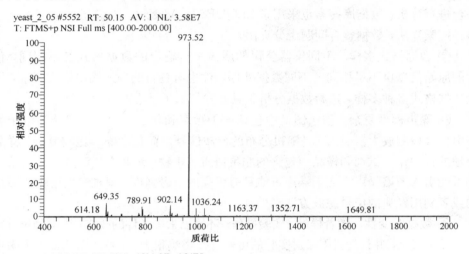

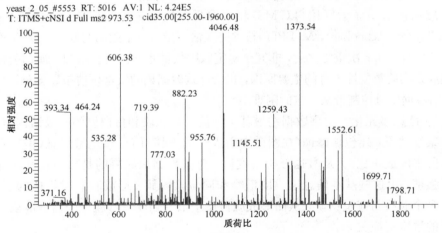

图 6.13　典型的一级和二级图谱示例

除了图谱之外，由数据采集软件给出的原始数据还包含实验参数设置、仪器运行状态、色谱保留时间等信息，这些参数对于数据分析也很重要。例如，采用分段扫描的方法进行质谱分析时，设定的分子量范围可以用来验证肽段鉴定结果；在串联分析中，设定的碎裂能量决定了肽段的碎裂程度，对数据库搜索评分有重要影响，也会影响数据库搜索结果的质量评估。因此，质谱数据并不仅仅指图谱，还包括与之相关的实验条件、仪器运行参数等信息。

由于实验步骤繁多，样品复杂，蛋白质组学研究中的质谱数据具有如下特点。

① 各种技术路线并存。在不同的技术路线中，采用了多种原理和性能的质谱仪来产出质谱数据。例如，人类血浆蛋白质组计划整合了 18 家实验室的串联质谱数据，分别采用了 LCQ、LTQ、Q-TOF、Q-STAR 和 ABI4700 等多种仪器平台进行分析，数据库搜索也采用了 SEQUEST、Mascot、PepMiner 和 Sonar 等多种搜索算法，数据整合问题十分突出。

② 数据格式多样。不同仪器公司的质谱平台输出的数据格式各不相同，包含的原始信息也不尽相同。不同数据处理软件也有各自的输入输出格式要求，导致数据格式多种多样，这给数据分析工具开发带来了不小的难度。

③ 噪声模型复杂。质谱图谱中包括电子噪声和化学噪声。一般认为电子噪声由信号检测放大器引入，是随机分布的低矮信号。而化学噪声比较复杂，样品处理的各种化学试剂和样品中包含的非蛋白质有机物、水和有机溶剂中的杂质等都可能引入图谱噪声。化学噪声可能具有很强的信号强度，很难根据信噪比来过滤或者利用经典的信号滤波方法来处理。

④ 数据时变性。随着样品、实验操作、环境因素等条件的改变，数据的统计特征会发生变化，并且随机因素对实验的可重复性影响很大。2004 年，Liu 等人采用基于液相色谱与质谱联用（LC-MS）和多维蛋白质鉴定（MultiDimensional Protein Identification Technology，MuDPIT）技术路线估计蛋白质丰度的时候，通过 11 次重复实验发现，在 6 次重复之后，非冗余鉴定肽段数量才不再明显增加。质谱采样效应是导致实验重复性不好的主要原因，也会导致数据集的质量评估参数分布发生变化，给数据质量控制带来一定的困难。

⑤ 信息多元化。质谱数据中最基本的信息是肽段和蛋白质的一级结构信息，对于某些情况，还包含修饰（在图谱中引入峰的平移）信息和定量信息（信号强度和肽段丰度成正比）。从数据分析角度讲，质谱数据最底层的是质荷比和对应的信号强度，由这些基本信息组成质谱峰和同位素峰簇，形成和肽段组成的图谱，再由多个肽段对应蛋白质，从而形成质荷比＋信号强度→峰簇→图谱→肽段→蛋白质的层次对应关系。

6.4.2 蛋白质鉴定

蛋白质鉴定就是通过数据分析和处理，从图谱中识别出实验样本所包含的蛋白质，大部分鉴定是针对二级图谱进行操作的（见图 6.14）。蛋白质鉴定的方法分为 3 类：**数据库搜索**（database searching）、**从头测序**（denovo sequencing）和**肽序列标签**（peptide sequence tag）方法。其中，数据库搜索方法应用最为广泛，而从头测序方法和肽序列标签方法可以认为是数据库搜索方法的有益补充。

　　数据库搜索的基本思路是"模板匹配"，将实验得到的图谱与从蛋白质序列数据库中理论酶切所产生肽段的理论图谱进行比对，按照一定的打分规则鉴定出匹配最好的肽段。从头测序方法不依赖现有的数据库，根据肽段有规律碎裂的特点，直接从图谱中推导出肽段的序列。肽段序列标签方法则是前两种方法的折中，先从图谱中直接推导出肽段的局部序列，长度通常为 3 个氨基酸，称之为肽序列标签或者肽序列片段，然后用推导出的肽序列标签搜索数据库。这种方法主要考虑了图谱中包含肽段序列信息的不完全性和生物蛋白质序列的相似性等特点，在修饰、突变和跨物种搜索数据库中应用较多。

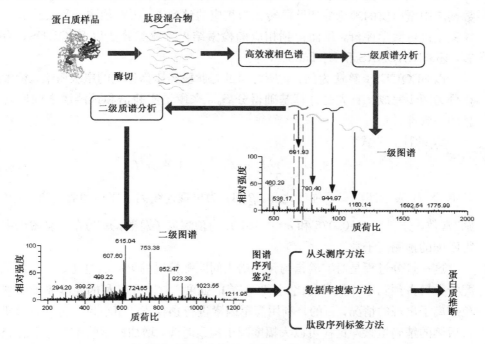

图 6.14　使用鸟枪法鉴定蛋白质的流程图（见彩图）

1. 数据库搜索方法

1）基本原理

　　数据库搜索是针对每一张实验图谱，从数据库中搜索与之匹配的肽段。基本的方法是：首先，找出数据库中分子量与图谱的母离子质量在一定误差容限内的肽段；然后，根据肽段的碎裂原理，产生理论图谱；最后，将理论图谱和实验图谱进行比对，给出相似性打分，挑选分值最高的一个或者几个肽段作为输出结果。目前，已有的数据库搜索打分算法主要包括 4 类模型：描述型模型、解释型模型、随机过程模型和统计概率模型。描述型模型，也称关联匹配模型，通过描述实验谱和理论谱之间的匹配关系来给出搜索的打分；解释型模型首先对图谱进行解析，再根据数据的解释结果进行数据库搜索；随机过程模型假定图谱的产生是一个随机过程，在此基础上计算实验谱和理论谱匹配的概率；统计概率模型则通过计算随机匹配的概率，估计实际匹配的可信程度。其中，著名的数据库搜索软件 SEQUEST 采用描述型模型，而 Mascot 采用统计概率模型。

关联匹配模式

此类算法的基本思想是，通过对蛋白质酶切和质谱检测过程的数学模拟，将数据库中蛋白质的理论酶切肽段转化为相应的预测谱，再对预测谱和实验谱的关联程度进行数学评价，从而得到相应的检索结果。此类算法以 SEQUEST 为代表，还有 RADARS 和 X! Tandem 等。

以 SEQUEST 算法为例，它所针对的是肽段经质谱检测的串级质谱，检索过程分为两步完成。首先是计算基础得分 S_p，来衡量实验谱和预测谱之间所含信息的一致性。

S_p 的计算公式为

$$S_p = (\sum_k I_k) m (1 + \beta)(1 + \rho) / L \tag{6.2}$$

其中 $\sum_k I_k$ 表示匹配离子强度之和，β 和 ρ 为出现连续离子序列和亚氨离子的"奖励"常数，分别为 $\beta = 0.075$ 和 $\rho = 0.15$，L 为预测离子总数，m 为在实验图谱中获得匹配的预测离子数。

这一打分过程是对实验谱与预测谱之间匹配情况的第一层过滤，它考虑了匹配峰数目占预测谱峰数目的比例、匹配峰的强度、对匹配有利的连续离子序列和免疫离子出现的情况，目的是利用简单因素进行预检索，缩小目标范围，以便进行后续的精确检索。这样可以大幅度减少检索时间，增加检索效率。这一思想在很多检索算法中都有体现。

在基础打分之后，SEQUEST 利用交互关联继续对通过基础打分的预测图谱进行匹配。算法依照肽段离子的裂解理论将理论谱中的各个质荷比位置赋予相应的丰度值，其中 b 和 y 系离子的丰度为 50。为了模拟同位素峰和其他离子系质谱峰的出现，b 和 y 系离子碎片附近 1 Da 范围窗口内将自动添加丰度为 25 的同位素峰，而缺失水、氨及一氧化碳的离子丰度为 10。理论谱与归一化的实验谱将进行交互关联，以得到相似度指标 $Xcorr$，这一过程由基于谱向量点积（Spectral Dot Product，SDP）的关联打分算法完成。其中，实验图谱和理论图谱分别用 N 维向量 $E = [y_1, y_2, \cdots, y_N]$ 和 $T = [x_1, x_2, \cdots, x_N]$ 表示，如果两个肽向量相同，那么它们在向量空间中应该是平行的。而向量的点积反映了它们在向量空间中的平行程度，可以作为肽段匹配的分值。SEQUEST 就是利用这种信号间的交叉相关分析来进行质谱比较的。实际上 $Xcorr$ 分值就是谱向量点积再减去一系列位移的谱向量点积的均值。

$Xcorr$ 的计算公式为

$$Xcorr = Corr_0(E, T) - \sum_{\tau=-75}^{75} Corr_\tau(E, T) \tag{6.3}$$

其中 E 表示实验图谱，T 表示理论图谱，$Corr_\tau(E, T)$ 表示利用信号强度计算的互相关系数：

$$Corr_\tau(E, T) = \sum_{i=1}^{N} x_i y_{i+\tau} \tag{6.4}$$

将 $XCorr$ 分值归一化到 1.0 之后，标记为 Cn，一次搜索中得分最高的两个肽序列的 Cn 分值的差记为 ΔCn，这个参数对于鉴定肽段分析的唯一性（区分最好匹配和其他匹配的能力）非常重要。在实际应用中，ΔCn 应至少大于 0.1。假设排在前两位的数据库搜索结果的 $Xcorr$ 值分别为 $Xcorr_1$ 和 $Xcorr_2$，ΔCn 是两者的归一化差值（对 $Xcorr_1$ 归一化）：

$$\Delta Cn = 1 - Xcorr_2 / Xcorr_1 \tag{6.5}$$

图 6.15 给出了 SEQUEST 的工作流程。SEQUEST 对实验图谱进行预处理后，再从数据库中得到酶切肽段及其理论预测图谱，并将实验图谱与之进行匹配。在匹配处理时，首先进行预打分，以筛选最可能匹配的肽段（一般保留前 500 个）；然后，将原始的实验图谱进行局部信号增强处理，并与筛选出的肽段的理论图谱进行互相关打分；最后，对得到的结果按照 $Xcorr$ 分值从大到小顺序输出（一般只输出前 10 个），同时输出的还有 ΔCn 分值、预测离子的匹配比例（称为 ions）、预打分 S_p、预打分排序 RS_p、母离子质量 $(M+H)^+$ 等信息。这些指标是进行肽段搜库结果验证的重要参数。

（2）基于概率的匹配模式

由于组成蛋白质的各个氨基酸都具有其特定的分子量，因此肽段也随着氨基酸序列的不同具有分子量的特异性。在数据库内以一定的误差范围进行统计。如果某个实验谱中质荷比对应某蛋白质的理论肽段数目越多，那么它是随机匹配的概率也就越小，因此可以通过对这种概率的统计来表征匹配的可信程度。如果一个蛋白质所含的某个理论肽段质量数刚好出现在实验质谱中，则该事件为随机事件的发生概率就是含有这个质量数的蛋白质在数据库背景下的存在概率 P_i。同时，如果还存在其他质量数匹配的情况，那么每个匹配所发生的概率分别为 P_2，P_3，$\cdots$，P_n。将整个匹配过程作为一个整体事件，则总概率是各个单独匹配概率的乘积（见式(6.6)），它代表了图谱与该蛋白质匹配的概率，当这个概率的值远远大于随机匹配的概率时，该蛋白质将作为匹配结果的候选之一。这个过程可以简单表述为：实验谱与数据库中蛋白质匹配成功的肽段数目越多，同时匹配成功的质量数越特异，这个匹配是随机匹配的可能性就越小。例如，一个肽段序列随机匹配的概率为 0.05，一个匹配到 n 条肽段的实验谱的随机匹配的概率为 0.05^n，因此基于概率统计的匹配模式是特异和高效的。最终，按照概率排列的结果组成匹配结果列表。

$$P = \prod_{i=1}^{n} P_i \tag{6.6}$$

其中 P_i 表示质量数 i 在数据库背景下的随机匹配概率。

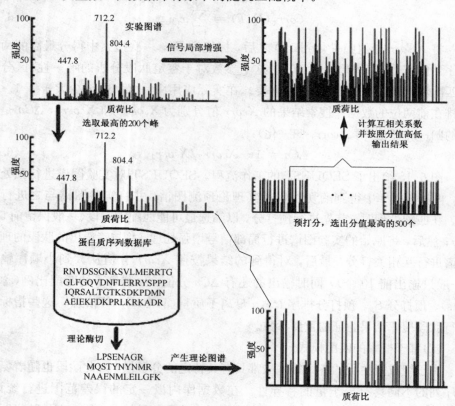

图 6.15　SEQUEST 软件的工作流程

采用这一匹配模式的最具有代表性的算法是 MOWSE 及后来的 MASCOT算法，类似的还有 MS-fit(采用 MOWSE 为检索核心)和 OMSSA 等。同时，这一模式还存在很多分支，如基于超几何分布概率算法的 PEPPROB，基于贝叶斯概率理论的 Profound 和 ProbID 等。这一算法群在整个蛋白质检索领域中举足轻重，尤其是 MASCOT 软件应用非常广泛。

MASCOT 算法在 MOWSE 的基础上发展而来。MOWSE 首先形成一个数据库肽段的频度矩阵 F，然后按照矩阵元素得到肽段的频度参数，结合相应的蛋白质量数计算出匹配的得分值。而 MASCOT 在 MOWSE 的基础上采用了基于概率的打分机制，其得分计算方程如式(6.7)所示。MASCOT 同时支持串联质谱的匹配，但是其软件内核一直没有完全公开。

$$SCORE = -\log_{10}(P) \tag{6.7}$$

需要注意的是，概率模式在很大程度上受到数据库大小的影响，例如 10^{-5} 的概率对于含有 1 万条记录的数据库来讲，已经属于小概率事件，但是对于更大规模的数据库，仍然有很多蛋白质能够以这样的概率进行匹配。所以 MASCOT 采用了统计分析方法来设定分数限制，区分可信和随机匹配结果以达到对检索的质量控制。通常其置信度设置为 0.05，也就是允许在 20 次匹配中发生一次误匹配。

2) 数据库搜索相关软件

在上述各类算法中，应用最广泛的是 SEQUEST 和 MASCOT，它们分别代表了两种主流的匹配思想：基于相似度和基于概率理论。大量的实验表明，SEQUEST 对于低信噪比的质谱非常稳健，而 MASCOT 可以有效地较少假阳性结果。由于算法实现的复杂性，目前基于纯数学理论很难实现对检索算法的推测和评价。因此在实际研究工作中，常利用标准蛋白质及实际样本数据对这些算法的表现进行比较，以反映其检索能力及特性。

常用的数据库搜索软件如表 6.2 所示。

表 6.2　常用数据库搜索软件列表

软 件 名 称	运 行 平 台	运 行 方 式	说　　明
Sequest	Windows/linux	命令行，参数文件，数据文件	描述型，部分支持定量分析
Mascot	Windows/linux	Perl 脚本 网络服务器	统计概率模型，全面支持标记定量
Phenyx	linux	Perl 脚本 网络服务器	可以编写自己的调度模块
Inspect	Windows/linux	开源，命令行	支持无限制的修饰扫描、自动反向数据库构建等功能
X! Tandem	Windows/linux	开源，命令行	串联质谱数据库搜索
OMSSA	Windows/linux	命令行	数据库搜索
Crux	linux	开源，命令行/脚本	数据库搜索
ProteinPilot	Windows	仅有试用版	新一代数据库搜索软件，进行了多种算法改进

（续表）

软 件 名 称	运 行 平 台	运 行 方 式	说　　明
pFind	Windows/linux	命令行	包括大量的辅助工具，如数据库索引、数据库搜索结果的手工验证等
Spectrum Mill	Windows	—	具有图谱过滤、后续处理、从头预测等多个模块
MassMatrix	Windows	图形化界面和命令行	误差敏感的搜库
greylag	Windows/linux	命令行	自动并行计算
MyriMatch	Windows/linux	命令行	支持 13 种原始文件
SpectraST	Windows/linux	命令行/网页	标准图谱库搜索
X! hunter	Windows/linux	命令行	标准图谱库搜索
NIST MS Search Program	Windows	图形化界面	标准图谱库搜索
BlibSearch	linux	命令行	标准图谱库搜索
GlycoPro	Windows	图形化界面	N-糖基鉴定
VEMS 3. 0	Windows	图形化界面和命令行	鉴定和翻译后修饰注释

2. 串联质谱图谱从头测序

利用串联质谱图谱对肽段进行从头测序，是鉴定序列数据库中未曾收录的新蛋白质的重要方法。在典型的高效液相色谱-串联质谱联用分析过程中，肽段混合物通过液相色谱分离后，经过电喷雾离子化，进入质谱进行一级、二级质谱分析，被选定的肽段离子在碰撞室与惰性气体作用而发生碰撞诱导解离。如图 6.16 所示，肽段主要有 3 种解离模式。假定肽链含有 n 个氨基酸残基，肽段在第 m 和 $m+1$ 个氨基酸残基之间发生解离，根据肽链断开的位置不同，会产生三类互补的离子，(a_m, x_{n-m})、(b_m, y_{n-m}) 和 (c_m, z_{n-m})，其中 a 型离子、b 型离子和 c 型离子为 N 端离子，x 型离子、y 型离子和 z 型离子为 C 端离子，下标代表所含氨基酸残基的个数。在碰撞诱导解离(Collision-Induced Dissociation, CID)图谱中，最常见的是 a 型离子、b 型离子和 y 型离子，其他类型离子较少出现。图 6.17 给出了双电荷母离子经过理论解离得到 b 型离子和 y 型离子的示意图，该肽段包含 7 个氨基酸残基：N 端的 b 型离子包含 3 个氨基酸残基，命名为 b_3；C 端的 y 型离子包含 4 个氨基酸残基，命名为 y_4。

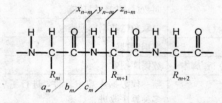

图 6.16　肽段解离模式及离子命名规则

从理论上讲，串联质谱图谱从头测序问题可以描述为：已知母离子质量 M，电荷 C，母离子质量误差 ε，碎片离子质量误差 δ，由实验得到的含有 k 个质谱峰 (m_j, i_j) 的图谱 S，其中 $1 \leqslant j \leqslant k$，$m_j$ 为峰对应的质量，i_j 为峰对应的强度，要求确定实验图谱 S 对

应的真实肽段序列 P_r。在多数情况下，由于实验图谱 S 中一些重要的碎片离子峰的丢失，要准确地确定 P_r 必须克服很大的困难。计算时，通常先得到一组候选肽段 $(P_1, P_2, \cdots, P_{t-1}, P_t)$，使 $|M-M_{P_n}| < \varepsilon, 1 \leqslant n \leqslant t$，$M_{P_n}$ 为候选肽段 P_n 对应的质量，然后再从 t 个候选肽段中找出与实验图谱 S 匹配最好的肽段 P_S。

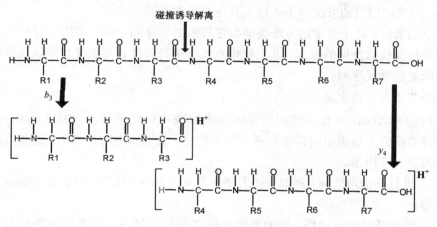

图 6.17 肽段理论解离示意图

串联质谱图谱从头测序的理论基础是：记图谱中两个峰 Pk_i 和 Pk_j 对应的质量分别为 M_{Pk_i} 和 M_{Pk_j}（$1 \leqslant i, j \leqslant k$），$k$ 为图谱中峰的个数，M_{AA_n}（$1 \leqslant n \leqslant 20$）为 20 种常见氨基酸残基对应的质量，$\lambda$ 为允许误差。如果上述参数满足 $\left| \left| M_{Pk_i} - M_{Pk_j} \right| - M_{AA_n} \right| < \lambda$，即认为 Pk_i 和 Pk_j 可能是母离子产生的碎片离子序列中相邻的两个离子生成的质谱峰，进而通过不断计算确定 b 离子系列 $(b_1, b_2, \cdots, b_{l-1}, b_l)$ 的位置（l 为真实肽段序列长度）或者 y 离子系列 $(y_1, y_2, \cdots, y_{l-1}, y_l)$ 的位置，最后通过得到的 b 离子或 y 离子的位置推导出图谱对应的肽段序列信息。

在实际的应用过程中，研究人员提出了多种方法来解决串联质谱图谱的从头测序问题。这些方法可以分为 3 类，即穷举法、基于图论的方法及综合方法。下面介绍这些方法的基本原理和相关软件。

1）穷举法

穷举法根据母离子质量列举出所有可能的候选肽段，然后将候选肽段和实验图谱进行比对，找出最佳匹配候选肽段。这种方法也可以认为是广义上的数据库搜索方法，其搜库空间为 20^l，l 为肽段长度。这类方法在 20 世纪 80 年代由 Sakurai 等人提出。随着肽段长度或母离子质量的增加，候选肽段的数量呈几何级数增长。例如，分子量为 774Da 的肽段对应着 21 909 046 个可能的候选肽段，因此基于穷举的方法只适用于长度较短的肽段，不适合推广。另一个不足之处是计算速度太慢，尽管有一些研究工作加快了这类方法的计算速度，但由于它本身是一个 NP 难问题，加速计算仍无法满足大规模质谱数据处理的需求。2006 年，Olson 等人使用高精度的 MALDI 二级飞行时间仪器产出了误差为 50 mDa(毫道尔顿)的高精度数据，取得了能够处理母离子质量为 1600 Da 或者更多的图谱的效果，但他们提出的方法并不适用于其他类型的仪器。

总的来说，基于穷举的方法能够鉴定较短的肽序列，但不适用于较长的肽序列或低精度仪器产出的数据，其主要难点在于很高的计算复杂度和难以区分极其相似的候选肽段序列。

2)基于图论的方法

1990 年，Bartels 提出使用图论方法来解决串联质谱图谱的从头测序问题，之后许多研究人员提出的算法都可以归于此类。针对双电荷母离子，这类方法的基本流程如下所示。

① 进行图谱预处理，例如去掉图谱中低丰度的峰，或者归并图谱中的同位素峰簇等；

② 构建质谱峰连接图，即如果两个峰之间的质量差在误差范围内恰好等于某个氨基酸残基的质量，就将这两个质谱峰作为两个顶点和一条边加入 (V, E) 图中。质谱峰连接图构建完毕后，在 (V, E) 图中加入 b 型离子的起始点 1 和结束点 $M-17$，以及 y 型离子的起始点 19 和结束点 $M+1$，其中 M 为母离子质量，再在 (V, E) 图中搜索 b 型离子或 y 型离子从起始点到结束点的路径，同时产生候选肽段；

③ 通过打分函数对候选肽段进行排序和输出。

其基本流程如图 6.18 所示。

在早期的基于图论的方法中，构建质谱峰连接图之前所采用的流程基本是一致的。各种方法的不同之处在于对质谱峰连接图的后续分析处理，例如 Fernandez-de-Cossio 等人提出的 SeqMS 方法，采用 Dijkstra 算法寻找从 N 端到 C 端的最短路径以表示肽段序列；Taylor 等人提出的 Lutefisk 方法采用启发式方法寻找 N 端到 C 端的最优路径；Dancik 等人提出的 Sherenga 方法采用一种有效方法寻找质谱峰连接图中的一个反对称最长路径；Chen 等人提出的 Compute-Q 方法引入动态规划方法寻找质谱峰连接图中的最优路径，并且加快了图的搜索速度。

基于图论的从头测序方法一直在持续发展。2005 年，Frank 等人提出了一种更有效的从头测序方法 PepNovo。PepNovo 引入了各种离子之间的关联可能性，使用两个似然比的比值作为单个峰对应的分值，分子是与已知的肽段解离规则对应的似然比，分母是与随机解离过程对应的似然比。同时，PepNovo 引入概率网络模型来减小计算空间，加快计算进程。引入的概率网络模型考虑了各种离子类型之间的关联性概率，考虑了肽段解离位置之间的关系及侧翼氨基酸对解离位置的影响。但是，由于 PepNovo 通过训练集来获得模型参数，其预测结果部分地受训练集的影响，如果训练集不同，则得到的参数也不同。同年，Grossmann 等人提出了一个包含启发式模块的从头测序工具 AUDENS，AUDENS 允许用户与软件交互，用户可以指定输入图谱峰的阈值和相关系数，用于对图谱进行预处理。

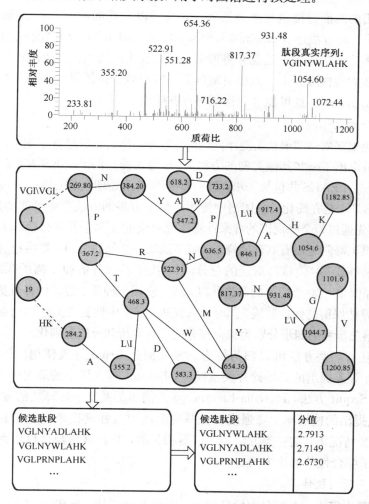

图 6.18　基于图论方法的基本流程图

2007 年，Mo 等人提出了一种新的从头测序方法 MSNovo。MSNovo 能够支持多种类型仪器产出的数据，同时支持＋1、＋2 和＋3 价的母离子。MSNovo 引入了一个新的打分机制，同时结合质谱矩阵，使用动态规划方法解决从头测序问题。实质上，质谱矩阵是质谱峰连接图的一个推广。根据作者的报道，MSNovo

在多个数据集上都比以前的从头测序方法表现得更好。DiMaggio 等人将从头测序问题抽象为多约束条件的多目标优化问题，使用整数线性最优化来解决这个多目标优化问题，该方法对应的软件 PILOT 在两个小数据集上表现较好。2010年，Chi 等人提出了一个用于高能碰撞解离（Higher-energy Collisional Dissociation，HCD）类型数据的从头测序算法 pNovo。根据作者报道，使用数据库搜索方法鉴定出的高能碰撞诱导解离图谱中，80％以上都能被 pNovo 正确测序。另外，基于图论的方法还有 EigenMS、PRIME、Sub-denovo 及树分解方法等。

基于图论方法的优点是能够将搜索空间简化为线性空间，使得从头测序方法能够应用在大规模数据上。其固有缺陷是不能有效分辨图谱中信号模糊区域的 b 型离子和 y 型离子，这可能会导致测序存在错误。

3）综合方法

在解决串联质谱图谱从头测序问题的方法中，绝大多数是基于图论的方法，也有研究人员提出了一些其他类型的方法。Ma 等人提出的 PEAKS 方法就是此类方法中的代表。PEAKS 共包括 4 步：第一步是图谱预处理，即图谱噪声过滤和图谱峰聚合；第二步是在简化后的图谱中使用类似于穷举的方法产生可能的候选肽段。PEAKS 首先通过每个峰周围的峰来计算该峰对应的 y 离子匹配分值和 b 离子匹配分值。如果该峰附近没有其他的峰，就赋予该峰一个惩罚分值，然后通过计算该峰附近的氨基酸残基，使该峰对应的总分值（b 离子匹配分值和 y 离子匹配分值）最大，并只保留 10 000 个最好的候选肽段，然后使用一种基于经验的并且更精确的打分方法来评估保留的候选肽段，同时加入亚胺离子、中性丢失离子和内部解离离子的分值；第三步和第四步分别为综合打分的差异分析和分值正则化。

另外还有一些方法可以归为综合方法，例如 Bruni 等人使用的组合数学模型，Zhang 等人提出的二维碎片关系模型，Demine 等人提出的适用于 MALDI 类型数据的 Sequit 方法，Heredia-Langner 等人提出的基于遗传算法的方法，Kanazawa 等人提出的使用离子峰强度和氨基酸解离位点强度比来进行从头测序的方法。在多数情况下，这一类方法是与仪器相关的，并且常常与肽段序列标签方法联用，属于综合性的解决方案。

4）从头预测软件

在实际应用中，由于存在样品污染、同位素峰干扰、肽段不完全解离导致的多数图谱中出现的重要 b 离子峰或者 y 离子峰丢失、N 端和 C 端信息缺失，以及各种各样的噪声干扰等种种原因，从头测序方法的精度还不够高，目前还难以大量得到正确的肽段序列信息，因此单独应用从头测序方法还比较少见。从头测序方法的主要应用策略是与同源性搜索、数据库搜索方法或者肽段序列标签方法组合起来使用。

例如，Waridel 等人综合使用 PepNovo、Mascot、序列相似性搜索等方法，对未测序的物种进行蛋白质序列分析，有效地鉴定出了新蛋白质的序列。Bandeira 等人使用一种组合方法对单克隆抗体进行测序，对比埃德曼降解法，显著加快了蛋白质测序速度。Ng 等人使用多级质谱分析策略和图谱比对算法对环状的非核糖体肽段进行测序，并且有效区分了新分离出的非核糖体肽和已鉴定的非核糖体肽。

表 6.3 总结了串联质谱图谱从头测序软件的网络资源表，表 6.4 给出了部分串联质谱图谱从头测序软件的特性。

表 6.3　从头测序软件网络资源

软　件	网　址	免　费
Lutefisk	http：//www. hairyfatguy. com/Lutefisk/	是
RAId	ftp：//ftp. ncbi. nih. gov/pub/yyu/Proteomics/MSMS/RAId/Package/	是
Compute-Q	—	—
PepNovo	http：//cseweb. ucsd. edu/groups/bioinformatics/software. html#pepnovo	是
NovoHMM	http：//people. inf. ethz. ch/befische/proteomics/	是
PILOT	—	—
SeqMS	http：//www. protein. osaka-u. ac. jp/rcsfp/profiling/Seqms/SeqMS. html	是
PRIME	http：//csbl. bmb. uga. edu/downloads/prime/prime. html	—
MSNovo	http：//msms. usc. edu/supplementary/msnovo	—
AUDENS	http：//www. ti. inf. ethz. ch/pw/software/audens/	是
EigenMS	—	—
Sherenga	http：//www. agilent. com	否
Mass Seq	http：//www. micromass. co. uk	否
DeNovoX	http：//www. thermo. com	否
Sequit	http：//www. sequit. org/	否
SeqLab™	http：//www. ssi. shimadzu. com/	否
PEAKS	http：//www. bioinformaticssolutions. com	否

表 6.4　部分从头测序软件特性描述

软　件	是否在线	类　型	数据支持	是否支持翻译后修饰	支持的母离子电荷
Lutefisk	是	命令行	IonTrap, QTOF	是	+2
RAId	是	命令行	IonTrap	是	—
PepNovo	是	命令行	IonTrap, QTOF, FTMS	是	+1,+2,+3
NovoHMM	是	用户界面	LCQ	否	+2
PEAKS	是	用户界面	IonTrap, QTOF, FTMS, MALDI	是	+1,+2,+3
SeqMS	是	用户界面	IonTrap	否	+1,+2
MSNovo	—	—	IonTrap	—	+2,+3
PILOT	—	—	IonTrap, QTOF	—	+2
AUDENS	是	用户界面	IonTrap	否	+2

4. 肽段序列标签方法

基于肽段序列标签的蛋白质序列鉴定是介于数据库搜索和完全从头测序之间的一种折中方法。肽段序列标签方法不依赖于序列数据库，而是直接从实验图谱中推导出肽段的局部序列，这一点与从头测序方法类似，推导出的局部序列称为肽段序列标签或者肽段序列片段，一般包含 3 个氨基酸残基。进一步可以评估所生成的肽段序列标签，选择质量较好的标签搜索序列数据库，这有利于更准确、高效地得到完整的肽序列。

肽段序列标签方法包括两类情况：第一类是纯粹的肽段序列标签生成算法，目的是生成肽段上的序列标签，第二类是将从头测序方法和数据库搜索方法结合起来使用，先直接从图谱中得到一组肽段序列标签，然后使用得到的肽段序列标签搜索数据库。第二类方法比肽段从头测序方法的灵敏性和特异性都好得多，但是由于第二类方法在自动化方面还有所缺陷，目前应用还不是很广泛。

1994 年，Mann 等人论证了使用肽段序列标签方法鉴定肽段序列的可行性。2003 年，Tabb 等人提出了一个基于经验的离子碎裂模型，并将该模型应用于高通量的串联质谱图谱肽段序列标签生成，同年 Sunyaev 等人开发了 MultiTag，能够使用多误差容限的肽段序列标签搜索数据库。2005 年，Han 等人开发了 SPIDER，可以使用肽段序列标签搜索数据库，主要用于蛋白质和肽段序列鉴定。Halligan 等人开发的 DenovoID 是个网页服务器，其基本功能与 SPIDER 相似。Frank 等人提出了一个用于肽段序列标签生成的概率模型，对应的软件是 PepNovoTag；Tanner 等人开发的 InSpecT 与 Frank 等人提出的方法类似，此外 InSpecT 还能够鉴定翻译后修饰位点。2008 年，Tabb 等人提出了一个用于肽段序列标签生成的统计模型，并使用 7 种仪器的数据来验证其方法。Brunetti 等人开发了一个有效的并行算法用于肽段序列标签生成，对应的软件是 PARPST。

表 6.5 给出了常用的串联质谱图谱肽序列标签生成软件的网络资源，详细的使用方法可以通过访问相关的网址获得。

表 6.5　串联质谱图谱肽段序列标签生成软件

软　件	网　址	鉴 定 方 法
PeptideSearch	http://www. narrador. embl-heidelberg. de/GroupPages/PageLink/peptidesearchpage. html	肽段序列标签方法
ProteinProspector	http://prospector. ucsf. edu/	肽段序列标签方法
GutenTag	http://fields. scripps. edu/GutenTag/	肽段序列标签方法
DirecTag	http://fenchurch. mc. vanderbilt. edu	肽段序列标签方法
PepNovoTag	http://proteomics. ucsd. edu/Software/PepNovo. html	肽段序列标签方法

（续表）

软　件	网　址	鉴定方法
CIDentify	http://ftp.virginia.edu/pub/fasta/CIDentify/? M＝A	肽段序列标签结合数据库搜索方法
FASTS	http://fasta.bioch.virginia.edu/fasta_www/cgi/search_frm.cgi? pgm＝fs	肽段序列标签结合数据库搜索方法
MS-BLAST	http://dove.embl-heidelberg.de/Blast2/msblast.html	肽段序列标签结合数据库搜索方法
InSpecT	http://proteomics.ucsd.edu/Software/Inspect.html	肽段序列标签结合数据库搜索方法
SPIDER	http://bif.csd.uwo.ca/spider	肽段序列标签结合数据库搜索方法
DenovoID	http://proteomics.mcw.edu/denovoid	肽段序列标签结合数据库搜索方法

6.4.3　蛋白质定量

随着蛋白质组学研究的深入发展，人们已经不再满足于对一个细胞或组织中的蛋白质进行简单的定性分析，而是着眼于蛋白质定量方面的研究。通过分析正常和疾病状态下细胞蛋白质组的整体及动态变化情况，可以为生物标志物发现、疾病诊断与治疗提供重要信息，并为生物功能等研究提供有力支持。

质谱分析技术是实现大规模、高通量蛋白质定量的主要方法。基于质谱的定量分析包括**稳定同位素标记定量**（stable isotopic labeling）方法和**无标记定量**（label-free）方法两大类。其中，稳定同位素标记定量是蛋白质定量的主流方法，它需要引入代谢、化学标记等质量标签，能够实现蛋白质的相对定量或绝对定量。该方法定量精度较高，但是实验操作较为复杂、成本高昂，动态范围和覆盖率有限。无标记定量是后续发展出来的蛋白质定量方法，它对不同状态下的样本单独进行质谱分析，不需要引入标签，操作相对简单。由于克服了稳定同位素标记定量的技术局限，无标记定量引起了研究人员的普遍关注，其应用范围也越来越广。但是该方法精度较低，对实验的可重复性要求较高。

1. 稳定同位素标记定量的方法

1）基本原理

目前，稳定同位素标记技术是质谱定量分析的主要技术之一，具有定量结果准确、抗干扰能力强等特点。稳定同位素标记技术可以对不同生物状态下（例如正常和疾病）的同一种多肽采用不同的试剂进行标记，引入具有固定或者肽段序列相关的质量差异，得到轻重肽段。然后将两种样品按照固定比例（例如 1:1）混合，进行质谱分析，在一级图谱中就会出现具有固定质荷比差异的同位素峰簇（配对峰簇），对应着不同试剂标记的肽段。根据配对峰簇的信号强度可以确定不同状态下蛋白质的相对表达量。目前，已经应用的标记方法有如下 3 种。

① 代谢标记，如 ^{15}N、^{13}C 和 SILAC 标记等；

② 化学反应标记，如 ICAT、cICAT、ICPL 和 iTRAQ 等；

③ 酶切催化标记，如 ^{18}O 标记等。

由于生物分析的需要，这些技术还在不断改进和发展中。从本质上讲，这些方法都是为了在肽段序列上引入质量标签，以便在质谱分析中区分不同来源的肽段。但是，不同的标记方法在定量信息的表现形式、标记效率、定量动态范围和定量准确度等方面有很大差异。

基于稳定同位素标记的定量技术不仅可以用于比较相对定量，还可以通过引入已知量的内标，对样品中的肽段或蛋白质进行绝对定量。其策略有如下 3 种。

① 基于标记肽段的绝对定量，该策略主要受目标蛋白质的酶切效率影响，目标蛋白质的不完全酶切将导致对其定量结果的低估；

② 基于标记完整蛋白质的绝对定量，该策略得到的定量值通常比第一种策略得到的值更大一些；

③ 基于级联的标记肽段的绝对定量，其基本思路是首先将用作定量的酶切肽段串联起来构成单一的人工蛋白质，然后在大肠杆菌中对其进行稳定同位素代谢标记、纯化，最后与蛋白质样品进行混合，以得到多个蛋白质的绝对定量。以上 3 种策略均需选择内标。

2）定量方法的典型流程

基于稳定同位素标记与质谱分析的蛋白质定量技术的典型流程如图 6.19 所示。由于受到质谱仪中质荷比分析范围的限制，一般采用将蛋白质酶切成肽段，然后再进行质谱分析的策略，因此定量分析实际上是以肽段为直接分析对象的。由图 6.19 可知，整个流程分为实验与定量数据处理两大部分。

实验部分包括以下 3 个步骤。

① 从组织或器官提取出需要对比的样品，并对样品进行预处理，包括酶切、稳定同位素标记、混合等；

② 对得到的肽段混合物进行色谱分离，减少进入质谱仪样品的复杂度；

③ 对肽段进行质谱分析，产生一级图谱与二级图谱，不同肽段在一级图谱中表现为不同质荷比和不同强度的谱峰，而且肽段经过惰性气体诱导碰撞解离碎裂产生的碎片离子在二级图谱中也会表现为不同质荷比和强度的谱峰。

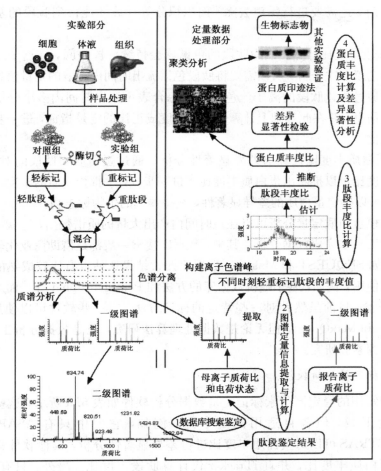

图 6.19 基于鸟枪法实验策略的同位素标记质谱数据处理基本流程(见彩图)

定量数据处理包括以下 4 个步骤。

① 数据库搜索鉴定。利用二级图谱进行数据库搜索,进行结果过滤和评估,鉴定肽段和蛋白质。

② 图谱定量信息提取与计算。肽段经过轻重标记后会附加质量不同的质量标签,它们在一级图谱中将表现为具有固定质荷比差异的谱峰,而峰的信号强度就是最基本的定量信息。这种情况下,定量信息主要隐藏在一级图谱中,大部分现有标记技术都属于这种情况,只有 iTRAQ 标记的定量信息主要包含在二级图谱中。针对上述两种情况,图谱定量信息提取就需要从一级或二级图谱中提取特征峰的信号强度或相关信息量。例如,高精度质谱仪给出的是谱模式图谱,同位素峰簇面积与肽段丰度成正比,从而构成了定量信号。在提取出

信号强度后，还需要进行噪声去除、面积积分等计算才能得到肽段的基本定量信息。

③ 肽段丰度比计算。因为肽段的色谱峰会持续一段时间，在这个过程中肽段会被质谱仪多次分析，所以需要将肽段色谱流出时间内提取的定量信息加以综合。一般通过构建肽段的离子流色谱峰来综合表示流出时间内多个分析时刻包含的定量信息，并在此基础上计算与肽段丰度成正比的定量指标，进一步计算肽段的丰度比。

④ 蛋白质丰度比计算与差异显著性分析。通过蛋白质与肽段的对应关系，从肽段丰度比可以推断出蛋白质丰度比。进一步，对一批蛋白质的丰度比进行统计分析，可以确定蛋白质的差异显著性，获得候选的生物标志物。

大规模蛋白质定量分析可以在短时间内产出大量的质谱数据，这就需要自动化的软件工具来完成数据分析。其中，数据库搜索一般都是借助商业化软件来完成的，例如 SEQUEST 和 Mascot。数据库搜索结果评估也有比较成熟的方法和软件可以使用，例如，基于随机数据库的方法和 PeptideProphet 等。而对于上述步骤②～④，目前虽然针对一些特定的标记方法，有一些软件可以使用，例如 MSQuant 和 MaxQuant，但无论是数据处理算法研究，还是数据分析工具开发，都还有待探索和研究。

3) 有标定量分析软件

目前常用的稳定同位素标记定量数据分析软件如表 6.6 所示，这些软件都可以免费下载，但各自适用范围不同。例如，它们中只有 ASAPRatio 和 MASPECTRAS 可以对蛋白质丰度比进行差异显著性分析，其他软件只是简单地给出蛋白质丰度比，并且 iTracker 仅计算肽段丰度比。另外，只有 MFPaQ 考虑了不同条带间相同蛋白质定量结果的合并问题。这些软件都存在对标记技术、数据库搜索鉴定结果、仪器平台不兼容的问题，而且它们的很多底层算法并不是最优的。

表 6.6　稳定同位素标记定量数据分析软件

软　　件	操 作 系 统	标 记 技 术	支持的数据库搜索软件	源 文 件
MFPaQ	Windows	SILAC，ICAT，ICPL，^{14}N/^{15}N	Mascot	wiff
MASPECTRAS	Windows，Linux，Solaris	SILAC，ICAT，ICPL	Mascot，SEQUEST，X! Tandem，OMSSA，Spectrum Mill	Raw，mzXML，mzData
AYUMS	Platform independent	SILAC	Mascot	dat

（续表）

软　件	操作系统	标记技术	支持的数据库搜索软件	源　文　件
XPRESS	Windows, Linux, OSX	SILAC, ICAT, ICPL	Mascot, SEQUEST, X!Tandem, Phenyx, ProbID	mzXML
ASAPRatio	Windows, Linux, OSX	SILAC, ICAT, ICPL	Mascot, SEQUEST, X!Tandem, Phenyx, ProbID	mzXML
MSQuant	Windows	SILAC, ICAT, ICPL, $^{14}N/^{15}N$	Mascot	wiff, raw, dat
ZoomQuant	Windows, Linux, OSX	^{18}O	SEQUEST, Mascot	raw
RAAMS	Windows, Linux, OSX	^{18}O	—	mzXML
Quant	Matlab script	iTRAQ	Mascot, SEQUEST	wiff
iTracker	Perl script	iTRAQ	Mascot, SEQUEST	—
Multi-Q	Windows, Web server	iTRAQ	Mascot, SEQUEST, X!Tandem	wiff, raw, baf
Libra	Windows, Linux, OSX	iTRAQ	Mascot, SEQUEST, X!Tandem, Phenyx, ProbID	mzXML

2. 无标记定量方法

无标记定量方法直接分析大规模鉴定蛋白时产生的质谱数据，无须进行标定处理。根据其不同的实验策略，无标记定量方法主要有液相色谱-质谱联用技术（LC-MS）和液相色谱-串联质谱联用技术（LC-MS/MS）两种，其主要差别在于是否利用串联质谱分析来鉴定肽段和蛋白质。这两种实验策略在数据分析流程上有很大区别，其计算流程分别对应于图 6.20 的流程一和流程二。

无须鉴定结果的定量方法以一级图谱数据为处理对象，其定量数据处理主要包括以下 6 个步骤。

① 数据预处理及谱峰检测。主要目的是从含有大量噪声的单个一级图谱中提取真实的肽段信号峰。

② 基于信号强度提取肽段定量信息。在保留时间轴上，构建肽段的离子流色谱峰，并根据离子流色谱峰计算出肽段的丰度表征。

③ 保留时间对齐。目的是消除不同实验中同一肽段的色谱保留时间偏差。

④ 数据归一化。目的是消除不同实验之间肽段信号强度的系统误差。

⑤ 肽段/蛋白质序列匹配。通过精确质量时间标签进行数据库搜索或通过靶标式液相色谱-串联质谱联用分析，可以将无序列信息的目标肽段匹配到肽段/蛋白质序列。

⑥ 蛋白质丰度比计算及统计学分析。由肽段的定量值推断出对应蛋白质的丰度比，然后通过统计学分析找出显著性差异表达的蛋白质，从而确定候选的生物标志物。值得注意的是，在临床诊断中可能不需要肽段和蛋白质的序列信息，而是构建特定生物样品的质谱分析特征矩阵，利用数据特征直接刻画或者表征样品。

需要鉴定结果的定量方法是针对液相色谱-串联质谱联用策略的实验数据处理方法，其数据处理步骤如下所示。

① 数据库搜索及结果质量控制。利用二级图谱，通过数据库搜索和结果质量控制，得到高可信度的肽段和蛋白质的鉴定结果。

② 定量信息提取。常用的方法有两种，即信号强度法和图谱计数法，分别对应图 6.20 中流程二的 Ⅰ 和 Ⅱ。方法 Ⅰ 利用肽段的鉴定信息返回到一级图谱中提取肽段的离子流色谱峰，并根据离子流色谱峰计算肽段的丰度表征；方法 Ⅱ 则把蛋白质中肽段的鉴定图谱总数作为定量指标，只能定量蛋白质。

③ 蛋白质丰度比计算及统计学分析。

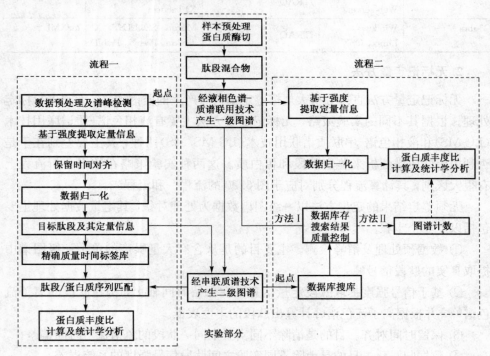

图 6.20　无标记蛋白质组定量分析的典型计算流程

由于采用了不同的实验策略，两种计算流程各有优缺点。流程一采用了液相色谱-质谱联用实验策略，直接从一级图谱中检测肽段特征并提取定量信息。由于不需要选择母离子，在合适的结果过滤规则下，流程一可以定量更多的肽段，对低丰度肽段的定量有利，但是存在假阳性率较高、多肽段重叠的情况，并且定量算法比较复杂，运算时间较长。流程二可以利用肽段和蛋白质的鉴定结果完成定量，假阳性率较低。但由于采样效应的限制，肽段覆盖率较低，并且大部分是高丰度肽段，而许多重要差异表达的生物标志物往往丰度较低，这就不利于生物标志物的发现。目前为止，还没有相关文献对这两种数据处理流程的优劣进行系统评估。

1) 无标记定量算法的核心问题

无标记定量的两种典型计算流程采用的实验策略不同，导致数据处理步骤有很大差异。首先，流程一采用谱峰检测算法确定定量对象，而流程二的定量对象则通过数据库搜索和结果质量控制来获取，其中数据库搜索鉴定一般由商业化的软件完成，例如 SEQUEST 和 Mascot，结果质量控制也有比较成熟的方法和软件。其次，图谱计数法是流程二特有的定量方法。再次，保留时间对齐是流程一必不可少的数据处理步骤，而流程二则不需要。最后，在推断蛋白质丰度比之前，流程一需要匹配出肽段/蛋白质的序列。尽管如此，两种计算流程具有相同的数据归一化、蛋白质丰度比推算及统计学分析步骤。下面讨论两种数据处理流程涉及的核心算法。

数据预处理及谱峰检测

数据预处理及谱峰检测是流程一的基础，其主要目的是从含有大量噪声的一级图谱中提取肽段信号峰。与二级图谱相比，一级图谱包含了所有检测到肽段的信息，但是其中只有很小一部分质谱信号属于肽段信号，其余为随机噪声、化学噪声等干扰信号。因此，准确快速地提取肽段信号峰至关重要。数据预处理和谱峰检测有很多可选的算法，针对不同的质谱数据，处理算法也不尽相同。

对于低精度的质谱数据，目前讨论较多的是 MADLI/SEDLI 实验数据的谱峰检测。图 6.21 给出了数据预处理及谱峰检测处理过程的一个具体例子，它包含以下 3 个步骤。

① 噪声滤波。主要目的是去除图谱中的随机噪声，包括移动平均滤波、Savitzky-Golay 滤波、高斯滤波、连续或离散小波变换、Hilbert-Huang 变换等算法。

② 基线去除。估计并去除图谱中的基线，其算法包括单调局部最小、线性插值、移动平均最小值、连续小波变换等。

③ 峰识别。主要从噪声和基线去除后的数据中识别出肽段信号峰，峰识别的准则有信噪比、峰强度阈值、局部最大值、峰宽、峰形等。

上述 3 个步骤都有很多算法可供选择，并且不同算法组合的性能差别很大。

Cruz-Marcelo 等人和 Yang 等人对之前的处理低精度的 MADLI/SEDLI 实验数据的谱峰检测算法进行了综述与评估，一致认为基于连续小波变换的谱峰检测算法的整体效果最好。

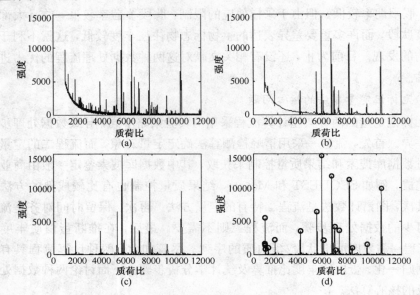

图 6.21　低精度质谱数据的预处理及谱峰检测过程示例。（a）原始质谱图；
（b）噪声滤波以后的质谱图；（c）滤波和基线去除以后的质
谱图；（d）谱峰检测的最终结果，真实的肽段峰用圆圈标记

对于高精度的质谱数据，其谱峰检测与低精度数据类似，但可以利用高精度数据的特点过滤噪声信号峰。此类谱峰检测算法可以归纳为如下两类。

① 利用肽段的天然同位素分布过滤噪声信号。由于噪声信号通常不会显示为具有一定保留时间的多电荷同位素分布峰，所以这一规则可以保证在去除噪声干扰信号的同时，识别强度较低的肽段离子信号。需要指出的是，若两个同位素分布模式部分重叠时，这类方法可能失效；并且估计的天然同位素分布与实际的分布存在偏差。

②利用飞行时间类数据中化学噪声的特点过滤噪声信号。这类算法在去除化学噪声的同时，也丢失了那些强度低于或接近于化学噪声的肽段信号峰。相比低精度的质谱数据，针对高精度质谱数据的谱峰检测算法的研究还比较少，如何利用高精度数据的特点快速准确地检测出肽段信号峰是今后谱峰检测的研究重点。

定量信息提取

定量信息提取是定量数据处理中的基本步骤，在很大程度上决定了定量结果的

精度，主要完成计算肽段或蛋白质定量指标的工作。目前的定量信息提取方法主要有两种：**信号强度法**（signal intensity method）和**图谱计数法**（spectral counting）。

　　利用信号强度法提取肽段定量信息的过程如图 6.22 所示，主要包括从一级图谱中解析肽段信号、构建肽段沿保留时间展开的离子流色谱峰、处理离子流色谱峰并计算肽段定量指标。流程一和流程二的此类定量信息提取算法类似，但是在提取定量信息之前，流程一需要采用质荷比误差匹配原则、聚类等峰对齐算法，识别出不同图谱中相同的肽段信号峰。

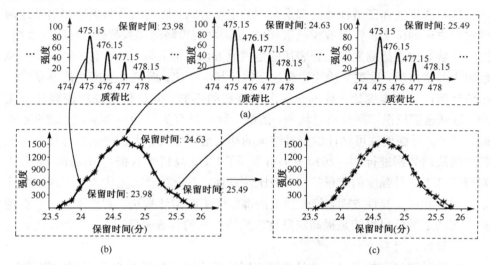

图 6.22　质荷比为 475.15 的肽段定量信息提取流程。(a)包含质荷比为
475.15的肽段信息的一级图谱；(b)沿保留时间构建的肽段
离子流色谱峰；(c)图中的虚线表示处理后的离子流色谱峰

　　这种定量信息的具体提取方法有很多，其区别主要表现在以下 5 个方面。

　　① 去噪方法。解析肽段信号之前，某些方法对一级图谱进行了去噪处理，去噪方法分为小波去噪、滑动平均去噪和 Savitzky-Golay 滤波等。

　　② 肽段信号的图谱解析。可以采用肽段信号峰的峰值、峰内信号强度加和、峰平滑后的面积及峰拟合后的面积等方法来完成从一级图谱中解析肽段信号。

　　③ 同位素峰。可以使用单一同位素峰、信号强度最高的同位素峰或前三个同位素峰来提取肽段的定量信息。

　　④ 离子流色谱峰的处理方法。某些方法使用小波去噪、平滑去噪、正则化或连续性截断等方法处理离子流色谱峰，也有些方法不处理离子流色谱峰。

　　⑤ 计算定量指标。可以将处理后的离子流色谱峰的峰值、峰内信号强度加和或者峰面积作为肽段的定量值。

根据蛋白质丰度越高，对应肽段被鉴定的概率就越大的原理，图谱计数法无须各种复杂的数据处理步骤，只需统计肽段的鉴定图谱数，将蛋白质中肽段的鉴定图谱总数作为定量指标。图谱计数法于 2004 年提出，通过分析标准蛋白的质谱数据，研究人员发现在超过两个数量级的范围内，蛋白质的鉴定图谱总数与其浓度呈线性关系，因此可利用肽度和鉴定图谱数估计蛋白质的定量信息。由于概念简单、运算速度快等特点，图谱计数方法吸引了不少学者的关注。为了进一步提高这类方法的实用性，现已发展出多种校正的图谱计数方法。

信号强度法和图谱计数法都是常用的定量方法，研究人员系统地评估了这两种定量方法的优劣。针对液相色谱-串联质谱联用策略的实验数据，有研究表明，图谱计数方法在检测显著差异表达的蛋白质方面更加灵敏，但是对于鉴定图谱总数很少的蛋白质，这类方法往往会过度估计其丰度比；而信号强度法能够更准确地估计蛋白质的丰度比，且不受鉴定图谱数的影响，但是数据处理流程相对复杂，运算速度较慢。部分研究认为，图谱计数法具有更好的可重复性、结果更准确，但是信号强度法可估计的定量结果的动态范围更大。上述评估都是针对中低精度的质谱数据进行的。2010 年，针对 FT-LTQ 高精度数据，Grossmann 等人实现了基于信号强度的定量算法，经比较发现，无论在动态范围方面，还是在定量准确性和可重复性方面，信号强度法都要优于图谱计数法。尽管如此，整合两种方法的定量结果可能是提高定量算法整体性能的有效途径。

保留时间对齐

保留时间对齐的主要目的是消除不同实验中同一肽段的色谱保留时间偏差。要比较不同状态下肽段/蛋白质的表达差异，就必须辨别出不同实验中的相同肽段。需要鉴定结果的定量算法可以根据序列信息来辨别相同肽段，而无须鉴定结果的定量算法则通过设置质荷比窗口和色谱保留时间窗口来实现相同肽段的辨别。虽然不同实验中的同一肽段在质荷比轴上产生的偏差很小，但是在保留时间轴上却会发生很大偏移，所以实现不同实验间保留时间的对齐是精确定量的关键。总的来说，保留时间对齐方法可以归纳为两类：特征数据（peak-based alignment）法和谱数据（profile-based alignment）法。特征数据法使用谱峰检测提取的肽段信息实现对齐。谱峰检测可以把具有几百万个数据点的图谱缩减到只有几百或者几千个肽段信号峰的特征图谱，显著降低了计算复杂度。而谱数据法利用未经处理的原始质谱数据实现对齐。与特征数据法相比，庞大的数据量对算法和计算平台性能的要求明显更高，但是可以充分利用原始图谱中的许多有用信息。

数据归一化

数据归一化的主要目的是消除不同实验间肽段信号的系统误差。在质谱实验中，由于不同的离子化效率、图谱采样效应等原因，即便是相同实验中浓度相等的不同肽段，或者是不同实验中浓度相等的同一肽段，其信号强度也可能存在很大偏差。因此，为了获得更加准确的定量结果，对肽段信号的归一化处理是十分必要的。数据归一化方法可分为两类：第一类在实验样本中加入"内标"或"外标"标准蛋白质，构建归一化标准曲线；第二类是基于统计学模型的归一化方法。前一类方法虽然高效，但是样本处理技术的复杂性限制了其使用，所以目前大都采用后一类方法。这类方法是在处理 DNA 微阵列数据时引入的，大都被直接应用或间接推广到基于质谱分析的蛋白质定量数据中，其中包括了全局归一化、线性回归归一化、局部回归归一化、分位数归一化和 LOWESS 等。

蛋白质丰度比计算

蛋白质丰度比计算的主要目的是根据肽段的定量值推断出对应蛋白质的丰度比。除图谱计数法外，流程一和流程二都是肽段水平的定量，而定量分析的主要目的是从各组实验数据中找出显著性差异表达的蛋白质，所以蛋白质丰度比计算至关重要。

2010 年，Carrillo 等人评估了 6 种蛋白质丰度比计算方法，分别是肽段定量比值的平均值、肽段定量值之和的比值、Libra 比值、线性回归、主成分分析和总体最小二乘法。结果表明，使用肽段定量值之和的比值作为蛋白质的丰度比的效果最好。但是像大多数定量方法一样，该研究并没有考虑蛋白质丰度比推算中的两个重要的问题：①数据缺失问题，即肽段的定量值在某些实验中存在，而在另一些实验中没有记录；②共享肽段在不同蛋白质间的丰度分配问题，共享肽段是那些能够匹配多个蛋白质的肽段，它们可能源于不同蛋白质的酶切。

统计学分析

统计学分析的主要目的是根据蛋白质的丰度比寻找具有显著性差异表达的蛋白质。一般来说，蛋白质的丰度差异表达不仅反映了生物样本中真实的差异，而且还包含了各种随机误差，如生物重复样本的随机影响、仪器的测量误差等，所以需要利用假设检验来确定蛋白质是否存在显著性差异表达。

对于两组数据的差异性检验，一个成熟的假设检验方法是 T 检验。对于不服从正态分布的数据，也可以使用非参数假设检验方法，如置换检验和 K-S 检验。若实验包括了两组以上的定量测量值，则可以使用方差分析和 Kruskal-Wallis 检验。为了更好地分析无标记定量数据，研究人员提出了很多新的统计学分析方法。其中，Tan 等人认为用多种统计学方法同时得到的显著差异表达的蛋白质更加可靠，所以利用 4 种不同的统计学方法检验同一批数据，得到了更可信的显著性差异表达的蛋白质。

经过统计学分析之后，可以得到一系列显著性差异表达的蛋白质，称其为候选生物标志物，而真正的生物标志物需要通过多级反应检测技术（Multiple

Reaction Monitoring，MRM)或基于抗体的检测技术，经过候选生物标志物验证及反复的临床验证得到。

3）无标记蛋白质组定量分析软件

表6.7列举了一些常用的无标记蛋白质组定量分析软件，软件对应的网络资源见表6.8。这些软件具有不同的特点和用途，大部分可以免费下载使用，部分还公开了源代码。

表 6.7　常用的无标记蛋白质组定量分析软件

策略	软 件	操作系统	数据类型	数据格式	备 注
流程一	SpecArray	Linux	FT-LTQ，OrbiTrap，Qtof	mzXML	整合在 TPP 中
	MsInspect	Linux，OSX，Windows	ESI-Tof，OrbiTrap，FT-LTQ，Qtof	mzXML	用户界面，命令行
	MapQuant	Linux，Windows	LCQ，FT-LTQ	mzXML，mzData，hmsXML	用户界面
	TOPP	Linux，OSX，Windows	LTQ，ESI-Tof	mzXML	用户界面
	PEPPeR	Linux，OSX，Windows	FT-LTQ，OrbiTrap	mzXML	整合在 Gene Pattern 中
	SuperHirn	Linux，OSX	FT-LTQ，OrbiTrap，Qtof	mzXML	整合在 TPP 中
	DeepQuanTR	Windows	LC-MALDI-MS	Txt，mzXML，mzData	用户界面
	SIEVE	Windows	MS data from Thermo	raw	用户界面
	Expressionist	Windows	Thermo\Bruker\ Warters 仪器	raw	用户界面
流程二	T3PQ	Windows	FT-LTQ，OrbiTrap	mzXML	命令行
	Census	Windows	FT-LTQ，LTQ 等	mzXML，pepXML，MS	命令行
	IDEAL-Q	Windows	ESI-Tof，OrbiTrap，FT-LTQ，Qtof	mzXML	用户界面
	PeptideQuant	Windows	LC-ESI-MS	mzXML	MATLAB 工具箱
	APEX	Windows	FT-LTQ，LTQ，Qtof	protXML	用户界面，图谱计数
	ProtQuant	Windows	FT-LTQ，LTQ，Qtof	sequantXML	用户界面，图谱计数

表 6.8　无标记定量软件对应的网络资源及相应的文献

软 件	网 址	软件类型
SpecArray	http：//tools. proteomecenter. org/software. php	公开源码，C
MsInspect	http：//proteomics. fhcrc. org/CPL/home. html	公开源码，Java
MapQuant	http：//arep. med. harvard. edu/MapQuant/	免费使用，C++
TOPP	http：//open-ms. sourceforge. net	公开源码，C++

（续表）

软 件	网 址	软 件 类 型
PEPPeR	http://www. broad. mit. edu/cancer/software/genepat-tern/	公开源码，Perl 和 R
SuperHirn	http://tools. proteomecenter. org/software. php	公开源码，C++
DeepQuanTR	http://www. pharma. ethz. ch/institute_groups/in-stitute_groups/biomacromolecules/deepquantr	免费使用，VB
SIEVE	http://www. thermo. com/	商业软件
Expressionist	http://www. genedata. com/	商业软件
T3PQ	http://fqms. svn. sourceforge. net/svnroot/fqms	公开源码，Python
Census	http://fields. scripps. edu/census/index. php	免费使用，Java
IDEAL-Q	http://ms. iis. sinica. edu. tw/IDEAL-Q/	免费使用，.NET
PeptideQuant	http://bioinformatics. ust. hk/PeptideQuant/peptid-equant. htm	公开源码，MATLAB
APEX	http://pfgrc. jcvi. org/index. php/bioinformatics/a-pex. html	免费使用，Java
ProtQuant	http://www. agbase. msstate. edu/tools. html	免费使用，Java

以上两种数据处理流程都有各自相同或不同的数据处理步骤，而不同的处理步骤中又有多种算法可供选择。如何选取其中几种性能较优的算法并组合设计新的定量软件，是一项重要的研究课题。

6.4.4 翻译后修饰

蛋白质翻译后修饰对于蛋白质的成熟、结构和功能多样性具有决定性的作用。由于蛋白质翻译后修饰的多样性、普遍性和动态性，传统的生物化学方法难以在全局水平上实现高通量的翻译后修饰研究。目前，在合理实验设计的基础上，生物信息学方法为快速、高通量地预测和鉴定蛋白质翻译后修饰提供了有效的工具。一方面，可以从序列角度出发，基于酶识别底物的特异性，用位点权重矩阵、支持向量机等算法，从底物蛋白质序列提取修饰相关的保守序列，用于预测翻译后修饰位点。这种方法相对成熟，能够获得较理想的预测准确性，但是无法反映不同时间、不同细胞的翻译后修饰状态。另一方面，可以从质谱数据分析出发，捕获细胞内翻译后修饰的动态特性。质谱分析的高灵敏度、高准确度和高通量的能力，使得建立在质谱基础上的蛋白质组学成为研究翻译后修饰的重要工具，生物信息学方法和基于质谱的蛋白质组学的结合使用则加速了翻译后修饰的研究进程。目前，翻译后修饰鉴定仍是计算蛋白质组学中的研究热点和研究难点。

1. 翻译后修饰的鉴定方法

使用计算方法从串联质谱中鉴定翻译后修饰可以分为两种情况。第一种是修饰类型已知，修饰位点个数有限制，称为有限制翻译后修饰鉴定；第二种是修饰类型未知，修饰位点个数无限制，称为无限制翻译后修饰鉴定。重要的蛋白质翻译后修饰类型包括磷酸化（磷酸化酪氨酸、磷酸化丝氨酸、磷酸化苏氨酸）、糖基化（N 端连接和 O 端连接）、乙酰化、甲基化、脂肪酸修饰、硫酸化、脱酰胺化、泛素化和类泛素化。

翻译后修饰通常会作用于特定的氨基酸，而且经修饰后，这一类氨基酸会增加相同的分子量，如磷酸化肽段因为加入磷酸化基团而产生了＋80 的质量偏移。翻译后修饰引起的肽段质量偏移表现为修饰蛋白在一维电泳和质谱峰中的相位漂移，通过质谱技术测定多肽离子片段的质量来鉴定肽段，有可能检测出翻译后修饰导致的质量偏移，进而识别发生翻译后修饰的蛋白。

蛋白质的翻译后修饰表现为蛋白质序列上某些位点的氨基酸附着了修饰分子或离子基团（如钠、钾修饰），因此基于质谱的蛋白质翻译后修饰鉴定的核心问题是翻译后修饰类型（质谱上表现为某氨基酸上的 Δm 质量偏差）和翻译后修饰位点的鉴定。现有的算法分为两类：①数据库搜索方法，即通过修饰图谱与未修饰图谱的比较发现翻译后修饰；②从头预测方法，即通过图谱与理论碎裂图谱比对或与同源蛋白序列比对的方式来鉴定翻译后修饰。

1）数据库搜索方法

此类算法的代表工具是 ModifiComb 和 Spectral network。ModifiComb 以 Mascot 鉴定结果为基础，通过修饰与未发生修饰的肽段之间的分子质量差，以及它们在高效液相色谱分离时的色谱保留时间差，即 $\Delta=(\Delta m, \Delta RT)$，使用碰撞活化解离（Collisionally Activated Dissociation，CAD）图谱结合电子捕获解离（Electron Capture Dissociation，ECD）图谱进行大规模修饰鉴定，一次可鉴定上百种已知与未知的修饰。Spectral network 则通过图谱间比对进而构建图谱网络的方式进行无限制翻译后修饰鉴定，在降低计算复杂度和发现低丰度修饰方面具有优势。这类方法的缺陷是无法鉴定不存在对应未修饰肽段的图谱。

2）从头预测方法

翻译后修饰的从头预测算法又可细分为两类。一类方法是通过图谱和未修饰肽段理论图谱的匹配进行翻译后修饰鉴定，代表工具是 MS-alignment。近年来发展的其他工具包括 TwinPeaks、SeMop、SIMS 和 PTMap。MS-alignment 沿用了基因组时代序列比对算法的概念，使用了局部最优的动态规划算法来比对图谱，后被 Bandeira 发展为 Spectral network。Baumgartner 等人开发了 SeMop，将初步搜索获得的高可信蛋白质理论酶切肽段作为图谱比对对象，在二级图谱水平上发现重复出现的潜在修饰类型，可以发现单一肽段上的多个修饰。此外，Havilio 等人在 TwinPeaks 中修正了修饰图谱与理论图谱的交互关联。Liu 等人开发了非限制搜索工具 SIMS，在实验谱中引入"ghost peaks"寻找可能的氨基酸残基，通过与理论酶切肽段进行局部最优匹配获得候选修饰肽段。另一类是基于标签的方法，代表工具是 OpenSea、GutenTag、Popitam 和 MODi。其中，Paek 教授的研究小组开发了翻译后修饰鉴定工具 MODi，利用从头测序产生肽段序列标签，并通过多序列标签构造标签链来快速定位翻译后修饰区域。除上述两大类方法外，Falkner 等人使用了有限元机进行非限制翻译后修饰鉴定。

2. 翻译后修饰的相关软件

翻译后修饰鉴定的主要软件如表 6.9 所示。

表 6.9　翻译后修饰的网络资源

软　　件	网　　址	是否限制翻译后修饰类型
GlycoSuiteDB	https：//tmat. proteomesystems. com/glycosuite	是
GlycoFragment	http：//www. dkfz. de/spec/projekte/fragments	是
GlycoSearchMS	http：//www. dkfz. de/spec/glycosciences. de/sweetdb/ms	是
GPS	http：//973-proteinweb. ustc. edu. cn/gps/gps_web	是
P-Mod	http：//www. mc. vanderbilt. edu/lieblerlab/p-mod. php	否
Spectral network	http：//proteomics. ucsd. edu/Software/SpectralNetworks. html	否
MS-alignment	http：//proteomics. ucsd. edu/Software/Inspect. html	否
VEMS	http：//yass. sdu. dk	否
MODi	http：//modi. uos. ac. kr/modi	否
GutenTag	http：//fields. scripps. edu/GutenTag	否
Popitam	http：//www. expasy. org/tools/popitam	否

6.5　蛋白质组学研究展望

在后基因组时代，蛋白质组学成为了生命科学的研究热点。经过多年的探索，蛋白质组学在研究内容、实验技术策略、研究目标等方面都取得了很大进展，研究目标更加理性和实用化。多种应用研究，如临床蛋白质组学（clinical proteomics）、生物标志物发现（biomarker discovery）、定量蛋白质组学（quantitative proteomics）等不断地深化和发展。尽管蛋白质组学有了很大的发展变化，但是大规模地研究和刻画蛋白质，从整体上分析和发现规律，以及从实验数据出发并利用各种数据库、知识库进行综合分析，一直都是蛋白质组学的基本研究方法。

而质谱技术作为蛋白质组学研究的主流技术,在表达、修饰、定位、复合体、定量等分析中发挥着重要作用。

为了满足复杂样品分析的需要,质谱技术近年来得到了长足发展,推出了各种高精度、高通量、高灵敏度的质谱平台。电离(电喷雾、基质辅助激光解析)、色谱分离(反相色谱、在线反相色谱、超高效液相色谱)、与质谱直接串联的分析技术(例如离子迁移谱)、稳定同位素标记($^{18}O/^{16}O$、$^{14}N/^{15}N$、SALIC 和 iTRAQ 等)、样品富集(磷酸化蛋白质 TiO2 富集)等相关技术也不断地推陈出新。技术探索和发展为蛋白质组学研究提供了丰富的工具,也成为了数据分析方法不断发展、革新的源动力。经过广泛探索,学术界已经认识到复杂的质谱数据分析是"平台相关的",这就意味着,算法和建模研究必须为不断发展的实验平台提供新的计算工具。

在仪器平台进步的基础上和生物问题的驱动下,国内外的蛋白质组学研究团队都对实验策略和实验方法进行了大量探索。例如,基于 LTQ-Orbitrap 的自顶向下和自中向下的实验策略,正在不断地扩展分子量动态分析范围,在修饰分析等应用中发挥了重要作用;多反应离子监测技术使质谱分析更加具有目的性,为生物标志物验证提供了一种可行策略;影像质谱技术可以对样品进行直接的谱分析,能够批量建立蛋白质在细胞中的分布图谱,提供了更高维的数据模式;对实验可重复性要求比较高的无标记定量也得到越来越多的应用,出现了液相色谱-质谱联用和液相色谱-串联质谱联用两种典型分析策略,成为大规模发现生物标志物的重要方法。这些探索产生了大量的质谱数据分析和计算问题,为蛋白质组生物信息学研究提供了广阔的空间。

参考文献

1. P. Kahn, From genome to proteome: looking at a cell's proteins, *Science*, 1995, vol. 270 (5235), pp. 369-370.

2. M. R. Wilkins et al. , From proteins to proteomes: large scale protein identification by two-dimensional electrophoresis and amino acid analysis, *Biotechnology*, 1996, vol. 14(1), pp. 61-65.

3. 钱小红,贺福初. 蛋白质组学:理论与方法(第一版). 北京:科学出版社,2003.

4. A. Pandey, M. Mann, Proteomics to study genes and genomes, *Nature*, 2000, vol. 405 (6788), pp. 837-846.

5. R. Aebersold, M. Mann, Mass spectrometry-based proteomics, *Nature*, 2003, vol. 422 (6928), pp. 198-207.

6. S. D. Patterson, R. H. Aebersold, Proteomics: the first decade and beyond, *Nature Genetics*, 2003, vol. 33, pp. 311-323.

7. S. D. Patterson, Data analysis-the Achilles heel of proteomics, *Nature Biotechnology*, 2003, vol. 21(3), pp. 221-222.

8. M. H. Chamrad, Valid data from large-scale proteomics studies, *Nature Methods*, 2005, vol, 2(9), pp. 647-648.

9. J. Colinge, K. L. Bennett, Introduction to computational proteomics, *PLoS Comput Biol*, 2007, vol. 3(7), pp. e114.

10. F. He, Human liver proteome project: plan, progress, and perspectives, *Mol Cell Proteomics*, 2005, vol. 4(12), pp. 1841-1848.

11. K. Cottingham, HUPO Plasma Proteome Project: challenges and future directions, *J Proteome Res*, 2006, vol. 5(6), pp. 1298.

12. M. Hamacher, H. E. Meyer. HUPO Brain Proteome Project: aims and needs in proteomics, *Expert Rev Proteomics*, 2005, vol. 2(1), pp. 1-3.

13. F. W. McLafferty et al., Techview: biochemistry. Biomolecule mass spectrometry, *Science*, 1999, vol. 284(5418), pp. 1289-1290.

14. P. Mallick, B. Kuster, Proteomics: a pragmatic perspective, *Nature Biotechnology*, 2010, vol. 28(7), pp. 695-709.

15. T. Nilsson et al., Mass spectrometry in high-throughput proteomics: ready for the big time, *Nature Methods*, 2010, vol. 7(9), pp. 681-685.

16. J. D. Fesmire, A brief review of other notable electrophoretic methods, *Methods Mol Biol*, 2012, vol. 869, pp. 445-450.

17. T. Rabilloud et al., Two-dimensional gel electrophoresis in proteomics: Past, present and future, *J Proteomics*, 2010, vol. 73(11), pp. 2064-2077.

18. L. Valledor, J. Jorrin, Back to the basics: Maximizing the information obtained by quantitative two dimensional gel electrophoresis analyses by an appropriate experimental design and statistical analyses, *J Proteomics*, 2011, vol. 74(11), pp. 1-18.

19. F. Tousi et al., Multidimensional liquid chromatography platform for profiling alterations of clusterin N-glycosylation in the plasma of patients with renal cell carcinoma, *J Chromatogr A*. 2012, vol. 1256, pp. 121-128.

20. A. Graber et al., Result-driven strategies for protein identification and quantitation—a way to optimize experimental design and derive reliable results, *Proteomics*, 2004, vol. 4(2), pp. 474-489.

21. J. M. Wiseman et al., Ambient molecular imaging by desorption electrospray ionization mass spectrometry, *Nat Protoc*, 2008, vol. 3(3), pp. 517-524.

22. E. H. Seeley, R. M. Caprioli, 3D imaging by mass spectrometry: a new frontier, *Anal Chem*, 2012, vol. 84(5), pp. 2105-2110.

23. A. Michalski et al., Ultra high resolution linear ion trap Orbitrap mass spectrometer (Orbitrap Elite) facilitates top down LC MS/MS and versatile peptide fragmentation modes, *Mol*

Cell Proteomics, vol. 11(3), pp. O111 013698.

24. X. Li et al., Ion trap array mass analyzer: structure and performance, *Anal Chem*, 2009, vol. 81(12), pp. 4840-4846.

25. Y. Qi et al., Absorption-mode: the next generation of Fourier transform mass spectra, *Anal Chem*, 2012, vol. 84(6), pp. 2923-2929.

26. Y. Shen et al., Effectiveness of CID, HCD, and ETD with FT MS/MS for degradomic-peptidomic analysis: comparison of peptide identification methods, *J Proteome Res*, 2011, vol. 10(9), pp. 3929-3943.

27. C. K. Frese et al., Improved peptide identification by targeted fragmentation using CID, HCD and ETD on an LTQ-Orbitrap Velos, *J Proteome Res*, 2011, vol. 10(5), pp. 2377-2388.

28. A. C. Peterson et al., Parallel reaction monitoring for high resolution and high mass accuracy quantitative, targeted proteomics, *Mol Cell Proteomics*, 2012, vol. 11(11), pp. 1475-1488.

29. B. Lu et al., Improving protein identification sensitivity by combining MS and MS/MS information for shotgun proteomics using LTQ-Orbitrap high mass accuracy data, *Anal Chem*, 2008, vol. 80(6), pp. 2018-2025.

30. L. C. Gillet et al., Targeted data extraction of the MS/MS spectra generated by data-independent acquisition: a new concept for consistent and accurate proteome analysis, *Mol Cell Proteomics*, 2012, vol. 11(6), pp. O111.016717.

31. 孙汉昌，张纪阳，刘辉等. 串联质谱图谱从头测序算法研究进展. 生物化学与生物物理进展, 2010, vol. 37(12), pp. 1278-1288.

32. V. Faca et al., Quantitative analysis of acrylamide labeled serum proteins by LC-MS/MS, *J Proteome Res*, 2006, vol. 5(8), pp. 2009-2018.

33. W. C. Yang et al., Simultaneous quantification of metabolites involved in central carbon and energy metabolism using reversed-phase liquid chromatography-mass spectrometry and in vitro 13C labeling, *Anal Chem*, 2008, vol. 80(24), pp. 9508-9516.

34. K. Guo, L. Li, Differential 12C-/13C-isotope dansylation labeling and fast liquid chromatography/mass spectrometry for absolute and relative quantification of the metabolome, *Anal Chem*, 2009, vol. 81(10), pp. 3919-3932.

35. A. Schmidt, N. Gehlenborg, B. Bodenmiller et al., An integrated, directed mass spectrometric approach for in-depth characterization of complex peptide mixtures, *Mol Cell Proteomics*, 2008, vol. 7(11), pp. 2138-2150.

36. 张伟，张纪阳，刘辉等. 蛋白质质谱分析的无标记定量算法研究进展. 生物化学与生物物理进展, 2011, vol. 38(6), pp. 506-518.

37. D. May, M. Fitzgibbon, Y. Liu et al., A platform for accurate mass and time analyses of mass spectrometry data, *J Proteome Res*, 2007, vol. 6(7), pp. 2685-2694.

38. A. H. America, J. H. Cordewener, Comparative LC-MS: a landscape of peaks and valleys, *Proteomics*, 2008, vol. 8(4), pp. 31-749.

39. C. Yang, W. Yu, A regularized method for peptide quantification, *J Proteome Res*, 2010, vol. 9(5), pp. 2705-2712.

40. J. Grossmann, B. Roschitzki, C. Panse et al., Implementation and evaluation of relative and absolute quantification in shotgun proteomics with label-free methods, *J Proteomics*, 2010, vol. 73(9), pp. 1740-1746.

41. Y. Han, B. Ma, K. Zhang, SPIDER: software for protein identification from sequence tags with de novo sequencing error, *J Bioinform Comput Biol*, 2005, vol. 3(3), pp. 697-716.

42. B. D. Halligan et al., DeNovoID: a web-based tool for identifying peptides from sequence and mass tags deduced from de novo peptide sequencing by mass spectroscopy, *Nucleic Acids Res*, 2005, vol. 33, pp. W376-W381.

第 7 章　生物分子网络研究

　　这是一个网络的时代，人们的联系越来越紧密，世界正在变得越来越小。通过网络的连接，个体的力量得以汇聚、放大。同样，在细胞内，也有一个网络的世界。基因、转录物、蛋白质等各种分子动态穿梭，需要时就结成一团，不需要时又分道扬镳。尽管单个分子的力量很薄弱，然而无数分子的精诚协作造就了生命的复杂与精确。蛋白质如何通过彼此相互作用来实现丰富的功能？对于复杂的生物分子网络，我们能发现些什么规律呢？

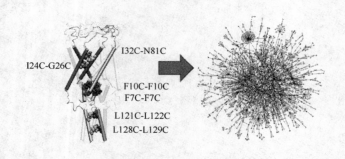

7.1　生物网络概述

前几章分别介绍了基因组、转录组和蛋白质组学的相关技术和研究内容，从单个组学层面上对生物体内的基因、mRNA 和蛋白质进行定性和定量的分析。特别是利用蛋白质组学技术，能够测定细胞或组织中的所有蛋白质组分及其表达量，为研究生命活动动态提供了重要依据。但是，仅仅了解单个分子的表达水平还不足以揭示系统的全貌，因为在生命活动的过程中，基因或蛋白质通常不是独立地发挥作用，必须要研究众多细胞分子之间的相互作用。描述生物分子之间相互作用关系的基本方法是采用生物网络，如蛋白质相互作用网络、代谢网络、基因调控网络和信号转导网络等。

随着实验测定技术（如酵母双杂交、质谱分析、染色体免疫共沉淀、串联亲和纯化、蛋白质芯片、噬菌体显示技术）和文献挖掘技术的发展，产生了大量的分子相互作用数据，并且这些数据呈指数级增长态势，为生物网络的构建奠定了数据基础。复杂网络理论的研究则为在系统水平上研究生物网络提供了方法和工具。通过对多种分子及其相互作用网络的研究，可以帮助分析生物功能，理解生物系统如何由单个构造模块组织而来，解析从基因组信息到生命基本规律的一系列生物学奥秘。同时，系统地分析分子相互作用数据可以帮助研究人员掌握生物的细胞功能、结构和进化信息，对理解生物过程具有重要意义。

目前，研究人员已开展了大量针对生物网络的研究工作，如采用复杂网络理论对生物网络的度分布、聚集系数、小世界特性的研究；采用子图搜索算法和子图比较算法挖掘生物网络模体；由基因表达数据构建分子调控关系网络，探寻网络功能模块及注释未知基因功能；多物种生物网络的比较研究及多种实验条件下网络的差异性研究等。本章将介绍生物网络研究的现状和最新进展。首先按照生物网络的主要功能介绍 4 种典型的生物网络，然后给出了一般生物网络的拓扑属性分析方法，之后根据不同网络类型的特点介绍一些专门的网络构建及分析方法，最后给出结论并展望未来发展趋势。

7.2　生物网络分类介绍

通路和网络是研究复杂的生命系统的关键。网络是描述系统的最直接也最有力的工具之一，其中结点对应系统中的元件，两结点之间的连线则表示元件之间的相互作用。网络的这种点与边的数学模型可以呈现出高度的复杂性。例如，人和鼠的基因数目仅是线虫和果蝇的 2 倍，而且人和鼠的基因差别仅为 1%。显然，作为网络结点的基因或者蛋白质，并不能完全决定生命活动，更重要的是这些结点之间复杂、动态的相互作用，即结点之间的连接。

很多生命活动都涉及多种分子的协同作用，按照生物学通路发挥的主要功能可以分为代谢途径、信号转导网络、基因调控网络等（见图 7.1）。代谢活动产生很多代谢物，这些代谢物之间彼此反应又刺激新的代谢物产生，构成代谢网络；当信号分子接受外界刺激，结合到目标分子上，生成新的信号分子，通过级联效应最终对外界刺激作出响应，构成信号转导通路；在发育过程中，基因之间相互调控，按照特定的时间、空间和表达强度，构成基因调控网络。

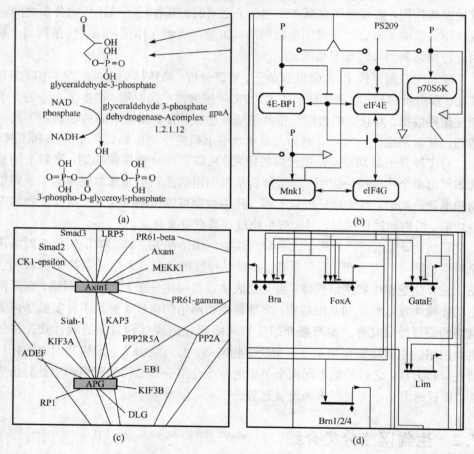

图 7.1　常见的生物网络。(a)代谢通路；(b)信号通路；(c)蛋白质相互作用；(d)基因调控网络

7.2.1　蛋白质相互作用网络

在后基因组时代，科学家们的研究热点又回到蛋白质上，全基因组的序列信

息并不足以解释及推测细胞的各种生命现象，蛋白质才是细胞活性及功能的最终执行者。那么，构成细胞的所有组成蛋白有多少？它们之间的动态相互作用关系如何？细胞内的所有蛋白即蛋白质组，又是怎样组织在一起形成有功能、有秩序的网络结构呢？这些问题的解决才是最终阐明细胞中各种生命活动机制的关键所在。要回答这些问题不仅需要蛋白质组学，还要研究蛋白质之间的关系，即蛋白质相互作用。

生物体内的各种生命信息由不同的基因经转录、翻译传递到蛋白质上，并使其具有各自的生化特性及生物学活性。但每个蛋白质并不是独立地在细胞中完成被赋予的功能，它们在细胞中通常与其他蛋白相互作用形成大的复合体，在特定的时间和空间内完成特定的功能。并且，有些蛋白质的功能只有在复合体形成后才能发挥出来，如依赖于构象变化或翻译后修饰的蛋白质功能；另一方面，某些蛋白质可能参与了不止一个复合体，简单的两两相互作用不足以阐明这种更为复杂的相互作用。因此，大规模、高通量的蛋白质相互作用研究应运而生，其目的是在细胞的特定生理条件下，从一个蛋白质到多个蛋白质，从一个复合体到多个复合体，描绘出整个蛋白质组中蛋白质之间的相互作用网络。基于这些作用关系，科学家们才能从真正意义上阐明一个蛋白质的功能，才能研究细胞中某一生理活动中所有相关蛋白质的变化及作用机制。研究大规模蛋白质相互作用有助于了解细胞中不同生命活动之间的相互关系，预测未知蛋白质的功能，建立基因组蛋白质连锁图，从而辅助疾病研究和药物靶标筛选等工作。

蛋白质相互作用研究可以分为两类。一类是研究蛋白质之间的相互作用及其网络。细胞内的许多活动，如信号转导等，都是通过复杂而广泛的蛋白质相互作用网络来实现的。另一类是研究蛋白质复合体的组成。蛋白质复合体通常分为两种：一种是结构型的蛋白质复合体，如核孔复合体，这一类通常比较稳定；另一种则是功能型蛋白质复合体，例如负责转录的转录蛋白质复合体、负责DNA复制的复制蛋白复合体等，这类复合体只有在执行功能时才聚合在一起，任务完成后就解离。

1. 大规模的蛋白质相互作用网络

随着蛋白质相互作用检测实验技术的发展，特别是酵母双杂交和质谱等高通量实验技术的应用，人们获得了大量的蛋白质相互作用数据，甚至能够对蛋白质相互作用进行全基因组分析。已经初步揭示了多种模式生物，如人、线虫、果蝇、酵母中的蛋白质相互作用网络（见图7.2）。同时，通过生物信息学方法也能够预测得到大量的蛋白质相互作用。如 I2D 数据库 V1.95 中（http://ophid. utoronto. ca/）共收录了 846 116 对蛋白质相互作用，其中490 600对相互作用来自于 DIP、MINT、HPRD(截止到 2013 年 12 月)、BIND 等多个数据库的实验结果，370 002 对来自于生物信息学预测的结果。然而，由于实验原理和方法的限制，由高通量实验方法得到的检测结果通常存在不同程度的假阳性和假阴性，即仍有大量的蛋白质相互作用没有发现，同时现有相互作用数据中还存在大量的错误。因此，对未知蛋白质相互作用的预测及现有数据的筛选和验证，仍是一项重要的研究工作。

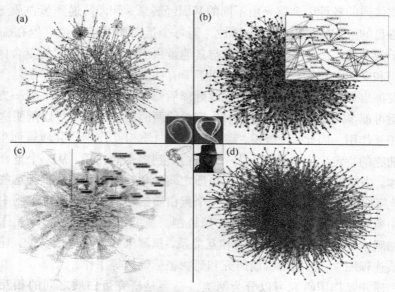

图 7.2　多种模式生物中的蛋白质相互作用网络。(a)酵母；(b)线虫；(c)果蝇；(d)人(见彩图)

2. 蛋白质复合体

蛋白质复合体(protein complex)是指在相同时间和空间通过相互作用组成一个多分子机制的蛋白质集合，例如细胞分裂后期的促进复合体、转录因子复合体、蛋白质运输复合体、RNA 拼接复合体等。一般蛋白质复合体可区分为结构型的蛋白质复合体和功能型蛋白质复合体两大类。

细胞中的蛋白质通常以蛋白复合体的形式实现特定功能。蛋白质复合体的种类繁多，而它们的性质与功能大多还不为人所知，对于蛋白质复合体的发现和挖掘成为生物信息学的重要研究内容之一。近几年来，*Nature* 期刊发表了多篇关于挖掘蛋白质复合体的学术论文。这些论文的基本思路是：首先通过生物化学实验进行测定，然后再对实验测定的结果应用生物信息学方法进行统计分析。解析和鉴定蛋白质复合体的最常用方法是，首先通过免疫共沉淀分离复合体，再使用质谱方法鉴定复合体的组成成分并研究相关蛋白质的功能。一般来说，通过生物化学实验可以比较准确地测定某一特定环境下的蛋白质复合体,特别是那些比较稳定的复合体。但是,仍存在一定数量的不稳定复合体,复合体内的蛋白质之间的相互作用是瞬时的,动态变化的,以实验为基础的研究方法很难捕捉到这些蛋白质复合体,而且实验成本十分昂贵。因此,生物信息学方法在复合体挖掘中具有重要作用,比较普遍的做法是在成对蛋白质相互作用构成的网络中,利用各种图聚类算法来挖掘蛋白质复合体。从蛋白质相互作用网络中进行蛋白质复合体挖掘,不仅有利于分析蛋白质相互作用网络的拓扑结构,而且对预测未知蛋白质功能及蛋白质相互作用也具有重要的作用。

7.2.2　代谢网络

代谢途径(metabolic pathway)是指在细胞内的发生的一连串的化学反应。代谢途径通常由酶所催化,能够形成代谢产物,或引发其他代谢途径(称为“流量控制反应”)。细胞通过代谢获得能量并将其用于构建新的细胞,代谢是细胞生存和繁衍的重要手段。

代谢网络(metabolic network)是将细胞内的所有生化反应表示为一个网络,反映了所有参与代谢过程的化合物之间及所有催化酶之间的相互作用。酶是由生物体内活细胞产生的一种生物催化剂,由酶催化代谢物发生的反应称为酶促反应。代谢物经过一系列的酶促反应发生相互转化,酶促反应则通过生成和消耗同一个代谢物而互相联系。若一系列代谢物经过酶促反应,具有一种相对独立的代谢功能,这些代谢物和酶就构成了一条代谢通路。物种内的所有代谢通路之间又因为含有相同的元素而相互连接,最终形成了物种水平上的具有层次化结构的代谢网络。

1. 酶的催化作用

在代谢途径中,起决定性作用的因素是酶。酶是一种生物催化剂,能够加快反应速度,具有催化效率高、专一、可调节的特点。每个酶都有其唯一的编号(酶编号或者 EC 号),与基因是多对多的对应关系。酶的催化机理主要是通过降低活化能来达到催化反应的目的。酶的化学本质是蛋白质,有些酶除了主要由蛋白质组成外,还有一些金属离子或小分子参与,称为辅酶。

与一般的化学反应相比,生物代谢更加高效。例如,在一次公开演讲中,赵国屏院士曾经问了一个问题:在安徒生童话《卖火柴的小女孩》中,小女孩一直在划火柴,为什么还会被冻死呢? 答案是每根火柴燃烧产生的热量非常少,能量转化效率非常低,不足以提供维持生命所需的基本能量。如果她能用这些火柴换一个面包回来,那么经过体内的糖酵解过程,一步步地催化反应,将会最大程度地释放出能量,或许她就可以熬过这个寒冷的夜晚了。在一个完整的糖代谢过程中，一分子的葡萄糖经分解共产生了 38 个三磷酸腺苷，不仅高效且便于能量的存储。究其原因，生物代谢的高效性主要归功于酶的催化作用。

2. 大规模代谢网络的构建

代谢一般分为分解代谢和合成代谢。常见的代谢途径包括碳水化合物代谢、能量代谢、脂类代谢、核酸代谢、氨基酸代谢、多糖合成与代谢，以及次级代谢产物的生物合成等。尽管不同物种中包含了大量的代谢反应，但是已知代谢网络是高度保守的。目前，人们已经总结了很多物种中的通用代谢网络（见图 7.3），并存储在专门的数据库中，如 KEGG、EcoCyc、BioCyc 和 metaTIGER 等，这些数据为研究代谢网络提供了重要的参考。

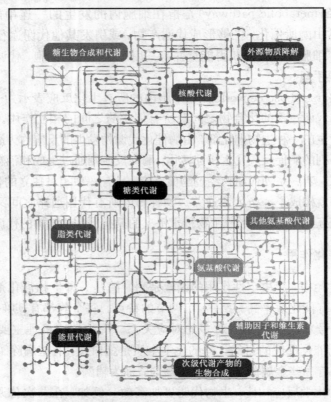

图 7.3 各物种通用的代谢网络图（见彩图）

构建物种特异的代谢网络仍是一个待解决的问题。从理论上讲，对于已完成基因组测序的物种，都可以重建其基因组尺度的的生化反应网络。其基本方法是以基因组序列和注释信息为基础，通过基因-蛋白质-反应相互关系重构模拟生物体的代谢过程。然而，目前仅构建完成了 58 个物种中 87 个基因组尺度的代谢网络模型(GSMNDB, http://synbio. tju. edu. cn/GSMNDB/gsmndb. htm), 其数量远远小于已测序物种的数量。造成这种情况的原因有很多, 其中主要原因如下。

① 由于注释算法不完善等因素, 基因组内注释出来的基因有很多是未知功能的基因和非编码基因;

② 基因组尺度代谢网络构建需要大量的人工校对工作, 这个步骤是个非常耗时耗力的工作;

③ 人们对很多物种的生理生化机制了解有限, 即使研究最为透彻的大肠杆菌, 仍然有很多生命活动的机制是未知的。

7.2.3　信号转导网络

外界环境刺激因子和胞间通信信号分子等作用于细胞表面(或胞内)受体后, 跨膜转换形成胞内第二信使, 经过其后的信号途径分级传递, 引起细胞生理反应和诱导基因表达的过程称为**细胞信号转导**(cellular signal transduction)。信号转导是生物系统的重要过程, 不仅承载着多种生物学功能, 而且与许多疾病过程的发生、发展密切相关。机体通过信号转导通路中分子之间的相互识别、联络和相互作用, 实现整体功能上的协调统一。信号传递的任何异常都可能引发生物过程的失调, 导致疾病的发生, 如癌症或糖尿病。由于细胞内各种信号通路之间存在着紧密的联系和交叉调控, 形成了非常复杂的信号网络。因此, 研究信号转导过程和信号网络具有非常重要的理论意义和应用价值。

1. 信号的分类

从各种信号刺激所导致的细胞行为变化来区分, 信号可分为如下 5 类。

① 细胞代谢信号。它们使细胞摄入并代谢营养物质, 提供细胞生命活动所需的能量;

② 细胞分裂信号。它们实现与 DNA 复制相关的基因表达, 调节细胞周期, 使细胞进入分裂和增殖阶段;

③ 细胞分化信号。它们使细胞内的遗传程序有选择地表达, 从而使细胞最终不可逆地分化成有特定功能的成熟细胞;

④ 细胞功能信号。比如, 使肌肉细胞收缩或者舒张, 使细胞释放神经递质或化学介质等, 使细胞能够进行正常的代谢活动, 促进细胞骨架的形成等;

⑤ 细胞死亡信号。这类信号一旦发出, 为了维护多细胞生物的整体利益, 就在局部范围内和一定数量上发生细胞的利他性自杀死亡。

可以说, 几乎所有重要的生命现象都与细胞内信号转导有关。细胞随时都在接受各种信号, 需要对这些信号进行汇集、分析、整理、归纳, 作出最有利于细胞生存和发展的反应，使得各个细胞或者多细胞生物与周围环境之间保持高度的和谐与统一，让生命过程有序地进行。

近年来，通过研究人员的共同努力，发现了许多参与信号转导的生物分子，阐明了这些分子的结构与功能关系，从而对细胞内信号转导机制的认识有了长足的进步。现在认为，细胞内信号转导机制提供了一种生物化学和分子生物学的分子机制，以支持和帮助细胞对信号做出某些决定，实现诸如调节细胞分裂和调节细胞分化等最终功能。

2. 信号通路的通用组分

信号转导系统需要识别信号、对信号做出响应并发挥其生物学功能的作用。它们不仅要完成信号传递，还需要具有识别、筛选、变换、放大、传递、调节信号等多种功能，这就决定了信号转导系统比较精细的组分。图 7.4 给出了信号通路的通用组分，包括受体、蛋白质激酶、G 蛋白和第二信使等。信号转导的基本过程为：在细胞膜外，受体与具有生物活性的配体（比如生长因子）相结合；作为结果，激活受体内部相关的酶，影响受体与内部中间体的连接，改变中间体的定位或者功能；进一步，效应剂酶活性发生变化；效应剂因子移动到核内，控制基因表达，或者促进其他蛋白质发挥这种作用；其他的目标小分子将会产生第二信使或者控制细胞的代谢状态。真实的信号通路可能包含所有这些分子，也可能包含其中几类，顺序或者平行地发挥作用。

3. 信号转导网络的特点

早期关于信号转导的研究认为，信号网络是完成信息的传递和放大的线性级联系统，然而随着研究的逐步深入，人们越来越清楚地发现这种描述是不完整的。目前，只有少数信号通路包含的信号分子较少而且结构简单，如核受体介导的信号传递和经由 Jak/Stat 路径的信号传递。除此之外，多数信号转导通路结构复杂，存在多个信号蛋白质协同作用，而且信息流向多个生化末端。信号转导的作用机制具有以下几个特点。

① 动态性。细胞信号很少会仅在一个位置发挥功能，而是在细胞和组织之间动态穿梭。在信号转导通路中，各种分子被激活，完成信号传递，然后恢复钝化状态，准备接受下一波的刺激。同时，信号转导通路中各个反应相互衔接，形成一个连续而又有序的反应过程，完成动态的信号传递。

② 复杂性。机体内的蛋白质相互作用十分复杂，一个信号往往不是单一传导的，而是有许多其他蛋白质或信号去增强它，抑制它，构成一个复杂的信号反馈系统，从而保证了信号传导的精确性。其中正反馈起到了信号放大的作用，将

信号扩增并传递出去；而负反馈的作用比较复杂，可以使信号稳定在一定水平，或者对信号起灭活的作用。

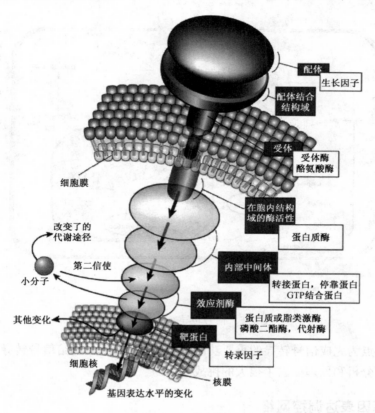

配体
生长因子

配体结合
结构域

受体
受体酶
酪氨酸酶

细胞膜

在胞内结构
域的酶活性

蛋白质酶

改变了的
代谢途径

第二信使

小分子

内部中间体

转接蛋白，停靠蛋白
GTP结合蛋白

其他变化

效应剂酶

蛋白质或脂类激酶
磷酸二酯酶，代射酶

靶蛋白

转录因子

细胞核

核膜

基因表达水平的变化

图 7.4　信号通路的通用组分[6]。灰色框图表示信号
通路的通用组分,白色框图表示特殊的例子

③ 网络化。信号通路很少是孤立的，它们通常有多个分支并相互连接构成复杂的网络。一条通路上的信号分子可以共价修饰，从而改变其他通路组分的活性。如图 7.5 所示，一条通路中的信号传递可影响、调节和控制其他路径中的信号传递，这种信号传递的互相依赖称为串话(crosstalk)，也是目前信号转导研究中的一个重要课题。

④ 专一性。鉴于细胞内存在多条信号转导通路，而各条通路之间存在部分共同的信号分子，为了保证对于不同的刺激能够产生特定的细胞响应，需要信号转导具有专一性。而信号分子的结构特点是细胞信号转导专一性的重要基础，比如配体与受体结构上的互补性。信号传递过程中的任何错误都可能导致最终任务的失败，致使机体功能异常或疾病的发生。

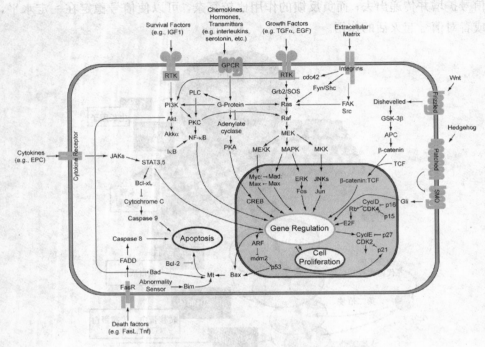

图 7.5 信号转导通路总览

这些特点为完成信号转导的重要功能提供了必要条件,也给信号转导网络的生物信息学分析和处理提出了很大的挑战。

7.2.4 基因表达调控网络

基因表达(gene expression)是指在一定调节因素的作用下,DNA 分子上特定的基因被激活并转录生成特定的 RNA,由此引起特异性蛋白质的合成过程。人类基因组中约含 2.5 万个基因,但在某一特定时期,只有少数的基因处于转录激活状态,其余大多数基因则处于静息状态。在大部分情况下,处于转录激活状态的基因仅占 5%。通过基因表达合成特异性蛋白质,赋予细胞以特定的生理功能或形态,适应内外环境的改变。

基因表达是一个非常精确的生物学过程,具有时间特异性和空间特异性。时间特异性是指特定基因的表达严格按照特定的时间顺序发生,以适应细胞或个体的特定分化、发育阶段的需要。空间特异性是指多细胞生物个体在某一特定生长发育阶段,同一基因表达在不同的细胞或组织器官,导致特异性的蛋白质分布于不同的细胞或组织器官,又称为组织特异性。通过一系列的基因表达,使得生物体能够适应环境、维持生长和增殖,以及维持个体发育与分化。从 DNA 到蛋白质的过程称为基因表达，对这个过程的调节即为**基因表达调控**（regulation of gene expression or gene control）。任何影响基因开启与关闭、转录和翻译过程速率的直接因素，统称为对基因表达的调控。

生物体中完整的生命过程实际上就是基因组中各个基因按照一定的时空次序开关的结果。无论是原核细胞还是真核细胞，都有一套精确的基因表达和蛋白质合成的调控机制。在这个过程中发生了一系列的级联调控事件，该级联事件上的基因组成了一个调控路径。因此，基因调控网络定义为：控制细胞内每一个基因的时空特异表达模式的调控路径所组成的网络。研究基因调控网络具有重大意义：首先，基因调控网络提示了细胞生命过程的运作机制，掌握了基因调控机制就等于掌握了一把解释生物学奥秘的钥匙；其次，基因调控网络为治疗复杂疾病提供了新的思路，有助于药物靶标的筛选和个性化治疗药物的设计。

1. 基因表达调控的步骤

基因表达调控主要表现在 3 个方面：转录水平上的调控；mRNA 加工、成熟水平上的调控；翻译水平上的调控。根据调控事件在基因表达过程中发生的先后次序，基因表达调控分为以下 6 个步骤。

① 转录水平调控：基因在何时以怎样的频率被转录；

② RNA 加工调控：即 RNA 转录物如何被剪切；

③ RNA 转运与定位调控：决定细胞核中哪些 mRNA 被转运到细胞质中，以及它们定位到细胞质中的什么位置；

④ 翻译调控：决定细胞质中哪些 mRNA 被核糖体翻译；

⑤ mRNA 降解调控：调控细胞质中哪些 mRNA 被降解；

⑥ 蛋白质活性调控：决定被翻译的蛋白质的活性、区域化及降解。可见，基因调控过程环节较多，涉及时间和空间上的精确调节，所组成的调控网络非常复杂。

2. 基因调控网络的特点

起转录调控作用的蛋白或基因称为转录调控因子。它们通常不是单独发挥作用的，而是通过相互作用协同作用，如一个调控因子激活另外一个调控因子，引发基因表达。转录因子调控其靶基因的表达，而编码转录因子的基因本身又受到其他转录因子的调控，如此形成了一个转录因子-转录因子、转录因子-靶基因的转录调控网络，简称基因调控网络（见图 7.6）。真核生物的转录调控网络是一个非常复杂的层次化动态反馈系统。具体表现在以下几个方面。

　　① 网络规模大且结构复杂。高等真核生物包含成千上万个结点，而且多个转录因子间的协作与竞争使得转录调控网络变得更加复杂。

　　② 网络结构是时空特异的。当原核生物细胞所处的营养环境变化时，转录调控网络的结构会相应发生改变；当真核生物的信息在不同的发育阶段、激素水平及对刺激的应答中，转录调控网络的结构也会发生改变。

　　③ 具有复杂的动力学特性。基因转录是一个复杂的过程，其转录速率与调控因子的浓度，转录因子-转录因子与转录因子- RNA 聚合酶之间的相互作用，以及核小体对起始位点的开关等都有联系，这使得转录过程的动力学非常复杂。

　　④ 调控路径是有向循环的。基因之间的调控相互联系，又相互制约，形成许多有向循环的调控路径。

　　目前，已知的基因调控网络还不是很多，因此构建基因调控网络仍是生物网络研究中一项重要而又艰巨的任务。

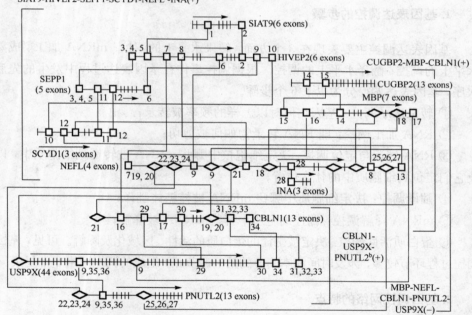

图 7.6　基因调控网络示例[9]。该图给出了与帕金森疾病相关的部分基因之间的调控网络

7.2.5　4 种生物网络的比较

　　综上，7.2 节介绍 4 种生物网络类型，包括蛋白质相互作用网络、代谢网络、信号转导网络和基因调控网络，这几种网络既相互联系又各有侧重。首先，在分子基础上，这几种生物网络是紧密关联，密不可分的。蛋白质相互作用是物质代

谢、基因调控和信号转导等很多细胞功能的分子基础。可以认为,蛋白质相互作用构成了生物网络的基本骨架。代谢途径中存在酶之间的相互作用,信号转导包含大量的蛋白质复合体,而基因调控包含调控因子之间的相互作用。其次,从生物化学角度讲,这四种生物网络在本质上都是生化反应,而且在生物体内没有严格的区分,只是代谢途径较多地涉及酶促反应,而信号转导较多地涉及蛋白质相互作用和蛋白质复合体。但是,从要完成的生物学功能上看,几种网络之间具有明显的区别。代谢途径主要实现能量代谢和物质代谢,信号转导主要完成机体内的信号传递与应答,基因调控则要对基因的转录、翻译等过程进行精确的调控。最后,从网络的结构出发,几种网络采用了不同的表示方式。通常,蛋白质相互作用网络是无向的,其他几种网络是有向的,存在分子之间的调控关系。这些不同类型的网络以不同的格式分别存储在相应的数据库中。正是由于这些生物网络之间的联系和区别,既有一些通用的网络属性分析方法,也有针对专门的网络类型开展的生物信息学研究。

7.3　生物网络的属性分析

　　自然界和人类社会中存在着大量复杂系统,它们可以通过形形色色的复杂网络加以描述。一个典型的复杂网络由许多结点和连接结点之间的边组成,其中结点代表复杂系统中不同的个体,每个结点都有自身的动力学行为,边代表结点之间的相互作用。互联网、超文本传输协议、食物链网络、基因网络、蛋白质相互作用网络、无线通信网络、高速公路网、电力网络、神经网络、超大规模集成电路、人体细胞代谢网络、流行病传播网络等都是复杂网络(见图 7.7)。

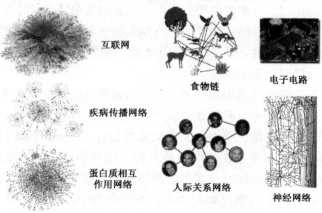

图 7.7　网络作为一种通用的语言用于表征多种复杂系统

网络作为一种通用的语言，提供了一个强大的表示和分析工具。当把一个系统描述为网络形式之后，就可以用图论的理论分析网络的统计性质，如用网络的平均路径长度、度分布、聚类系数等来描述网络。目前，基于复杂网络的分析方法，研究人员已开展了大量针对生物网络数据的研究工作，如采用复杂网络理论对生物网络的度分布、聚集系数、小世界特性的研究；采用子图搜索算法和子图比较算法挖掘生物网络模体；采用聚类方法挖掘生物网络模块等。下面对生物网络分析的一些通用方法进行介绍。

7.3.1　单个结点的属性

网络是一个包含大量个体与个体之间相互作用的系统，可以用结点与结点之间的作用关系构成的图 $G=(V, E)$ 来表示，其中 V 代表结点集合，E 代表边集合。按照图中的边是否有方向，可以将图分为有向图和无向图。

描述网络拓扑属性的常用指标包括**连接度**（degree）、**聚集系数**（clustering coefficient）、**最短路径长度**（shortest path length）和**介度**（betweenness）等。

1. 连接度

连接度定义为与某个结点发生相互作用的其他结点的数目。对于无向图，连接度是图中某结点的边的数目。对于有向图，连接度定义为出度和入度的和。网络的度分布是指随机选择一个结点，其连接度为 k 的概率 $p(k)$，它是衡量网络属性的重要指标。

网络中存在少量连接度很高的结点，称为**中心结点**（hub node）（见图 7.8）。作为网络中的枢纽，中心结点在生物的进化和维系相互作用网络的稳定性等方面有着不可替代的作用。这些蛋白质往往参与重要的生命活动，并发挥着关键的生物学功能。通过比较中心结点和其他结点在生物学重要性上的区别，可以发现中心结点具有很高的必要性，即在基因敲除实验中更容易导致个体的死亡，并且发现其进化速率也受到一定的抑制。

按照中心蛋白质在网络中发挥的不同作用或自身的特点，可以对中心结点进行分类。Han 等人通过相互作用蛋白质之间协同表达情况的差异，以及蛋白质结合位点的不同，将中心蛋白质划分为**聚会蛋白质**（party hub）和**约会蛋白质**（date hub）两类。聚会蛋白质是指在不同的地点和时间与不同的蛋白发生相互作用的蛋白质。约会蛋白质是指同时与多个蛋白质发生相互作用的蛋白质。他们发现，约会型中心蛋白质处于功能模块的中心，而聚会型中心蛋白质处于功能模块之间，充当模块连接者的角色。这些蛋白质从时间和空间等不同角度影响着整个生命体的活动，反映了生命网络动态性的特点。

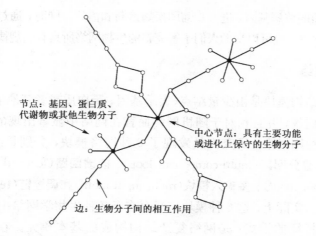

节点：基因、蛋白质、代谢物或其他生物分子

中心节点：具有主要功能或进化上保守的生物分子

边：生物分子间的相互作用

图 7.8 生物网络结构示意图。其中，中心结点标注为实心，其他结点标注为空心

2. 聚集系数

聚集系数描述了顶点的邻接点之间连接的可能性。网络中一个结点 i 的聚集系数 C_i 定义为

$$C_i = 2n_i/k_i(k_i-1) \tag{7.1}$$

其中，n_i 表示与结点 i 相连的 k_i 个结点之间的边的数目。

网络的平均聚集系数定义为全部结点聚集系数的平均值。聚集系数可以反映网络的模块性质，平均聚集系数越大，表明网络中存在的模块结构越多。

3. 最短路径长度

已知网络中的两个结点 i 和 j，最短路径 l_{ij} 定义为所有连通 (i, j) 的通路中，经过其他顶点最少的一条（或几条）路径，其长度称为最短路径长度。平均路径长度是对网络中任意一对顶点的最短路径长度求平均，用于描述网络中分离任意两个顶点所需的平均步数。

4. 介度

结点的介度定义为：所有的结点对之间通过该结点的最短路径的条数。介度反映了一个网络中结点可能需要承载的流量。结点的介度越大，流经它的数据分组越多，意味着它更容易拥塞，成为网络的瓶颈。通常，中心结点的介度往往很大。

通过分析生物网络中单个结点的拓扑属性，能够衡量网络中单个蛋白质的重要性，从而有助于发现细胞过程中的关键蛋白质及生物系统的薄弱环节。例如，致病基因通常具有较高的连接度，与其他致病基因距离较近，因此分析网络属性可以帮助发掘新的致病基因，进一步辅助疾病诊断和治疗。同时，通过分析网络中所有结点的拓扑属性，也可以帮助人们了解完整的生物网络所具有的规律和特点。

7.3.2 子网络

网络中的结构模块是由少量结点（表示基因、蛋白质或者其他生物分子）按照一定拓扑结构构成，并且相对于随机网络而言在网络中显著出现的小规模模式。在酵母转录调控网络中，研究人员发现了 6 种网络模块，分别是：**自调控**（auto-regulation）、**多组分回路**（multi-component loop）、**前馈回路**（forward loop）、**单输入模块**（single input motif）、**多输入模块**（multi-input motif）和**调控链**（regulator chain），如图 7.9 所示。实际上，这 6 种模块广泛存在于各种生物学网络中，它们主要是一些具有结构特征的模式，是网络复杂结构构成的基本单元。在《理解生物信息学》一书中有个生动的比喻，网络模块就像我们小时候玩过的乐高玩具插件，很多不同形状和大小的乐高插件通过相同的协议规则发生相互作用，从而搭建出变化多端的结构。不同插件可以在新的组合中重复使用，丢失或者损失的插件也很容易被替代，新的插件源源不断地被推出，系统正是通过这种方式逐渐地演化着。

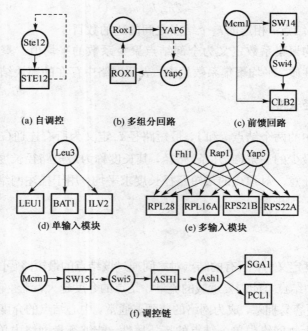

图 7.9 酵母转录调控网络中的 6 种模块[11]。虚线表示自
调控，圆形表示调控因子，方形表示被调控基因

通过鉴别各种内部高度连接的结点集合，可以将生物网络划分成不同的结构模块，模块是发挥特定的生物学功能的基本单位。例如，在基因调控网络中，一些生物大分子集合在一起，以便共同调控细胞周期的不同时相过程；在蛋白质相互作用网络中，蛋白质复合体、蛋白质-DNA 复合体模块构成了很多生物功能的核心部件；在信号转导网络中，部分信号通路以模块形式展现了对不同信号流向的控制。在实际的生物网络中，各种模块并非同样显著，每个网络都会有一系列独特的模块类型。正是这些模块揭示了相互作用模式的特点，表征了不同网络的特征。

1. 网络模块的搜索算法

由于网络模块的划分方法多种多样，可以将网络划分为包含 10～20 个成员的子集合，也可以划分成更大或者更小的模块，从而产生上亿种组合方式，因此模块划分并非是一件很简单的任务。为了识别和理解结构模块及其相互之间的关系，人们开发了多种工具用于分析生物网络的模块性，如专门针对 KEGG 网络开发的 PathwayBlast 软件等。Milo 等首次将生物网络与随机网络进行比较，寻找具有统计显著性的模块，并证实它们具有重要的信息处理作用。其基本原理如图 7.10 所示，在一个真实网络中搜索如图 7.10(a)中下部所示的 3 结点模块，考察该模块在真实网络中是否显著富集。为此，需要构建大量的随机网络作为参照，为保证结果可信，随机网络中每个结点与真实网络中的对应结点具有相同的出度和入度。可以发现，在真实网络中，这种网络模块大量存在，而在随机网络中出现次数较少。通过统计性的分析和比较，可确定该模块在实际网络中的富集程度。但是，该方法在搜索过程中采用了穷举法，其所需的计算时间会随着网络规模的增大而迅速增加。因此，Kashtan 等人提出了一种基于子网随机采样的方法，搜索具有统计显著性的结构模块，以便分析复杂网络中的模块。该算法对应的工具为 MFinder。最近几年，研究人员提出了很多基于随机采样的方法及改进的快速方法，开发了更便捷的模块搜索工具，如 MAVisto 和 FANMOD 等。结构模块划分作为网络生物信息学分析的基本方法，与模块功能紧密相关，对于网络的功能分析和生物学解释具有重要的提示作用。

比较现有的网络模块搜索工具，可以发现它们存在如下一些共性的问题。

① 搜索效率问题。基于统计显著性比较的方法需要产生大量的随机网络，并且在搜索过程中要进行大量的运算，特别是面对大规模的蛋白质相互作用网络，为了批量获得所有的网络模块，需要进行长时间的复杂计算。

② 模块大小限制。现有工具主要针对 3 结点和 4 结点模块进行搜索，当模块中的蛋白质数量较大时，基于统计显著性比较的方法往往由于运算时间过长而难以奏效。

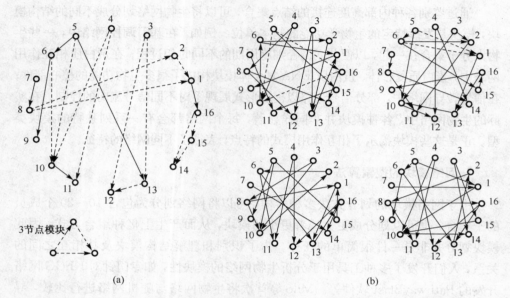

图 7.10　网络模块搜索示意图[12]。（a）真实网络；（b）随机网络。图中虚线部分为待
　　　　搜索模块，显然网络模块在真实网络中比在随机网络中出现得更频繁。在随
　　　　机网络中，每个结点与真实网络中的对应结点具有相同的出度和入度

2. 网络模块的生物学意义

　　控制回路是生物学系统的必要组成部分，是系统实现其生物学功能的基本单
位。通过搜索大规模信号转导网络中的结构模块，可以发现其中存在大量 3 结点
和 4 结点的显著富集模块。常见网络模块的生物学意义如表 7.1 所示。有研究报
道，信号转导网络中的大部分显著富集模块为前馈回路，而不是反馈回路。前馈
回路可以形成多层感知器模块，组成信号通路的级联结构。同时，前馈回路还可
以实现信号的多通路传递，保证部分分子缺失时系统的稳定性。

　　在基因调控网络中，也广泛存在着多种结构模块，不同的模块表明了调控信
号的不同转导方式。例如，大肠杆菌的转录调控网络没有反馈回路，说明原核生
物基因调控机制相对简单。而对于真核生物，反馈是一个重要的机制，它在生命
过程中具有举足轻重的作用。研究表明，负自反馈不仅加快了基因通路（gene
circuit）的响应时间，而且能减小各个细胞内蛋白质水平的差异，而正自反馈则与
之相反，它减慢了基因通路的响应时间，增加了各个细胞之间的差异。进一步，
基于单个调控关系的种类（包括激活和抑止两种），前馈回路可以划分为一致的
（coherent）和不一致的（incoherent）两类。其中，一致的前馈回路可以看成转录
网络中的信号敏感延迟元件，而不一致的前馈回路则能产生脉冲信号并加速系统

的响应。在不同生物体的基因调控网络中，各种控制回路出现的频率不同，以体现系统的特异性并保证相应功能的实现。

表 7.1　网络模块的生物学意义[13]

模 块 类 型	图　　例	作　　用
负自反馈	$\circlearrowleft X$	加快响应时间，减少 X 浓度的细胞可变性
正自反馈	$\circlearrowleft X$	减缓响应时间，可能的双稳态
协调前馈环	$X \to Y \to Z$	当 Z 输入函数是逻辑"与"时，信号敏感的延迟过滤掉短暂的"开启"输入脉冲；当 Z 输入函数是逻辑"或"时，则过滤掉"关闭"脉冲
非协调前馈环	$X \to Y \dashv Z$	生成脉冲信号，加速信号敏感响应
单输入模块	$X \to Y_1, Y_2 \dots Y_n$	协同控制，按时间顺序开启各启动子的活性
多输出前馈环	$X \to Y \to Z_1, Z_2 \dots Z_n$	对每个信号起前馈环作用，按时间顺序开启各启动子的活性
双扇	$X_1, X_2 \to Y_1, Y_2$	基于多输入的组合逻辑，取决于每个基因的输入函数
致密重叠调节子	$X_1, X_2 \dots X_n \to Y_1, Y_2 \dots Y_m$	

7.3.3　总体属性

通过分析网络中所有结点的拓扑属性，可以发现网络在总体属性上满足的规律。按照网络的结构特点，包括生物网络在内的各种实际网络可以分为 3 种常见的网络类型(见图 7.11)。第一种是随机网络，其连接度分布符合泊松分布，在大尺度情况下近似服从正态分布。第二种是无尺度网络，其连接度分布符合幂律分布，平均聚类系数近似为常数。第三种是层次网络，其连接度分布符合幂律分布，平均聚类系数与连接度的倒数成正比。研究发现，大部分生物网络都属于**无尺度网络**（scale-free network），并具有**小世界属性**（small world）、**高聚集性**和**鲁棒性**（robustness）。

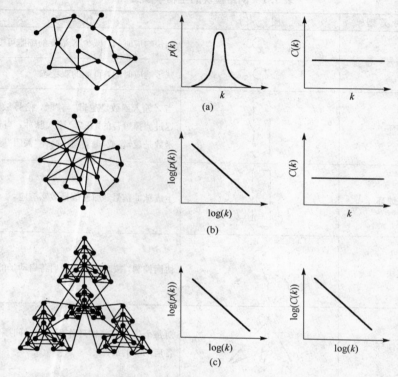

图 7.11　三种常见网络结构比较[15]。(a)随机网络；(b)无尺度网络；(c)层次网络。图中给出了各网络对应的连接度和聚类系数分布曲线

1. 生物网络的高聚集性

聚集系数的值是网络潜在模块化的标志。模块是指协同运作以实现相对独立功能的一组生理上或功能上相联系的结点。在实际生物系统中，可以普遍观察到模块的存在。网络中的每个模块都能约化为一系列三角形，这些三角形的密度可以由聚集系数 C 的值来体现，而所有结点的平均聚集系数则表征了相互作用的结点聚集成模块的整体趋势。目前研究所涉及的生物网络，包括蛋白质相互作用网络、蛋白质结构域网络、代谢网络等，都具有很高的平均聚集系数，表明高聚集性是生物网络的一个本质特性。高聚集性反映了细胞网络的高度模块化，而细胞功能可能就是以一种高度模块化的方式来实现的。

2. 无尺度性质

如果网络中结点的连接度分布具有幂指数性质，那么该网络是无尺度网络。许多现实中的网络结构，如互联网、社会关系网和电路网络等，都属于无尺度网络，或者有无尺度的特性。表 7.2 给出了一些无尺度网络的例子。

表 7.2　常见无尺度网络举例

网　　络	节　点	连　　接
电影演员网络	演员	出演同一部电影
互联网	网页	超链接
蛋白质相互作用网络	蛋白质	蛋白质之间的相互作用
金融网络	金融机构	借贷关系
美国航空网络	机场	飞机航线

在拓扑属性上，大部分生物网络，包括蛋白质相互作用、信号转导网络、基因调控网络等都具有无尺度性质，即蛋白质的连接度 $P(k)$ 服从幂律分布，$P(k) \propto k^\gamma$。对于生物学网络，一般 $2 < \gamma < 3$。在无尺度网络中，少数结点的连接度非常高，可以与很多结点发生相互作用；而大部分结点具有较低的连接度，只能与少数结点发生相互作用。这种特点在酵母的蛋白质相互作用网络中表现得非常突出（见图 7.12）。相对于随机网络，无尺度网络能够在外界刺激下保持网络整体结构的稳定性。

3. 小世界属性

在现实生活中，大量存在着陌生人由彼此共同认识的人而形成连接的小世界现象。如果将这种现象抽象表示为网络，那么在这种网络中的大部分结点并不彼此邻接，但从任一结点出发经少数几步就可到达目标结点。这样的网络称为小世界网络。网络中结点之间的平均最短路径长度定义为网络直径，用于衡量网络中结点的内部连通能力。网络的平均最短路径越短，表明网络内部连通能力越强。很多网络具有小世界属性，如互联网、演员关系网、电路网络等。并且很多复杂网络被证明具有较小的网络直径，比如著名的人际关系网络直径为 6，即世界上的任何两个人，平均只需通过 6 个人就可以认识对方。

研究发现，大部分的生物学网络具有小世界的特征，而且其网络直径较小。蛋白质相互作用网络的直径保守估计在 4 和 5 之间。例如，*Nature* 期刊报道的人蛋白质网络直径为 4.9，*Cell* 期刊报道的人蛋白质网络直径为 4.8。与大的网络直径相比，小的直径可以增强机体对外界和内部扰动的反应效率，对机体的生存具有积极意义。

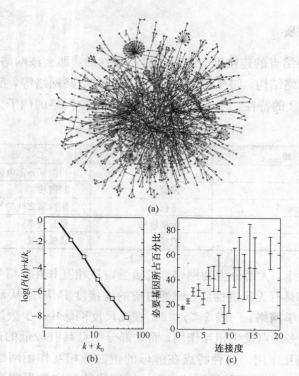

图 7.12 酵母中的蛋白质相互作用网络[19]。(a)蛋白质相互作用网络图中最大的类,包
含全部蛋白的近78%。结点的颜色表示敲除相应结点对个体的影响。红色:致死;
绿色:不致死;橘色:慢生长;黄色:未知。(b)相互作用网络中蛋白质的连接度
分布$P(k)$满足幂律分布。(c)考察不同连接度对应蛋白质的重要性,统计分析表
明蛋白质的连接度与致死性之间具有正相关,皮尔逊相关系数$r=0.75$(见彩图)

4. 网络无尺度与小世界属性的起源与进化

已知蛋白质相互作用网络拥有无尺度分布和小世界性质,由此引发了人们的
一系列猜想:生物网络不同于随机网络的无尺度分布、小世界性质和模块化结
构,是如何起源和进化的?这些特性的存在是生物体长期进化过程中自然选择的
结果,还是存在着某些内在约束机制使其不可避免?为了回答这些问题,研究人
员做出了很多努力。

研究人员发现,无尺度网络结构对于网络中随机结点的敲除表现出很好的鲁
棒性,但不能抵抗中心结点的敲除,而较快的扰动传播速度和较小的反应时间与
小世界性质有关,这些在功能上存在一定优势的特性可能是在自然选择的作用下
产生的。目前,人们已经提出了一些理论模拟的方法,通过建立一定规则的网络
生长模型获得与真实网络具有相似拓扑特性的网络,用于推断蛋白质相互作用网

络的进化过程。研究人员先后提出了多个无尺度和小世界网络的进化模型，其中最有代表性的是**优先连接模型**（preferential attachment model）和**复制-分歧模型**（duplication-divergence model）。

1）优先连接模型

1999 年，Barabasi 和 Albert 等人提出了优先连接模型，这是用于解释网络结构形成过程的最早且最简单的模型。在该模型的网络生长过程中，新添加的结点与现有结点的连接度成比例地连接到网络中的现有结点上。进行仿真实验，发现利用该模型产生的网络具有无尺度性质。在酵母蛋白质相互作用数据集上，研究人员对该模型进行了测试。结果发现，蛋白质年龄与连接度之间存在着强烈而显著的关系，即蛋白质起源越早，其连接度越高。这些研究支持了网络生长过程中优先连接机制的存在。

2）复制-分歧模型

2002 年，研究人员提出了蛋白质相互作用网络的复制-分歧模型。在该模型中，网络中的蛋白质被随机选择并复制，且伴随着该蛋白质参与的所有相互作用。然后，基因突变导致副本和原蛋白逐渐发生分歧，表现为它们参与的相互作用发生改变。复制-分歧模型可以理解为发生于基因组上的变化在网络拓扑结构变化中的体现。在选择适当参数的情况下，由复制-分歧模型进化来的网络满足无尺度和小世界特性。同样，以酵母中蛋白质相互作用网络为模板进行的测试支持了该模型的有效性。当模型参数选择合理时，利用复制-分歧模型进化得到的网络不仅能够满足无尺度性质，而且具有真实网络的紧密度（closeness）分布和介度分布等，而利用优先连接模型则无法获得类似的结果。

虽然优先连接模型问世最早，并且得到了部分文献的支持，但从近年发表的文献来看，它并非当今学术界认可的主流模型。其中一个重要原因是，这种连接过程无法与真正的生物学过程相对应。而复制-分歧模型正在得到广泛认可，已经有研究表明，在酵母中至少有 40％的蛋白质相互作用来源于复制事件。因此，复制-分歧模型模型可能揭示了真实的蛋白质相互作用网络进化所遵循的规则。

5. 生物学系统的鲁棒性

细胞生活在复杂多变的内外部环境中，某些基因可能出现突变或缺失，各种营养物质及温度、pH 值变化，细胞内部 mRNA 和蛋白质合成也存在着随机涨落。这就要求细胞在多变环境下，保持重要生物学状态和基本生物学过程的稳定，即系统的鲁棒性。在控制论中，鲁棒性是指系统在内外部干扰下保持自身功能的能力，使系统能够用不可靠的元件在不可预知的环境中稳健地运作。而鲁棒性作为生物系统的一个独特属性，对于理解复杂疾病原理及其治疗设计具有重要作用。

生物网络用于保持其系统稳定性的方式主要有如下 4 种。

① 生物通路和生物分子的冗余性。在生物系统中，通常可以通过多条途径来实现同一生物功能。当其中一条途径发生问题时，经由其他途径来实现功能，这种现象称为通路冗余。同时，对于重要的生物学过程，网络中通常会保留功能相近的备份结点，即分子冗余。例如，酵母细胞周期中的 Clb5 和 Clb6 蛋白质就是一对互为备份的分子，它们具有基因同源性、49.7％的相同残基和类似的功能。

② 网络中的反馈机制。多数生物系统通过正、负反馈两种机制的联合作用来实现系统的功能和维持系统的鲁棒性。负反馈在对抗干扰并保持鲁棒性方面发挥了重要作用，而正反馈通过增强刺激强度使系统鲁棒性得到了增强。例如，大肠杆菌中的化学趋向性网络就是通过负反馈来实现鲁棒性的。

③ 功能模块化。在生物网络中，执行某一生物功能的子网络相对独立，模块内部联系密切，而模块之间相互作用较少。这样就可以避免因局部失效可能导致的系统整体崩溃。

④ 结构稳定。生物网络具有无尺度分布、小世界性质和层次模块化结构，这就使网络对参数变化、噪声和微小突变不敏感，增强了系统对环境改变的鲁棒性。

尽管如此，鲁棒性也是"双刃剑"，鲁棒性能够增强系统对于常见干扰的适应性，但是对于新的未知干扰，系统却极端脆弱。实际上，在鲁棒性与脆弱性、性能与资源需求之间，真实的系统往往存在着折中。例如，在细菌趋化性中，负反馈能够提高细菌跟随化学梯度的能力，使其对外界化学浓度的改变具有鲁棒性，但如果没有负反馈，细菌就会游动得更快，鲁棒性的代价是游动速度的降低。

很多复杂疾病也可以从鲁棒性伴随脆弱性的角度来理解。比如正常生命系统对能量供应相对不足的接近饥饿的状态具有鲁棒性，但异常的过度营养而低能量需求的生活方式，就可能使系统失去鲁棒性，导致糖尿病的发生。此外，生物体正常的鲁棒性也可能被疾病利用，从而使机体自身调节和药物治疗失去效果。如抗药性是由 MDR1 和其他基因的正向调节所产生的，在正常情况下这些基因的产物将有毒化学物质排出细胞，以保护生物体的安全，但是在癌症中它们却被肿瘤用于保护恶性细胞，使其具有抵抗药物的能力。又如，在获得性免疫缺陷综合征中，HIV 病毒充分利用了 T 细胞的鲁棒免疫响应机制。它们能够侵染 CD4-阳性 T 细胞，当细胞启动抗毒响应时，不仅无法杀死染毒细胞，反而使其得到大量复制。治疗这些疾病时，也应该从鲁棒性的角度出发，寻找伴随这些鲁棒性的弱点，重新建立对系统鲁棒性的控制。

7.3.4 网络比对

在生物学研究中，比较分析的方法由来已久。从达尔文的进化论到基因组时代的序列比对，比较分析手段为人们研究和探索生物学问题提供了强有力的工具。近年来，随着不同物种及不同类型的分子网络逐渐得到测定，研究人员开始关注并开展网络水平上的比较研究，比较网络生物学作为一个新的科学前沿初现端倪。

从概念上讲，**网络比对**(network alignment)就是对两个或者多个相互作用网络进行比较。这些网络可能是不同物种的网络，或者是不同生理条件下的网络，也可能是不同类型相互作用的网络，或者是不同时间点上的相互作用网络。不同的网络包含了各异的生物学信息，通过对它们的比较和分析，可以回答很多重要的生物学问题。例如，哪些蛋白质和相互作用在不同的物种之间具有相同的功能？这些保守的进化关系，能不能告诉我们关于蛋白质、分子网络甚至整个物种的进化过程？在这些相似性的基础上，能否预测新的功能和相互作用？

与线性的序列比对不同，大部分网络比对是非线性问题，具有很大的挑战性。图 7.13 给出了一个网络比对示意图，在网络对比过程中，首先按照同源性将结点对应起来，然后根据它们之间是否有相同的连接，给出比对打分。针对生物网络比对问题中可能出现的各种情况，很多学者已经开展了大量的研究工作，提出了多种生物网络比对模型和算法。这些研究的目的是开发一个通用的生物网络比对软件，类似于序列比对软件 BLAST，以便高效地进行多个生物网络及多种应用模式的比对。但由于网络比对问题的复杂性，目前大多数软件的时间复杂度较高，尤其是在多个网络比对算法中，还存在很多有待研究的问题。

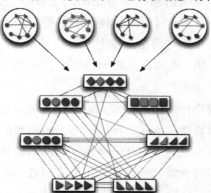

图 7.13　网络对比示意图[27]。该例给出了 4 个简单的网络，用来说明多重网络对比的基本原理，其中的颜色用于区分不同的网络，形状则表征了结点之间的同源性（见彩图）

1. 网络比对的意义

生物网络数据由生物体内分子之间的相互作用组成，对于从系统层面揭示生物学的规律具有重要的研究价值。通过网络比对，可以帮助认识和研究不同生物体在结构和功能上的相关性；基于生物网络数据的比对结果，可以用于研究生物的进化和演变过程；通过不同网络之间的比对进行知识迁移，可以借助已知生物研究未知生物。生物网络比对的应用主要集中在以下 4 个方面。

① 结构预测。通过不同生物网络数据的比对研究，发现其在结构上的异同，进而借助模式生物去研究其他生物的网络数据。例如，蛋白质相互作用数据的比对研究可以帮助预测新的蛋白质相互作用，发掘保守的功能模块；借助局部相似性预测蛋白质网络在进化过程中的复制和变异事件，进而研究其网络结构的演化模型。

② 功能预测。与结构预测类似，通过生物网络比对，可借助已知生物网络中蛋白质的功能预测其他生物体中同源蛋白质的功能，或基于功能的相似性预测蛋白质之间的同源性。

③ 系统发生分析。比对结果的局部信息可用于结构和功能的预测，而借助比对结果的全局信息，则能够进行系统发生分析。

④ 疾病相关研究。将生物网络比对的思想和方法用于特定的疾病网络，搜索与某种疾病相关的子网络，可以从基因组学的层面解释疾病的发病机制，进而为疾病的诊断治疗及药物发现提供有价值的信息。

2. 网络比对的算法

比对模型和算法是生物网络比对方法的两个核心。比对模型是对生物网络比对问题的抽象和数学建模，可根据具体问题的特点来选择合适的模型，如常用的图模型。比对算法是在比对模型基础上的可计算步骤，用于实现比对问题的求解。基于比对模型和算法，可以将生物网络比对方法归纳如下。

1）基于图模型的启发式搜索方法

图模型是在生物网络比对问题中应用最早的模型，目前仍有很多比对方法借助图模型和启发式搜索算法来实现，可以说基于图模型的启发式搜索方法是网络比对的主流方法。其基本思想是，首先构建不同网络的比对图，图中的顶点对应一组来自不同生物的相容元素，然后定义相似度函数，将各结点的相似度信息作为属性附加在比对图上，最后基于比对图模型设计启发式搜索算法，完成比对问题求解。为了提高搜索效率，研究人员在这种比对方法中引入了越来越多的其他理论和模型，例如隐马尔可夫模型等。

2）基于目标函数的约束优化方法

该方法的基本思想是，将比对问题转化为某个已知求解方法的优化问题，借用已知的算法来求解。其关键在于，需要充分挖掘问题本身的特点对其进行建模，例如可利用图的矩阵形式来构建比对模型，借助矩阵的特征及矩阵运算来求解问题；借助优化解的某些特性来归约问题；或者将问题归约到其他领域的某个问题，利用已有方法进行求解。

3）基于分治策略的模块化比对方法

该方法的基本思想是，对于规模较大并且具有模块化结构的生物网络，可将其划分为多个模块，利用各模块之间的比对实现对原网络的比对。此类方法不仅降低了原问题的难度，而且可以针对模块比对的特点，充分利用局部信息来加速比对过程。同时，该方法可以借鉴生物网络的结构分析、模块挖掘及聚类算法的研究成果，有助于促进模块化比对方法的研究。该方法的局限性是可能会忽略模块之间的连接关系，依赖于所用的模块划分方法。

3. 网络比对软件

基于各种生物网络比对算法，研究人员设计开发了多种比对软件。表 7.3 给出了一些主要的生物网络比对软件。根据软件的特点，可以将它们分为路径查询匹配软件和图查询匹配软件两类。

表 7.3　生物网络比对软件[28]。前 6 种属于路径查询匹配软件，后 8 种属于图查询匹配软件

软件名称	网　址	描　述
PathBLAST	http://www. pathwayblast. org/	蛋白质相互作用网络中的路径查询匹配和保守路径的比较
MetaPathwayHunter	http://www. cs. technion. ac. il/~olegro/metapathwayhunter	用于在一组路径中查找与给定路径相似的子路径
MetaPAT	http://theinfl. informatik. uni-jena. de /metapat	代谢路径的查询匹配工具
PathMath	http://faculty. cs. tamu. edu/shsze/path-match	用于生物网络中路径的匹配查询
PathAligner	http://bibiserv. techfak. uni-bielefield. de/pathaligner	用于重构代谢通路并进行通路比较
MetaRoute	http://www-bs. informatik. uni-tuebingen. de/Services/MetaRoute	提供代谢网络中源点与目标点之间的路径搜索匹配
NetworkBLAST	http://www. cs. tau. ac. il/~ bnet/networkblast. htm	用于两个或多个蛋白质相互作用网络的比对，挖掘保守的功能模块
MaWISH	http://vorlon. case. edu/~ mxk331/software/index. html	用于两个蛋白质相互作用网络的局部比对

（续表）

软件名称	网址	描述
SAGA	http://www.eecs.umich.edu/saga	用于近似子图匹配，合并了点和结构的近似匹配，并加入了索引算法来加速搜索过程
Graemlin	http://graemlin.stanford.edu	用于多个生物网络之间的全局和局部比对
NetAlign	http://www1.ustc.edu.cn/lab/pcrystal/NetAlign	将输入查询网络与目标网络进行比较，结果显示保守的子网络结构
MNAligner	http://intelligent.eic.osaka-sandai.ac.jp/chenen/MNAligner.htm	用于多种类型分子网络以及网络中有权重和方向的多种情况的比对
GraphMatch	http://faculty.cs.tamu.edu/shsze/graphmatch	用于生物网络中的图的匹配查询
IsoRankN	http://isorank.csail.mit.edu	将谱方法用于多个网络的全局比对，具有较强的容错性和计算的高效性

路径查询匹配软件用于生物网络中通路的查询和比对。其主要应用于代谢网络的比对，针对代谢网络中的通路结构来设计相应的比对算法。另外也有些针对蛋白质相互作用网络中保守路径的比对研究，如 PathBLAST 就是面向蛋白质相互作用网络的路径匹配软件，可进行蛋白质相互作用网络中通路结构的查询和保守路径的挖掘。

图查询匹配软件用于生物网络中图的查询和比对，大部分软件针对蛋白质相互作用网络进行比对研究，但是通过修改参数，也可以实现其他类型网络的比对。例如，MNAligner 可针对不同类型的生物网络设置不同的邻接矩阵和相似性矩阵，实现多种类型生物网络的比对。Graemlin 是面向多种类型网络的通用比对软件，Graemlin2.0 中添加了专门的参数训练方法，以自适应不同类型网络的比对。SAGA 是图数据库查询软件，利用图索引技术实现数据库中的图搜索与模式图匹配。

7.3.5 网络的动态分析

以上提到的生物网络属性分析方法针对的都是静态的生物网络，即假定一对蛋白质能够发生相互作用，那么在它们之间存在一条连接，网络的结构和特性不随时间和条件的改变而改变。然而，在实际生物系统中，生物网络时刻都在发生改变，也正是这种改变才使生物体能够对外界刺激做出快速恰当的响应，实现各种复杂的生物学功能。因此，对生物网络进行动态分析和研究是揭示生物系统运行规律的关键。

1. 网络动态研究的历史

生物网络由静态到动态的研究历史可以分为三个阶段。

第一阶段，系统地识别静态的成对的蛋白质相互作用、蛋白质-DNA 相互作用和基因敲除网络，构建大规模的分子网络数据库，如 BioGRID、HPRD、IntAct、DIP 和 GeneMania 等。这些数据库记录了多个物种中的成千上万的物理相互作用和遗传相互作用，但是几乎所有的相互作用都是在单一静态条件（标准实验条件）下获得的，无法反映出系统动态性的特点。

第二阶段，通过将静态相互作用与基因表达或代谢流量相结合，增进对于大规模网络的动态的理解。以静态网络为基础，提取那些在新的实验条件下呈现活跃状态的相互作用，可以构建出各种条件特异的动态相互作用网络。然而，这些方法不能识别出那些条件特异的新的相互作用、复合体或者通路，也无法区分在不同条件下是网络状态发生了改变，还是网络结构发生了改变。

第三阶段，直接分析相互作用网络的动态，以实验方法测定不同条件、不同物种或者不同时间对应的相互作用网络。这些研究的主要目标是从表征系统的绝对属性过渡到分析特定情况下系统的动态响应。与其研究系统的哪一部分起主导作用，还不如研究系统的哪一部分是被扰动所影响的。

2. 物理相互作用网络的动态研究

目前，研究人员已发展了多种实验技术用于发现蛋白质之间的动态的物理相互作用，如荧光共振能量转移、蛋白质荧光标记与质谱鉴定技术、蛋白质片段互补法等。但由于技术不够成熟、通量有限，对不同条件下的大规模动态相互作用网络的研究还较少。

2005 年，Borrios 等人利用一种自动化的高通量技术 LUMIER（Luminescence-based mammalian interactome mapping），系统地构建了哺乳动物细胞中与转化生长因子 β(TGFβ)通路相关的动态相互作用网络。这种方法不能直接给出不同条件下相互作用强度的变化，但是通过定量检测诱饵蛋白质（它们与猎物蛋白质之间能够发生相互作用）的浓度变化，可以估计相互作用的动态变化情况。2011 年，Bission 等人提出了一种新的定量检测相互作用网络动态的质谱方法，称为亲和纯化选择反应检测（Affinity Purification-Selected Reaction Monitoring，AP-SRM）[33]。他们利用这种技术测量了在生长因子刺激下以 Grb2 为核心的相互作用网络在 6 个时间点的动态变化过程（见图 7.14）。Grb2 是一种参与多个蛋白质复合体的转换蛋白，以其作为研究对象具有一定的代表性。这种技术通过测量蛋白质复合体中每个肽段的整合峰强度，计算在单个时间点或条件下相互作用的平均强度，从而绘制出不同时刻对应的动态相互作用网络。结果表明，Grb2 复合体的组成与用于刺激的生长因子有显著的关联，也就是说，在不同的刺激作用下，Grb2 复合体的组成情况发生了明显的改变。进一步，通过聚焦除 Grb2 之外的其他中心蛋白质，可以描绘出在生长因子刺激下细胞的整个响应过程。作为动态分子网络的探索性研究，这些方法为未来大规模地构建和分析动态相互作用网络提供了指导思路，即不仅关心在某一条件下相互作用是否发生，而且要测定相互作用发生的强弱，以便定量的描述分子网络的动态变化过程。

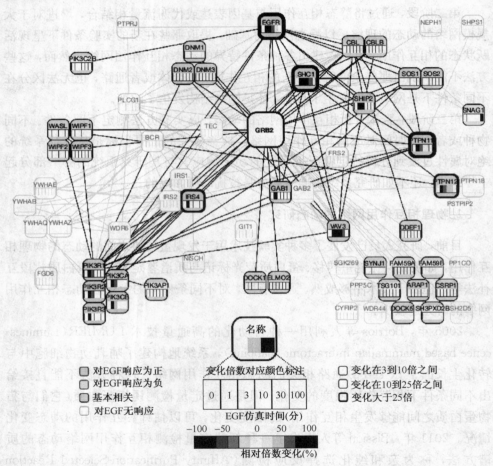

图 7.14 采用亲和纯化选择反应检测得到的动态物理相互作用网络[33]。

图中每个结点代表一个蛋白质，边代表相互作用。每个结点分

成多个方框，代表该蛋白在不同时间点的表达丰度（见彩图）

3. 遗传相互作用网络的动态研究

蛋白质通过相互作用来执行功能，但是在某些信号通路或生物进程中，关联的蛋白质并不一定在物理上发生相互作用，这时可通过了解遗传水平的功能相互作用，阐释基因的功能及由基因型到表型的翻译过程。利用遗传相互作用作图方法，研究人员已经成功地建立了一些跨物种模型，如比较多个萌芽酵母和裂殖酵母在网络结构上的区别。同时，将遗传相互作用网络与蛋白质相互作用数据相结合，能够帮助认识真核生物中相互作用结构的保守性。

部分研究表明，相比蛋白质复合体，遗传相互作用的动态性更强。也就是说，在条件变化的情况下，某些蛋白质复合体的组成没有改变，但是各基因之间的功能关联却发生了明显的变化。如 Roguev 等人研究发现，蛋白质复合体在不同的酵母中是高度保守的，但是不同蛋白质复合体之间的遗传相互作用发生了显著改变。进一步，随着实验方法的进步，研究人员发展了一种能够定量地测量遗传相互作用的实验技术，即**上位性微阵列剖面技术**（Epistasis MiniArray Profile，E-MAP），以测定相互作用的正负（正相互作用表示增强，负相互作用表示减弱）和相互作用强度信息。目前，该技术已发展成动态的上位性微阵列剖面技术（differential Epistasis MiniArray Profile，dE-MAP），用于检测不同条件下基因相互作用的强度变化（见图 7.15）。在两种实验条件下，采用 E-MAP 技术分别测量各遗传相互作用的连接关系和强度，构建条件特异的相互作用网络。将两个条件子网进行比较，两个网络中共有的部分是看家相互作用，而网络中不同的部分则代表了网络在外界刺激下发生的改变。利用 dE-MAP 技术，Bandyopadhyay 等人检测了在 DNA 发生损伤时，细胞内遗传相互作用网络的改变。他们针对酵母中的 418 个信号基因和调控基因，共进行了 8 万多次双基因敲除实验。结果发现，在 DNA 损伤对应的相互作用网络中，有 53％ 的相互作用在静态（即标准实验状态，无损伤的情况下）是无法检测到的，说明遗传相互作用网络为了响应外界刺激发生了巨大的改变。该研究也同样验证了蛋白质复合体的相对稳定性和遗传相互作用的重组特性。对于物理相互作用网络（蛋白质-蛋白质相互作用、蛋白质复合体、蛋白质-DNA 相互作用），动态的相互作用意味着作用机制的改变；而对于遗传相互作用网络，动态的相互作用反映了突变对于功能关联的影响，而非物理机制的改变。这就提示人们，为了响应外界刺激，生物系统一方面在分子之间的相互作用模式上发生改变，但更多的是在功能关系上进行了调整，以尽可能少的代价来实现特定的生物学功能。

与原始的静态网络相比，研究差异的相互作用网络将会带来全新的视野。差异最大的相互作用不是那些在静态网络中相互作用强度最大的，而是最容易改变的。

反之，在两种条件下都存在的相互作用将会被淡化，甚至从差异网络中删除。对于物理相互作用网络(蛋白质-蛋白质相互作用、蛋白质-DNA 相互作用)，差异的相互作用意味着作用机制的改变，以便物种对于环境条件改变做出响应。而对于遗传相互作用网络，差异的相互作用反映了突变对于功能关联的影响，而非物理机制的改变。因此，差异的相互作用反映了在研究条件下，哪一部分细胞进程对于差异更重要。

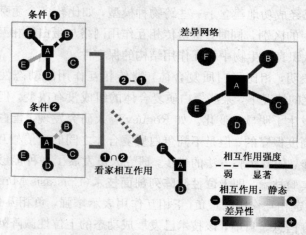

图 7.15　网络差异性分析示意图[37]。图中，不同的颜色代
表了相互作用的强度随条件改变的情况(见彩图)

7.4　生物网络的专门分析方法

如 7.3 节所述，各种生物网络的拓扑属性分析方法较为通用。例如，大部分生物网络都具有无尺度、小世界属性，都含有大量的功能和结构模块。但由于不同类型的生物网络要实现的功能各异，其网络特征也有所不同，因此还出现了一些专门的研究内容和分析方法。本节介绍几种生物网络中研究较多的重要问题，包括蛋白质相互作用网络的预测和验证、代谢网络流量分析、信号通路的自动重建和基因调控网络的构建方法。

7.4.1　蛋白质相互作用的预测和验证

目前，通过实验方法已经揭示了很多物种的基因序列和蛋白质相互作用信息，为相互作用网络分析提供了数据基础。但是，由于现有技术的限制，大规模实验技术产出的数据还远没有达到饱和，而生物信息学为蛋白质相互作用的预测提供了一种有效的手段。相比实验技术，采用生物信息学方法预测蛋白质相互作用具有如下 3 个优势。

① 无须具体的实验操作，往往在整个基因组规模上进行研究，可一次性获得较多的预测结果；

② 便于整合各种研究数据而不局限于分析单一的实验结果，如综合应用基因组、转录组、蛋白质组数据帮助分析大规模的蛋白质-蛋白质相互作用，能够获得更清晰有用的预测结果；

③ 在细胞中有些蛋白质的相互作用是瞬时的、不稳定的，以实验为基础的研究方法很难捕捉到这些相互作用，基于生物信息学的分析则能弥补这一不足。

1. 蛋白质相互作用的预测

2008 年，英国的 Stumpf 等人设计了一种新颖的数学工具，用于估计生物体内蛋白质相互作用网络的规模。结果显示，人体内蛋白质相互作用的总量约为 65 万对，是果蝇的 10 倍，是单细胞酵母等的 20 倍。这与之前基因数的比较结果相差巨大——人类的基因数约为 2.5 万，果蝇的基因数约为 1.4 万，这两者相差不到 2 倍。这提示我们，人和其他物种在表型及复杂性上的巨大差异，可能是由于蛋白质相互作用的规模造成的。同时，目前已发现的蛋白质相互作用仅有几万对，可能存在大量未知的蛋白质相互作用还有待发现。因此，研究人员提出了多种生物信息学方法用于预测蛋白质相互作用。

大体上，蛋白质相互作用预测方法分为以下几类。

1) 基于基因组信息的方法

基于基因组信息预测蛋白质相互作用的方法主要有基因融合、邻接基因保守性和系统发育谱，简述如下。

① 基因融合。该方法基于如下假定：由于在物种演化过程中发生了基因融合事件，一个物种的两个（或多个）相互作用的蛋白，在另一个物种中融合成为一条多肽链，因而基因融合事件可以作为蛋白质功能相关或相互作用的指示。该方法的限制是，不能判断发生融合的蛋白是否"物理"上直接接触，此外基因融合的机制可能是复杂多样的。

② 基因邻接。该方法的依据是：在细菌基因组中，功能相关的基因紧密连锁地存在于一个特定区域，构成一个操纵子。这种基因之间的邻接关系，在物种演化过程中具有保守性，可以作为基因产物之间功能关系的指示。但这种方法只能适用于进化早期的结构简单的微生物。

③ 系统发育谱。该方法基于如下假定：功能相关的基因，在一组完全测序的基因组中往往同时存在（或同时不存在），这种存在或不存在的模式称为系统发育谱；如果两个基因在序列上不具有同源性，但它们的系统发育谱一致或相似，则可以推断它们在功能上是相关的。这个方法可用于注释未知蛋白质的功能，并推

断蛋白质之间的相互作用。它的限制包括：不能判断功能相关的蛋白是否"物理"上直接接触；只能注释非必要蛋白的功能；其准确性依赖于已完成测序的基因组的数量，以及系统发育谱构建方法的可靠性。

2)基于蛋白质结构信息的方法

结构决定功能，蛋白质的所有功能信息都蕴藏在蛋白质的氨基酸排列中。因此，蛋白质的结构信息，包括一级、二级、三级结构及结构域，都可用于研究蛋白质之间的相互作用。

氨基酸序列信息

蛋白质的折叠结构取决于构成该蛋白质的氨基酸序列。甚至可以说，氨基酸序列包含了决定蛋白质结构的所有信息。因此，有可能从蛋白质的序列信息出发，预测蛋白质的空间结构，进而阐明蛋白质之间的相互作用。此类方法的突出优点是应用范围广，仅了解蛋白质的序列信息就能实现相互作用预测。如 Shen 等人提出了氨基酸的三联体组合信息编码方式（见图 7.16），以各种序列模式出现的频数为特征，选择支持向量机方法作为分类器进行相互作用预测，在蛋白质相互作用数据集 HPRD 中得到了 83.9％的预测准确率。类似地，还有一些其他的序列编码和特征提取方式，如 Guo 等人提出用氨基酸序列的自协方差编码方式来预测酵母中蛋白质的相互作用。该编码方式充分考虑了序列内部氨基酸之间的长程相互作用，可以有效地提高蛋白质相互作用的预测精度。

这类方法的共同特点是，首先利用序列信息提取蛋白质的特征，然后利用模式识别、机器学习等方法进行预测，其不同之处在于使用了不同的特征提取方法和预测算法。如何从序列中有效地提取蛋白质的特征及开发有效的算法，仍是蛋白质相互作用预测中有待进一步研究的问题。

结构域特征

结构域是蛋白质结构和功能的基本单元，大部分的蛋白质之间相互作用是通过特定的结构域来介导的。如果能够发生相互作用的一对结构域分别位于两个蛋白质上，则这两个蛋白质之间也通常会发生相互作用。利用这一性质，研究人员提出了一些基于结构域相互作用的蛋白质相互作用预测方法。这些方法首先从已知的蛋白质相互作用中预测有哪些结构域之间存在相互作用，然后利用预测的结果对待测蛋白质之间的相互作用情况进行判别。

蛋白质的三维结构

蛋白质之间发生相互作用必须要有相应的结构基础，包括接触面的互补性、结合特异性和亲和力等。相比其他方法，运用蛋白质结构数据和结构预测方法来预测蛋白质相互作用，可以给出更细致可靠的信息。这些方法主要有同源建模、多体串线和计算机模拟分子对接等。但是，目前已知三维结构的蛋白质数目还较少，限制了这类方法的应用范围。

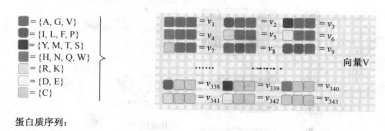

蛋白质序列：

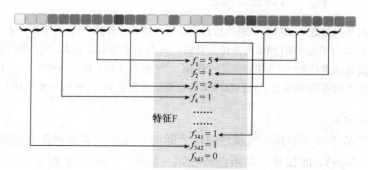

图 7.16 根据蛋白质的序列特征预测蛋白质相互作用[40]。根据氨基酸的物理化学属性（包括残基大小、极性和体积等），将20个氨基酸分成7类。每3个连续的氨基酸作为一个三元组，共产生了343（3⁷）种可能的编码方式，将蛋白质序列按顺序进行编码。对于每对蛋白质相互作用，提取其序列中的三元组频数作为序列特征，用于相互作用的预测（见彩图）

3）基于转录共表达的方法

通过转录组学数据分析，可以发现相互作用的蛋白质对应的 mRNA 表达量在不同的时间或外界条件下呈现出一定的相关性，即转录共表达现象。因此，考察蛋白质对在多种条件下的转录表达情况，可以帮助推断蛋白质之间的功能关联，进而预测未知的相互作用。

4）基于蛋白质的功能和网络信息的方法

蛋白质的功能注释

发生相互作用的蛋白质趋于具有相同或相似的功能，它们往往定位在同一细胞器或参与同一细胞进程，因此根据蛋白质的功能注释信息可以预测蛋白质之间的相互作用。如果一对蛋白质具有非常相近的功能注释信息，如参与同一生物学过程、具有相同或相邻的亚细胞定位，就可以认为它们发生相互作用的可能性更大。

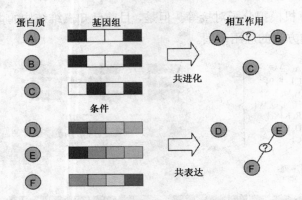

图 7.17　由基因共进化及转录共表达信息预测蛋白质相互作用[41]。对于蛋白质 A、B
　　　　和C,由于A和B有相似的系统发育谱,而C与它们的差异较大,因此推断A和B可
　　　　能是共进化的,倾向于发生相互作用。对于蛋白质D、E和F,考察它们在不同条
　　　　件下的基因表达水平,发现D和E具有相似的变化趋势,倾向于发生相互作用

同源相互作用

这个方法基于如下原理:同源蛋白质之间的相互作用在物种演化过程中具有
保守性(interologs),即如果一对蛋白质在某一物种中能够发生相互作用,那么它
们的同源物在其他物种中也倾向于发生相互作用。因此,可以通过在一个物种中
建立的蛋白质相互作用网络,预测其他物种中蛋白质之间的相互作用关系。这种
方法的准确率一般较高,但不同物种中包含的蛋白质通常差别较大,使得该方法
的应用范围较小。

蛋白质相互作用网络

该方法根据蛋白质相互作用网络的拓扑属性和网络模块等来预测蛋白质相
互作用。在蛋白质相互作用网络中,少数蛋白质具有很高的连接度,而大部分蛋
白质的连接度相对较低。因此,相对于低连接度的蛋白质,高连接度的蛋白质有
更大的可能性同其他蛋白质发生相互作用。网络中的结构和功能模块也是蛋
白质相互作用预测的重要证据,同一网络模块内的蛋白质往往更容易发生相互作
用,以协同发挥生物学功能。

5)基于文本挖掘的方法

在生物、医学相关的科学文献中包含了大量已知的蛋白质相互作用信息,它
们涵盖大量蛋白质相互作用信息,甚至包括相互作用的亚细胞定位、生物学功能
等更为详尽的信息,这为从文献中挖掘蛋白质相互作用数据提供了必要的基础。
文本挖掘基于自然语言处理技术,根据一定的语义和模式从文献中自动提取相关
的信息片段,成为获取蛋白质相互作用信息的一个重要手段。如 Daraselia 等人

采用一种称为 MedScan 的方法从 PubMed 数据库中提取了一百万条以上的蛋白质相互作用，将提取结果与 BIND 和 DIP 数据库进行比较，发现数据准确率高达 91%。

由文献进行相互作用数据挖掘，其困难在于科学文本的复杂性和人类语言的不确定性，要求算法能够处理具有高噪声水平的数据。此外，文献中的基因名称和蛋白质名称存在同义或多义的情况，使处理问题的难度增大。目前，自动化的获取系统仅仅停留在扫描文本数据库中的标题和摘要，大部分出版刊物的全文还无法免费使用。

6）整合多种数据源的方法

除了上述几类方法外，研究人员还将蛋白质的多种特征进行融合，建立了一些整合方法来预测蛋白质之间的相互作用。如 Rhodes 等人整合了结构域相互作用、转录共表达、功能注释和同源相互作用等信息来预测蛋白质之间相互作用，取得了较好的预测效果。

通过计算预测方法可以推断出大量的未知相互作用，其数据规模已经追平甚至超过了由实验手段获得的相互作用数据。这些大规模的蛋白质相互作用数据为从全基因组尺度分析网络特性，并进行后续知识挖掘提供了重要依据。

2. 高通量实验数据的验证

随着蛋白质相互作用检测实验技术的发展，特别是酵母双杂交和质谱等高通量实验技术的应用，人们能够获得大量的蛋白质相互作用数据，甚至能够对蛋白质相互作用进行全基因组分析。然而，由于实验原理和方法的限制，这些高通量实验方法的检测结果通常存在不同程度的假阳性和假阴性，给数据分析工作带来了很大的不便。据估计，很多由高通量实验方法测得的蛋白质相互作用数据的错误率超过了 40%。并且，由于待测蛋白质对的数目很大，对其进行一一验证，需要花费大量的时间、人力和财力。这就需要研究有效的蛋白质相互作用验证方法，作为实验方法的有益补充。

研究人员提出了多种方法，采用多种生物学证据筛选可信的蛋白质相互作用。最初的方法是将多个实验数据集取交集，以获取高可信度的相互作用数据集。一般认为，高通量数据集之间重叠的部分往往具有较高的可信度，但不同数据集的交集往往很小，比如 Han 等人使用 5 个数据集总共约 3 万对蛋白质相互作用，只得到了 2493 对高可信度的蛋白质相互作用。这一缺点成为制约这种方法使用的主要障碍。之后，有研究人员发现，高通量筛选实验中的实验参数能够反映结果的可信度。如 Ito 和 Uetz 等人将酵母双杂交实验中筛选到同一猎物蛋白质的次数作为评判假阳性的标准。Giot 等人使用了包括重现次数在内的 13 个实验参数构建了一个统计学模型，将其应用到酵母双杂交实验结果中，并证实了该方法的有效性。其次，蛋白质相互作用网络的拓扑性质也可用于蛋白质相互作用数据的可信度评估。2001 年，Saito 等人发现，如果某些蛋白质的连接度比较高，但其相互作用蛋白质在网络中没有进一步的相互作用，那么这些蛋白质参与的相互作用可能是假阳性。2005 年，Stelzl 等人提出，相互作用蛋白质倾向于同其他蛋白质一起形成小簇，因此他们使用三个或四个相互作用的环路模块进行可信度评估。

近年来，除了实验证据和网络拓扑属性，研究人员开始整合更多的生物学证据。例如，蛋白质的 mRNA 表达情况、基因本体注释中的生物进程信息等都被用于相互作用数据的可信度评估。李栋等人整合了同源信息、结构域相互作用、基因组和基因共表达等多种数据，建立了一个可靠性评估工具 PRINCESS（见图 7.18），发现相比单一证据，整合方法的预测准确率更高。

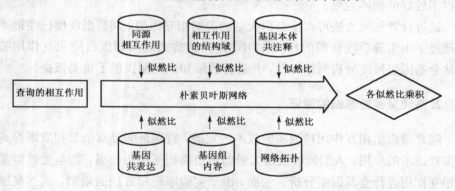

图 7.18　整合多种生物学证据评估蛋白质相互作用的可靠性[43]

可以发现，相互作用数据可靠性评估与相互作用预测有一定的相似之处，都是利用各种生物学证据，包括蛋白质的结构、功能、进化等信息，来推断现有数据集或未知数据集中更有可能发生相互作用的那部分蛋白质。但可靠性评估的目标是提供一个更可信的相互作用子集用于知识挖掘，而相互作用预测则倾向于扩充现有的蛋白质相互作用网络的规模。

7.4.2　代谢网络的分析方法

研究代谢网络能够帮助人们更好地认识和利用细胞代谢过程，从而促进发酵工程、制药工业等产业的发展。另一方面，网络的拓扑结构是网络形成和进化的反映，研究代谢网络的结构特征，有助于了解代谢网络的形成和演化机理，从而更好地理解生命进化过程。

代谢网络研究可以分为定量分析和定性分析，其中定量研究方法主要包括研究代谢流量分布的代谢平衡分析和代谢控制分析。按照分析视角的不同，此类方法又可以分为如下 3 个层次。

① 酶动力学，研究孤立体系中单个反应的动力学性质；

② 代谢的网络特性，对化合物进行生成和降解平衡的化学计量学分析；

③ 代谢控制分析，分析个体浓度变化动力学，并将其整合到网络中，定量描述扰动对网络的影响。

代谢活动的生命过程是不断发生的，代谢网络处于随时变化的状态，因此采用定量方法研究代谢网络能够提供代谢过程的精确模拟，有利于分析代谢网络的动态特性并进行相应的控制。但是，由于大量的反应动力学参数仍是未知的，使大规模代谢网络的动力学研究受到限制。而定性分析方法主要研究代谢网络的结构，以发现生物体内的代谢特性及进化规律。因其方法较为简单，可用于大规模的代谢网络分析，也受到了人们的广泛关注。

下面介绍两种发展得较为成熟的代谢网络分析方法。

1. 最小代谢反应集搜索

质量、能量、信息传递和细胞分化是细胞或生物体内很多代谢反应相互作用的结果。由这些反应构成的代谢网络是生物体内最重要的网络之一。一个基本问题是能否从给定的营养集合和完整的代谢网络中推测出能够支持生物体生长的最小的代谢反应集合。

对于小规模的代谢反应网络，手工检索就能发现其中的最小组合集。对于中等规模的代谢网络，如人类血红细胞，可以使用两种理论上相近的方法来挖掘代谢路径，即**基元通量模型**（elementary flux modes）和**极端路径**（extreme pathways）。这两种方法得到的结果也是相似的，由极端路径分析所得的路径是基元通量模型所得子集。然而，使用这两种方法得到的路径数会随网络规模呈指数级增长，无法用于分析大规模的代谢网络。因此，处理大规模网络需要应用一些更优化的方法，如基于线性规划方法的通量平衡分析。FBA 使用的物理化学约束包括质量平衡、能量平衡和流量范围。在稳定状态下，该方法以生物体最大化生长为目标函数，挖掘代谢网络中支持生长的最小子网，从而发现网络中重要的化学反应。

2. 代谢平衡分析

细胞就像一个小型化学工厂，为人类生产出各种化学物质。然而，普通的细胞总是缺少足够的能力去生产人们所需的目标化合物，基于生物的生产效率通常较低。采用代谢工程的方法可以使细胞生产更多人类所需的物质，通过各种实验手段来达到预期的目标。代谢工程把细胞作为一个完整的单元来分析研究，强调整个代谢过程（包括输送、产能、生物合成、生物装配等反应途径），而不是单个反应，因此涉及整个生物反应网络及途径合成、流量控制等一系列问题。这就需要使用计算的方法获取代谢流量分布，从而指导实验设计。

代谢平衡分析（Flux Balance Analysis，FBA）是分析大规模生化网络的有效方法。首先，针对代谢网络构建一个化学计量模型，然后设定一个适当的目标函数（如细胞的最大生长率）求解代谢流量分布，并根据细胞的能力对这个解空间进行限制。施加的约束越多，得到的模拟预测结果也就越准确。代谢平衡分析方法能够系统地预测和估算出遗传及环境影响给细胞带来的扰动，并且对系统的哪些部分需要修改提出建议，以提高目标产量，有助于代谢工程实验的设计。

7.4.3 信号网络的重建

采用生物信息学方法研究信号转导网络的重要挑战之一是通路自动重建，即确定通路分子中信号流的方向。用于构建信号通路的实验技术主要是基因上位分析，通过比较单个基因敲除和两个基因共同敲除时的不同表型来确定基因的功能关联顺序。然而，这种方法需要花费大量的时间，成本高昂，而且有时结果容易被误读。而生物信息学方法利用已有实验数据和生物学知识进行通路推断，可以帮助阐释信号分子作用机制，辅助实验设计，节省大量的人力物力。

Gomez 等人提出了一种统计模型，在结构域及网络拓扑结构的基础上，预测酵母中未知的分子相互作用。该方法可以生成潜在的信号通路，并且方便拓展到多个物种中。Steffen 等人提出了一种方法，能够结合蛋白质相互作用和基因芯片等高通量的数据，自动生成信号转导通路。采用这种方法生成的通路往往有成千上万条，尽管通过定义一些打分原则可以挑选分值较高的通路，但是只能生成较短的通路，而且难以确定蛋白质之间的激活或抑制关系。Liu 等人通过定义评分函数，由蛋白质相互作用和基因芯片数据推断酵母中的丝裂原活化蛋白激酶（Milogen-Activated Protein Kinase，MAPK）通路。而 Kelley 等人利用了不同物种之间同源蛋白质信号通路的保守性，将某一物种中研究得比较成熟的信号通路推广到其他物种中。Shlomi 等人发展了一种名为 Qpath 的工具，采用多物种通路比较的方法发现了酵母中的 69 条保守的信号通路，用于推断和注释果蝇中的对应通路。Hautaniemi 等人采用决策树方法预测信号通路，有助于阐释信号响应和级联关系，并产生实验上可验证的预测结果。基于酵母中已知的经典通路，Gitter 等人建立了图搜索算法来推断蛋白质相互作用网络中潜在的信号通路（见图 7.19）。他们根据 BioGRID 数据库中的实验结果为蛋白质相互作用的可信程度打分，设计了 3 种优化搜索算法进行通路发现。对该方法的计算性能进行评估，发现其搜索时间与待搜索的相互作用数目呈线性关系，但会随着通路中步长数的增大呈指数级增长。因此，对于 5 步以上（包括 5 对相互作用和 6 个蛋白质结点）的通路，他们的方法难以适用。

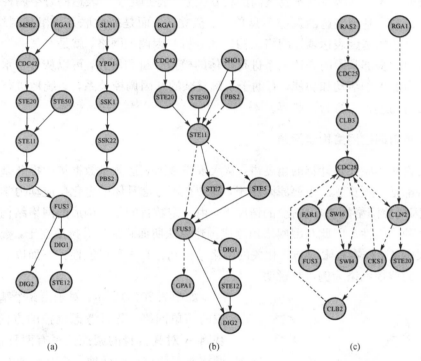

图 7.19　通过随机分配方向并进行局部搜索方法得到的评分较高的通路[50]。实线部分表示与已知信号通路方向相同，虚线部分表示与已知通路中方向不同或者在已知通路中缺失的部分。(a) 预测通路与已知通路完全一致；(b) 预测通路与已知通路部分重合，但包含了一些新的边；(c) 预测通路与已知通路完全不同

　　在上述几种预测方法中，基于大规模蛋白质相互作用和芯片数据的打分方法可以预测出大量潜在通路，但是存在预测准确率不高的问题；基于多物种同源通路推断的方法可以得到较高的预测准确率，但是难以推断新的潜在通路。现有方法都针对整条通路进行预测，无法确定成对蛋白质相互作用之间的信号流走向，也不能给出可信度打分。现有方法主要针对低等生物中的简单通路进行研究，如酵母中丝裂原活化蛋白激酶信号通路，缺少适用于复杂生物中通路预测的通用方法及有效的生物信息学预测工具。随着实验技术的发展和大规模、高通量的蛋白质相互作用数据的积累，有必要在现有方法基础上发展新的准确率更高的预测方法，从中挖掘出与信号转导相关的有用知识。

7.4.4 基因调控网络的构建

随着转录组学技术的发展，在短时间内可获得生物体基因表达的海量数据，这为研究和揭示基因及其产物之间的相互关系，特别是基因表达的时空调控机制奠定了基础。基因表达的调控不是单一、孤立的，而是彼此联系、相互制约的，构成了复杂的基因表达调控网络。构建和分析基因调控网络，就是对某一个物种或组织中的全部基因的表达关系进行整体的模拟分析和研究，可以从分子水平认识细胞内的生理活动和功能，有助于了解复杂的基因调控关系，系统地进行生物体生命活动进程的行为预测等。

1. 基因调控网络构建问题

无论从实验还是计算的角度讲，从大规模基因表达测量数据集中推断基因调控网络都是一项难题。主要原因在于，即使在不考虑具体的生化反应动力学特性（如基因调控网络的动态变化）的情况下，由一定数目的基因构成的网络结构也有非常多种可能性。因此基因网络预测或构建算法所面临的最大挑战在于：数据维数过大，实验样本有限而与之相关的网络结构却存在多种可能性。下面以 3 个基因构成的调控网络为例进行说明。

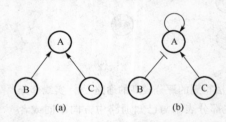

如图 7.20(a)所示，对于由 3 个基因构成的简单网络，若只考虑调控的方向，则基因 A 对其自身的调控关系有两种情况：调控或不调控。同样地，基因 B 或 C 也可能调控或不调控基因 A。那么，对 A 有 8 种可能的调控关系，同时整个网络可能存在的结构有 512 种。然而，真实的基因调控关系不仅有方向，还包括符号（指激活或抑制关系），如果将符号考虑在内，仅由

图 7.20　由 3 个基因构成的调控网络。(a)B 和 C 共同调控 A；(b)A 和 C 共同激活，B 抑制 A

3 个基因构成的可能的网络结构将会更多。例如，基因 A 表达的蛋白质产物会提高或降低其自身的表达浓度，基因 B 或 C 也会激活或抑制基因 A，如图 7.20(b)所示。考虑这些因素时，对 A 的调控将有 27 种，而可能的网络结构将有 19 683 种。以此类推，若不考虑符号，由 4 个基因构成的可能网络个数则为 65 536 个，由 5 个基因构成的可能网络个数则为 3 554 432 个。由此可见，在对所有网络结构没有任何先验知识的情况下，该学习问题被证明是 NP 难的，所要研究的网络结构的总数将随基因个数的增加呈超指数形式递增。

到目前为止，对基因调控机制的分析还没有建立统一的模型。由于缺乏可靠

的基因调控关系数据，计算机和控制领域中的许多成熟理论和模型也不能直接应用于基因调控网络构建。

2. 基因调控网络构建方法

基因表达的调控机制对细胞维持生命和应答内外部环境变化有着重要而深远的影响，要构建基因调控网络，首先需要对基因表达进行建模。目前在基因表达的理论建模方面有两种不同的方法。

一种方法是利用非常详细的数学模型从转录和翻译水平角度描述一个或几个基因的表达。该方法基于对基因表达过程和相互作用的认识和假说来建立数学模型，但是其所能描述的基因调控网络通常规模较小，而且往往缺乏特异性的动力学参数。

另一种方法是通过微阵列技术对上千个基因的表达变化进行平行分析。该方法利用基因表达谱（基因在不同时间点的表达水平）和基因表达模式（基因在不同实验条件下表达值的比较）来推导基因调控网络。由于基因间相互作用构成的调控网络是真实存在却又隐藏不见的，只能通过其外在表观——基因表达水平的测量值来"反向"推测网络，所以这种计算方法也称为**反向工程**（reverse engineering）方法。其中，比较重要的代表性计算方法有布尔网络、贝叶斯网络、关联网络和微分方程模型。相比于只能处理少数基因的第一种建模方法，这种方法能够覆盖细胞中大部分甚至是几乎全部的基因。

由分析可知，仅从基因芯片数据出发反向推断基因调控网络是非常困难的，尤其是对于大规模的网络构建。因此在实际应用过程中，通常将多种生物学证据与基因表达数据相结合，以提高网络构建方法的效率和准确度。图 7.21 给出了从细胞组织的基因芯片实验到基因调控网络构建的一般过程。首先，从细胞或组织中提取 mRNA 信息，进行基因芯片实验，获得基因表达谱数据。然后，利用计算方法推断基因调控网络。通常，研究人员需要参考一些数据库中的信息，如通路、相互作用、进化保守转录因子或相关的基因表达谱等，以缩小搜索范围。最后，综合这些信息建立一个有效的网络模型，用于形成科学假设并设计实验加以验证。

3. 对构建网络的评估

通过整合各种生物学证据和计算方法，由基因芯片数据能够推断得到相应的基因调控网络，那么推断的网络是否准确，如何对各种网络构建方法进行评估呢？由于大部分基因调控网络还是未知的，因此从生物学角度进行模型评估比较困难。一种简单的评估手段是基于随机网络的模拟芯片方法（见图 7.22）。首先建立一个随机网络，然后通过模拟得到一系列基因芯片数据，并利用这些模拟数据构建基因调控网络，最后比较推断网络与原始网络之间的差异，其差异程度可作为评估网络构建方法可靠性的量化指标。

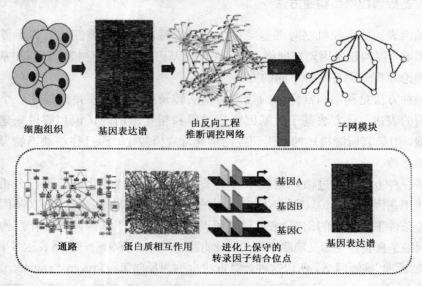

图 7.21 从表达谱数据推断基因调控网络[53]

模拟的芯片数据

基　　因	芯片 1	芯片 2	芯片 3	…
A	1020.5	193.1	20.3	…
B	1099.1	200.9	13.5	…
C	1303.8	289.0	30.1	…
…	…	…	…	…

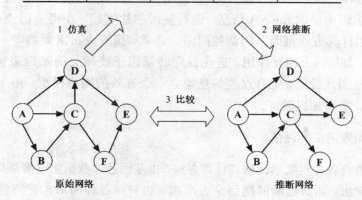

图 7.22 调控网络构建方法的评估

随着大量模型的不断涌现，各种数学工具的引入，为网络调控模型的构建创造了良好的数学理论基础。同时，基因数据的扩展及数据质量的提高，也使基因调控网络建模的准确性得到了进一步提高。但总的来说，基因调控网络的研究尚处于尝试和探索阶段，还存在着基因表达谱数据精度有限、难以确定调控网络的结构等问题，对于大规模基因调控网络的构建及构建网络的验证，也缺少非常有效的方法和手段。因此，除进一步发掘微阵列数据外，如何引入更多其他种类的生物学数据，提高网络构建的效率和可靠性，仍是目前研究的热点。

7.5　生物网络研究展望

高通量的生物学检测技术产生了大量的信息资源，充实了大量的生物信息学数据库。基于不同物种、不同类型的生物分子，出现了各种生物分子网络。其中最重要的是蛋白质相互作用网络、基因转录调控网络、代谢网络和信号转导网络。

近年来，生物网络的构建与分析方法得到了长足发展，这些研究为揭示生命系统的复杂性提供了全新的视角。相比随机网络，生物分子网络具有无尺度性、模块性、小世界属性和鲁棒性，它们是生物分子网络在进化过程中形成的特有属性，有助于生物适应周围的环境。通过生物网络分析还可以实现复杂生物网络的推断与重建，生物网络中通用和内在模式的识别，不同细胞机制的特征分析，如进化多样性、发育与分化、复杂表型和疾病。这些研究成果不仅有助于促进生物学和疾病病理学的发展，也为解决复杂生物医学问题提供了新途径。

尽管如此，生物网络研究还面临着很多困难，尤其是大规模生物分子网络的重构问题。依赖于生物分子数据的组织形式，生物分子网络可以部分由相互作用数据构建，部分通过机器学习技术从各种生物数据中提取。利用这些方法，人们已经构建了大量的代谢途径和信号转导网络，但是大规模基因调控网络的构建仍是一个尚未解决的问题。该问题的主要挑战在于系统的本质复杂性、数据的不完整性、计算问题的困难和可靠的统计模型的缺乏。值得注意的是，在生物网络的构建与分析中，很多生物学数据还没有被充分利用。目前，用于指征分子表达和活动的数据主要是 mRNA 表达数据。由于蛋白质组学检测技术本身的限制，用于描述蛋白质表达、蛋白质状态和翻译后修饰的实验数据还相对较少，分析也不够充分。将这些数据源与网络进行整合，有望支持更精确的细胞活动模拟，并且提供基因组尺度的系统视角。相信在不久的未来，将有更多并更可靠的相互作用数据、蛋白质组和代谢组数据用于大规模生物网络的构建与分析，提供高通量相互作用的注释及细胞网络的精细模型。

习题

1. 从 DIP 数据库中下载人的蛋白质相互作用数据集，计算网络中所有结点的连接度和聚集系数，分析该网络是否具有无尺度性质，给出网络直径。

2. 采用 Pajek 或 Cytoscape 软件对上题中的蛋白质相互作用网络进行可视化，观察各种可视化算法的显示结果。

3. 对于习题 1 中的蛋白质相互作用网络，采用 MFinder、MAVisto 或 FANMOD 等工具搜索其中的 3 模体和 4 模体，分析具有统计显著性的模块类型。

4. 从 KEGG 数据库中下载人、小鼠、果蝇、酵母中的 MAPK 信号转导通路，采用网络比对软件分析这些通路的异同。

5. 下面矩阵中的每一行表示缺失该行的基因情况下其他基因的表达水平，每一列表示该基因在各种基因缺失试验下的表达水平，试以此数据为基础构建基因表达水平的网络模型。

	基因 x_0	基因 x_1	基因 x_2	基因 x_3
野生型	3.750	3.750	8.939	0.078
缺失 x_0	—	3.750	8.769	0.011
缺失 x_1	3.750	—	8.769	0.086
缺失 x_2	3.750	3.750	—	5.476
缺失 x_3	3.750	3.750	8.939	—

参考文献

1. P. Uetz, L. Giot, G. Cagney et al., A comprehensive analysis of protein-protein interactions in Saccharomyces cerevisiae, *Nature*, 2000, vol. 403, pp. 623-627.

2. S. Li, C. M. Armstrong, N. Bertin et al., A map of the interactome network of the metazoan C. elegans, *Science*, 2003, vol. 303(5657), pp. 540-543.

3. L. Giot, J. S. Bader, C. Brouwer et al., A protein interaction map of Drosophila melanogaster, *Science*, 2003, vol. 302(5651), pp. 1727-1736.

4. J. F. Rual, K. Venkatesan, T. Hao et al., Towards a proteome-scale map of the human protein-protein interaction network, *Nature*, 2005, vol. 437, pp. 1173-1178.

5. U. Stelzl, U. Worm, M. Lalowski et al., A human protein-protein interaction network: a resource for annotating the proteome, *Cell*, 2005, vol. 122(6), pp. 957-968.

6. J. Downward, The ins and outs of signaling, *Nature*, 2001, vol. 411, pp. 759-762.

7. 克劳斯. 信号转导与调控的生物化学(第三版). 孙超等, 译. 北京: 化学工业出版社, 2005.

8. M. A. Schwartz, M. H. Ginsberg, Networks and crosstalk: integrin signaling spreads, *Nat Cell Biol*, 2002, vol. 4, pp. E65.

9. M. B. Vanessa, O. Alex, H. K. Arshad et al., Multiplex Three-Dimensional Brain Gene

Expression Mapping in a Mouse Model, *Genome Res*, 2002, vol. 12(6), pp. 868-884.

10. J. D. Han, N. Bertin, T. Hao et al., Evidence for dynamically organized modularity of the yeast proteome, *Nature*, 2004, vol. 430, pp. 88-93.

11. T. I. Lee et al., Transcriptional regulatory networks in saccharomyces cerevisiae, *Science*, 2002, vol. 298(5594), pp. 799-804.

12. R. Milo, S. Shen-Orr, S. Itzkovitz et al., Network motifs: Simple building blocks of complex networks, *Science*, 2002, vol. 298(5594), pp. 824-827.

13. 阿隆. 系统生物学导论——生物回路的设计原理. 王翼飞等, 译. 北京: 化学工业出版社, 2010.

14. A. L. Barabasi, R. Albert, Emergence of scaling in random networks, *Science*, 1999, vol. 286(5439), pp. 509-512.

15. A. L. Barabasi, Z. N. Oltvai, Network biological: understanding the cell's functional organization, *Nat Rev Genet*, 2004, vol. 5, pp. 101-113.

16. N. Kashtan, S. Itzkovitz, R. Milo et al., Efficient sampling algorithm for estimating subgraph concentrations and. detecting network motifs, *Bioinformatics*, 2004, vol. 20(11), pp. 1746-1758.

17. F. Schreiber, H. Schwöbbermeyer, MAVisto: a tool for the exploration of network motifs, *Bioinformatics*, 2005, vol. 21, pp. 3572-3574.

18. S. Wernicke, F. Rasche, FANMOD: a tool for fast network motif detection, *Bioinformatics*, 2006, vol. 22, pp. 1152-1153.

19. H. Jeong, S. P. Mason, A. L. Barabási et al., Lethality and centrality in protein networks, *Nature*, 2001, vol. 411(6833), pp. 41-42.

20. 刘中扬, 李栋, 朱云平等. 蛋白质相互作用网络进化分析研究进展. 生物化学与生物物理进展, 2009, vol. 36(1), pp. 13-24.

21. F. Hormozdiari, P. Berenbrink, N. Przulj et al., Not all scale-free networks are born equal: the role of the seed graph in PPI network evolution, *PLoS Comput Biol*, 2007, vol. 3(7), pp. e118.

22. E. Eisenberg, E. Y. Levanon, Preferential attachment in the protein network evolution, *Phys Rev Lett*, 2003, vol. 91(13), pp. 138701.

23. R. V. Sole, R. Pastor-Satorras, E. Smith et al., A model of large-scale proteome evolution, *Adv Compl Syst*, 2002, vol. 5(1), pp. 43-54.

24. R. Albert, Scale-free networks in cell biology, *Journal of Cell Science*, 2005, vol. 118, pp. 4947-4957

25. 孙之荣, 吴雪兵. 一个新兴的交叉学科: 系统生物学. 中国计算机学会通讯, 2006, vol. 2(3), pp. 56-65

26. 朱炳, 包家立, 应磊. 生物鲁棒性的研究进展. 生物物理学报, 2007, vol. 25(5), pp. 357-363.

27. F. Jason, N. Antal, B. D. Chuong et al., Automatic parameter learning for multiple local network alignment, *J Comput Biol*, 2009, vol. 16(8), pp. 1001-1022.

28. 郭杏莉，高琳，陈新. 生物网络比对的模型与算法. 软件学报，2010，vol. 21(9)，pp. 2089-2106

29. B. Kelly, R. Sharan, R. Karp et al., Conserved pathways within bacteria and yeast as revealed by global protein network alignment, *Proc Natl Acad Sci*, 2003, vol. 100, pp. 11394-11399.

30. B. Kelly, B. Yuan, F. Lewitter et al., PathBLAST: a tool for alignment of protein interaction networks, *Nucleic Acids Res*, 2004, vol. 32, pp. 83-88.

31. Z. Liang, M. Xu, M. Teng et al., NetAlign: a web-based tool for comparison of protein interaction networks, *Bioinformatics*, 2006, vol. 22(17), pp. 2175-2177

32. X. Zhu, G. Si, N. Deng et al., Frequency-dependent Escherichia coli chemotaxis behavior, *Physical Review Letters*, 2012, vol. 108, pp. 128101.

33. N. Bisson, D. A. James, G. Ivosev et al., Selected reaction monitoring mass spectrometry reveals the dynamics of signaling through the GRB2 adaptor, *Nat Biotechnology*, 2011, vol. 29, pp. 653-658.

34. Y. Wang, Y. Xia, Condition specific subnetwork identification using an optimization model, *Proc Optim Syst Biol*, 2008, vol. 9, pp. 333-340.

35. H. S. Ma, E. E. Schadt, L. M. Kaplan et al., COSINE: COndition-SpecIfic sub-NEtwork identification using a global optimization method, *Bioinformatics*, 2011, vol. 27(9), pp. 1290-1298.

36. S. Bandyopadhyay, M. Mehta, D. Kuo et al., Rewiring of genetic networks in response to DNA damage, *Science*, 2010, vol. 330, pp. 1385-1389.

37. T. Ideker, N. J. Krogan, Differential network biology, *Molecular Systems Biology*, 2012, vol. 8, pp. 565.

38. M. P. Stumpf et al., Estimating the size of the human interactome, *Proc Natl Acad Sci USA*, 2008, vol. 105(19), pp. 6959-6964.

39. H. S. Najafabadi, R. Salavati, Sequence-based prediction of protein-protein interactions by means of codon usage, *Genome Biology*, 2008, vol. 9(5), pp. R87.

40. J. Shen, J. Zhang, X. Luo et al., Predicting protein-protein interactions based only on sequences information, *Proc Natl Acad Sci USA*, 2007, vol. 104, pp. 4337-4341.

41. M. Koyutürk, Algorithmic and analytical methods in network biology, *Wiley Interdiscip Rev Syst Biol Med*, 2010, vol. 2(3), pp. 277-292.

42. D. R. Rhodes, S. A. Tomlins, S. Varambally et al., Probabilistic model of the human protein-protein interaction network, *Nature Biotechnology*, 2005, vol. 23, pp. 951-959.

43. D. Li, W. Liu, Z. Liu et al., PRINCESS: a protein interaction confidence evaluation system with multiple data sources, *Mol Cell Proteomics*, 2008, vol. 7, pp. 1043-1052.

44. M. Steffen, A. Petti, J. Aach et al., Automated modelling of signal transduction networks, *BMC Bioinformatics*, 2002, vol. 3(1), pp. 34.

45. Y. Liu, H. Zhao, A computational approach for ordering signal transduction pathway components from genomics and proteomics data, *BMC bioinformatics*, 2004, vol. 5, pp. 158.

46. B. P. Kelley, R. Sharan, R. M. Karp et al., Conserved pathways within bacteria and yeast as revealed by global protein network alignment, *Proc Natl Acad Sci USA*, 2003, vol. 100 (20), pp. 11394-11399

47. T. Shlomi, D. Segal, E. Ruppin et al., QPath: a method for querying pathways in a protein-protein interaction network, *BMC Bioinformatics*, 2006, vol. 7(1), pp. 199.

48. S. Hautaniemi, S. Kharait, A. Iwabu et al., Modeling of Signal-Response Cascades using Decision Tree Analysis, *Bioinformatics*, 2005, vol, 21, pp. 2027-2035.

49. D. Silverbush, M. Elberfeld, R. Sharan, Optimally orienting physical networks, *J Comput Biol*, 2011, vol. 18(11), pp. 1437-1448.

50. A. Gitter, J. Klein-Seetharaman, Z. Bar-Joseph, Discovering pathways by orienting edges in protein interaction networks, *Nucleic Acids Res*, 2010, vol. 39(4), pp. e22.

51. S. Schuster, C. Hilgetag, On elementary flux modes in biochemical reaction systems at steady state, *J Biol Syst*, 1994, vol. 2, pp. 165-182.

52. 张律文. 基因调控网络的数值研究. 上海大学, 2010.

53. W. P. Lee, W. S. Tzou, Computational methods for discovering gene networks from expression data, *Brief Bioinform*, 2009, vol. 10(4), pp. 408-423.

第8章　系统生物学研究

如果生物学研究是想搞清楚一个房子的空间结构。那么还原论的方法就像是拆房子，不停地敲敲打打，拆拆分分，以至于当我们看到单个碎片的时候，已经分不清它来自屋顶还是墙壁。即便给我们一堆瓦砾，也无法组装成生命的大厦。生命不是搭积木，不仅要见树叶，更要见树木，见森林！从还原论到系统论，我们是否真正找到了揭开生命奥秘的钥匙？

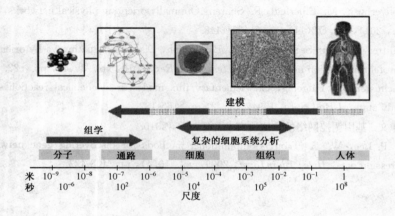

8.1　系统生物学概述

2005 年 5 月，*Nature* 期刊提出了一个非常巧妙的问题：活猫和死猫有什么区别？从还原论的角度讲，两个对象具有相同的物质组成，最多是所处的状态不同；从系统论的角度讲，死猫是各种组成成分的集合体，活猫则是由这些组分整合而成的系统的涌现行为。该问题是人们关于还原论与系统论的讨论的典型实例。

生命不是分子的简单堆砌。正如圣塔菲研究所的创始人之一 Cowan 所说："通往诺贝尔奖的辉煌殿堂通常是由还原论的思维取道的。这就造成了科学上越来越多的碎裂片。而真实的世界却要求我们用更加完整的眼光去看问题。任何事情都会影响到其他事情，你必须了解事情的整个关联网。"21 世纪是生命科学走向定量化的世纪，飞速增长的数据积累为生命科学的质的飞跃提供了基础。生物学的研究开始从对单一基因、蛋白质的定性描述转移到对复杂蛋白与基因调控网络的定量刻画。在这个大的背景下，对一个基因或几个分子研究好几年的还原论方法已经不能满足生命科学飞速发展的需要，迫切需要一种能够有效整合现有数据和方法的新的理论体系，即系统生物学。

8.1.1　系统生物学的定义

系统生物学最初的定义，或者说狭义的定义，是由诺伊·胡德（Leroy Hood）提出的，其基本含义是在基因组、转录组、蛋白质组和代谢组等复杂性的全局分析的基础上，建立生物系统的模型，从中归纳假设，并利用这些假设对生物系统进行反复的、整合性的干扰响应研究。之后，这一研究方式取得了显著的成效，并被迅速推广，成为系统生物学研究的基本指导思想。系统生物学的更广义的定义是：研究一个生物系统中所有组成成分（基因、mRNA 和蛋白质等）的构成，以及在特定条件下这些组分之间的相互关系的学科。系统生物学的研究目标是了解复杂生物系统在一定时间内的动力学过程，即从大量的生物学数据中得到一个尽可能接近真正生物系统的理论模型。根据模型的预测或假设，设定和实施改变系统状态的新的实验，不断地通过实验数据对模型进行修正和精炼，使其理论预测能够反映出生物系统的真实性。

系统生物学综合了系统分析、高通量平台、计算机模拟、数据整合与信息挖掘等领域的知识，分析生物系统的结构和功能属性，有助于在系统层次上加深对生命体的了解。同时，系统生物学也为生物学研究指明了未来的发展方向，正如胡德所说，"系统生物学将是 21 世纪医学和生物学的核心驱动力"。

8.1.2 系统生物学的基本思想

经典的分子生物学研究是垂直型的研究，即采用多种手段研究个别的基因和蛋白质。组学方法，包括基因组学、蛋白质组学和其他各种组学是水平型研究，即以单一的手段同时研究成千上万个基因或蛋白质。而系统生物学的特点是把水平型研究和垂直型研究整合起来，成为一种"三维"的研究。

图 8.1 给出了系统生物学的研究层次。在图中，单个基因可以在分子细节上利用随机模拟的方法进行建模（左起第一列）；对于基因开关回路，利用微分方程模型表示基因的动态则更加合适（左起第二列）；对于中等规模的基因网络，通过开/关转换行为近似基因动力学可用于模拟整个生物系统的动力学行为（左起第三列）；对于包含上千个基因的大规模基因网络，还难以进行预测性模拟。但利用大规模网络的简化动力学模型，例如网络结构的渗透流分析，有助于理解网络的功能组成（左起第四列）。

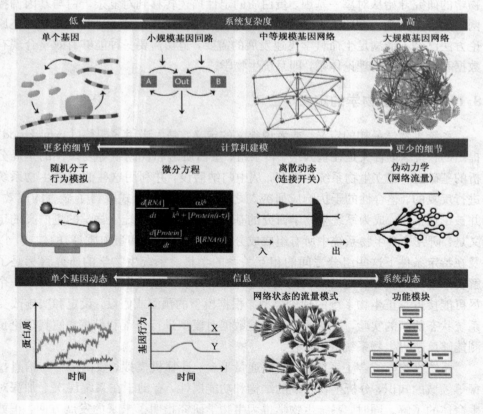

图 8.1 系统生物学的研究层次[3]

　　系统生物学的核心是整合。整合是把系统内不同性质的构成要素(基因、mRNA、蛋白质、生物小分子等)整合在一起进行研究。例如,系统生物学研究所的第一篇研究论文,是整合酵母的基因组和蛋白质组分析,研究酵母的代谢网络。整合也可以是从基因到细胞、组织、个体的各个层次的整合(见图 8.2),在全基因组测序的基础上,系统生物学全面整合转录组、蛋白质组、相互作用组、表型组和定位组数据。整合多组学数据可帮助减少由单一组学方法所造成的假阳性和假阴性问题,更好地理解基因产物的功能及基因产物之间的关系,测试相关的生物学假设并进行公式化。在整合数据的基础上,可利用计算方法建立生物过程的模型。进一步,利用合成生物学或系统扰动方法对已建立的模型进行测试。总体上,系统生物学策略是将多组学方法、数据整合、建模和合成生物学相结合。核心思想是"整体大于部分之和",对组成部分或低层次的分析并不能真正预测高层次的行为。整合甚至可理解为研究思路和方法的整合。

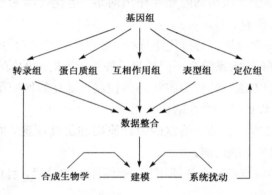

图 8.2　系统生物学中整合的概念[5]

　　整合体现在两种不同的策略:一种是胡德和系统生物学研究所采用的方式,选定一个较为简单的系统,如单细胞生物酵母,然后分析尽可能多的组分,如基因组、转录组、蛋白质组和相互作用组,以揭示整个系统的行为。另一种是吉尔曼领导的"信号转导联军"采用的方式,以一个较为复杂的系统(由 G 蛋白介导及其相关的细胞信号转导系统组成)为研究对象,采用尽可能多的研究手段去进行分析。

　　除了整合之外,系统生物学研究的另一重要思想是干涉。系统生物学研究的是特定生命系统在不同条件下和不同时间里的动力学特征。因此可以人为地设定某种或某些条件去作用于被实验的对象,从而达到实验目的,这就是干涉。这种干涉应该是有系统性的,具有定向突变技术。例如,对酵母中代谢网络的研究,就是把已知的参与果糖代谢的 9 个基因逐一进行突变,研究在每个基因突变下的系统变化。其次,系统生物学需要高通量的干涉能力,如高通量的遗传变异。现有技术已经能做到在短时间内把酵母的全部 6003 个基因逐一进行突变。

在实际应用中，可以首先选择一种条件(干涉)，对系统在该条件下的所有元素进行测定和分析并加以整合；在此基础上提出新的干涉条件，然后进行新的测定和整合。整合和干涉这两种不同研究策略和方法的互动，是系统生物学成功的保证。

8.1.3　系统生物学的研究内容

有些学者认为，生物学本质上是信息科学，编码在 DNA 中的信息沿着如下方向流动：DNA→mRNA→蛋白质→蛋白质相互作用网络→细胞→器官→个体→群体。系统生物学的重要任务就是尽可能获取每个层次的信息，并且对它们进行整合。从这个角度讲，可以将系统生物学的研究理解为对信息进行反复处理的过程。系统生物学的研究内容主要包括以下几方面。

① 系统结构辨识。包括基因相互作用网络、生化代谢途径及调节生物系统的相互作用机制的研究。

② 系统动态特性分析。通过代谢分析、敏感性分析和动力学分析等，识别不同行为背后的机制，理解系统在不同外界条件下随着时间的演化行为。

③ 系统的控制方法。针对细胞状态的控制，研究如何使细胞在外来干扰下的功能受损最小，以此提供潜在的药物靶标。

④ 系统的设计方法。基于给定的设计原则和仿真原理，修改和重建生物系统，使其具备我们所需的功能。

这 4 个方面的研究是一个环环相扣、逐渐深入的过程，目前大部分研究仍主要集中于第一个方面。

由于大规模高通量分析方法的发展，如用于检测 mRNA 表达变化情况的基因芯片技术、蛋白质组学中的质谱分析技术、代谢组学中的核磁共振技术等，使人们能够分析蛋白质和代谢物的浓度及其变化情况。在定量数据的基础上，建立单个细胞甚至整个物种中所有生化反应过程的预测模型，并模拟生物系统的动态。系统生物学就是要充分利用现有的数据、信息和知识，研究生物系统的各个部分之间的相互作用关系，对生化过程进行建模、分析和模拟，其最终目标是指导实验和理解生物学过程，系统地揭示从基因型到表型的过程及机理。

8.1.4　系统生物学的研究方法

系统生物学的研究方法主要有图形方法和模型方法。图形方法是将基因及其产物之间复杂的相互作用与调控关系抽象成网络形式，结合图论和统计学知识，对网络的结构和属性进行分析，以获得对系统的直观和整体理解。模型方法则是建立生物过程的数学模型，用于描述和预测生物系统响应外界环境变化和内在遗传结构变化时的动态行为，获得对生物系统的更全面的认识。例如，蛋白质在一定条件下发生结构变化时，通过测量技术只能获得变化前后两个稳态的数据，而建立相应的模型可以了解到中间变化状态及全过程。对生物体建立模型进行模拟，通常需要考虑到生物体的复杂性、生物的环境适应能力和生物的进化作用等几个方面。

　　进一步，生物系统中的模型可以分为定性模型和定量模型。定性模型一般是在假设驱动的基础上，对系统的性质进行模拟，如细胞信号转导通路模型。建立定量模型则要基于高通量的测量技术，要求实验提供精确的数据来源。定量模型可以反映某一生物系统或生物反应的量变过程，有助于研究多因素作用下的生物反应过程。在建模过程中，会涉及权重矩阵、非线性微分方程、随机动力学分析等各种数学方法。把生物体作为复杂适应性系统，应用复杂网络理论、遗传算法等，也可对生物体系统的定量行为提供更多的描述和解释。目前，系统生物学还处于起步阶段，并没有十分成熟的理论基础，需要通过大量的实践，逐步建立各种模型及其方法描述。

8.2　生物数据的挖掘与整合

　　系统生物学需要整合生物系统中不同性质的多种组分，包括从基因到细胞、到组织、到个体的各个层次的数据。这些组分数据的收集可能来自实验室（湿数据），也可能来自公共数据资源（干数据）。需要注意的是，这些数据中存在很多不利于处理分析的因素，比如数据中间存在类型差异、冗余和错误，存储信息的数据结构也存在很大差异（含文本文件、关系数据库、面向对象数据库等），缺乏统一的数据描述标准，从而使信息查询方式千差万别，许多数据信息是描述性的信息而不是结构化的信息标识。因此，如何快速地从各种异质数据源中获取建模所需的正确数据模式和关系，是系统生物学研究的首要任务。

8.2.1　生物数据的挖掘

　　尽管分子生物学和医学研究中数据库的重要性日益增长，但绝大部分科学论文并非存在于结构化的数据库条目中。这些知识必然无法为计算机程序所理解，甚至对于人来说都是难以发现的。寻找和理解相关出版物的任务会占用研究人员的大部分时间，而且这个时间占用度还在增加中。据估计，存储化学、基因组、蛋白质组和代谢组数据的数据库规模每两年就会翻一番。部分生物学数据以结构化的形式存在于数据库中，例如基因序列、基因微阵列实验数据和分子三维结构数据等，而更多的生物学数据则以非结构化的形式被记载在各种文本中，其中大量文献以电子出版物形式存在。

生物学知识的**文本挖掘**（text mining）就是利用数据挖掘技术在大量的生物学文献中发现隐含知识的过程。图 8.3 给出了一个从文献中挖掘蛋白质相互作用的流程图。其主要内容包括：识别生物学实体，包括基因、基因产物、通路和疾病；提取蛋白质相互作用关系，并以网络图形化表示；抽提出特定细胞类型中相关的生物学通路，以及计算机仿真所需的动力学参数；建立存储这些抽提信息的数据库。可利用文本挖掘技术发现文献中的蛋白质相互作用关系的常用软件包括 Protein Corral 和 EBIMed。进一步，更复杂的文本挖掘方法可以从文献中抽提详细的相互作用注释信息，如 Wang 等人发展了一种 CMW（Correlated Method-Word）模型从文本中提取蛋白质相互作用的检测信息。

下面举例说明如何从文献中挖掘蛋白质相互作用。文本挖掘中最常用的是共出现方法，即在同一篇文献或同一个句子中检测两个名词共同出现的概率。例如对于文献 Pumbed：16113488 Tobiume Kei(2005)，分别利用 Protein corral 和 EBIMed 工具挖掘其中的蛋白质相互作用。结果如下：

Protein corral —<**P1，verbs，P2** >

These analyses revealed that p53-induced apoptosis is regulated by these Bcl-2 family proteins.

EBIMed —< <**P1，P2，⋯**>，**GO(BP，CC，MF)** >

These analyses revealed that **p53**-induced **apoptosis** is regulated by these **Bcl-2** family proteins.

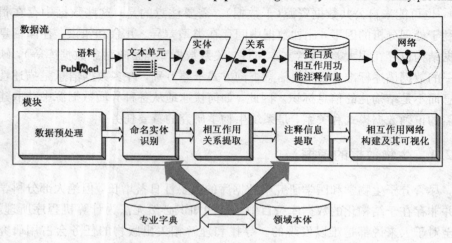

图 8.3　从文献中挖掘蛋白质相互作用的示意图

　　文本挖掘可以方便地从文献中挖掘到大量的有用信息，为科学研究提供了便利。但同时也要看到，文本挖掘方法本身存在着一些限制和挑战。比如词汇的变化性和模糊性，如何处理名词和动词转换、动词时态变化及多义词等。解决办法是预先设定好名词和动词的对照表及时态变化表，并应用标准的受控语言，如基因本体词条。同时部分文献受权限制约，难以获得全文，而全文中往往包含了更多的细节。由于摘要容易获取，目前的大部分工具针对文献的摘要进行搜索。还有一个重要问题是文本挖掘软件的可靠性和准确性难以评价，通常都是采用人工阅读和机器阅读相对照的方法，对结果进行评估。

8.2.2　不同组学数据的整合

　　随着实验技术的全面发展，高通量的组学数据开始变得容易获取，它们提供了细胞中几乎所有成员和相互作用的综合描述。这些数据可分成 3 类：成员、相互作用和功能状态数据。成员数据描述细胞分子的属性；相互作用数据记录分子成员之间的作用关系；功能状态数据指整体的细胞表型，揭示所有组学数据作用的整体表现。图 8.4 追溯了细胞中从基因组到代谢组的生物信号流，而已有的组学数据描述了中间变化过程。首先 DNA(基因组)被转录为 mRNA(转录组)，然后 mRNA 被翻译为蛋白质(蛋白质组)，蛋白质催化反应生成代谢物、糖蛋白和寡糖，以及不同的脂类(脂类组)。其中大部分成员可以在细胞中标记和定位(定位组)。产生和改变这些细胞成分的过程通常取决于分子相互作用(相互作用组)，如转录过程中的蛋白质-DNA 相互作用、翻译后的蛋白质相互作用，以及酶相互作用等。最后，由代谢通路组成整合的网络或流量图(代谢组)，决定细胞动作或表型(表型组)。

　　这些组学数据既相互关联又各有侧重。如何综合分析多组学数据，比较组学数据之间的相似性和互补性，成为系统生物学领域的重要课题。**组学数据整合**(integration of different omics data)是指对来自不同组学的数据源进行归一化处理、比较分析，建立不同组间数据的关系，综合多组学数据对生物过程进行全面深入的阐释。组学数据整合的任务可以归纳为 3 个层次：第一，对两个组学数据之间进行比较分析，挖掘数据之间的相关性和差异性；第二，给定三个或多个组学数据，挖掘它们之间的内在关系；第三，对于现有的所有组学数据，发展通用的数据整合方法和软件，进行大规模的、系统的数据整合。以这几方面的内容为主线，本节总结了近几年来在组学数据整合上的一些研究进展。

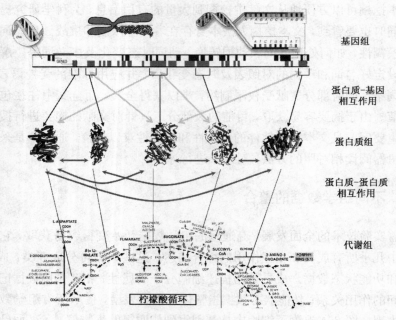

基因组

蛋白质-基因
相互作用

蛋白质组

蛋白质-蛋白质
相互作用

代谢组

柠檬酸循环

图 8.4 不同组学数据之间的关系

1. 两个组学数据间的比较分析

两个组学数据间的比较分析可以提示复杂生物系统背后的作用机制，成为数据整合中人们普遍关注的问题。转录组和蛋白质组定量方法的发展为两个组学数据的获取提供了便利条件，由于转录组和蛋白质组之间比较直接的对应关系，对于转录组和蛋白质组之间的比较分析较多。传统的比较 mRNA 表达量和蛋白质丰度的方法采用皮尔逊或者秩相关系数。然而，与人们预料的不同，多篇文献报道两个组学数据的皮尔逊相关系数分布在 0.46 到 0.76 之间，说明 mRNA 表达量对于蛋白质丰度只能提供较弱的提示(见图 8.5)。

在图 8.5 中，对于酵母中参与半乳糖代谢的 289 个基因进行系统的扰动实验，采用 ICAT 测量各基因的蛋白质表达水平，用 DNA 芯片检测各基因对应 mRNA 的表达比值，然后将二者比较作图。蛋白质丰度与 mRNA 表达水平显示出中度相关($R=0.61$, $P<1.3\times10^{-20}$)。与野生型相比，在扰动情况下 mRNA 或蛋白表达水平有所上升的基因主要是代谢相关基因或核糖体基因，而 mRNA 表达水平有所下降的基因多参与呼吸作用。

鉴于 mRNA 表达量和蛋白质丰度之间较弱的相关性，有部分学者认为，转录组和蛋白质组数据是高度相关的，只是由于数据本身的噪声掩盖了两个组学数据之间的相关性。因此他们提出了一系列统计方法建立数据噪声模型，试图揭示两个组学数据之间更多的相关关系。通过发展不同的数据统计模型，降低内在噪声的影响，可以发现转录组和蛋白质组之间更强的相关关系。

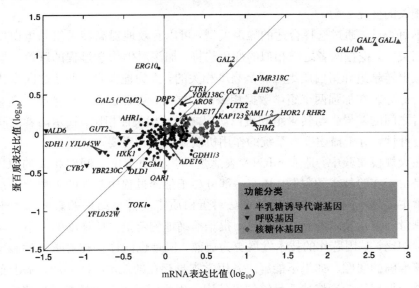

图 8.5　蛋白质表达水平与 mRNA 转录水平的散点图[12]

　　Nie 等人采用了一种新的数据统计模型，整合了 3 种不同条件下普通脱硫弧菌的转录组和蛋白质组数据[13]。针对蛋白质定量数据满足泊松分布并且有大量蛋白质没有检测到的情况，作者提出了一种基于零堆积的泊松模型（zero-inflated poisson model），定义了 mRNA 表达量和蛋白质丰度之间的相关模式。该方法利用 mRNA 表达量纠正测量不准确的蛋白质丰度，预测那些在实验中检测不到的蛋白质的丰度。在转录组和蛋白质组高度相关的情况下，该方法提供了一种对转录组数据的有效利用方式。

　　在计算两个组学数据的相关性时，通常假定基因产物的测量噪声服从标准正态分布。然而在很多情况下，该假定不成立。尤其当蛋白质谱的打分是离散数据时，噪声明显呈不对称分布。为了更好地估计 mRNA 表达量和蛋白质丰度之间的相关关系，Kislinger 等人建立了一个贝叶斯网络，以减少数据中噪声的影响[14]。首先，他们假定两组数据是线性相关的，采用高斯分布建立 mRNA 表达量噪声模型，采用泊松分布建立蛋白质丰度噪声模型。通过计算 mRNA 表达量和蛋白质丰度之间变化相对独立的部分，去除不可靠的测量。然后，通过训练贝叶斯网络给出一个概率打分，指示 mRNA 表达量和蛋白质丰度之间的线性关联程度。最后，由扰动测试决定显著性 P 值。在该模型基础上，Kislinger 等人计算了小鼠的 6 种有代表性的器官(脑、心、肾、肝、肺和胚胎组织)中转录组和蛋白质组之间的关系,发现了 mRNA 表达量和蛋白质丰度之间显著的相关性。在1758 个蛋白质中,共有 409 个点的转录表达量与蛋白质丰度显著相关,846 个点具有相关的变化趋势。

不可否认,通过选择合适的噪声模型,可以有效地提高转录组和蛋白质组之间的相关性,挖掘两者之间相似的变化趋势,加深对生物学过程的理解。但是该方法假定转录组和蛋白质组之间是高度相关的,人为地去除了两者之间变化相互独立的部分。在加强两个组学数据相关性的同时,可能引入新的数据偏差,掩盖了两者之间的差异。与转录组和蛋白质组之间的相关性相比,揭示两者之间的差异和互补性,对于描述生物系统的作用机制显得更为重要。

在大规模实验中,造成 mRNA 表达量和蛋白质丰度之间弱相关的原因,一部分是由于实验技术的限制,还有一部分源于翻译过程中基本的生物学因素。技术因素主要是不同的蛋白质定量方法对蛋白质丰度计算结果的影响。由于蛋白质组测量和定量技术中存在的问题,很难准确地测定蛋白质丰度的大小。与蛋白质组学相比,基因芯片的技术发展更为成熟,但是也同样存在着重复性较差、定量不够准确的问题。如果不能解决各组学本身存在的技术上的问题,基于多组学数据整合得到的结论将缺乏足够的可信度。生物因素主要包括翻译后修饰、半衰期、翻译效率及功能分类等。生物因素所造成的转录组和蛋白质组之间的差异体现了从 mRNA 到蛋白质的翻译过程中所发生的分子变化,是实验中重要的发现。但是,由于噪声的存在和技术条件的影响,目前还不能完全揭示出影响两个组学数据之间关系的生物因素,也很难区分影响转录组和蛋白质组之间相关性的技术因素和生物因素。

2. 多组学数据间关系分析

组学数据间的比较分析指两个组学数据之间的比较,以计算两组数据之间的相关性为主。而组学数据间的关系分析侧重于融合更多的数据源,揭示不同组学数据之间的内在关联。除了转录组和蛋白质组,用于研究机体对于外界环境、药物和毒物响应的代谢组数据是生物组学数据的另一个重要来源。代谢组学的最初定义为生物系统对生理和病理刺激及基因改变的代谢应答的定量测定。基因、mRNA 和蛋白质提供了生物过程发生的物质基础,而代谢组记录了真实发生的生物化学反应。相对于转录组和蛋白质组,在整合分析中,代谢组往往可以提供更多的信息。转录组和蛋白质组之间有比较直接的对应关系,转录组和蛋白质组测量催化反应的酶的定量信息,而代谢组则不同,测量的是化学反应中底物和产物分子的代谢水平,因此对代谢组与转录组和蛋白质组数据的整合分析更加困难。近几年，人们尝试使用多种方法整合几种模式生物中的代谢组和其他组学数据。但是，与转录组和蛋白质组之间关系的大量研究相比，对代谢组与转录组和蛋白质组进行整合的研究相对较少，研究成果有限。

Pir 等人设计实验，观察在不同培养基、改变稀释速率及基因敲除情况下转录谱和代谢谱的变化。他们假定代谢谱是基因表达谱的函数，采用偏最小二乘算法由不同开放阅读框的表达水平建立代谢变量模型。该方法可以比较不同条件下转录水平和代谢物浓度变化的一致性和差异性，识别在不同的扰动响应中可能调节代谢物浓度变化的开放阅读框。Rantalainen 等人提出了一种统计学方法，以整合蛋白质组和代谢组数据，应用于人类前列腺癌异种移植的小鼠模型。他们收集了小鼠血浆中对应的双向凝胶电泳-蛋白质谱和一维核磁共振代谢谱数据，在统计学方法 OPLS(Orthogonal Projection to Latent Structure)的基础上整合两组数据，分析与该疾病相关的蛋白质丰度和代谢物浓度之间相似的变化趋势，并对结果进行可视化，结果表明蛋白质和代谢物之间存在多种相关性，如转铁蛋白前体与酪氨酸和 3-D-hydroxybutyrate 之间的联系。通过多组学技术，该方法可以加速生物标志的发现，加深对活体模型系统的理解。进一步，该数据整合方法可以推广到其他组学数据的整合，如转录组和代谢组的整合等。但是该方法本身也存在很大的局限性，因为该方法假定蛋白质丰度和代谢物浓度的变化存在相关性，实际上大部分的酶和代谢产物之间具有复杂的调控关系，不一定具有相似的变化趋势，所以可能漏掉一些揭示蛋白质与代谢物之间关联的重要信息。

3. 通用数据整合方法的发展及相关软件

生物系统建模需要大量的数据，它们一般来源于大规模的专用数据库和已发表的文献，而这些数据的格式多种多样，为重复利用带来了很多不便。例如，目前大约有上百个通路数据库，包括代谢、信号转导、蛋白质相互作用和基因表达等，对于研究人员来说是非常丰富的资源。但是，这些数据库大多拥有各自独特的数据模式、访问方式和文件格式，且在不同程度上存在着语义差别。数据的使用者需要不断地适应各个数据库，才能获取所需的某些特定信息。如果需要综合利用不同数据库提供的资源，则需要付出更多的努力。对于非专业的使用者，繁多的数据库和文件格式也令人望而却步。因此，有必要发展一些通用的数据标准，用于整合多个数据库，或者能够作为中间体，简化并实现不同数据格式之间的转换。

1) 通用的数据整合方法

各种实验技术具有不同的广度和深度，具有特定的系统偏差，产出的高通量数据存在着内在的高假阳性率或高假阴性率的问题。这些问题使得从不同数据源进行网络重建变得困难而且容易出错。同时，由于生物技术的快速发展，缺少典型的用于估计数据整合参数的非冗余数据集。如何克服这些困难，从统计水平上整合不同数据源，正得到研究人员的广泛关注。

经典的数据整合方法包括数据交叉、数据合并、无权重的 Fisher's 方法等。在实验中，真阳性的数据往往分布在 P 值坐标轴的起始点附近，因此数据整合方法通常设定阈值（例如 $P=0.05$）将整个 P 值空间分成两部分。在起始点附近，真阳性的数据较为富集，被认为是显著的；否则，被认为是不显著的。交叉方法挑选在所有数据集中显著的元素，往往会漏掉在临界值附近的很多真阳性数据。合并的方法选择在任意数据集中显著的元素，提高了阳性率却引入了大量的假阳性数据。不同于交叉与合并方法采用所有数据集相互独立的假设，Fisher's 方法采用更加综合的指标如双曲线来决定阈值，挑选更多的阳性数据并控制假阳性率水平。值得注意的是，即使各数据集在分布上存在很大的差异，上述方法都平等对待不同的数据集，采用同样的显著性区域。所以，有必要引入新的方法，更加客观有效地整合不同类型的数据源。

为了解决上述问题，Hwang 等人提出了一种新的整合方法，处理具有不同规模、类型、统计分布和覆盖度的多种数据源[15]。该方法采用带权重的 Fisher's 方法和混合分布函数估计，不限定待整合的数据集的数目，能够比传统方法更精确地挑选真阳性数据，是一种整合不同技术手段产出的多种数据类型的通用方法。在此基础上，Hwang 等人开发了名为 POINTILLIST 的开放软件包，以酵母中半乳糖利用为例，共整合了 18 种相关的数据集，包括 mRNA 表达量和蛋白质丰度信息、蛋白质-DNA 相互作用及蛋白质相互作用等。结果表明，重建的网络能够有效地反映与半乳糖利用有关的已知生物学知识。

2）数据整合平台

在系统生物学中，数据整合的目标是将不同技术手段产出的多种数据源整合在统一的数据管理系统中，使累积的数据比单独的数据源提供更大的生物学视野。这需要有效地表示已有数据，使其更利于新知识挖掘。虽然在各组学领域中存在一些常用的分析工具，但是每种工具仅擅长特定类型的数据分析，如基因芯片、蛋白质定量或代谢网络等。因此，有必要整合多种数据源和工具，建立统一的数据访问和分析的平台，合理处理数据集的多样性和复杂性。目前，已产生了一些通用的数据标准，如 CellML 和系统生物学标记语言均可用于不同模拟软件之间的数据交换，为数据整合平台的建立奠定了基础。通过整合现有的数据库资源和相关软件，研究人员也开发了多种通用的软件平台（见表 8.1），用于网络的可视化及多组学数据的浏览与分析。

表 8.1 整合多种组学数据集的软件平台

名 称	网 址	描 述
Cytoscape	http://www.cytoscape.org/	用于可视化分子相互作用网络，并整合相互作用与基因表达和状态信息
VisANT	http://www.visant.net/	建立在网络基础上，用于可视化和分析多种类型的生物相互作用及关联网络
BiologicalNetworks	http://biologicalnetworks.org	用于生物通路分析，基因调控、蛋白质相互作用网络、代谢和信号通路的查询与可视化
VANTED	http://vanted.ipk-gatersleben.de/	与相关的实验数据相结合，提供网络的可视化和分析工具
Gaggle	http://www.gaggle.net/	在独立发展的软件工具和数据库之间进行数据交换

在表 8.1 中，有代表性的是 Shannon 等人开发的 Gaggle 通用整合平台（见图 8.6）。他们的工作表明，使用名称、矩阵、网络和相关阵列这 4 种简单的数据类型，就足以把不同的数据库和软件整合到一起。Gaggle 整合了多种数据库（如 KEGG、BioCyc、String）和软件（Cytoscape、DataMatrixViewer、R 统计环境和 TIGR 芯片表达浏览器），允许同时访问实验数据、功能注释、代谢通路及 Pubmed 摘要，有助于全方位地展示生物系统的多种组分、相互作用关系和注释信息。

虽然上述众多的整合工具的出现有助于解决数据整合问题，但是这些工具的共同特点是从网络层次上简单地整合不同数据源，提供方便的数据浏览和可视化，还很难从生物学水平上为生命活动的深入理解提供很大的帮助。只有充分了解不同技术的特点、不同组学数据的含义和相互关系，数据整合工具的开发才能为多组学数据的综合分析提供更大的帮助。

4. 存在的问题

高通量实验方法的发展促使了大量的组学数据的累积，而多组学数据整合可以提供对生物系统的全面了解。尽管系统生物学中数据整合已经得到了普遍重视并取得了一定进展，但诸多问题的存在还是给不同组学数据的整合带来了很大困难，使现有的组学数据还未得到充分解读。大部分研究还集中于数据的预处理和可视化等低级层次，缺乏在生物学意义上整合多组学数据的通用的新方法。进一步，系统生物学中数据整合的发展有待于实验科学、生物学、数学和计算机科学的全面进步，在实验技术方面提高产出数据的精度，在生物学方面提供更多新的理论指导，在数学和计算机领域提出更强有力的分析方法，最终有效地整合多种组学数据，对生物系统进行全面的解读。

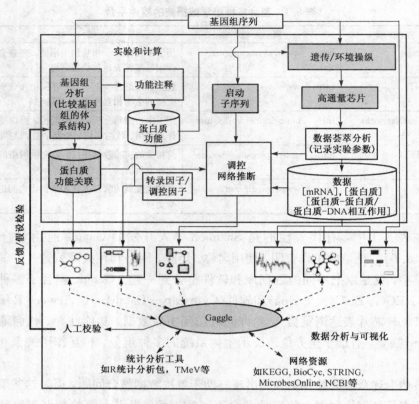

图 8.6　整合多种数据库和软件的 Gaggle 系统框图[18]

8.3　生物系统的建模与仿真

生物学系统包含大量彼此相互作用的元件。由于系统的复杂性，仅仅对众多反应进行实验观察还远不足以充分认识整个系统，其中一些属性只有通过模拟才能被挖掘。正如著名物理学家费曼所说"不能为我所建者，不能为我所知"。因此，系统生物学的一个重要研究内容是如何在整合后的生物学数据基础上，建立合适的数学模型。模型的构建是系统了解和分析生命现象的基础，是对传统理论和实验生物学研究的补充，可以用来预测基因型到表型的过程，预测代谢过程，了解细胞的反应网络、细胞通信、病理学/毒理学机理，将实验生物学变为可预测的科学。目前，研究人员已发展了各种建模方法，以描述不同类型、不同复杂度的生物学系统。本节主要介绍系统生物学的通用建模语言、一般的建模过程和常用的建模方法。

8.3.1 系统生物学建模语言

1. 系统生物学标记语言概述

2000 年，Hiroaki 和 John 组建了一个研究小组，试图为系统生物学的计算模型开发更好的基础性软件。他们的目标是设计一个通用系统，使得现有的生物学模拟软件能够互相交换数据。2003 年，为了提供不同软件之间数据交换的通用格式，Hucka 等首次提出了**系统生物学标记语言**（System biology markup language，SBML）。SBML 不是一种编程语言，而是一种用于描述软件工具中基本数据和模型的通用格式。作为一种机器可读的基于 XML 的标记语言，它可以描述代谢网络、细胞信号通路、调控网络等多种生物系统，提供了网络动态仿真的基础。由于各模型采用统一的格式发布和共享，其他研究人员可以在不同的软件环境中打开模型，确保模型在被某个软件创建之后的整个生命周期中都可用。

此后，越来越多的软件开始支持 SBML，包括 Berkeley BioSpice、DBSolve、E-Cell、Gepasi、Jarnac、StochSim 和 Virtual Cell 等。支持系统生物学标记语言的软件数量逐年增加（见图 8.7），截至 2012 年 9 月，SBML 的主页上（http://sbml.org/Main_Page）已经列出了 230 种支持 SBML 的软件。目前，系统生物学标记语言已成为计算生物学研究领域中用于描述常见模型（如细胞信号通路、代谢通路、基因调控等）的免费开放的格式标准。

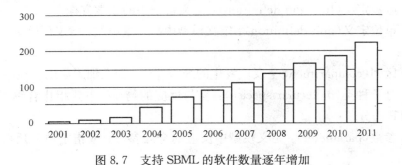

图 8.7　支持 SBML 的软件数量逐年增加

2. 系统生物学标记语言的功能

系统生物学标记语言（SBML）的功能主要包括以下 3 个方面。

① SBML 可以编码由生化分子及其相互反应组成的生化反应网络。该模型可被分解成明确标记的组成元素，而且元素的集合可比拟成对反应方程的一种精

细的再现。使得软件工具易于进行对模型的解释，并把 SBML 格式转换成在软件内部实际使用的任意格式。

② 支持 SBML 的软件包能够读出使用 SBML 的模型描述文件，将其转换成软件的内部格式以进行模型分析。例如，某个软件包通过构造反应网络中的微分方程进行模型仿真，对方程进行数值的时程积分，以及模型动力学特性的研究。另外一个软件包构造一种离散的随机模型，使用动态的蒙特卡罗法对模型进行仿真（如 Gillespie 算法）。

③ SBML 能够描述任意复杂度的模型。模型中的每种组件用特定的能够良好组织该组件相关信息的数据结构来描述，决定了整个模型如何使用 XML 进行编码。

目前，SBML 被定义为不同级别，并支持级别的向下兼容。级别越高，功能越多，表达能力也越强。目前已有两个级别，级别 1 已开发到第二版 Level 1 Version 2（SBML L1V2），级别 2 已开发到第三版 Level 2 Version 3（SBML L2V3）。部分开源软件，例如 libSBML，同时支持级别 1 和级别 2。

3. SBML 应用实例

生物系统，如代谢途径，通常包括一系列的生物化学反应。一个化学反应可分解为多个组分：反应物、产物、反应式、计量化学、反应速率式和所用的参数。为了分析或模拟反应过程，对于额外的元件也需要进行详细的描述，如化学物质的分类、不同的计量单位等。一个典型的 SBML 模型由以下几部分构成。

① 函数定义（function definition）：定义模型中的数学方程；

② 单位定义（unit definition）：定义模型中的计量单位，指定预设单位和缩写简称等；

③ 区间（compartment）：反应发生的细胞部位，如在细胞质或者核内；

④ 分子种类（molecular species）：参与反应的物质，主要指化合物，如钙离子、ATP 等分子；

⑤ 参数（parameter）：定义模型中反应的全局参数，或指定单一反应所使用的参数；

⑥ 规则（rule）：由模型中的一组反应构建的数学表达式，也用来指定参数的变化；

⑦ 反应（reaction）：描述反应组分的传输、转变、结合等过程，其相关的动力学速率可以表征这些反应的快慢；

⑧ 事件（events）：描述当满足触发条件的瞬间所发生的不连续的变化。

下面以一个简单的化学反应为例，说明采用 SBML 语言描述生化反应的基本方法。超氧化物歧化酶(SOD)能够将有害的基团 O_2^- 转化为过氧化氢(H_2O_2)，进一步引发氧化应激反应，最后转化为水。该过程的反应方程式如下：

$$\xrightarrow{c_1} O_2^- \xrightarrow[\text{SOD}]{c_2} H_2O_2 \xrightarrow[\text{cat}]{c_3} H_2O$$

$$\frac{dO_2^-}{dt} = c_1 - c_2 \cdot \text{SOD} \cdot O_2^-$$

$$\frac{dH_2O_2}{dt} = c_2 \cdot \text{SOD} \cdot O_2^- - c_3 \cdot \text{cat} \cdot H_2O_2$$

该例子的 SBML 描述如下：

```
<? xml version="1.0"? >
<sbml xmlns="http://www. sbml. org/sbml/level2"
        level="2"version="1">
    <model id="SOD model">
    <listOfCompartments>
        <compartment id="cytosol"/>
    </listOfCompartments>
    <listOfSpecies>
        <species id="O2radical"name="O2 radical"
            Compartment="cytosol"initialConcentration="0. 0"/>
        <species id="H2O2"name="hydrogen peroxide"
            Compartment="cytosol"initialConcentration="0. 0"/>
        <species id="SOD"name="sueroxide dismutase"
            Compartment="cytosol"initialConcentration="1. 0e-5"/>
    </listOfSpecies>
    <listOfReactions>
        <reaction id="SOD_reaction">
        <listOfReactants>
            <speciesReference species="O2radical"/>
        </listOfReactants>
        <listOfProducts>
            <speciesReference species="H2O2"/>
        </listOfProducts>
        <listOfModifiers>
            <modifierSpeciesReference species="SOD"/>
        </listOfModifiers>
        <kineticLaw>
            <math xmlns="ttp://www. w3. org/1998/Math/MathML">
```

```
                            <apply>
                                <times/>
                                <ci>c2/ci>
                                <ci>SOD/ci>
                                <ci>O2radical/ci>
                            </apply>
                        </math>
                        <listOfParameters>
                            <parameter id="c2" value="1.6e9"/>
                        </listOfParameters>
                    </kineticLaw>
                </reaction>
            </listOfReactions>
        </model>
    </sbml>
```

8.3.2　生物系统建模过程

如图 8.8 所示，系统生物学的模型建立过程包括以下步骤。在现有化学反应及分子相互作用基础上，提出初步的系统模型；根据已有的定量数据估计模型的动力学参数；根据实验得到的数据与模型预测的情况进行比较，对初始模型进行验证和修正；将模型用于预测各种条件下的细胞响应。该图主要采用了定量模型来描述生物学系统，其数学模型包括**常微分方程**（ordinary differential equation）、**偏微分方程**（partial differential equation）和**随机微分方程**（stochastic differential equation）等，其中常微分方程方法是这一领域普遍采用的方法。由于缺乏完整的有关动力学参数的知识，仅有 30%～50% 的参数是已知的，要估计大量的未知参数难度较大，这使得定量的建模和仿真方法存在很大局限性。而定性或半定量模型作为定量模型的简化模型，包括**布尔网络**（boolean network）、**逻辑模型**（logical model）、**概率模型**（probability model）和 **Petri 网络**（Petri network）等，有助于理解信号转导通路的作用机制，也是生物系统建模的重要方法。下面就介绍几种常用的定性模型和定量模型。

1. 布尔网络

布尔网络在分子相互作用关系矩阵的基础上，采用布尔函数表示每个分子的状态，1 表示激活，0 表示失活，可以用于模拟通路中信号的传递过程。例如，在现有生物学知识和基因敲除表型信息的基础上，Julio 等人建立了一个大规模的

布尔网络模型，分析了 T 细胞中信号转导网络的动态过程。在敲除 CD28 和激酶
Fyn 的情况下，该模型能够预测细胞整体的信号响应，与实验取得了一致的结
果。同时，布尔模型可以帮助分析信号网络的重要结构特征及潜在的风险模块，
有助于预测药物作用和网络结构变化的影响。

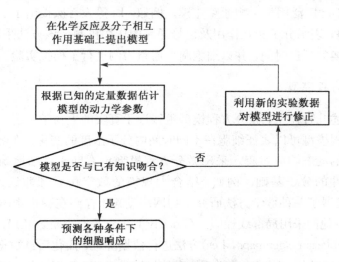

图 8.8　生物系统建模的一般过程

2. 概率模型

在概率模型中，通常采用马尔可夫链或者马尔可夫决策过程建立信号通路中
的化学反应的模型，其中定量信息包括状态变化的概率及发生时间。相比布尔模
型和简单的逻辑模型，该模型能够包含更多的化学反应细节。如 Heath 等人采用
连续时间的马尔可夫链，建立了一个名为 PRISM 的工具，可以进行蒙特卡罗仿
真及离散事件的模拟。

3. 贝叶斯网络模型

贝叶斯网络是另一种重要的概率模型，由条件概率分布和网络结构两部分组成，
结点与其所有父结点均用有向边连接，构成一个有向无圈图。贝叶斯网络结构满足马
尔可夫独立性假设：在图中给定一个变量的父结点，则它与非子代结点相互独立。

贝叶斯网络的优点在于它能够处理数据缺失问题和数据噪声，估计网络不同
特征的可信度。但是，贝叶斯网络不能明显地表示基因调控网络的动力学特征，
不能处理有圈结构。这种不足在一定程度上可以通过更广义的形式来克服，例如
动态贝叶斯网络。

4. Petri 网络

Petri 网络可以描述条件与事件之间的关系，是一种用于建模并发事件和模拟离散事件的动力系统，包括随机 Petri 网络、混合 Petri 网络和有色 Petri 网络等，最近几年已广泛用于生物通路建模。例如，Li 等人首次提出了一种基于时间的 Petri 网络，表示分子相互作用及信号通路的作用机制。该方法采用时间 Petri 网络决定转换的延迟时间，并以细胞凋亡通路为例进行了模拟实验。

5. 微分方程模型

相比上述几种模型，微分方程模型更接近于真实的生物学系统。采用信号通路的微分方程模型可以表征细胞在不同时间内分子浓度的变化，观察在不同外界条件下细胞的动态响应过程。采用微分方程模型也有助于详细地阐释生物学系统的一般特性的分子基础。例如，结合大规模的数字仿真和非线性降维方法，Paolo 等人发展了一种数学方法研究生物网络动态，检测在噪声影响下系统的鲁棒性。首先，他们采用局部线性嵌入（Locally Linear Embedding，LLE）和拉普拉斯特征矩阵（Laplacian eigenmaps，Les）方法进行数据降维，简化后续数据处理的复杂性；然后，采用微分方程建立化学反应和信号转导模型，采用数值方法求解动力学参数；最后，模拟不同条件刺激或者基因敲除情况下的生物学系统的动态响应过程。结果发现，该模拟系统能够取得与实际生物系统类似的刺激响应过程。

表 8.2 给出了几种常见的基于微分方程的建模方法描述。其中，常微分方程和偏微分方程是最基本的模型，它们构成了生物系统建模的基础。按照模型中的时间和空间变量的选取方法及建模过程的不同，基于微分方程的模型还可具体分为化学动力学模型、隔室模型和反馈扩散模型等。根据系统中随机因素的影响大小，可分为确定性系统、随机系统和混合系统。特别是对系统进行动态分析时，可以发现其中存在一些特殊的结构和功能模块，如正反馈和负反馈。为了实现特定的功能，某些系统还可能呈现双稳态现象。

表 8.2 基于微分方程的建模方法

方　　法	描　　述
常微分方程	表示分子浓度随时间的变化函数
偏微分方程	表示分子浓度随多个变量，如空间位置和时间等的变化函数
化学动力学模型	化学动力学模型基于常微分方程，参数是化学反应中的物质反应速率
隔室模型	基于常微分方程，在不同隔室中的相同分子要分别建模，不同隔室之间的分子移动速率是给定的
反应扩散模型	基于偏微分方程，分子随时间的浓度变化率取决于扩散、反应和对流

（续表）

方　　法	描　　述
确定性系统	如果分子数量足够多，内在的生化噪声在平均后可忽略不计，那么模型中的平均反应速率可以用常数描述
随机系统	当分子数量较少时，系统的行为明显区别于确定性模型描述的平均行为，生化噪声足以将系统从一个状态转换到另一个状态，需要采用随机系统进行描述
混合系统	既包含确定性组分，也包括随机组分
正反馈	当下游效应能够激活分子的调控因子时，出现正反馈，导致信号的放大。例如，电压门控钠离子通道中，去离子化将导致更多钠离子通道打开，在神经元产生动作电位
负反馈	当下游效应能够抑制分子的产生或者激活时，出现负反馈。例如，在代谢途径中，当多余的代谢产物出现时往往会抑制上游的酶活性
双稳态	即存在两个稳态解。为了对一个持续较强的信号做出响应，系统可能从低的稳态迁移到高的稳态，从而展现出双稳态。对于双稳态，正反馈是必要的但不是充分的

6. 模型应用举例

下面通过一个简单的例子说明几种常用模型的应用过程。图 8.9 显示了由 4 个基因及其蛋白质产物所组成的基因表达调控过程。4 个基因 a～d 分别编码蛋白质 A～D。蛋白质 A 和 B 可以形成复合体共同激活基因 c 的表达。蛋白质 C 能够抑制基因 b 和 d 的表达。而蛋白质 D 则是基因 b 转录所必需的。

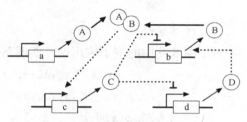

图 8.9　4 个基因之间的表达调控模型[18]

1) 布尔网络

对图 8.9 中的例子应用布尔网络进行建模，可以得到如下几条规则：

$$x_a(t+1) = x_a(t)$$
$$x_b(t+1) = \bar{x}_c(t) \wedge x_d(t)$$
$$x_c(t+1) = x_a(t) \wedge x_b(t)$$
$$x_d(t+1) = \bar{x}_c(t)$$

设定 a、b、c 和 d 的初始状态，就可以根据这些规则确定其后续状态，以及最终的稳态。图 8.10 给出了每个初值状态所对应的后续状态，可以推断出该网络具有两种不同的状态行为。如果 a 的初始状态为 0，则系统状态最终将到达稳态 0101。如果 a 的初始状态为 1，则系统发展为一个循环，包括下列状态序列：1000→1001→1101→1111→1010→1000。

对于这种简单的系统，可以直接建立其转换规则，从而推断出分子的后续状态。对于实际的生物学系统，则可以借助于机器学习或者智能训练的方法来构建布尔网络，如根据基因表达的实验数据建立待研究的基因之间的相互作用关系，确定每个基因的连接输入（或调控输入），并且为每个基因生成布尔表达式，形成网络系统的状态转换表。对于复杂的网络，在网络构造过程中，其搜索空间非常大，常需要利用先验知识或合理的假设，以减小搜索空间，有效地构造布尔网络。

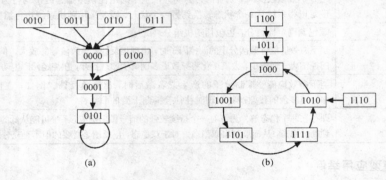

图 8.10　布尔网络中的两种状态行为

2) 贝叶斯模型

对于图 8.9 中的例子应用贝叶斯模型，利用基因之间的独立性条件：

$$p(x_a \mid x_a, x_b, x_c, x_d) = p(x_a \mid x_a)$$
$$p(x_b \mid x_a, x_b, x_c, x_d) = p(x_b \mid x_b, x_c, x_d)$$
$$p(x_c \mid x_a, x_b, x_c, x_d) = p(x_c \mid x_a, x_b, x_c)$$
$$p(x_d \mid x_a, x_b, x_c, x_d) = p(x_d \mid x_c, x_d)$$

进一步，可以列写出该网络中结点的联合概率分布函数：

$$p(x_a, x_b, x_c, x_d) = p(x_a) \cdot p(x_b \mid x_c, x_d) \cdot p(x_c \mid x_a, x_b) \cdot p(x_d \mid x_c)$$

由于该系统的调控关系中存在着调控回路，如 a 和 b 共同激活 c，而 c 又抑制 b，导致 b 和 c 之间存在一条回路，同样 b、c 和 d 之间也存在一条调控回路。因此，该系统难以用一般的贝叶斯模型来描述，需要采用动态贝叶斯模型来分析和处理其中的循环回路。

3) 微分方程模型

对于图 8.9 中的例子应用微分方程模型，选用 Hill 模型作为激活、抑制作用的描述函数。Hill 模型是由 Hill 于 1910 年提出的，最初用于描述药效动力学，如癌细胞的药物诱导生长抑制效应。描述激活作用的 Hill 模型表达式为

$$R(d) = \lambda + \upsilon d^n / (k^n + d^n)$$

其中，$R(d)$ 表示在 d 的剂量水平下的反应，λ 为背景效应，υ 为最大可达反应，k 是最大可达剂量一半的剂量，n 是用于描述剂量-反应曲线弯曲度的系数，又称 Hill 系数。λ、υ、k 和 n 都是待估计的模型参数，其中最重要的参数是 n，n 通常

被称为形状参数。Hill 模型拟合的结果是一个 S 形曲线，在开始阶段分子浓度增加较快，后面增速变小，当 n 的取值大于 1 时，分子浓度变化将逐渐趋于稳定。类似地，可以定义用于描述抑制作用的 Hill 模型表达式。

对于 a、b、c 和 d 的 mRNA 丰度，它们的分子浓度随时间的变化函数如下：

$$\frac{\mathrm{d}x_a}{\mathrm{d}t} = f_a(x_a) = v_a - k_a \cdot x_a$$

$$\frac{\mathrm{d}x_b}{\mathrm{d}t} = f_b(x_b, x_c, x_d) = \frac{V_b \cdot x_{d^{n_d}}}{(K_b + x_{d^{n_d}})(K_{Ic} + x_{c^{n_c}})} - k_b \cdot b$$

$$\frac{\mathrm{d}x_c}{\mathrm{d}t} = f_c(x_a, x_b, x_c) = \frac{V_c \cdot (x_a x \cdot b)^{n_{ab}}}{K_c + (x_a \cdot x_b)^{n_{ab}}} - k_c \cdot x_c$$

$$\frac{\mathrm{d}x_d}{\mathrm{d}t} = f_d(x_c, x_d) = \frac{V_d}{K_{Ic} + x_{c^{n_c}}} - k_d \cdot x_d$$

其中，k_a、k_b、k_c 和 k_d 分别是 a、b、c、d 降解的一阶速率常数。v_a 表示基因 a 表达的常数速率。b 的最大产出速率为 V_b，分解常数为 K_b，Hill 项 $\frac{V_b \cdot d^{n_d}}{K_b + d^{n_d}}$ 描述了 d 对 b 的激活作用，n_d 为 Hill 系数。c 对 b 的抑制作用由项 $\frac{1}{K_{Ic} + c^{n_c}}$ 表示。c 的形成依赖于 a 和 b 的浓度，V_c 和 K_c 分别为最大产出速率和降解常数，n_{ab} 为 Hill 系数。d 的产生取决于最大产出速率 V_d 女 和 c 的抑制作用。根据该动力学方程，设定各系数值及初始条件，就可以模拟各分子浓度随时间的变化情况。

7. 几种建模方法的比较

比较各种建模方法，可以发现以下几方面的特点。

① 布尔网络的优点在于直观简单，容易建立。其缺点是由于布尔函数的确定性，使得调控关系仅能表示"存在"或"不存在"两种状态，在很多情况下过于简化。而且布尔网络是一种离散的数学模型，不能很好地反映细胞中基因表达的实际情况，如布尔网络不能反映各个基因表达的数值差异，不考虑各种基因作用大小的区别等。

② 贝叶斯网络是基于概率论形式的模型，模型描述较为准确，但是存在着计算耗时、难以表示大规模网络、无法结合其他环境参数的问题。

③ 微分方程模型考虑了基因调控机制的细节，如个体动力学、蛋白质与蛋白质的相互作用等。但是，由于测量的困难和许多蛋白质功能及其相互作用的不确定性，此类动力学常数往往是未知的，从而限制了该模型的应用范围。在实际应用过程中，应针对生物网络的不同特点选用合适的建模方法。

8.4 从虚拟细胞到虚拟人

利用系统生物学的建模语言和建模方法，研究人员已经构建了大量的生物网络模型，甚至能够构建出单个细胞内的所有蛋白质相互作用和生化反应。那么，一个大胆的设想是：能否在现有生物学知识和模型的基础上，建立一个与真实细胞类似的，能够生长、代谢、对各种外界刺激做出响应，甚至能够自我凋亡的虚拟细胞模型呢？

实验研究、数学建模、计算机技术和信息科学的发展，为生命科学进行复杂体系的研究奠定了理论和技术基础，正是在这种大背景下，虚拟细胞的概念应运而生。**虚拟细胞**(virtual cell)应用计算机信息科学的原理和技术，通过数学计算和分析，对细胞的结构和功能进行分析、整合和应用，模拟和再现细胞和生命现象。虚拟细胞充分体现了系统生物学的整合思想，其未来目标是从单个细胞开始，建立一个能够模拟人体系统运行生化过程的生理虚拟人（见图 8.11）。

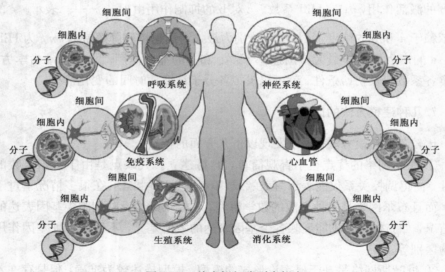

图 8.11　从虚拟细胞到虚拟人

8.4.1　虚拟细胞

1. 虚拟细胞的研究意义

虚拟细胞对于了解生命活动的作用机制及疾病的防治，都具有重要意义。首先，通过仿真技术，研究人员可以构造细胞结构及其内外部环境物质组成，记录细胞实验现象和功能，再现细胞生命活动并发现新的生物学现象和规律。其次，建立正常和病理的虚拟细胞模型，可以帮助了解虚拟细胞的发生、活动和调节的生理机制，了解和揭示疾病发生过程，寻找有效致病分子和标记分子，进行疾病的预警诊断，设计和实验新药物，建立新的医疗保健模式——电子医生。此外，虚拟细胞对于医学、生物学教育具有重要意义，能够以其生动和可视化的表现形式改变传统教学模式，代替和辅助传统医学生物学实验和教学，生动、直观、透彻、逼真地重现细胞生命活动的各环节。

2. 虚拟细胞的建模和仿真过程

第一个虚拟细胞模型是 1997 年由日本庆应义塾大学的 Tomita 等人建立的原核细胞能量代谢的模型 E-Cell。另一个著名的模型是 1999 年由美国学者 James 等人建立的真核细胞钙转运的模型。之后，虚拟细胞的研究得到了快速发展。目前，人们已开发了大量的软件仿真平台，如 E-Cell、SmartCell、Virtual Cell、MCell、Gepasi、Cyber-Cell、Karyote、CellX 和 BioNetGen 等，不仅构建了多种虚拟细胞，也为生物网络的建模和仿真提供了基础性的仿真平台。

下面以 E-Cell1 为例说明虚拟细胞模型的建立和仿真过程。E-Cell1 构建一个含有 127 个基因的虚拟细胞模型，能够实现转录、翻译、能量产生及磷脂合成等功能（见图 8.12）。

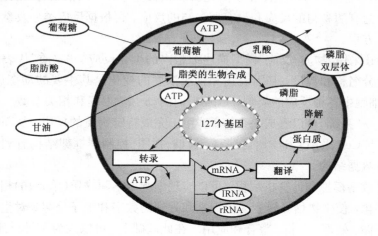

图 8.12　E-Cell 建立的原核生物虚拟细胞[25]

在 E-Cell1 中，虚拟细胞模型的建立和仿真过程分为以下 4 个步骤。

1）选择数据对象

选择细胞种类、虚拟的功能和细胞内生化反应，如该例以原核生物代谢过程为研究对象，选取了支原体细胞中糖和能量代谢过程所必需的 127 个相关基因和蛋白质作为"元件"，以细胞内所有的能量代谢反应作为虚拟反应。

2）建立相关数据库

第二步是尽可能全面地搜集构建虚拟细胞所需的数据，进行分类整理，建立元件和反应信息的数据库。鉴于基因和蛋白质是实现细胞功能的基本元件，它们也是实现虚拟细胞的基本单元。从 EcoCyc、GenBank 和 KEGG 等数据库可以获取有关基因、蛋白质、酶、代谢途径等信息。蛋白质是细胞功能的载体，因此构建虚拟细胞一般以蛋白质为核心构建相关数据库。此外，还需要搜集大量的相关蛋白质及其相互作用和生理过程的数据。在大量数据搜集的基础上，采用面向对象的技术，依据各种物质在细胞内的位置和作用，以及各反应单元的静态特性（如分布、结构、同源性等）和动态特性（如功能、结合和作用部位、变异、调控等）进行分类与组合。

3）设计、建模与编程实现

这是构建虚拟细胞的最关键、最核心和最复杂的一步。其目的是依据虚拟细胞的类型和功能，在相关数据库和分析系统的基础上，通过数学建模和程序编写，对生物反应过程实现数字化模拟。依据细胞内反应物质和类型的不同，采用的数学分析和模拟的方法也有所不同。细胞内的常见生化反应包括合成分解反应、氧化还原反应、磷酸化、去磷酸化及酶联反应等。可以根据这些反应的特点，将它们分为有酶参与的反应和没有酶参与的反应，再根据反应类型及参数确定具体的反应方程。

E-Cell 采用"物质-反应"模型描述细胞内的生化反应。"物质"代表细胞参与反应的组分名称和数量，基因表达和物质浓度的变化是其主要的动态属性；"反应"代表细胞中各种反应的类型，以及它们的动力学方程和相关参数。另一个基本的类——"系统"可以看成一个容器，用于完成特定物质的反应，从而实现特定的功能。E-Cell 采用 C++语言编写，模型-视图-控制器框架结构有利于处理复杂的动态数据结构。

通过数字模拟和计算机编程，可以实现细胞内不同物质（单元）的相互作用和反应数字化，使生物信号转变为可识别和处理的数字和电子信号，对生物信号进行自动存储、处理、分析、整合和应用。在此基础上，可以人为进行干预，推测细胞功能、生理病理反应和药物的作用。

4）测试和维护

最后一步是利用人工操作对已建立的模型进行测试和维护。最终提供的虚拟细胞软件，主要由三部分组成：控制界面、计算机分析与控制系统、计算系统与反应界面。控制界面主要提供给用户进行实际操作，可以依据用户的需求来选择对象，输入各种信号和参数，按指令对虚拟细胞进行分析和实验。分析与控制系统是虚拟细胞的核心，它不仅包括各种相关的存储数据和资料库，还包括各种可供分析和计算的软件和模型，以及与输入、输出相关的正负反馈控制体系。计算系统与反应界面是虚拟细胞用于显示结果的窗口，包括不同时间、空间及不同单元的数据、图像、综合与分析的结论和应对措施等。

E-Cell 系统的显示界面如图 8.13 所示，它能够实现数据导入、分析和可视化等功能。

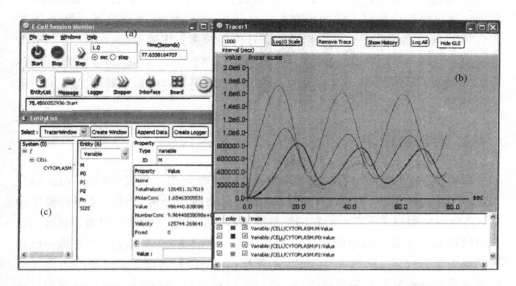

图 8.13 E-Cell 软件示意图。(a)由对话监控窗载入模型并进行模拟；(b)通过绘图窗口对模拟结果进行展示；(c)实体列表提供浏览模型及编辑变量和进程属性的功能

E-Cell1 对于虚拟细胞模拟进行了初步尝试，但是该模型中还存在着大量的问题。因此，E-Cell 的后续版本中对软件进行了许多改进，增加了一些新的特征，主要体现在以下方面：采用面向对象的建模方法和通用的数据结构，实现实时的用户交互；能够进行确定性模型与随机模型的混合模型仿真；充分利用空间信息从而更逼近真实的细胞环境；能够处理时间尺度的改变，实现单个细胞模型中多种时间步长的并存。

总的来说，虚拟细胞的构建过程十分复杂，其构建形式和方法因虚拟对象的不同而有很大差异。细胞过程模拟中仍存在大量的问题有待解决，这些问题主要集中于两个方面：一是生物学系统本身的复杂性（需要定义大量的变量）和不确定性（缺乏用于观察细胞内部动态的有效手段）；二是工程上比较成熟的系统参数识别工具对于现有的生物数据难以适用。因此，还难以建立精确的细胞或基因系统预测模型。但是对于生物学家来说，系统的建模过程本身仍具有重要意义，可以帮助他们决定应该测量哪些变量，从而支持科学假设和辅助实验设计。

3. 虚拟细胞研究的最新进展

人体大约有两百多种类型的细胞，例如血液细胞、骨骼细胞与软骨细胞、心肌细胞、神经细胞、表皮细胞、肠胃细胞、免疫细胞、肝细胞和胰腺细胞等。目前，新西兰奥克兰多大学的研究人员已经采用 XML 标准建立了一个能够实现多种细胞功能的模型数据库，包括信号传递模型、代谢模型、心肌电细胞生理模型、钙离子动力模型、免疫细胞模型等。他们采用 CellML 格式规定了各模型的命名方式和模型之间的链接方式，为不同类型的虚拟细胞研究提供了重要的参考。

8.4.2　虚拟器官

目前，国际上已经出现了能够调整参数的个性化**虚拟器官**（virtual organ）模型，通过改变这些模型的参数，可以得到大量的病理分析结果。以心脏模型为例，该虚拟模型包含了左右心室的解剖模型和心肌纤维层的结构模型，能够用计算机模拟心肌受激后的早期形态及后来的形态。其方法是通过并行求解一组庞大的场矢量方程，以计算肌肉波阵面的传播模型，同时采用了肌纤维层方向张量的传递模型和细胞的离子通道模型，以计算心室变形的肌肉力。这些模型很好地揭示了心肌组织细胞是如何影响其力学特性的。

类似于心脏的虚拟模型，研究人员还建立了肺功能的气流、血液及各种组织特性的模型，以模拟肺泡间的气体交换过程。目前，该模型已经成功地应用于哮喘等呼吸疾病的诊治和研究。同时，人体消化系统的功能模型已经用于研究胃肠之间的肌肉收缩波及相关领域的医疗诊断，而骨骼肌肉系统的模型已经应用于人体步态分析的研究。

虚拟器官通常涉及上千万的差分方程，需要大规模的高性能计算。近年来，工程技术已广泛应用于医疗仪器的设计和生物系统的分析，如采用有限元方法分析髋假体在平常步态下的应力，采用计算流体力学分析心脏瓣膜的血液流动情况，采用数学分析方法研究亚细胞系统的新陈代谢和信号传递方式。在虚拟器官研究的基础上，研究人员还建立了多种用于器官行为模拟的软件系统（见表 8.3）。

表 8.3　现有的虚拟器官软件

软 件 名 称	开 发 小 组	功　　能	数 据 格 式
COR	Oxford	心脏电生理过程模拟	CellML
Icell	Memphis	心脏电生理过程模拟	无
JSIM	Seattle	系统生理学	CellML
CellMLeditor	Auckland	CellML 编辑器	CellML
MozCellML	Auckland	细胞模拟	CellML
CMGUI	Auckland	可视化	FieldML
CMISS	Auckland	基于偏微分方程的仿真器	CellML，FieldML
Continuity	San Diego	基于偏微分方程的仿真器	无
Gepasi	Virginia	生物系统仿真	SBML
SBW	Caltech	促进应用交流的框架	SBML
Virtual Cell	Connecticut	生物系统仿真	CellML，SBML
SCIRun	Connecticut	生物系统仿真	CellML，SBML
SESE	Canada	电生理过程模拟	CellML

8.4.3　虚拟人体

虚拟人体（virtual human）利用人体形态学、物理学和生物学等信息，通过巨型计算机处理来实现数字化虚拟人体，以代替真实人体进行实验研究。虚拟人体将从各个角度形成人体数字模型，也就是说，将人的动态生理学和物理过程用数学方法进行精确描述，并建立相应的、等效意义上的数字化模型。它的研究目标是，通过人体从微观到宏观结构与机能的数字化、可视化，进而完整地描述基因、蛋白质、细胞、组织及器官的形态与功能，最终达到人体信息的整体精确模拟。虚拟人体包括 3 个研究阶段——虚拟可视人、虚拟物理人和虚拟生理人。虚拟可视人从几何角度定量描述人体结构，属于"解剖人"；虚拟物理人在虚拟可视人的基础上加入了人体组织的力学特性和形变等物理特性；虚拟生理人研究人体微观结构及生物化学特性，它是真正能够从宏观到微观、从表象到本质，全方位地反映人体的交互式数字化虚拟人体。随着数学、物理、机械工程和计算机技术与生物医学领域的不断交叉与融合，使得建立虚拟人体这一极其复杂的系统有望实现。

目前，在世界范围内已开展了多个虚拟人体相关的研究计划，如欧洲生理人计划，美国、日本、韩国等国家提出的数字化人体计划，以及中国的力学虚拟人计划等。其中，比较著名的是欧洲生理人计划（european Virtual Physiological Human，VPH），在人体的生理系统建模方面展开了许多颇有成效的研究。

欧洲虚拟生理人项目由欧盟强力支持，于 2006 年初正式启动，致力于建立人体在各个层面的完整生理模型。图 8.14 展示了欧洲生理人计划的整体框架，该计划拟创建人体结构和功能的数学模型，在单位尺度上涵盖从单个分子水平到以米为单位的完整的器官系统，在时间尺度上覆盖从布朗运动的微秒级到人类的整个生命过程（10^9 秒）。因此，用单一模型是无法完成这一任务的，需要建立多层次的模型和方法，包括离子通道的随机模型、集总细胞的常微分方程模型、组织与器官水平上的偏微分方程模型等。目前，该计划已在心脏、肺、乳房、皮肤、肌肉、骨骼、免疫与淋巴系统建模及三维成像等方面取得了一定进展，详情可参照新西兰奥克兰多大学生物工程实验室网站 http://www. abi. auckland.ac.nz/uoa/。

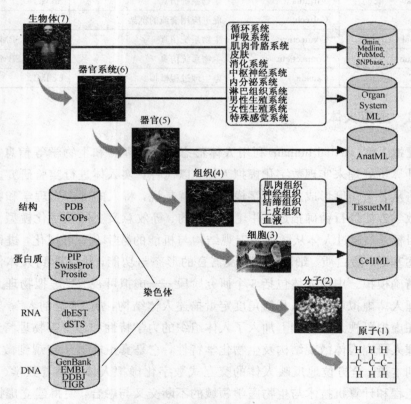

图 8.14 欧洲虚拟人体计划的整体框图[29]（见彩图）

虚拟人体计划的最高层次是建立人体的功能系统模型，利用所构建的完整系统模型，模拟一个基因突变如何影响蛋白质的结构和功能属性，从而影响细胞的信号转导过程，最终改变组织和器官功能的全过程。这对于理解生命系统具有非常重要的意义。通过这个模型，可以了解模型的参数如何随着个体差异、胚胎发育、年龄增长及疾病的发生而改变，有助于设计医疗器械、发展疾病的诊疗手段，进而开发新的药物。

8.5　生物系统的人工合成——合成生物学

　　系统生物学研究生命的整体如何协调发展。**合成生物学**（synthetic biology）则提供了另一条研究途径：通过构筑人工生物系统来更好地理解天然生物系统的工作原理。合成生物学是生命科学在 21 世纪刚刚出现的一个分支学科，它将生物学、工程学和数学紧密结合在一起。不同于传统生物学通过解剖生命体以研究其内在构造的方法，合成生物学的研究方向是完全相反的，它从最基本的要素开始一步步建立零部件，从而组装成整个生命系统。也不同于基因工程把一个物种的基因延续、改变并转移至另一物种的作法，合成生物学旨在建立**人工生物系统**（artificial biosystem），让它们像电路一样运行。

8.5.1　合成生物学简介

　　合成生物学最初由 Hobom 于 1980 年提出，用于表述基因重组技术。随着系统生物学的发展，2000 年 Kool 提议将合成生物学定义为基于系统生物学的遗传工程，将工程学原理与方法应用于遗传工程与细胞工程等生物技术领域，实现从人工碱基分子、基因片段、基因调控网络与信号传导通路，到整个细胞的人工设计与合成。合成生物学的目标是：通过设计、研制和制造功能生物体，最终完成独立的、能够自我繁殖、能够表现稳定功能的人工生命体。如果虚拟细胞和虚拟人是要建立一个存活在计算机里的人工生命，那么合成生物学则是要创造一个完全由人类设计的鲜活的生命体。

　　合成生物学既可以作为一门单独的学科，也可以作为系统生物学的一个重要组成部分。一方面，合成生物学、计算生物学与分子生物学一同构成了系统生物技术的方法基础。另一方面，合成生物学为系统生物学提供了合理的补充和验证。合成生物学的关键理念是层次性的模块化方法，即将生物系统看成由具有特殊功能的、不同水平的模块（DNA 簇、蛋白质、代谢途径、转运机制、各种细胞器）所组成的交互系统。如图 8.15 所示，大肠杆菌中不同部位就如同电子元件，可以进行模块化组装。这种方法为系统生物学和功能基因组学提供了分子水平所无法提供的、系统的分析角度。而系统生物学中的网络拓扑结构分析方法、系统建模和仿真方法、生物系统进化研究，也为基因组水平的合成生物学提供了理论基础。

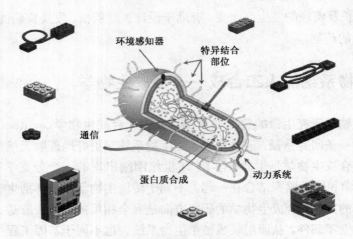

环境感知器

特异结合
部位

通信

蛋白质合成

动力系统

图 8.15   合成生物学中的模块化方法示意图

合成生物学的典型技术路线有两种。

① 改造和重新设计现有的、天然的生物系统；

② 设计与建造全新的生物零件、组件和系统。

合成生物学改变了过去的单基因转移技术，开创了集成的基因链乃至整个基因组的蓝图设计，从而实现了人工生物系统的设计与制造。从分子结构图式、信号转导网络、细胞形态类型到器官组织结构的多基因调控系统研究，合成生物学已经引领人类进入了从分子、细胞到器官的人工生物系统开发时代。

8.5.2   合成生物学研究现状

自从 2000 年 *Nature* 期刊报道了人工合成基因线路研究成果以来，合成生物学研究在全世界范围引起了广泛的关注与重视，也促进了合成生物学研究的飞速发展，在短短几年内就已经设计了多种基因控制模块，包括开关、脉冲发生器、振荡器等，可以有效地调节基因表达、蛋白质功能、细胞代谢和细胞之间相互作用。2003 年，美国麻省理工学院成立了标准生物部件登记处，目前已经收集了超过 3200 个 BioBrick 标准化生物学部件，供全世界科学家索取，以便在现有部件的基础上组建具有复杂功能的生物系统。在功能回路设计、细菌胶卷、药物合成、人工合成基因组等方面，合成生物学已经取得了一些重要的研究进展，并具备了一定的工程化和产业化的基础。

1. 功能回路的设计

合成生物学早期的设计策略是借鉴天然生物系统和人工的非生物系统，其中数学模型在基因电路设计中发挥了重要作用。研究人员试图采用生物系统中的基本组件(基因、蛋白质等)合成出具有某些特定生物学功能的回路,并在细菌中成功设计了第一个基因电路——周期振荡器。最近,在酵母和哺乳动物中,研究人员也成功地实现了类似的基因电路。

蛋白质水平的震荡器模块对细胞活动(细胞周期、生理节奏循环等)非常重要。2000 年,Elowitz 等人设计的环形振荡器能够模拟振荡系统的行为,它包括 3 个转录抑制蛋白质,每个抑制蛋白质能够抑制下一个基因的转录,当某种特殊蛋白质含量发生变化时,细胞能在发光状态和非发光状态之间转换,形成一个环状回路,起到有机振荡器的作用。该系统的设计重点在于建立系统的基本定量模型,以确定系统的主要参数和振荡周期。基因开关回路的设计为生物分子计算奠定了基础。

2. 药物合成

对于简单的生物,如大肠杆菌和酿酒酵母,通过设计其代谢途径和模块组成的生物级链从而改变正常的细胞代谢,能够产生一些非天然的代谢物或者合成人们感兴趣的代谢物,组成一个微生物工厂。如有关抗疟药物青蒿素的微生物工业化合成的研究工作,就是合成生物学研究的经典范例之一。

疟疾是一种发生较频繁的人类寄生虫疾病,对人类健康具有极大的危害。最早发现的抗疟药是奎宁,但由于长期使用而导致疟原虫对其产生了抗药性,因此奎宁基本失效了。1972 年,我国科学家在中药材黄花蒿中提取出了抗疟有效物质——青蒿素,青蒿素以其高效、快速、低毒等特点成为替代奎宁的最有效的抗疟药物,但其植物提取成本高,无法大规模普及。从 2002 年开始,合成生物学的领军人物之一 Keasling 教授利用合成生物学技术对微生物进行一系列的工程化操作,使得该微生物能够完成合成青蒿素所必需的化学反应,达到了显著降低生产成本的目的。对酵母菌的遗传改造主要包括 3 个步骤。首先,在酵母中构建与大肠杆菌中相同的代谢通路;然后,将大肠杆菌和青蒿的若干基因导入酵母DNA 中,导入的基因与酵母自身基因组相互作用产生青蒿素的前体;最后,将从青蒿中克隆的酶 P450 基因在酵母菌株中表达,使青蒿素的前体转化为青蒿素。这样,每个细胞都变成一个小工厂,能够制造出药物所需的化学物质,而不需要复杂而高成本的生产过程。目前,该技术已经用于大规模、低成本的青蒿素工业生产,在疟疾治疗中发挥了重要作用。

3. 人工合成基因组

2010 年 5 月,美国科学家 Craig Venter 带领的研究小组首次创造了一个完全由基因指令控制的人造细胞，取名为"辛西娅"（synthia，意为"人造儿"）。它是一个山羊支原体（myco-plasma capricolum），但其遗传物质是依照丝状支原体（mycoplasma mycoides）的基因组人工合成而来，表达丝状支原体的性状。它是人类历史上第一个由人类制造并能够自我复制的新生命。通过修改原物种的基因组，去除一些基因，加上一些基因，然后移植到另一个物种的细胞内，得到了一个新的人造物种。科学家对基因修改的研究已经有很多年，但是将完整的基因组从一个物种交换到另一个物种，则是合成生物学的重要突破。可以预见的是，如果能够设计出一种微生物，其中包含编码细胞功能的一系列指令基因，就有可能建成世界上最小的生产线——"微生物生产线"。从理论上讲，利用这种"微生物生产线"可以大规模地生产生物燃料、疫苗、药品、食品，以及利用基因编程技术可能获得的任何东西。

4. 生物计算机

很多数学难题依靠现有的电子计算机还难以解决，因此有科学家提出了设想：能否利用生物系统中各种分子的并行计算能力来构建生物计算机呢？现在，这一设想已变成了现实。2008 年，美国戴维森学院的研究人员用长短和方向各不相同的DNA 片段和重组酶设计了一个基因线路，然后把这种工程化的大肠杆菌大量繁殖，组成了一部部"细菌计算机"，它们各自独立，能够互不干扰地进行计算。这种生物计算机的优势在于：它是高度并行的，实行的是"菌海战术"。这一工作是首次由活的生物来执行计算任务，打开了设计和构建生物计算机这一崭新研究领域的大门。可以设想，如果生物计算机研究成功，那么它将以体积小、高存储、低能耗、强大的计算和自我修复能力在计算机领域引起划时代的变革。

5. 国际基因工程机器设计大赛

目前，通过**国际遗传工程的机器设计竞赛**（international Genetically Engineered Machine competition，iGEM）的推广，合成生物学已经引起了国际社会的广泛关注。iGEM 始于 2005 年，每年由美国麻省理工学院主办，是合成生物学领域的国际性学术竞赛。iGEM 期望通过竞赛的形式来回答合成生物学中的核心问题——能否在活细胞中使用可互换的标准化组件构建生物系统并加以操纵？该比赛鼓励参赛者充分发挥自己的创意，将标准的基因模块植入细胞体，构造出全新的生物组件、装置和系统，以实现特定的功能。从 2007 年开始，我国多所高校，如北京大学、清华大学、中国科技大学、天津大学等纷纷组队参赛，并取得了优异的成绩。iGEM 竞赛的介绍和历年的参赛题目可参见其官方网站 http://igem. org/Main_Page。在《合成生物学导论》一书的附录部分介绍了一些曾获大奖的参赛项目，如幽门螺杆菌疫苗、艾滋病的治疗、芳香烃类污染物的检测、丁醇的生物合成等。可见合成生物学作为生命科学发展的前沿阵地，并非难得遥不可及，通过一定的理论学习和技术培训，就可以从大赛提供的标准元件中搭建出各种有趣而实用的人造系统。

8.5.3　合成生物学应用前景

合成生物学在人类认识生命、揭示生命奥秘、重新设计及改造生物等方面具有重要的科学意义。利用合成生物学方法和理论，对生命过程或生物体进行有目标的设计、改造乃至重新合成，创造解决生物医药、环境能源、生物材料等问题的微生物、细胞和蛋白质，就有可能促进相关生物技术取得重大的突破。在生物医药领域，合成生物学的研究开发主要有两个方面：一是次生代谢链（如青蒿素）与基因调控网络的人工设计，或生物材料的规模化生产；二是诱导细胞分化与遗传程序化重编而人工设计细胞功能。在环境治疗方面，利用合成生物学可以制造各种各样的细菌，用于消除水污染、清除垃圾、处理核废料等。在能源方面，利用合成生物学可以生产替代燃料和可再生能源。合成生物学还可以用于更有效的疫苗生产、生物制造、生物传感器开发等。可以说，合成生物学将催生下一次生物技术革命。

然而，在合成生物学的发展道路上也面临着许多需要解决的问题。一方面，生物体的复杂性与不确定性导致了如下一系列问题的产生。

① 目前许多生物部件的功能还不明确，已经测试过的部件也可能因细胞类型或实验条件的不同而发生改变；

② 即使每个部件的功能都是已知的，当这些部件组合在一起时，它们也不一定像预想的那样发挥功能，一旦互不相容的部件被组合在一起放进细胞中，很可能对其宿主产生非预期的影响；

③ 环境因素对细胞内部分子活动的影响和高昂的科研成本也是制约合成生物学发展的重要因素。

所以，想要正确地合成大量的（如高等真核生物）基因组 DNA 仍然是非常困难的。另一方面，合成生物学的发展和人造生命的诞生也引发了诸多社会问题，从理论上讲，合成生物学可以制造出任何前所未有的生命形式，如史无前例的致命病毒，一旦用于生物恐怖主义，将引发灾难性的后果。尽管在合成生物学发展的道路上还面临着诸多问题，但其广阔的发展前景已有目共睹，只有积极探索并科学利用合成生物学这把"双刃剑"，才能最大程度地造福于人类的未来。

8.6 基于 MATLAB 工具箱的生物过程模拟

生物反应过程的模拟是研究生物系统动态特性的重要手段。它是研究反应条件与反应速率关系、揭示反应机理、寻求适宜操作条件、实现反应过程最优化的基本依据。由于生物反应过程的复杂性，其过程的模拟涉及数值逼近、插值、数值积分、解常微分方程和偏微分方程等，从头编写程序相当烦琐。而利用现有的生物系统仿真工具则可以大大简化生物系统模型的开发进程。例如，MATLAB 的**生物系统模拟工具箱**(SimBiology)提供了一个为生物系统建模、模拟、分析生化路径的集成环境。作为一个具备图形界面的系统生物学工具，SimBiology 能让许多耗费时间的系统生物学相关工作以自动化方式进行，如敏感度分析、参数估计等。本节以一个典型的细胞信号转导过程为例，通过建立反应方程，设置参与反应的物质种类、参数和动力学定律等，实现了对该过程的建模和仿真。

8.6.1 研究对象

该例以酿酒酵母中的 G 蛋白通路为研究对象，采用常微分方程模型模拟信号转导过程，并考察在参数改变情况下，通路的响应情况。进一步，在给定实验数据的情况下，演示如何对未知的反应参数进行估计。

在酵母中，G 蛋白信号通路是一个具有重要功能的典型通路，下面简要介绍 G 蛋白信号传递过程(见图 8.16)。G 蛋白有两种构象：与 GTP 结合时的激活态和与 GDP 结合时的钝化态。当受体与配体结合时，受体被激活，其亚基 α 与亚基 β 和 γ 分离，同时离开受体。由于解离下来的亚基 α 与 GDP 的结合亲和力下降，GDP 就能与游离在细胞内的 GTP 发生交换，产生与 GTP 结合的激活态的 G 蛋白。激活态的 G 蛋白与效应蛋白发生相互作用，改变了第二信使的浓度，从而导致后续的信号转导响应。

该信号通路包括如下一系列的生化反应。

① 受体-配体相互作用(可逆反应)

$$L + R <-> RL$$

② G 蛋白组成信息

$$Gd + Gbg -> G$$

③ G 蛋白活化。因为 RL 是该反应的催化剂，所以在反应式的两边都出现了 RL，在反应过程中 RL 既不产出也不消耗。

$$RL + G -> Ga + Gbg + RL$$

④ 受体的合成与降解(可逆反应)

$$R < - > null$$

⑤ 受体与配体的结合物降解

$$RL -> null$$

⑥ G 蛋白失活

$$Ga -> Gd$$

这些反应式来自于 G 蛋白信号通路的已有生物学知识，反应参数由实验进行测定，反应变量为各反应物的浓度，单位为分子数/细胞。

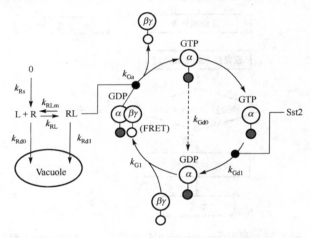

图 8.16　酵母中的 G 蛋白信号通路

8.6.2　建立信号通路模型

利用 SimBiology 来模拟生物反应过程的一般流程如图 8.17 所示。

对于原始通路(野生型)建立 SimBiology 模型，建模过程包括以下几个步骤。

① 将该 SimBiology 模型命名为'Gprotein_cycle_wt'。

mObj = sbiomodel('Gprotein_cycle_wt');

② 加入受体—配体相互作用(可逆反应)。

reactionObj1 = addreaction(mObj, 'L + R <-> RL', … 'Name', 'Receptor-ligand interaction');

③ 对所有的生化反应使用质量作用定律。

kineticlawObj1 = addkineticlaw(reactionObj1, 'MassAction');

④ 设置前向和后向反应参数。

addparameter(kineticlawObj1, 'kRL', 3.32e−18);

addparameter(kineticlawObj1, 'kRLm', 0.01);
set(kineticlawObj1, 'ParameterVariableNames', {'kRL', 'kRLm'});

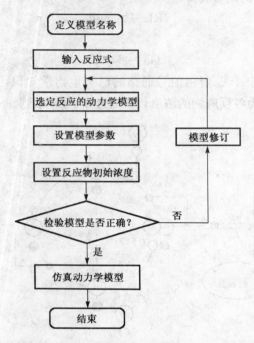

图 8.17　利用 SimBiology 模拟生物反应过程的一般流程

⑤ 类似地，键入所有反应式，设置相关参数和反应物的初始浓度。

set(mObj. Reactions(2). Reactants(1), 'InitialAmount', 3000)；% Set initial amount for 'Gd'
set(mObj. Reactions(2). Reactants(2), 'InitialAmount', 3000)；% Set initial amount for 'Gbg'
set(mObj. Reactions(2). Products(1), 'InitialAmount', 7000)；% Set initial amount for 'G'

⑥ 由于反应式和参数均来自文献[35]，能够保证其正确性，因此该模型建立过程已完成，可以进行仿真实验。

野生型信号通路的完整模型如下：

get(mObj. Reactions, {'Reaction', 'ReactionRate'})
ans =

'L + R <-> RL'	'kRL * L * R − kRLm * RL'
'Gd + Gbg -> G'	'kG1 * Gd * Gbg'
[1x23 char]	'kGa * RL * G'
'R <-> null'	'kRdo * R − kRs'
'RL -> null'	'kRD1 * RL'
'Ga -> Gd'	'kGd * Ga'

8.6.3 模型仿真与结果演示

设置仿真时间为 600 秒, 原始模型的仿真结果如图 8.18 所示, 可以观察到反应物 Ga 从迅速上升到降解的过程。

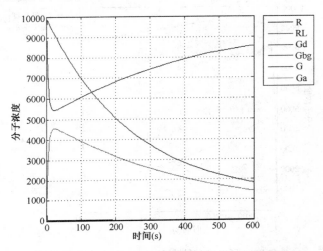

图 8.18 野生型 G 蛋白信号通路仿真图(见彩图)

进一步, 考察缺失模型, 即在 Ga 蛋白失活的情况下, 该信号通路的响应情况(见图 8.19)。参数 kGd 决定了 Ga 的失活速率, 在野生型中, kGd=0.11; 在缺失型中, 人为设定该参数为 kGd = 0.004, 考察对整个信号通路的影响。

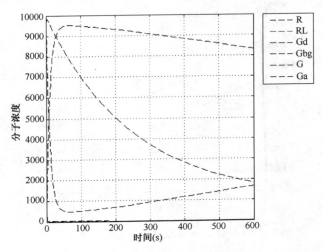

图 8.19 缺失型 G 蛋白信号通路仿真图(见彩图)

为了便于比较，图 8.20 给出了在野生型和缺失型中 Ga 浓度变化的对比图。因为在缺失限制下，Ga 蛋白失活的速率远低于野生型的失活速率（kGd 分别为 0.004 和 0.11），所以在缺失型中激活态的 Ga 蛋白含量随时间变化保持较高的水平，仿真结果与预期的设想一致。

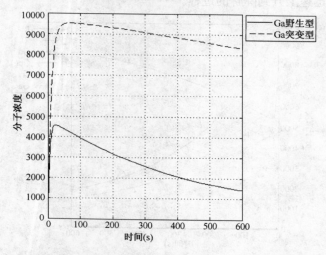

图 8.20　野生型和缺失型中 Ga 浓度变化的对比图

同时，为了细致地观察受 kGd 变化影响的 Ga 水平的变化过程，在一定范围内对 kGd 值进行扰动，参数扫描结果见图 8.21。

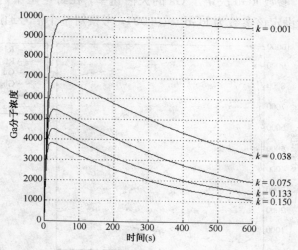

图 8.21　Ga 浓度随参数的变化曲线

8.6.4　模型参数估计

在建模过程中，一种经常出现的情况是参数未知或者参数不够精确。如果能够获取生物过程的实验数据，就可以对参数进行估计，通过改变参数达到仿真模型与实验数据之间的最佳匹配。从参考文献[35]中获取 Ga 蛋白的时序实验数据，利用 SimBiology 工具箱的参数估计功能，将 G 蛋白模型与实验数据进行匹配。

Gt = 10000;

t_exprmnt = [0 10 30 60 110 210 300 450 600]′;

Gafrac_exprmnt = [0 0.35 0.4 0.36 0.39 0.33 0.24 0.17 0.2]′;

Ga_exprmnt = Gafrac_exprmnt * Gt;

输入具体的实验数据，采用 SimBiology 工具箱中提供的优化方法（lsqcurvefit），对 kGd 进行参数估计：

kGd_obj = sbioselect(mObj, ′Type′, ′parameter′, ′Name′, ′kGd′);

Ga_obj = sbioselect(mObj, ′Type′, ′species′, ′Name′, ′Ga′);

opt1. Display = ′iter′;

[knew1, result1] = sbioparamestim(mObj, t_exprmnt, Ga_exprmnt, Ga_obj, kGd_obj, {}, {′lsqcurvefit′,opt1});

sse = result1. fval;

rsquare = 1−sse/sst;

参数迭代过程如下：

Iteration	Func-count	f(x)	Norm of step	First-order optimality	CG-iterations
0	2	1. 4264e+006		2. 81e+007	
1	4	1. 11349e+006	0. 0104919	4. 39e+005	0
2	6	1. 11256e+006	0. 000190644	1. 99e+006	0
3	8	1. 11256e+006	0. 000934129	1. 99e+006	0
4	10	1. 11163e+006	0. 000233532	2. 26e+006	0
5	12	1. 11163e+006	0. 000467064	2. 26e+006	0
6	14	1. 11124e+006	0. 000116766	1. 71e+006	0
7	16	1. 1106e+006	0. 000233532	1. 36e+006	0
8	18	1. 1106e+006	0. 000467064	1. 36e+006	0
9	20	1. 1106e+006	0. 000116766	1. 36e+006	0
10	22	1. 10951e+006	2. 91915e−005	3. 49e+007	0
11	24	1. 10951e+006	5. 8383e−005	3. 49e+007	0
12	26	1. 10951e+006	1. 45958e−005	3. 49e+007	0
13	28	1. 10951e+006	3. 64894e−006	3. 49e+007	0
14	30	1. 1095e+006	9. 12235e−007	6. 95e+006	

参数估计的结果如图 8.22 所示。从拟合误差 R^2 值来看，实验数据与最新估计的 kGd 值更加吻合。如果 kGd 的原始数值只是一个粗略的估计，那么该估计值是对原有模型的验证和提高。

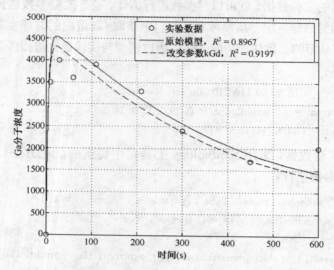

图 8.22　参数估计结果与原参数的比较

类似地，可以对多个参数进行估计。对包括 kGd 在内的 4 个反应参数同时进行参数估计，为防止搜索时间过长，限制了最大迭代次数。结果如图 8.23 所示，可以发现多参数估计模型与实验数据更加吻合，R^2 达到了 0.96。

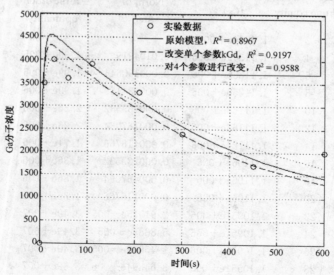

图 8.23　多参数估计结果

8.6.5　仿真结果分析

　　该例主要模拟了在 G 蛋白信号通路中，反应物 Ga 的浓度随时间和条件变化的情况。通过将仿真结果与实验数据相比较，使模型与实验数据达到了较好的匹配，并对相关参数进行了估计和优化。通过生物过程的建模和仿真，可以动态演示生化反应的全过程，并预测在各种突变情况下系统的反应，从而对反应过程进行观测和控制。

　　SimBiology 为生化过程模拟提供了多种可调参数。按照生化反应发生的方式，用户可以选择使用质量作用定律，也可以对代谢通路中的酶促反应使用米氏定律、Hill 动力学模型、竞争性抑制和非竞争性抑制等。另外，可以设置多个生化反应是有序进行还是随机发生，用于精确模拟多种生物过程。该例使用了编程方式，也可通过交互式界面调用 SimBiology。在 MATLAB 命令窗口中输入"Sbiodesktop"，调出 SimBiology 工具箱后，在可视化界面的"Reaction"对话框中输入反应方程式；在"Kinetic Law"选项框中选择动力学模型，或在"Rule"对话框中直接输入反应的动力学模型；经过模型参数设置，以及生成物和反应物的初始值设置，即可便捷地以图形输出方式对生物反应过程进行模拟。

8.7　系统生物学研究展望

　　近半个世纪以来，分子生物学取得了显著的成绩，揭示出生物大分子的一般特性和生命运行的普遍规律，但是传统的生物学只关注于某个特定的组织和成分，对于一个生物机体在整体上如何运作的理解非常有限。因此，从研究单一生物分子到研究系统性的生物反应过程，成为未来生物学研究的必然趋势。作为系统论与生物学在功能基因组时代全新技术背景下结合产生的一门新兴学科，系统生物学已成为当今生命科学的热点和前沿。

　　系统生物学的核心是整合，基本方法是模拟。一方面，由各组学技术积累的大量的实验数据和大规模数据库的建立，为系统生物学的研究提供了基本的数据来源。另一方面，生物信息学和计算机技术的发展为相关数据的管理、统计与分析，以及生物分子和过程的计算模拟提供了手段和方法。在此基础上，系统生物学整合了多层次的数据和知识来构建和模拟复杂系统的行为，成为研究复杂生命活动和生理病理现象的强有力工具。

　　在系统生物学中，最吸引人的两个研究方向是细胞过程模拟和生命系统合成。它们一个生活在虚拟世界中，另一个则直接从虚拟走向了现实。这两个方向为系统生物学的发展勾画出了美好的远景蓝图。但是，立足现在，可以发现系统生物学研究中仍有很多问题有待解决。首先，对于多种组学数据，还缺乏有效的整合手段。由于各组学数据的产出方式不同，数据质量和覆盖度不同，还难以将它们直接对应起来进行整合分析。其次，人们对于系统内部的运行机制还不够了解，对于包含几十个化学反应的生物系统，想要建立其微分方程模型已经比较困难，而一个最简单的细胞也至少包含上百个基因或蛋白质之间的相互作用。最后，生命系统本身是极其复杂的，从分子到细胞，到组织，到器官，再到个体，在每个层次上都需要专门的分析与模拟方法。这些困难决定了系统生物学的研究还处于一个打基础的阶段，只有在充分了解其各种组分和运行规律的基础上，才有可能构建出一个生物系统的摩天大厦。

通过系统生物学的整体性思想，可以充分展现生命的复杂性，有利于更为全面地认识生物系统。尽管系统生物学研究的发展还比较初步，但是它将在基因组序列的基础上完成由生命密码到生命过程的研究，使人们能够更深刻、更全面地揭示生命复杂体系和行为。由于其在探索复杂生命现象和疾病发生发展内在规律、开发新型诊断治疗药物和方法上所具有的显著优势和广阔的应用前景，将为未来的疾病预测、诊断及个性化和系统化的医疗带来全新的变革。

习题

1. 采用 MATLAB 程序中的系统生物学工具箱模拟小鼠细胞的 G 蛋白信号转导网络。

2. 对于图 8.9 中的基因表达系统，基于已构建的微分方程模型，绘制分子浓度随时间变化的曲线。参数为：$v_a = 1$，$k_a = 1$，$V_b = 1$，$K_b = 5$，$K_{Ic} = 0.5$，$n_c = 4$，$V_c = 1$，$K_c = 5$，$k_c = 0.1$，$V_d = 1$，$k_d = 1$。初始条件：$x_a(0) = x_b(0) = x_c(0) = x_d(0) = 0$。

3. 利用合成生物学方法，基于标准生物元件设计一个开关回路。

参考文献

1. L. Hood, A personal view of molecular technology and how it has changed biology, *Journal of Proteome Research*, 2002, vol. 1(5), pp. 399-409.

2. B. O. Palsson, In silico biology through 'omics', *Nature Biotechnology*, 2002, vol. 20, pp. 649-650.

3. S. Bornholdt, Systems biology. Less is more in modeling large genetic networks, *Science*, 2005, vol. 310(5747), pp. 449-451.

4. E. C. Butcher, E. L. Berg, E. J. Kunkel, Systems biology in drug discovery, *Nat Biotechnol*, 2004, vol. 22(10), pp. 1253-1259.

5. H. Ge, A. J. Walhout, M. Vidal, Integrating 'omic' information: a bridge between genomics and systems biology, *Trends Genet*, 2003, vol. 19, pp. 551-560.

6. F. J. Bruggeman, H. V. Westerhoff, The nature of systems biology, *Trends Microbiol*, 2007, vol. 15(1), pp. 45-50.

7. 雷锦誌. 系统生物学——建模, 分析, 模拟. 上海: 上海科学技术出版社, 2010.

8. Y. Yang, S. J. Adelstein, A. I. Kassis, Target discovery from data mining approaches, *Drug Discov Today*, 2009, vol. 143(3-4), pp. 147-154.

9. H. Wang, M. Huang, X. Zhu, Extract interaction detection methods from the biological literature, *BMC Bioinformatics*, 2009, vol. 10(1), pp. S55.

10. 刘伟, 朱云平, 贺福初. 系统生物学研究中不同组学数据的整合. 中国生物化学与分子生物学报, 2007, vol. 23(12), pp. 971-976.

11. S. P. Gygi, Y. Rochon, B. R. Franza et al., Correlation between protein and mRNA abundance in yeast, *Mol Cell Biol*, 1999, vol. 19(3), pp. 1720-1730.

12. T. Ideker, V. Thorsson, J. A. Ranish et al., Integrated genomic and proteomic analyses of a systematically perturbed metabolic network, *Science*, 2001, vol. 292(5), pp. 929-934.

13. L. Nie, G. Wu et al., Integrated analysis of transcriptomic and proteomic data of Desulfovibrio vulgaris: zero-inflated Poisson regression models to predict abundance of undetected proteins, *Bioinformatics*, 2006, vol. 22(13), pp. 1641-1647.

14. T. Kislinger, B. Cox et al., Global survey of organ and organelle protein expression in mouse: combined proteomic and transcriptomic profiling, *Cell*, 2006, vol. 125(1), pp. 173-186.

15. D. Hwang, J. J. Smith et al., A data integration methodology for systems biology: experimental verification, *Proc Natl Acad Sci USA*, 2005, vol. 102(48), pp. 17302-17307.

16. M. Baitaluk, X. Qian et al., PathSys: integrating molecular interaction graphs for systems biology. *BMC Bioinformatics*, 2006, vol. 7, pp. 55.

17. P. T. Shannon, D. J. Reiss et al., The Gaggle: an open-source software system for integrating bioinformatics software and data sources, *BMC Bioinformatics*, 2006, vol. 7, pp. 176.

18. Klipp 等. 系统生物学的理论、方法和应用. 贺福初等, 译. 上海: 复旦大学出版社, 2007.

19. 阿隆. 系统生物学导论——生物回路的设计原理. 王翼飞等, 译. 北京: 化学工业出版社, 2010.

20. M. Hucka, A. Finney, H. M. Sauro et al., The Systems Biology Markup Language (SBML): A Medium for Representation and Exchange of Biochemical Network Models, *Bioinformatics*, 2003, vol. 19(4), pp. 524-531.

21. W. Liu, D. Li, Y. Zhu et al., Bioinformatics analyses for signal transduction networks, *Science in China Series C-Life Sciences*, 2008, vol. 51(11), pp. 994-1002.

22. A. V. Hill, The possible effects of the aggregation of the molecules of haemoglobin on its dissociation curves, *J Physiol*, 1910, vol. 40, pp. 4-7.

23. M. Bansal, V. Belcastro, A. Ambesi-Impiombato et al., How to infer gene networks from

expression profiles, *Molecular Systems Biology*, 2007, vol. 3, pp. 78

24. 杨冬，欧阳红生，王云龙等. 虚拟细胞研究进展及应用价值. 细胞与分子免疫学杂志，2005, vol. 21(Suppl), pp. S65-S67.

25. M. Tomita, K. Hashimoto, K. Takahashi et al., E-CELL: software environment for whole-cell simulation, *Bioinformatics*, 1999, vol. 15(1), pp. 72-84.

26. F. Miyoshi, Y. Nakayama, M. Tomita, E-Cell simulation system and its application to the modeling of circadian rhythm, *Seikagaku*, 2003, vol. 75(1), pp. 5-16.

27. K. Takahashi, K. Kaizu, B. Hu et al., A multi-algorithm, multi-timescale method for cell simulation, *Bioinformatics*, 2004, vol. 20, pp. 538-546.

28. P. J. Hunter, K. B. Thomas, Integration from proteins to organs: the Physiome Project, *Molecular cell biology*, 2003, vol. 4(3), pp. 237-243.

29. P. J. Hunter, The IUPS Physiome Project: a framework for computational physiology, *Prog Biophys Mol Biol*, 2004, vol. 85(2-3), pp. 551-569.

30. 魏高峰，王成焘. 虚拟人体的研究现状与进展. 北京生物医学工程，2008, vol. 27(4), pp. 431-435.

31. 朱星华，李哲. 合成生物学的研究进展与应用. 中国科技论坛，2011, vol. 5, pp. 143-148.

32. B. Hobom, Gene surgery: on the threshold of synthetic biology, *Medizinische Klinik*, 1980, vol. 75(24), pp. 834-841.

33. J. S. Eric et al., Microbial production of fatty-acid-derived fuels and chemicals from plant biomass, *Nature*, 2010, vol. 463, pp. 559-562.

34. 宋凯等. 合成生物学导论. 北京：科学出版社，2010.

35. Y. Tau-Mu, K. Hiroaki, I. S. Melvin, A quantitative characterization of the yeast heterotrimeric G protein cycle, *PNAS*, 2003, vol. 100, pp. 10764-10769.

36. 刘俏，齐小辉，范圣第. 基于 SimBiology 生物反应过程的模拟. 计算机应用与软件，2010, vol. 27(8), pp. 212-214.

第9章　生物信息学在药物研发中的应用

生物学理论是医学研究的基石，也是医学进步的源动力。如今，生物学发展日新月异，多种组学技术和分析手段层出不穷。但仅仅如此还不够，还有无数的患者在病痛中煎熬，无数的顽疾在等待攻克。走向应用，研发新药，造福人类，这才是生物信息学的终极目标！

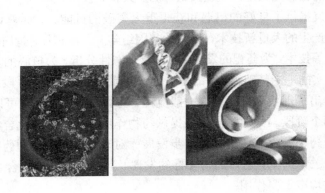

9.1 新药研发概述

疾病对人类的健康和生存构成重大威胁，是世界各国面临的最重要的社会问题之一。全球仅癌症患者就超过 4000 万人。目前，我国每年新增癌症患者已超过 160 万人，现有肿瘤患者至少 300～400 万人，年死亡人数超过 130 万。药物治疗是疾病控制的最常用手段。**药物**(drug)是指对疾病具有预防、诊断和治疗作用或用以调节机体生理功能的物质。随着人们对体内的代谢过程、调控系统及病理过程的认识和了解，对蛋白质、酶、受体、离子通道的性能和作用的深入研究，药物设计和开发具有了更强的针对性。尤其是人类基因组计划及其相关技术，为理想药靶的发现及药物的研究和开发提供了良好的机遇和获得重大突破的可能。大量基因组学的研究成果和伴之而产生的大量新技术，如化学基因组学、生物芯片、蛋白质组学、转基因和基因敲除等技术，为药靶的发现、验证及多态性分析，为核心的基因组药物学研究提供了坚实的理论基础、丰富的生物信息资源及高效的技术手段。

图 9.1 给出了现代药物研发的一般流程，药物的研究和发现可以粗略地分为早期和后期两个阶段。早期阶段主要提供药物作用靶标和先导化合物，而后期阶段则主要处理药物的临床评价和进一步发展。对于基因组时代的药物发现，生物信息学是一个关键因素，它对药物靶标的发现及其证实、先导化合物的筛选及后期的药效评估均有重要作用。

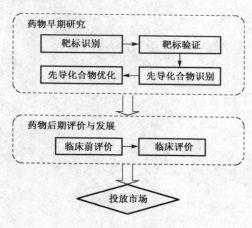

图 9.1　药物开发的一般流程

下面介绍疾病研究和药物开发中的几个基本概念：**癌基因**(cancer gene)、**生物标志物**(biomarker)、**药物靶标**(drug target)和**先导化合物**(lead compound)，然后说明生物信息学在以靶标为基础的新药研发中的作用。

1. 癌基因

癌基因是指人类或其他动物细胞固有的一类基因，又称转化基因，它们一旦活化便能促使人或动物的正常细胞发生癌变。癌症相关基因在癌症的发生、发展、治疗和预后中发挥着重要作用。癌症相关基因的发现是疾病机理研究和药物开发的一个关键环节。癌症的发生和发展往往由一个或多个基因的突变所引起，只有找到这个导致病变的主要聚焦点，才能深入了解疾病产生过程。

2. 生物标志物

生物标志物是指可以标记系统、器官、组织、细胞及亚细胞结构或功能的改变，或可能发生的改变的生化指标。表 9.1 列出了常用疾病对应的生物标志物。生物标志物在临床上具有重要的应用价值，通常从病人的肿瘤、血液、血浆或体液等组织中获取，可用于疾病诊断（例如前列腺特异性抗原 PSA 可用于前列腺癌诊断）、判断疾病分期（例如恶性肿瘤的分期）或用于评价新药或新疗法在目标人群中的安全性及有效性。一般来说，生物标志物分为 3 种：预兆型（prognostic）、预测型（predictive）和药效评估型（pharmaco dynamic）。预兆型标志物着重于对疾病发生和变化过程本身的标示与描述，用于区分不同疾病的严重程度，为选择治疗方案提供参考。预测型标志物用于预测疾病是否适合于相应的治疗策略。而药效评估型标志物用于判断在使用药物治疗后的短期阶段内病人的恢复情况，指导用药剂量。

表 9.1　常见疾病对应的生物标志物

疾　　病	生物标志物
心血管疾病	C 反应蛋白、白介素 6、血浆胆固醇、血压、同型半胱氨酸
消化道疾病	胃肠激素、肠排便习惯、肠排空时间
免疫系统	循环因子（免疫球蛋白、细胞因子）、特异细胞功能的检测（例如白细胞及淋巴细胞功能）
认知能力	情绪、生理及心理状况、视力、记忆、脑生理学改变
动脉粥样硬化	总胆固醇、甘油三酯、低密度脂蛋白、高密度脂蛋白、血压、血管内皮功能
糖尿病	胰岛素敏感度、肥胖度、激素（甲状腺素、生长激素、糖皮质激素）、受体情况
骨骼健康	骨密度、钙动力学、骨转化
炎症	血浆 C 反应蛋白、白介素 6、血浆纤溶酶原激活物抑制剂

3. 药物靶标

药物靶标是指体内具有药效功能并能被药物作用的生物大分子，如某些蛋白质和核酸等。目前已知的药物靶标共有 500 个左右，其中 98% 以上的药物靶标属于蛋白质，包括多种受体和酶等（见图 9.2）。作为药物靶向设计和治疗的直接对象，药物靶标应具有一些独特的属性。一个理想的药物靶标应具有如下特点。

① 对疾病治疗的有效性（efficacy）。作为药物靶标的蛋白质必须在病变细胞或组织中表达，并且在细胞培养体系中可以通过调节靶标活性产生特定的效应，然后在动物模型中再现这些效应，最后，证明药物在人体内有效之后，才能真正确证药物靶标的价值。

② 药物作用于靶标后引起的毒副反应小。

③ **可药性**（druggability），作为药物靶标的蛋白质必须能以适当的化学特性和亲和力结合小分子化合物。靶标的生物学特性决定了靶标的有效性和中靶毒性，而靶标的生化特性决定了靶标的可药性。从理论上讲，只要找到了药物作用的靶标分子，就能根据其特点开发和设计药物，进行靶向治疗。

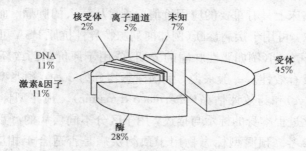

图 9.2　现有药物靶标的生物化学分类

4. 先导化合物

先导化合物简称先导物，也称原型物，是通过各种途径或方法得到的具有一定生物活性的化学物质，有可能进一步优化而得到供临床使用的药物。

当确认了一个有用的治疗靶标之后，就可以依据其结构特性识别先导化合物，进行新药的设计与开发。首先，需要进行化合物筛选，根据其与药物靶标的结合程度来发现潜在的先导化合物。然后，这些候选的化合物进入优化阶段，应用药物化学提高先导物对靶标的专一性，优化化合物的药物动力性能和生物可利用率。最后，进行化合物的临床前试验，即动物试验。通常，先导化合物存在活性不高、特异性差、毒副作用大或药代动力学性质差等缺点，但以此为基础进行一系列的优化后，就很可能得到该结构类型的新型药物。

5. 生物信息学对药物研发的作用

在药物研发过程中，生物信息学方法对于相关数据的存储、分析和处理，以及新药靶的发现和验证，都具有重要作用。传统方式通过基因关联分析或基因融合技术来发现疾病相关基因，不仅费时费力，而且成功率较低。尤其对于与多个基因相关的复杂疾病，如癌症，传统方法难以奏效。随着基因组、转录组、蛋白质组学技术的发展，为疾病治疗和药物研发提供了更多的生物数据和有用信息，但也使数据处理的难度大大增加。而生物信息学方法可以克服传统生物学方法中耗时长、效率低等缺点，批量地处理大规模的疾病相关组学数据，从中挖掘新的疾病相关基因、生物标志物和药物靶标。同时，可从基因表达水平、功能注释或网络分析等多个角度对疾病发生机制进行解读，给出药物作用过程的整体描述。因此，采用生物信息学方法预测潜在药物靶标并进行药物开发，已经成为疾病研究的一个重要途径。

本章首先介绍疾病相关的数据库资源，包括疾病相关的基因数据库、候选药靶数据库和基因芯片数据库等，其次讨论了基于多种组学数据进行药物靶标发现的生物信息学方法，如基于基因组、基因表达谱、蛋白质组、代谢组的方法及整合多组学数据的系统生物学方法，然后描述了生物信息学方法在药物靶标验证方面的应用，主要是预测蛋白可药性及药物副作用，再次说明如何以靶标为基础进行药物设计，最后是本章的内容总结及未来展望。

9.2　疾病相关的数据库资源

9.2.1　疾病相关的基因数据库

当研究某个基因时，人们最感兴趣的问题之一是：它是否与疾病相关？有两种方法可以实现疾病相关基因的查询：通过数据库查询基因与疾病的相关性；或者，如果该基因与疾病的关系未知，则可以尝试将基因在染色体上的位置与疾病进行对应。目前，已有一些数据库存储了与疾病相关的基因信息，方便研究人员对相关的基因或蛋白质进行查询和比较。

与人类疾病相关的基因存储在 OMIM（Online Mendelian Inheritance in Man，http://www.ncbi.nlm.nih.gov/omim/）、LocusLink、COSMIC（http://www.sanger.ac.uk/genetics/CGP/cosmic）和 Cancer Gene Census（http://www.sanger.ac.uk/genetics/CGP/Census）等数据库中。孟德尔人类遗传学数据库 OMIM 是分子遗传学领域最重要的生物信息学数据库之一，是人类基因和遗传性疾病的电子目录，提供疾病与基因、文献、序列记录、染色体定位及相关数据库的链接。COSMIC 数据库存储了癌症相关的候选基因，提供体内基因敲除信息及人类癌症的相关细节。Cancer Gene Census 收录了通过文本挖掘获得的癌症相关基因，这些基因在敲除时与癌症表现出可能的因果关联。GeneRif 系统提供与疾病高度相关基因的注释信息。

同时，收录基因敲除和基因变异信息的数据库也是疾病研究的重要资源。人类基因敲除数据库提供了基因敲除相关的人类遗传学疾病及功能单核苷酸多态性位点（SNP）。dbSNP 是由 NCBI 建立的专门用于收录单核苷酸多态性信息的权威数据库。而通过全基因组关联研究中心（http://www.gwascentral.org/）可查询已知的人类易感基因关联研究结果，进行在线基因关联分析。此外，基因组规模的关联数据库、遗传关联数据库和小鼠基因敲除数据库等也为基因查询提供了丰富的注释信息。

9.2.2　候选药靶数据库

与疾病相关的基因相比，已知药物靶标的数目要少得多。通过对已成功应用于药物的靶标进行鉴别，治疗靶标数据库（Therapeutic Target Database，TTD）提供了已知的诊疗目标、疾病条件和对应的药物，覆盖 1894 个药物靶标及靶标相关疾病和信号通路，包括已证实的靶标 348 个，试验阶段靶标 292 个，以及正在研究的靶标 1254 个。通过 TTD 数据库中的链接也可以方便地检索蛋白功能、氨基酸序列、三维结构、配体结合特性、药物结构、治疗应用等信息。DrugBank（http://www.drugbank.ca）是免费药物数据库，覆盖大量药物及其靶标相关信息，收录了近 4800 种已上市或在研究中的药物，包括美国食品药品监督管理局批准的小分子药物约 1300 种，蛋白质和多肽类生物技术药物 123 种，营养制品 71 种，处于实验研究阶段的药物约 3200 种。DrugBank 能够支持多种搜索模式并提供可视化软件，便于检索药物及其靶标的相关信息。对于每种药物，该数据库提供了近 100 项信息，包括药物作用靶标及其单核苷酸多态性、药物副反应和文献的链接等。潜在药物治疗靶标数据库（Potential Drug Target Database，PDTD）是国内建立的免费药物靶标数据库。该数据库通过文献和数据库挖掘的方式，收集了超过 840 个已知或潜在的药物靶标，并提供蛋白质结构、相关疾病和生物学功能等信息。

9.2.3　疾病相关的基因芯片数据库

基因芯片数据库是药物靶标发现的重要来源，人们已经建立了一些专门的数据库用于存储疾病相关的基因芯片数据。微阵列数据仓库（Gene Expression Omnibus，GEO）作为存储基因芯片的主要数据库资源，包含了丰富的疾病相关的基因芯片数据。2003 年 10 月，Daniel 等建立了 ONCOMINE 数据库（http://www.oncomine.org），专门收集癌症相关的基因芯片数据集，提供在网页基础上的数据挖掘和基因组规模的表达分析。在 ONCOMINE 第三版中，该数据库包含了 264 个基因表达数据集，超过 2 万个癌症组织和正常组织的样本数据。其他基因芯片数据库还有斯坦福基因芯片数据库、EBI 芯片表达数据库，以及 MIT 癌基因组工程等。

9.2.4 其他相关数据库

药物靶标通常具有特定的生物学功能，分析基因产物的分子类型（例如酶）、亚细胞定位（如细胞表面）和生物学通路（如血管新生）对于预测潜在药靶具有重要意义。蛋白质的功能信息主要存储在数据库 GO 和 KEGG 中，它们提供了多个物种中基因产物的生物学功能、定位和通路信息。有关蛋白质相互作用网络和生物学通路的数据库资源也非常丰富，如 DIP、Reactome、NCI（Nature Pathway Interaction Database）、HPRD 和 Biotarca 等。此外，有些数据库专门存储生物学网络的定量数据，例如 BioModels 和 JWS online 数据库收集了各种化学反应网络的数学模型，并且规模一直在稳步增加。

9.3 用于药靶发现的生物信息学方法

传统药物的发现是从自然界中发现药物并随机筛选药物。由于不能从基础分子水平了解疾病发生的实质，其药物开发周期较长，药效也不尽如人意。随着人类基因组计划的完成及后续功能基因组学、结构基因组学和蛋白质组学研究的开展，深刻地改变了药物研发的策略，形成了药物研究的新模式——以机制为基础和以靶结构为基础的新药开发过程。这是人类药物发现史上的一次突破性革命。基因组学和蛋白质组学不仅大大增加了药物靶标的潜在数量，而且对制药工业开发、创新药物的能力也产生了直接的影响。与传统药物开发过程中先发现药物疗效再阐明药物作用机理的方法不同，新药研发以药物作用的靶标为基础，在对致病机理有一定了解的基础上进行针对性的药物设计和开发，不仅缩短了研发周期，而且能够尽可能地提高药效和减少毒副作用。

药靶筛选和功能研究是发现特异的高效、低毒性药物的前提和关键。常见的用于药靶发现的实验方法包括：微生物基因组学、差异蛋白质组学、核磁共振技术、细胞芯片技术、RNA 干扰技术、基因转染技术和基因敲除动物等。但仅凭实验技术还远远不够，生物信息学方法作为数据分析和处理的有力工具，对于合理的实验设计、基因功能的分析和有效靶标筛选发挥了重要作用。靶标发现与验证的一般流程（见图 9.3）如下：利用基因组学、蛋白质组学及生物芯片技术等获取疾病相关的生物分子信息，并进行生物信息学分析；对相关的生物分子进行功能研究，确定候选药物作用靶标；针对候选药物作用靶标，设计小分子化合物，在分子、细胞和整体动物水平上进行药理学研究，验证靶标的有效性。

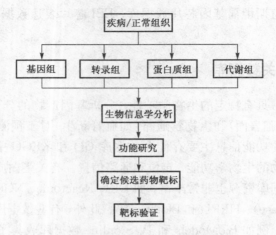

图 9.3 药物靶标发现的一般过程

9.3.1 基因组学方法

随着成百上千个真核和原核生物的基因组被完整测序，人们有机会对基因进行大规模的分析和筛选。据估计，整个人类基因组中约有10％与疾病相关，从而导致约3000个潜在的药物靶标。因此，从基因组水平研究药物靶标具有很大的探索空间。基因组是人类疾病研究的核心与基础，借助高通量测序技术，研究人员可以更加快速、准确地找到与疾病相关的基因组序列和结构的异常变化，从而确定致病基因或易感位点。

1. 同源搜索方法

丰富的基因组学数据为药靶发现提供了基础，目前已有多种方法可用于寻找新的药物靶标。其中，最常用的方法是同源搜索，采用序列比对软件寻找候选基因与已知癌基因之间的序列同源性，如 BLAST 或基于隐马尔可夫的 HMMER 软件包等。然而，新的靶标与已知癌基因的序列可能并不相似。因此，有必要分析已知药靶中更为普遍的结构特征，如信号肽、跨膜结构域或蛋白激酶域。此类生物信息学工具包括预测信号肽的 SignalP 和预测跨膜结构域的 TMHMM。此外，还可以使用基因预测程序从人类基因组序列中预测新基因，寻找全新的药物靶标，常用的程序是 Genescan 和 Grail。

另外，可通过比较不同生物的基因组数据来发掘药物靶标。基本方法是在病原微生物的基因组中寻找病原微生物生长和致病所必需的但与人体细胞代谢不同的基因产物，将其作为候选药物靶标。对于病原微生物生长和致病所需而人体不需要的代谢途径，包括该途径的小分子物质，都是理想的药物靶标。即使是人体和病原微生物共同的代谢途径，例如嘧啶核苷酸合成代谢途径，不同的进化层次使得病原细菌对应代谢途径的某些关键酶与人体对应代谢途径的关键酶的编码序列也有显著差异，对应的关键酶的活性中心精细结构存在差异。基于这种序列差异和预测的功能域的精细三维结构的差异，能够设计出针对病原菌代谢途径关键酶的高选择性小分子药物。另外，对于某些特殊的微生物，其亚型不同则致病能力显著不同。对于这些病原微生物，分析其表型数据对应的差异基因是发现新的抗感染药物靶标的有效策略。例如，肺炎链球菌有荚膜型和光滑型两种亚型，但其致病能力不同，表明与荚膜形成相关的基因信息与疾病发生可能相关，其对应的编码蛋白可能是候选的药物靶标。

由于人类基因组规模巨大，直接分析人类基因组数据来发掘候选药物靶标的难度相对较大，因此需要一定的线索关联以缩小需要测序分析的基因范围。其中，分析不同基因的位点多态性与疾病发生的内在联系，是寻找潜在候选靶标的重要策略之一。通过这种策略可发现疾病关联基因，如属于人体内常用的药物靶标蛋白质家族，以增加其作为新的药物靶标的可能性。

2. 基于合成致死的方法

通过单基因敲除实验能够发现生物体中的**必要基因**（essential gene）。但以必要基因作为癌症治疗的靶标不仅能杀死癌细胞，对于健康细胞也可能是致命的。因此，大多数以单基因作为靶标的药物治疗是失败的。双基因的**合成致死性**（synthetic lethal）为抗癌药物的研究提供了新的前景。给定一个癌症相关的基因，如果该基因在癌细胞中功能缺失或者功能降低，那么以它的合成致死对象作为药靶就能构成肿瘤细胞的致死条件，同时降低对健康细胞的损伤。目前，仅在酵母中通过大规模的实验建立了全基因组的合成致死网络。通过同源预测等方法，Conde-Pueyo 等人重建了人的基因合成致死网络，为抗癌研究中候选基因靶标的筛选提供依据。

目前已知的单基因病种类较少，仅限于基因组方法得到的药物靶标作用效果往往不够理想。随着后基因组时代的到来，其他组学数据在药物靶标发现中发挥着越来越重要的作用。

9.3.2　转录组学方法

转录组学可从整体水平上研究细胞中基因转录情况及转录调控规律。作为连接基因组遗传信息与生物功能的必然纽带，转录组研究已经成为揭示疾病的基因突变规律、疾病发生发展的重要机制、发现致病基因调控的关键靶标的重要研究手段。

1. 基于基因芯片数据

基因芯片技术是转录组学研究的常用技术手段。由于基因芯片技术的高通量、快速、并行化等特点，使得疾病相关的芯片数据资源非常丰富，因此基因表达谱数据是发现生物标志物及挖掘潜在药物靶标的重要依据。但是，由于基因芯片本身存在重复性较差和数据质量不高等问题，需要发展多种有效的分析方法，尤其是能够处理多个数据集、对噪声不敏感的统计方法，以提取海量数据中蕴含的有用信息。

1）寻找差异表达基因

基因芯片能够一次性地记录疾病状态下成千上万个基因的转录变化情况。通过比较疾病组与正常组的基因芯片数据，寻找显著差异的基因集合，可用于预测相关的生物标志物或药物靶标。

寻找差异表达基因的计算方法很多，最直接的方法是测量变化倍数，即计算两个样本之间同一个基因的表达量之比。尽管变化倍数方法直观有效，但是该方法没有考虑噪声和生物学可变性，尤其是癌症这种本质上多相异质的复杂疾病。因此，更通用的办法是采用尽可能多的疾病样本进行统计学分析，如方差分析和T检验等。进一步，由于单个基因难以检测疾病状态下翻译模型的变化，生物标志物通常包括一组基因，需要一定的聚类方法寻找相关基因的组合。

2）功能富集分析

高通量的基因组学实验往往产生了很多令人感兴趣的基因，比如表达水平显著改变的基因。解释这些基因背后蕴含的生物学意义是生物信息学的一项主要任务。很多研究小组基于各种生物知识数据库，如基因本体数据库、KEGG 通路数据库等，利用不同的统计分析策略，系统地分析了这些基因中富集的生物过程及信号通路。

常用的基因富集分析方法可以分为 3 种：**单基因富集分析**（Singular Enrichment Analysis，SEA）方法、**基因集富集分析**（Gene Set Enrichment Analysis，GSEA）方法和**模块富集分析**（Modular Enrichment Analysis）方法。

单基因富集分析是最常用的富集分析策略。首先，研究人员将实验组与对照组相比较，进行单基因统计分析，得到一系列具有显著表达差异的基因列表，然后逐一检验功能注释条目在这些基因中的富集程度，并给出显著富集的 P 值。有很多统计分析方法可以用来检验功能富集的显著性，例如卡方分析、Fisher 精确检验、二项概率分布及超几何分布等。单基因分析在抽取海量芯片数据背后的生物学意义方面非常有效。例如 Zeeberg 等人开发的软件 GoMiner，可以方便地对基因芯片数据中差异表达的基因进行基因本体功能分析。GoMiner 首先将一组基因功能注释映射到基因本体树（GOtree）上。GOtree 是一种通过分级控制的基因功能词汇表，各功能注释条目来源于基因本体数据库。然后，在 GOtree 上标记基因芯片中上调和下调的基因，通过统计检验来对这些基因进行功能富集分析。其他类似的分析工具还有 Onto Express、DAVID 和 GeneXPress 等。这种富集分析的缺点是找到的功能注释条目数目庞大，不利于进行生物功能和通路分析。

基因集富集分析吸取了单基因富集分析的优点，但是采用了不同的富集显著性分析策略。该分析不用预先挑选差异表达的基因，而是使用全部的基因表达信息。此类分析策略包括 ErmineJ 和 ADGO 等。其中，应用比较广泛的是 Subramanian 等人提出的成套基因集通路鉴定方法——基因集富集分析。首先，可该方法利用先验的生物学知识，例如一些已发表的生物通路信息或者基因本体功能条目，确定一系列的基因集合；然后，通过统计计算，赋予每组基因一个富集打分（Enrichment score，ES），进而检测不同分组（例如肿瘤细胞和正常细胞）的基因中的差异显著性水平；最后，调整多重假设检验估计的显著性水平，同时控制假阳性率来得到差异表达的通路列表。该方法中常用的统计分析策略包括 Kolmogorov-Smirnov-like 统计分析方法、T 检验和 Z 打分等。这种功能富集分析策略有两种优点：减少了差异基因挑选过程对富集分析的影响；使用了芯片实验的全部信息。为了进行比较，对于同一肿瘤的两个独立的表达数据集分别进行单基因富集分析和基因集富集分析，可发现常用的单基因分析方法在两个数据集中找到的通路很少有重复，而 GSEA 在两个数据集中能够鉴定出很多共有的生物学通路，说明基因集富集分析比单基因分析策略的结果更具有代表性。但是该方法也有一定的局限性，它忽略了各基因表达水平之间的相关性，可能过高地估计显著性水平，进而导致假阳性。

模块富集分析是单基因富集分析的延伸和扩展，在单基因富集分析的基础上集成了一些基于功能注释条目之间关系的网络发现算法。通过在富集计算过程中考虑基因本体条目之间的相互关系，提高了功能富集的敏感性和特异性。相关分析软件包括 Ontologizer 和 GENECODIS 等。该分析策略的主要优点在于：研究人员可以考虑功能注释之间的关系，揭示那些彼此交叉的功能注释条目背后所蕴藏的生物学含义。该分析的局限在于可能忽略掉孤立基因或孤立的注释条目。另外，它也具备单基因富集分析的缺点，即挑选差异表达基因的过程会影响最终的分析结果。

3）多种来源的基因芯片数据的整合

由于单个芯片数据本身存在的噪声及系统偏差，预测结果往往存在误差。因此，最新的研究通过整合不同实验来源的多组基因芯片的数据，即荟萃分析，来减少单个芯片实验中的误差影响，寻找更通用的生物标志物和药物靶标。

　　为了整合不同来源的数据集，需要应用多种统计分析方法，其中最简单的方法是 Z 打分归一化，较复杂的方法是提取不同数据集中表达数据的分布特征参数，根据这些特定的参数进行数据集匹配，包括 Distance Weighted Discrimination、Combatting Batch effects、disTran、Median Rank Score、Quantile Discretizing 和 Z 打分变换等整合方法。2004 年，Daniel 等人开展了最早的针对基因芯片数据的荟萃分析工作，如图 9.4 所示。该分析方法包括如下 6 个步骤。

　　① 对单个基因进行差异显著性分析；
　　② 设定显著性阈值，筛选具有表达差异的基因作为候选标志物；
　　③ 按照候选标志物在不同数据集中出现的次数从大到小进行排序；
　　④ 进行随机扰动实验，计算候选标志物在多数据集中富集程度的总体打分；
　　⑤ 设定打分阈值，挑选在多数据集中显著表达差异的基因组成荟萃标志物；
　　⑥ 利用留一验证评估荟萃标志物的分类效果。

　　利用 ONCOMINE 数据库，他们收集了 40 个独立数据集（超过 3700 个芯片实验），提出了一种独立于单个数据集的统计量 Q-value，寻找多种来源数据集中显著差异表达的基因作为**荟萃标志物**（meta-signature）。此后，多基因芯片融合方法得到了普遍关注，研究人员提出了多种整合方法来发现通用标志物，并与 Daniel 等人的方法进行比较。例如，Xu 等人收集和整合了 26 个公开发表的癌症数据集，包括 21 个主要的人类癌症类型的 1500 个基因芯片数据，应用 TSPG（Top-Scoring Pair of Groups）分类器和重复随机采样策略，识别通用的癌症标志物。这些研究表明，采用一定的统计方法整合多种芯片数据，能够识别出更加稳健的癌症标志物，相比单基因芯片得到的标志物，荟萃标志物能够更好地区分癌症组织和正常组织。

2. 转录组测序

　　近年来，随着测序成本的不断降低和测序通量的飞跃提升，新一代测序技术凭借其高准确性、高通量、高灵敏度和低成本等优点，逐渐成为从 RNA 水平研究疾病的重要手段。目前，基于新一代测序技术的 RNA 水平研究疾病的方法包括转录组测序、数字基因表达谱测序和小 RNA 测序等。

　　转录组测序可全面、快速地获得某一物种的特定细胞或组织在某一状态下的几乎所有的转录物及基因序列，用于研究基因结构和基因功能、可变剪接和新转录物预测等。相对于传统的芯片杂交平台，转录组测序无须预先针对已知序列设计探针，即可对任意物种的整体转录活动进行检测，提供更精确的数字化信号，更高的检测通量，以及更广泛的检测范围，是深入研究转录组复杂性的强大工具。目前，转录组测序已经被广泛应用于探寻疾病的致病机理及疾病治疗等方面。

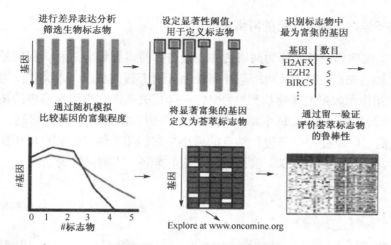

图 9.4　基因芯片数据的荟萃分析[9]（见彩图）

9.3.3　蛋白质水平研究方法

通常，功能蛋白质的表达异常和调节异常是疾病发生的分子标志，这些决定个体生物性状、代谢特征和病理状况的特殊功能蛋白质可以作为潜在的药物靶标。尽管 90％的已知药靶为蛋白质，但由于数据和技术上的原因，蛋白质水平的药物靶标并不如基因和转录水平的研究广泛。近年来，随着更多蛋白质相关数据的产出，在蛋白质水平上进行药物靶标的开发和验证成为研究的热点。

1. 基于蛋白质的理化特性

在蛋白质的理化属性、序列特征和结构特征上，药靶分子和非药靶分子存在着显著差异。Bakheet 等人的工作具有一定的代表性。他们系统地分析了 148 个人类药靶蛋白质和 3573 个非药靶蛋白质的特性，寻找两者的区别并预测新的潜在药物靶标。人类药物靶标蛋白质可以归纳为 8 个主要属性：高疏水性、长度较长、包含信号肽结构域、不含 PEST 结构域、具有超过两个 N-糖基化的氨基酸、不超过一个 O-糖基化的丝氨酸、低等电点和定位在膜上。以这些特征作为支持向量机的输入，可以在药靶和非药靶类之间达到 96％的分类准确率，并识别出 668 个具有类似靶标属性的蛋白质。

基于蛋白质的理化特性进行药物靶标预测，有利于发现药物靶标的一般特征，应用过程直接、简单。但该方法受已知药靶的影响较大，在确认药靶的有效性时还需要引入更多的证据支持。

2. 基于蛋白质相互作用的网络特征

通常，疾病相关基因作为网络的中心蛋白参与多种细胞进程，在信号通路中是信息交换的焦点，因此从网络拓扑属性上有别于其他基因。人类基因组规模的蛋白质相互作用数据的快速积累，为研究疾病相关基因在细胞网络中的拓扑属性提供了条件（见图 9.5）。每个结点代表一个基因，如果两个基因与同一疾病有关，在它们之间就存在一条边。结点的大小与它们相关的疾病数目成正比。如果一个基因只与一种疾病有关，就标记为相应的颜色，否则标记为灰色。

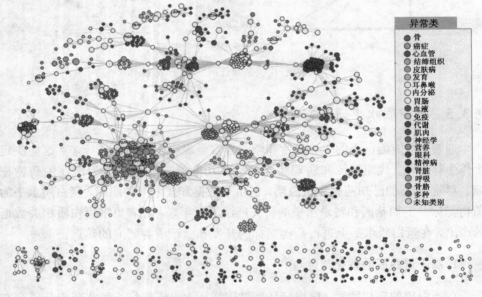

图 9.5　多种疾病对应的基因网络[14]（见彩图）

在蛋白质相互作用网络的基础上，Xu 等人提取了结点的 5 个网络特征，包括连接度、1N 指数、2N 指数、与致病基因的平均距离，以及正拓扑相关系数（positive topology coefficient），采用 K 近邻法比较了疾病相关基因和对照基因在网络特征上的区别。研究结果表明：疾病相关基因具有更高的连接度，更倾向与其他致病基因发生相互作用，而且致病基因之间的平均距离明显低于非致病基因。Ostlund 等人通过筛选与已知癌基因高度连接的基因，得到了一个由 1891 个基因组成的集合。通过交叉验证、分析功能注释偏性和癌症组织中的表达差异进行方法验证，提供了一个较为可信的癌症相关的候选基因列表。该基因列表的规模是已知癌基因数目的两倍以上，对于生物标志物和药靶发现具有一定的提示作用。进一步，Li 等人通过整合多种数据源识别癌基因，包括网络特征、蛋白质的结构域组成和功能注释信息等。同时，蛋白质复合体的拓扑属性和模块性也可用于药靶筛选。不同于一般的二元蛋白质相互作用，复合体更接近于细胞内的真实状态。在复合体内部，多肽之间相互连接成为不同的核，其他蛋白质与核发生相互作用形成各种模块。

除了直接利用蛋白质相互作用来预测疾病相关基因之外，还可以通过研究蛋白质在整个相互作用网络中的位置和拓扑性质来发现疾病相关基因。Sam 等人发展了一种算法，鉴定不同疾病对应的蛋白质相互作用网络，用来比较不同疾病状态下蛋白质相互作用子网的重叠部分，从而提示了不同疾病在分子层次水平的相关性。最近，Raj 等人整合了基因芯片数据、蛋白质相互作用数据及通路信息，建立了一个混合的生物网络模型，鉴定出一系列肿瘤相关基因，以及潜在的与肿瘤表型相关的信号子网。这些研究表明，从蛋白质相互作用网络角度研究疾病相关基因，有助于了解致病因子与其他蛋白质的关联关系，以及由于通路的交叠部分异常造成的多种疾病。

3. 蛋白质组学方法

已知的大多数药物靶标都是在生命活动中扮演重要角色的蛋白质，如酶、受体、激素等。作为最终发挥基因功能的活性大分子，蛋白质的多样性决定了细胞功能的多态性，在众多生物功能调控，例如疾病的发生和发展过程中，蛋白质发挥着举足轻重的作用。蛋白质组学是研究特定时空条件下细胞、组织等所含蛋白表达谱的有效手段，也是寻找癌症分子标记和药物靶标的重要方法。

随着蛋白质组学研究的发展，在疾病领域逐渐形成了几个主要的研究方向：如通过疾病和正常样本的比较从而寻找差异表达蛋白的差异蛋白质组学，定向地检测分析大规模样本中目标蛋白质表达量的目标蛋白质组学，分析鉴定蛋白翻译后修饰位点、程度及表达量的修饰蛋白质组学。

1）差异蛋白质组学

蛋白质的表达水平和结构的改变与疾病或药物作用直接相关。通过蛋白质组学的方法比较疾病状态和正常生理状态下蛋白质表达的差异，就有可能找到有效的药物作用靶标，其中应用较多的是二维凝胶电泳和质谱分析技术。在二维凝胶电泳中，蛋白质样品根据其等电点和相对分子质量的不同而分离，在得到的电泳图谱中，疾病状态和正常生理状态的蛋白质染色斑点的分布会出现差异，以此为线索，可以发现新的药物靶标。例如，Hanash 等人用二维凝胶电泳分析急性淋巴细胞性白血病，发现高表达的多肽 Op18 有磷酸化和非磷酸化两种形式。研究证明，抑制 Opl8 的表达和磷酸化能有效地抑制肿瘤细胞的增殖。因而，有望以 Opl8 为靶标构建合适的药物治疗急性淋巴细胞性白血病。而质谱分析技术具有高通量、敏感性强的特点，能用于鉴定不同样品中具有表达差异的蛋白质，从中筛选可能的疾病相关蛋白。

进一步，采用最新的蛋白质组学技术，如稳定同位素差异标记、同位素代码标记（Isotope-Coded Affinity Tag，ICAT）或同位素标记相对和绝对定量（iTRAQ）等，能够较为准确地定量测量蛋白质丰度的变化。通过比较癌症人群与正常人群在对应病理组织/器官内蛋白质的差异，可用于挖掘潜在的药物靶标。例如，Hu 等人采用二维液相色谱-串联质谱法比较肺癌患者与正常人的血清蛋白差异，经过蛋白质鉴定和定量分析，发现了 2078 个具有显著差异的蛋白质，进而挑选出 Tenascin-XB(TNXB)作为候选的生物标志物用于预测肺癌的早期转移。此外，如果不能直接找到对应的活性小分子，也可以通过比较疾病样本和正常样本之间蛋白质的表达差异，鉴别发生异常的生物学通路。如采用总体的蛋白质谱方法（如多维蛋白质鉴定 MudPIT）获取充足的信息，发现与特定表型相关的蛋白质和通路。定位到相应的生物学通路之后，再从中确定药物靶标。

2）目标蛋白质组学

传统无偏好的蛋白质组学，由于在动态范围、灵敏度和选择性等方面的限制，不能满足一些需要更高灵敏度和选择性的目标蛋白研究。而基于多反应监测的目标蛋白质组学技术，可以有针对性地测定那些可能与疾病相关的特定蛋白质或多肽。与传统方法相比，针对目标蛋白质的质谱分析方法的灵敏度获得了量级的提高，尤其适用于体液等复杂样本。目前，标志物发现-验证-临床确证的研究模式已得到研究人员的广泛认可。利用无偏好的蛋白质组技术发现标志物，并利用多反应监测技术进行候选物的验证，可以有效地完成生物标志物的发现和验证过程。

3）修饰蛋白质组学

早期的蛋白质组学研究主要关注细胞内不同生长时期或在疾病、外界刺激下的蛋白质表达水平变化。然而，许多至关重要的生命进程不仅由蛋白质的相对丰度控制，还受那些时空特异分布的可逆翻译后修饰所调控。通过修饰蛋白质组学的研究，可以阐明翻译后修饰在疾病发生发展中的生理病理机制，揭示蛋白质翻译后修饰在信号通路中的开关机制、调控蛋白质的量变并引起质变的规律以及修饰在疾病的发展和转移中的变化趋势，筛选和鉴定一批具有诊断和药靶意义的疾病相关翻译后修饰蛋白质或翻译后修饰调控蛋白质。

由于蛋白质修饰的复杂性和动态性，并且翻译后修饰蛋白质在样本中丰度低且动态范围广，其研究难度较大，目前研究较多的修饰只有磷酸化、糖基化、泛素化等。尽管修饰蛋白质组学技术条件还不完备，但是可以预见，随着蛋白质组学研究技术的日益成熟和规模化，翻译后修饰蛋白质组学在疾病领域的研究将日益受到重视。

9.3.4　代谢组学方法

代谢组学是生物体内小分子代谢物的总和，所有对生物体的影响均可反映在代谢组水平。代谢组放大了蛋白质组的变化，更接近于组织的表型。代谢途径的异常变化反映了生命活动的异常，因此定量描述生物体内代谢物动态的多参数变化可揭示疾病的发病机制。通常，代谢组学的实验技术包括核磁共振、质谱、色谱等，其中核磁共振技术是最主要的分析工具，其次是液相色谱-质谱联用（LC/MS）和气相色谱-质谱联用（GC/MS）。通过色相色谱-质谱联用技术解析出代谢物的质谱图，将其与现有数据库进行比较，可以鉴定该代谢化合物。由于缺少标准的代谢物数据库，该方法的鉴定结果有限。采用生物信息学方法对代谢组数据进行分析和处理，比较正常组和模型组的区别，有助于药靶发现及药效评估。如 Pohjanen 等人提出了一种名为统计多变量代谢谱（staistical multivariate metabolite profiling）的策略，在代谢色相色谱-质谱联用数据的基础上辅助药靶模式发现和机制解释。

同时，代谢组学对于生物标志物发现、药物作用模式和药物毒性研究具有重要作用。在酶网络的基础上，Sridhar 等人发展了一种分支定界（branch and bound）方法，命名为 OPMET，寻找优化的酶组合（即药物靶标），用于抑制给定的目标化合物并减少副作用。类似地，通过提取代谢系统的特征，Li 等人采用整数线性规划模型在整个代谢网络范围内寻找能够阻止目标化合物合成的酶集合，并尽可能地消除对非目标化合物的影响。

9.3.5　整合多组学数据的系统生物学方法

系统生物学将基因组、转录组、蛋白质组和代谢组等不同组学的数据进行整合，研究在基因、mRNA、蛋白质、生物小分子水平上系统的生物学功能和作用机制，对于疾病的发生和发展提供了更好的理解，同时有助于识别药物的作用和毒性，模拟药物作用的过程，发现特异的药物作用靶标。

1. 药物作用通路建模与仿真

药物作用是一个复杂的动态过程，如果找不到合适的方法就很难确认药物的有效性。例如，在药物开发过程中常用的手段之一是基因敲除实验，其作用方式与在特定酶上的竞争抑制过程完全不同。在基因敲除过程中，给定的通路可能被完全关闭，也可能由于系统的自身补偿作用而只有部分的影响。在此基础上设计的靶向药物可能存在效率较低的问题。因此，为了使药物开发过程更贴近真实情况，有必要将定量的建模方法引入药物研究领域，精确地模拟药物与靶标相互作用进而发挥药效的过程，发现更有效的药物作用靶标。

随着实验技术的发展、数据的累积和文本挖掘的开展，生物通路的建模方法得到了快速的发展和应用。其中，最常用的建模方法是确定性生化反应描述，已成功应用于药物代谢动力学和药剂反应建模。确定性反应的缺点在于缺乏可伸缩性。通常，基因组和蛋白质组学方法要处理数十甚至数百个分子之间的信号网络，反应参数的范围可能包含多个跨度，超出了确定性方法的处理能力。最新出现的方法，如结合反应（combinatorial reaction generation）和线性规划（linear programming）可以满足这种需求，批量地处理大规模的复杂化学反应网络。进一步，随机方法能够从根本上克服确定性方法的限制。它们是高度可伸缩的，同时易于进行模拟。然而，面对复杂的非线性动态问题，随机方法也存在很大的困难，还有待进一步探索。

近年来，用于描述反应动力学网络的数学模型被证明可以有效地预测生物体对于环境刺激和外界扰动的响应，识别可能的药物靶标。一种系统的药物设计方法是：在网络中模拟单个反应的抑制过程，定量测量在指定观察量上的作用效果。在代谢网络中，观察量一般是稳态值；在信号级联模型中，观察量包括浓度、特征时间、信号持续时间和信号幅值等。如 Schulz 等人在系统生物学建模语言的基础上开发了一款名为 TIde 的工具，采用普通微分方程对系统进行模拟，研究在网络中不同位置进行激活和抑制处理时系统的响应。通过模拟不同的抑制目标、类型和抑制剂浓度，确定一个或多个优化的药物靶标，在尽可能少的抑制剂数目下，以较低的浓度使指定的观察量达到期望值。此类药物作用模型的建立和模拟有助于理解药物的作用机制，预测药效发挥过程中可能存在的问题，进而为实验设计提供辅助作用.

2. 多组学数据的综合应用

系统生物学的优势在于整合，即综合利用基因组学、转录组学、蛋白质组学和代谢组学研究药物对系统的影响，提示可能的作用靶标。例如，Chu 等人根据大规模实验及相关数据库建立了整合的蛋白质相互作用数据集，采用非线性随机模型、最大似然参数估计和 Akaike 信息准则（Akaike Information Criteria，AIC）方法，通过基因芯片数据估计疾病状态和正常状态下的蛋白质相互作用网络差异，识别受到扰动的中心蛋白，发现候选的药物靶标。除将转录组和蛋白质组数据结合之外，基因组与转录组、基因组与蛋白质组甚至更多组学数据的整合研究也在进行中。

近年来，包括第二代测序技术和蛋白质谱技术等在内的新一代高通量技术越来越多地应用于解决生物学问题，尤其是人类疾病的研究。新一代的高通量分析技术使人们能够以更低成本，更全面、更深入地对疾病进行研究，打破了以往通量对疾病研究的限制，使得从基因组水平、转录组水平、蛋白质组水平等角度对疾病展开全方位研究成为可能（见图 9.6）。从组学的层面出发，克服了以假说为导向的研究模式的缺陷，能无偏好地反映各水平的变化全貌。通过基因组水平的研究，能够发现包括单核苷酸多态性、插入与缺失、基因组结构变异及拷贝数变化等在内的疾病特异性突变，以及包括 DNA 甲基化在内的表观遗传学水平层面的调控机制；转录组水平的测序有助于了解基因在转录水平的表达差异和调控机制；通过对蛋白质组的研究，可以明确基因最终产物的表达差异和修饰情况。另外，围绕中心法则，对基因组、转录组、蛋白质组分别展开多角度、全方位的整合和贯穿研究，有望加深人们对于疾病的理解。

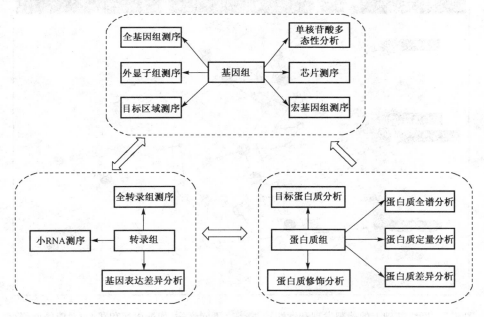

图 9.6 基于新一代高通量技术的疾病组学研究策略

3. 网络基础上的药物靶标发现

整合研究的关键是以生物网络为中心加深对整个系统的理解。疾病是一个非常复杂的生理和病理过程，涉及多基因、多通路、多途径的分子相互作用的过程，这种网络化的特点对于药靶筛选至关重要（见图 9.7）。系统生物学为药物开发过程提供了全新的视野，将蛋白质靶标置于其内在的生理环境中，在提供网络化的整体性视角的同时不会丧失关键的分子作用细节。

1）以信号转导通路为靶标

信号转导对于生物系统具有非常重要的作用，它的失误可能导致疾病的发生。例如在急性酒精刺激时，大鼠小脑中 cAMP 含量和蛋白激酶 A 的活性比正常情况增加了 80%，说明在急性酒精摄入时，腺苷环化酶信号转导通路被激活，从而导致了酒精中毒的发生。又如心肌局部缺血是由于 cGMP 介导的跨膜信号转导通路发生了异常。基于对肿瘤的细胞生物学和分子生物学的研究发现，许多癌基因的产物是信号通路中的转录因子，它们对细胞的增殖、分化、死亡和转化具有重要的调节作用。鉴于信号转导通路在细胞增殖和分化过程中的重要、甚至决定性的作用，有可能以信号转导通路中起调节介导作用的信号分子为靶标进行针对性的药物设计。

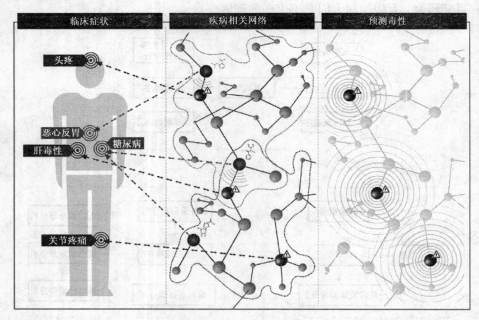

图 9.7　网络基础上的药靶发现和毒性预测[33]。不同疾病（如糖尿病和恶心）对应的网络存在一些交叠的蛋白质，可据此预测药物靶标并评估其可能的毒副作用（见彩图）

2）考虑靶标在网络中的位置

为了保证系统的稳定性，生物网络通常具有一定的冗余性和多样性，采用反馈回路等方式来实现**故障安全**（fail-safe）机制。因此，挑选候选药靶时应考虑其在网络中的位置，优先挑选那些处于枢纽位置的有效靶标，避免反馈回路对药效进行补偿。当前的新药主要针对"酶靶"和细胞膜上的"受体靶"，其中受体占45％，酶占 28％。可以设想，如果以信号转导通路中靠后位置的分子（如转录因子）作为药靶，就有可能降低药物的毒副作用。

3）组合药靶

通常人们谈到药靶都是指单一分子，但是，鉴于生命是一个复杂的过程和体系，疾病是由多个彼此之间存在着相互作用和动态变化的分子引起的，因此有必要寻找发现**组合药靶**（combination of drug target）。实际上，药物通常需要作用于一系列疾病特异的靶分子组合才能发挥最佳治疗效果。如果一种疾病与多个基因有关，每一种基因又涉及 3～10 种蛋白质，那么这些蛋白质都可以作为候选的药物靶标。

同时，疾病相关网络的内部高聚集性表明，基于网络的诊疗方法应以整个通路而不是以单个蛋白质作为靶标。其最终目标不仅是识别一组能够共同发挥作用的药物，而且要发现一组靶标或模块的组合，它们能够在不同的治疗位置发挥作用并最后集中到一个特定的通路位点。尽管基于通路知识进行多靶标联合治疗是一件非常艰巨的任务，但是乳腺癌转移方面的实验已经证明了这一指导思想的可行性。

9.4　潜在药靶的生物信息学验证

过去，制药公司通常在某一时间内仅能对有限数目的（约 20 多个）的药靶基因进行筛选和验证，而人类基因组测序工作的完成为药物的研究提供了大量的潜在靶标。这些潜在的靶标一方面为药物研究创造了前所未有的机会，另一方面也带来了严峻的考验，使药物开发工作的瓶颈由原来可用靶标的数目太少转变为由于靶标太多而引起的新问题——如何选择最有可能获得成功的靶标，即从靶标的识别转到靶标的证实上。由于药物开发的难度较大、周期很长，在前期对候选药靶进行充分筛选和验证就显得非常必要。在药物研究的早期阶段，生物信息学可在以下 3 个方面为靶标的选择提供依据。

① 靶标的特征，例如蛋白质家族的分类及亚分类；

② 靶标的理解，如它们在较大的生化或细胞环境中的行为；

③ 靶标的发展，如对摄取与重摄取的预测、解毒、病人的分类及基因多态性的影响。

进一步，在对候选药靶进行功能分析、预测其可药性并降低药物副作用方面，生物信息学方法也有重要的应用。

9.4.1 蛋白质的可药性

人类基因组计划研究如火如荼的阶段，药物学家和分子生物学家找到了共同的兴奋点：从人类基因组中寻找疾病相关基因和药靶。为实现这一目标，大量基因特别是疾病相关基因被申请专利，有的还被高价出售给制药公司等，如肥胖基因和端粒酶基因等。但并不是所有的疾病相关基因都能成为药靶，如肥胖基因目前就被认为很难成为药靶。只有那些既能与药物发生相互作用又能引起药物效应的基因才能成为药靶。理想的药靶不仅要在疾病的发生和发展中扮演关键的角色，而且要具备可药性，否则只能是一个疾病标志物而已。

根据基因组信息和蛋白质结构特征，人们开发了一系列生物信息学方法预测潜在靶标的可药性。评估蛋白质可药性的第一步是识别蛋白质表面的所有可能的结合位点，进而寻找真实的配体可结合位点。其计算方法主要分为两类：基于几何的方法和基于能量的方法。基于几何的方法利用了这样一个事实：天然的配体结合位点在蛋白质表面倾向于内部凹陷，包括 SURFNET、LIGSITE、SPRO-POS、CAST、PASS 和 Flood-fill 方法。而基于能量的方法将多种物理指标综合到口袋识别过程，试图计算其结合能，包括 GRID、vdW-FFT 和 DrugSite 方法。在排序过程中，这些方法都能够给予真实的配体结合位点以较高的评分，证实了其有效性。第二步是评估结合位点能否高亲和性、特异地与小分子药物结合。定量评估给定位点可药性的计算工具较少，最直接的评估蛋白质可药性的方法是根据生物化学谱实际测量小分子击中目标的数目和类型，如核磁共振谱图。

计算机模拟也是评价蛋白质可药性的一个重要手段。例如，根据候选靶标的结构、功能及其涉及的生化过程，结合与其相关的配体结合、蛋白质-蛋白质相互作用及酶动力学等实验数据，有可能建立计算机模型来模拟它们在正常状态与病理状态下的作用过程，帮助确定治疗干预的最佳位点。同时，还可以利用不同的基因表达技术，探索正常与病理状态下基因表达方式的差异，通过计算机模拟，考察在不同位点上进行治疗干预的效果。

此外，由于大部分蛋白质通过与其他蛋白质相互作用来发挥生物学功能，蛋白质相互作用在组织的各种细胞过程中发挥了基础和关键作用，被认为是一种富于挑战的，同时又充满吸引力的小分子药物作用的新型靶标。类似于单个蛋白质的可药性，人们提出了多种方法预测蛋白质相互作用的可药性。2007 年，Sugaya 等人从 3 个方面评估蛋白质相互作用的可药性：蛋白质相互作用中包含的结构域对、蛋白质与小分子药物的结合位点、基因本体功能注释的相似性评分。最近，Sugaya 等人使用结构、生物化学，以及功能相关的 69 个特征作为支持向量机的输入，判断 1295 对已知结构的蛋白质相互作用的可药性，在标准的相互作用数据集中得到了 81% 的预测准确率，其中区分度最大的特征是相互作用蛋白质的数目和通路数目。

9.4.2　药物的副作用

多组学数据的大量累积为药物研究提供了发展机遇，研究人员开发了多种方法用于发现潜在的药物靶标，但是最终找到合适的药物作用靶标并成功地进行临床应用并非易事。一般选择药物作用靶标要考虑两个方面的因素：首先是靶标的有效性，即靶标与疾病确实相关，通过调节靶标的生理活性能够有效地改善疾病症状；其次是靶标的副作用，如果对靶标的生理活性的调节不可避免地产生严重的副作用，那么将其作为药物作用靶标也是不合适的。

药靶和药物代谢酶多态性是造成药物疗效差异和毒副作用的主要原因之一。药物反应个体差异与个体的基因多态性，特别是单核苷酸多态性密切相关。在已知单核苷酸多态性能够影响氨基酸结构和蛋白质功能的情况下，通过组合化学得到的靶标能否代表大多数人的药靶就显得非常重要。而生物信息学方法可以帮助阐释单核苷酸多态性与疾病治疗之间的关系，评估药物疗效和毒副作用。以寻找抗菌素为例，通过基因组生物信息学分析，筛选细菌中高度保守但在人类中缺少同源性的基因，可以确定一系列对细胞有用并且有选择性的潜在靶标。又如，当一个新基因被发现时，通过与已知的可作为药物靶标的基因进行结构上的同源性比较，可快速地确定该基因能否成为新的药物靶标，以避免盲目、费时费力的实验。进一步，事先确定药物靶标的基因多态性，就可以估计药物适用的人群，进行个性化的医疗，增加疗效并降低毒副作用。以乳腺癌为模型，Wiechec 等人报道单核苷酸多态性基因型会影响 DNA 修复基因的转录活性和药物代谢过程，从而影响到临床的治疗毒性和效果。

同样，在生物网络基础上综合评估药物作用的多种影响，也有助于寻找增加药物疗效、降低副作用的有效方法。如在蛋白质-药物相互作用网络的基础上，Xie 等人提出了一种计算策略，用于识别基因组规模的蛋白质-受体结合谱，进而阐释 CETP 抑制剂的药物作用机制。通过将药物靶标与生物学通路相关联，揭示了 CETP 抑制剂的副作用受多个交联通路的联合控制，给出了降低此类药物副作用的可能方法。

9.5 以靶标为基础的药物设计

基于靶标分子结构的药物设计是指利用生物大分子靶标及相应的配体-靶标复合体三维结构的信息来设计新药(见图9.8)。其基本过程如下。

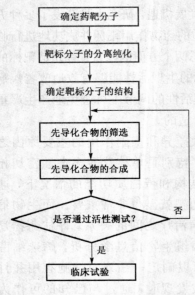

图 9.8 基于靶标分子结构的药物设计过程

① 确定药物作用的靶标分子(如蛋白质、核酸等);

② 对靶标分子进行分离纯化;

③ 确定靶标分子的三维结构,提出一系列假定的配体与靶标分子复合体的三维结构;

④ 依据这些结构信息,利用相关的计算机程序和法则进行配体分子设计,模拟出最佳的配体结构模型;

⑤ 合成这些模拟出来的结构,进行活性测试。

若对测试结果感到满意,可进入前临床实验研究阶段,否则重新进行药物筛选和设计。

当前的药物发现过程常采用反向药理学的策略,即基于靶标结构设计候选配体、基于与靶标的相互作用筛选虚拟化合物、基于组合化学设计合成药物、基于吸收-分布-代谢-排泄-毒性过程预测成药性,同时基于系统生物学的药物代谢动力学与药效学模拟引导药物发现的全过程。由此可见,生物信息学技术和策略贯穿了药物发现的全过程,是药物发现的核心技术和关键思路。

9.5.1 先导化合物的筛选和优化

药物作用的基础是先导化合物与靶标分子的结合,进而阻断靶标分子的功能或改变其功能状态,因此寻找先导化合物对于新药物研发具有关键作用。需要从很多潜在的化合物中经过严格筛选,以决定它们是否适合于先导药物优化。传统方法筛选得到的先导化合物往往存在着各种缺陷,如活性不够高、化学结构不稳定、毒性较大、选择性不好、药代动力学性质不合理等,而且筛选过程费时费力。生物信息学的发展为人们提供了药物设计的新的有效方式。基于生物信息学方法进行先导化合物筛选的方法主要有两种:一是数据库比较搜寻法;二是计算机直接生成法。通过以上方法得到的先导化合物经过优化、临床评价即可投入市场，使现代新药研发的针对性更强，效果更好，周期更短，研发投入更低。

1. 数据库比较搜寻法

此类方法充分利用现有的数据库资源，通过分析比较化合物之间的结构和活性数据来设计高活性的药物分子。此类方法主要包括药效基团模型法和分子对接法。同时，为了更有效地构建数据库搜寻方法所需的化合物数据库，研究人员还发展了高通量的虚拟筛选技术。

1）药效基团模型法

该方法的一般过程是：通过分析一组活性分子的药效构象，找出它们共同的特征结构，建立药效基团模型，据此在三维结构数据库中（如 PDB）进行搜寻，找到符合药效基团要求的化合物。该方法中常用的软件有 Catalyst、Unity 和 Apex-3D 专家系统。Catalyst 是常用的简易设计分子结构模型的操作平台，它能提供先进的信息检索、信息分析功能，设计假设化合物及相关模型，解释构效关系；进行化合物之间结构、功能的对比，设计特定药效基团；筛选特定结构化合物。Apex-3D 专家系统模拟药学专家通过构效关系分析进行新药设计，即识别某类药物的三维空间结构中共同具有的对药物活性起关键作用的药效基团，然后基于药效基团设计新化合物并对其是否具有相似活性进行预报。

2）分子对接法

近年来，随着计算机技术的发展、靶酶晶体结构的快速增长及商用小分子数据库的不断更新，**分子对接**（docking）在药物设计中取得了巨大成功，已经成为基于结构的药物分子设计中最为重要的方法。分子对接的最初思想源自 Fisher 的"锁和钥匙"模型，即一把钥匙开一把锁。后来，研究人员发现，分子识别的过程要比"锁和钥匙"模型更加复杂。1958 年，Koshland 提出了分子识别过程中的**诱导契合**（induced fit）概念，指出配体与受体相互结合时，受体将采取一个能同底物达到最佳结合的构象（见图 9.9）。这一模型更接近于分子结合的实际情况，构成了现在分子对接算法的基础。

分子对接方法的两大课题是分子之间的空间识别和能量识别。一方面，药物分子和靶酶分子是柔性的，要求在对接过程中相互适应以达到最佳匹配。另一方面，分子对接不仅要满足空间形状的匹配，还要满足能量的匹配，底物分子与靶酶分子能否结合以及结合的强度如何，最终由形成该复合体过程中结合自由能的变化值决定。空间匹配是分子之间发生相互作用的基础，能量匹配则保证了分子之间能够稳定结合。对于几何匹配的计算，通常采用格点计算、片段生长等方法，能量计算则使用模拟退火、遗传算法等方法。

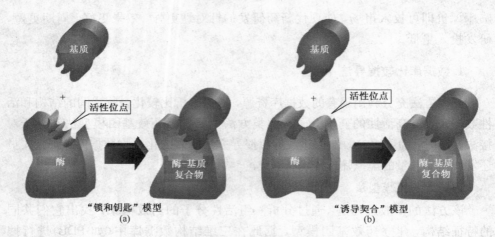

图 9.9 "锁和钥匙"模型和"诱导契合"模型示意图

分子对接法模拟了小分子配体与受体生物大分子相互作用，通过计算来预测两者之间的结合模式和亲和力，从而进行药物筛选。该方法主要包括如下 3 个步骤。

① 建立大量化合物的三维结构数据库；

② 在数据库中搜寻具有合理的取向和构象、与受体有高亲和力的小分子；

③ 通过结构优化，寻找结合能较低的接合位置，使配体与受体的形状和相互作用达到最佳匹配。

在各种分子对接软件中，对分子的结合方式均进行了一定的简化，根据简化的程度和方式，可以将分子对接方法分为 3 类，即刚性对接、半柔性对接和柔性对接。最初的分子对接方法是刚性的分子对接法，后来逐渐发展为柔性的分子对接方法。下面简要介绍这 3 类分子对接方法。

① 刚性对接。刚性对接方法在计算过程中，参与对接的分子构象不发生变化，仅改变分子的空间位置与姿态。刚性对接方法的简化程度最高，计算量相对较小，适合于处理大分子之间的对接。

② 半柔性对接。半柔性对接方法允许对接过程中的小分子构象发生一定程度的变化，但通常会固定大分子的构象，而且小分子构象的调整也可能受到一定程度的限制，如固定某些非关键部位的键长、键角等。半柔性对接方法兼顾计算量与模型的预测能力，是应用比较广泛的对接方法之一。

③ 柔性对接。柔性对接方法在对接过程中允许研究体系的构象发生自由变化，由于变量随着体系的原子数呈几何级数增长，因此柔性对接方法的计算量非常大，消耗计算机时较多，适合精确考察分子之间的识别情况。

常用的对接软件有 DOCK、Affinity、Surflex、AutoDock、GOLD 和 MVD 等（见表 9.2）。其中，DOCK 是开发最早也是目前应用最广泛的分子对接软件。第一个 DOCK 程序由加州大学旧金山分校的 Kuntz 于 1982 年开发。他将靶标分子与三维数据库中的上百万个小分子化合物逐一对接，不断优化小分子官能团的位置和构象，同时计算结合能，找出与靶标分子能够最佳结合的化合物。此后，DOCK 程序得到了不断发展，从最初的刚性对接到引入分子力场势能函数，对表面进行平滑处理，允许原子相互穿透，考虑柔性对接，直到最新的 5.0 版本采用 C++语言编程，引入打分法，能更好地计算配体与受体之间的亲和力。另外，据官方数据显示，AutoDock 是在文献中被引用次数最多的软件。利用 AutoDock 软件进行分子对接的效果如图 9.10 所示。而 MVD 是对接精度最好的软件，甚至超过了 Glide、Surflex 和 FlexX 等，但其运行速度较慢。

表 9.2　常用的分子对接软件列表

软件名称	网　　　址	描　　　述
Affinity	http://northstar-www. dartmouth. edu/doc/insightII/affinity/1_intro- duction. html	提供了多种分子对接的策略，如蒙特卡罗法和模拟退火法等，并可以根据用户的需要提供多种方法的组合，配体和受体之间的匹配主要采用能量得分的评价方式
AutoDock	http://autodock. scripps. edu/	采用半柔性对接的方法，基于模拟退火法和遗传算法来寻找靶蛋白和配体最佳的相对结合构象
FlexX	http://cartan. gmd. de/FlexX	使用碎片生长的方法，根据对接自由能的数值选择最佳构象。对接速度快、效率高
DOCK	http://dock. compbio. ucsf. edu/ DOCK/index. htm	可模拟小分子与生物大分子结合的三维结构及强度，是目前应用最广泛的分子对接软件之一
3D-Dock	http://www. bmm. icnet. uk/ docking/	免费以源代码发布，包括三部分：FTDock、RPScore 和 MultiDock
Glide	http://www. schrodinger. com/ Products/glide. html.	收费软件，是 Maestro 软件包中的一个模块，运算速度较快
GOLD	htt://www. ccdc. cam. ac. uk/ products/life_sciences/gold/	一种采用遗传算法，同时考虑配体构象柔性及靶标分子活性位点部分柔性的分子对接程序
MVD	http://molegro. com/	提供了对接过程所需的功能，包括从分子结构的准备到结合位点的预测，及最后小分子的结合与构象，准确性较高
Surflex	http://www. biopharmics. com/ products. html	采用经验打分函数和专利搜索引擎把配体对接到蛋白质的结合位点

3）虚拟筛选技术

计算机辅助药物设计的另一种重要策略和方法是**虚拟筛选**（virtual screening）。随着分子生物学、结构生物学及计算机科学的发展，人们发展了一种基于特定靶标的高通量虚拟筛选技术。针对疾病特定靶标分子的三维结构或定量构效关系模型，从虚拟的大规模小分子库（现有的非肽候选小分子配体类化合物已超过 700 万个）中，通过生物信息学的手段评价候选小分子药物的成药性。对于经虚拟筛选得到的预期药物，再进行实验制备和验证，这样可显著提高新药发现的效率并降低成本。

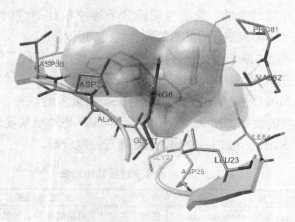

图 9.10 采用 AutoDock 对一个配体与多个受体进行分子对接，
这里显示了配体和受体相互作用的效果（见彩图）

虚拟筛选的基础是构建**虚拟化合物库**（Virtual Library，VL），它并不是一组真正存在的化合物，但如果需要，可用已知的化学反应和已得到的单体基元分子来合成。根据已有的结构-活性知识设计、产生和贮存虚拟化合物库，利用计算机检索来选择合成可行的化合物。选择方法是多种多样的，包括计算分子的物理化学性质，如亲脂性、分子量或偶极矩，或者各种方法的组合。如果已经发现了活性化合物，可用相似的方法从虚拟化合物库中寻找具有相似或更好生物活性的其他化合物。如果已知药物作用靶标的三维结构，对化合物库的虚拟筛选就是用各化合物与生物靶分子"对接结合"的计算结果来评价它们与靶分子之间的相互作用，对于那些结果较好的化合物再进行合成和药理筛选，就有可能找到具有生物活性的化合物。

利用计算机强大的计算能力，计算机虚拟筛选的具体实现方法是采用三维药效基团模型搜寻或分子对接法，在化合物数据库中寻找可能的活性化合物。一旦获得某一特定的蛋白质靶标，利用虚拟筛选就可以进行基于靶标结构的筛选和基于药效基团的筛选，从而迅速高效地发现及优化先导化合物。虚拟筛选不存在样品的限制，成本较低，因此在先导化合物发现上具有很大的优势。

2. 计算机直接生成法

这种设计方法的理论来源是锁钥学说，根据靶标分子的结构特征及性质要求，由计算机自动构建出与受体活性部位能很好契合的新的药物分子，属于**全新的药物设计**（denovo drug design）。该方法主要包括如下 3 个步骤。

① 分析靶标分子活性部位，确定活性位点的各种势场和关键功能残基的分布；

② 采用不同的策略把基本构建单元放置在活性位点中，并生成完整的分子；

③ 计算新生成的分子与受体分子的结合能，预测分子的生物活性。

按照药物分子的构建模式，全新药物设计可以分为 3 种类型：模板定位法、原子生长法和分子碎片法。模板定位法由 Lewis 于 1989 年最早提出，他主要利用点和线构造出与受体活性部位形状互补的图形骨架，并根据活性部位的性质，给骨架上的点和线赋予具体的原子和键的参数，使骨架转化成分子。1991 年，Nishibata 等人提出了原子生长法，他们利用不同种类的原子直接组合生长出分子。同年，Moon 等人提出了分子碎片法，根据不同生长方式，现已衍生出碎片连接法和碎片生长法，如下所示。

① 碎片连接法。该方法根据受体分子活性位点的特征，在关键位点放置与之相匹配的基团，之后用计算机进行三维模拟，把它们连接成一个完整的分子。

② 碎片生长法。在这种方法中，计算机根据受体分子的三维结构，从受体活性部位的某一点开始延伸，逐渐形成与受体蛋白活性位点相吻合的小分子。在延伸每一个原子或基团的时候，都要考虑配体和受体的结构特点、基团种类、结合能的大小及分子动力学特征，进行比较优化。再进行下一步的延伸，直至完成。

目前，分子碎片法已经成为全新药物设计的主流方法。通过这种方法得到的分子能够与受体的活性部位很好地契合，而且弥补了三维结构搜寻和分子对接法得到的一定是已知化合物的不足，但往往需要进行合成。

基于以上两种分子碎片法，研究人员开发了一系列用于全新药物设计的软件，如 LUDIC、Leapfrog、SPROUT 和 LigBuilder 等。其中，较为著名的软件是 LUDI。LUDI 即 Ligand_Design，是进行全新的合理药物从头设计的有力工具，其特点是以蛋白质三维结构为基础，通过化合物片段自动生长的方法产生候选药物的先导化合物。该软件可以帮助研究人员在实验之前进行模拟筛选；在合成化合物之前，将先导化合物按优先级排队打分，还能够帮助研究人员开发潜在配体的数据库，或者根据蛋白质活性位点给候选药物打分，根据打分结果修改现有的配体。

3. 先导化合物的结构优化

药物分子的活性不仅取决于其基本的活性结构，还受到取代基的种类、位置、大小、电负性等因素的影响，有时，取代基能够直接影响药物的作用机制和临床毒副作用。因此，在用上述两种方法初步确定了先导化合物之后，还要利用一些分析方法对此先导药物分子做进一步的结构优化和设计，以提高其与靶标的匹配性。常用的方法有 CoMFA、GRIDS 和 MCSS 等。

9.5.2 药物毒性预测和风险评估

药物研发与药理学、毒理学研究密切相关。在化合物进入临床开发阶段之前，对先导物的毒性和有效性进行分析，有助于进行先导化合物的优化及项目风险评估。对药物毒性及机制的深入了解，传统方法只能通过大量的临床前和临床试验，甚至惨痛的代价才能获得，而基因组学和蛋白质组学在一定程度上改变了这一状况。

基因的多态性通常会影响药物的代谢、活性、作用途径和不良反应等，使药物的作用呈现多态性。确定与药物作用的靶基因，控制药物活性和分布，识别相关基因中的单核苷酸多态性位点，是药物有效性或安全性分析的关键。这些单核苷酸多态性位点可能位于基因转录的调控区，或者位于调节转录后 RNA 拼接与剪接等相关的内含子区域，也可能位于编码区，因而直接影响编码蛋白的氨基酸序列和功能。所以，分析这些单核苷酸多态性位点与药物有效性差异和毒副作用的关联程度，是识别这些与药物有效性与安全性相关的生物标记的有效策略。目前，单倍体计划已经产出了多个种群的基因组变异数据，利用各种关联分析技术能够发掘影响药物有效性和安全性的单核苷酸多态性。通过相关研究，一方面可以减少新药开发的风险，降低药物的毒副作用；另一方面，可以建立个性化用药治疗方案，为药物临床试验选择合适的遗传背景人群，降低药物研发成本。

基因表达是大部分机体对异质物反应的枢纽，因此利用转录组学方法研究毒理学机制具有独特的优势。从转录组水平研究毒物作用对基因表达的相互影响，包括以下几个方面。

① 寻找并研究毒物作用下影响机体健康的基因；

② 结合传统的毒理学原理，设计转录组水平化学毒物的安全性评估方法；

③ 建立有毒化合物的表达谱数据库，结合统计学和计算机方法，根据药物作用前后体内或体外基因表达模式的变化，预测药物毒性。

蛋白质是机体对异质物反应最直接的表现形式。很多研究机构已开始采用蛋白质组学技术开展毒性预测工作。蛋白质组学还可用于药物作用机制、药物活性生化基础和药物参与生化途径等的研究。相关的实验数据，对于阐明药物作用机制和新调节因子的作用模式提供了有力的证据，也为新药研发提供了新的思路。目前，这种方法已经用于人肿瘤细胞系、动物细胞及动物模型上，阐述了许多药物的作用机制。除了对动物进行研究外，通过蛋白质组的技术还可以检测细菌对抗生素或化学物质的反应。

另一方面，由于很少有疾病或化合物只作用于单一靶标，发现和确认的往往是多个蛋白质靶标或生物标记。例如，在心脏疾病和糖尿病等复杂疾病的药物开发中，就包含了多个器官中同时发生的病理变化。基因组测序和转录组、蛋白质组学检测技术的进步，使采集到有关系统性能的全面数据并获得基本分子的有关信息成为可能。利用系统生物学方法，能够整合疾病过程中所有可获得的信息，在特定生理状态下同时评估某一给定组织中的基因组、蛋白质组及代谢反应参数。对于各种数据开展整合分析，有助于全面认识疾病的致病机理及药物的作用机制。另外，针对某一特定疾病的系统生物学分析，可以模拟系统中候选药物的作用，有助于先导化合物的优化，进行毒副作用预测和基于机制的风险评估。

9.6　新药研发展望

21 世纪是生物技术的时代，基因组学和蛋白质组学的发展为新药研发与药效评估提供了重要的研究手段。利用各种组学技术不仅能够直接产生新的药物，更重要的是提供了新的指导思想，减少了药物研发过程中的盲目性，加快了靶标的探测速度，增加了新药的临床试验通过率。而对于大规模组学数据的分析和利用，必然会涉及生物信息学的方法。目前，生物信息学方法已成功应用于药物研发的各个环节，在存储疾病相关的医学数据、发现大量潜在的药物靶标、揭示药物作用机理、评估作用靶标的可药性等方面做出了重要贡献，有利于设计更有针对性的生物学实验，促进现代新药开发进程。

相比其他方法，与生物信息学相结合的新药研究与开发的优势在于以下 3 个方面。

① 不局限于特定的技术或某种类型的信息，尤其适合将不同的数据整合到一个大的体系中，评估潜在药靶的表现；

② 以网络为基础的药靶发现平台有利于从整体角度进行药靶筛选并发现联合靶标；

③ 随着动态的、详细的生物学时空数据的累积，有可能在计算机中精确地模拟药物针对靶标作用的过程，以及对整个系统产生的影响，从而大大提高药物开发的效率。

与生物信息学相结合的新药研究与开发，将是一项高度复杂的系统工程，是现代高技术特别是生物技术和信息技术在生命科学领域的应用。在方法学上，关键是如何将现代生物技术、信息技术、计算机辅助药物设计系统、组合化学技术等结合起来，提高筛选命中率，减少在合成和筛选方面的时间和投入，降低风险，最终找到高效、低毒性且具有预期药理作用的治疗药物。

参考文献

1. D. Maglott，J. Ostell，K. D. Pruitt et al. ，Entrez Gene：gene-centered information at NCBI，*Nucleic Acids Res*，2007，vol. 35，pp. D26-D31.

2. Z. Gao, H. Li, H. Zhang et al. , PDTD: a web-accessible protein database for drug target identification, *BMC Bioinformatics*, 2008, vol. 9, pp. 104.

3. D. R. Rhodes, S. Kalyana-Sundaram, V. Mahavisno et al. , Oncomine 3. 0: genes, pathways, and networks in a collection of 18,000 cancer gene expression profiles, *Neoplasia*, 2007, vol. 9(2), pp. 166-180.

4. 刘伟, 谢红卫. 基于生物信息学方法发现潜在药物靶标. 生物化学与生物物理进展, 2011, vol. 38(1), pp. 11-19.

5. N. Le Novre, B. Bornstein, A. Broicher et al. , BioModels Database: a free, centralized database of curated, published, quantitative kinetic models of biochemical and cellular systems, *Nucleic Acids Research*, 2006, vol. 34, pp. D689-D691.

6. B. Olivier, J. Snoep, Web-based kinetic modelling using JWS Online, *Bioinformatics*, 2004, vol. 20(13), pp. 2143-2144.

7. D. O. Ricke, S. Wang, R. Cai et al. , Genomic approaches to drug discovery, *Curr Opin Chem Biol*, 2006, vol. 10(4), pp. 303-308.

8. N. Conde-Pueyo, A. Munteanu, R. V. Solé et al. , Human synthetic lethal inference as potential anti-cancer target gene detection, *BMC Syst Biol*, 2009, vol. 3, pp. 116.

9. D. R. Rhodes, J. Yu, K. Shanker et al. , Large-scale meta-analysis of cancer microarray data identifies common transcriptional profiles of neoplastic transformation and progression, *Proc Natl Acad Sci USA*, 2004, vol. 101(25), pp. 9309-9314.

10. Hu G. , Agarwal P. , Human disease-drug network based on genomic expression profiles, *PLoS One*, 2009, vol. 4(8), pp. e6536.

11. Subramanian A, Kuehn H, Gould J et al. , GSEA-P: a desktop application for Gene Set Enrichment Analysis, *Bioinformatics*, 2007, vol. 23(23), pp. 3251-3253.

12. R. Autio, S. Kilpinen, M. Saarela et al. , Comparison of Affymetrix data normalization methods using 6,926 experiments across five array generations, *BMC Bioinformatics*, 2009, vol. 10, pp. S24.

13. P. Stafford, M. Brun, Three methods for optimization of cross-laboratory and cross-platform microarray expression data, *Nucleic Acids Research*, 2007, vol. 35(10), pp. e72.

14. K. Goh et al. , The human disease network, *PNAS*, 2007, vol. 104, pp. 8685-8690.

15. L. Xu, D. Geman, R. L. Winslow, Large-scale integration of cancer microarray data identifies a robust common cancer signature, *BMC Bioinformatics*, 2007, vol. 8, pp. 275.

16. T. M. Bakheet, A. J. Doig, Properties and identification of human protein drug targets, *Bioinformatics*, 2009, vol. 25(4), pp. 451-457.

17. J. Xu, Y. Li, Discovering disease-genes by topological features in human protein-protein interaction network, *Bioinformatics*, 2006, vol. 22(22), pp. 2800-2805.

18. G. Ostlund, M. Lindskog, E. L, Sonnhammer. Network-based identification of novel cancer genes, *Mol Cell Proteomics*, 2010, vol. 9(4), pp. 648-655.

19. L. Li, K. Zhang, J. Lee et al., Discovering cancer genes by integrating network and functional properties, *BMC Medical Genomics*, 2009, vol. 2, pp. 61.

20. 杨旭等. 基于新一代高通量技术的人类疾病组学研究策略. 遗传, 2011, vol. 33(8), pp. 829-846.

21. X. Hu, Y. Zhang, A. Zhang et al., Comparative serum proteome analysis of human lymph node negative/positive invasive ductal carcinoma of the breast and benign breast disease controls via label-free semiquantitative shotgun technology, *OMICS*, 2009, vol. 13(4), pp. 291-3004

22. L. Sleno, A. Emili, Proteomic methods for drug target discovery, *Curr Opin Chem Biol*, 2008, vol. 12(1), pp. 46-54.

23. P. Elin, T. Elin, L. Johan et al., Statistical multivariate metabolite profiling for aiding biomarker pattern detection and mechanistic interpretations in GC/MS based metabolomics, *Metabolomics*, 2006, vol. 2(4), pp. 257-268.

24. P. Sridhar, B. Song, T. Kahveci et al., Mining metabolic networks for optimal drug targets, *Pac Symp Biocomput*, 2008, pp. 281-302.

25. Z. Li, R. S. Wang, X. S. Zhang et al., Detecting drug targets with minimum side effects in metabolic networks, *IET Syst Biol*, 2009, vol. 3(6), pp. 523-533.

26. Y. Yang, S. J. Adelstein, A. I. Kassis, Target discovery from data mining approaches, *Drug Discov Today*, 2009, vol. 14(3-4), pp. 147-154.

27. H. Wang, M. Huang, X. Zhu, Extract interaction detection methods from the biological literature, *BMC Bioinformatics*, 2009, vol. 10(1), pp. S55.

28. 郭昊, 朱云平, 李栋等. 选自肿瘤相关生物学通路的发现和建模. 遗传, 2011, vol. 8, pp. 809-819.

29. M. Schulz, B. M. Bakker, E. Klipp, Tide: a software for the systematic scanning of drug targets in kinetic network models, *BMC Bioinformatics*, 2009, vol. 10, pp. 344.

30. L. H. Chu, B. S. Chen, Construction of a cancer-perturbed protein-protein interaction network for discovery of apoptosis drug targets, *BMC Syst Biol*, 2008, vol. 2, pp. 56.

31. A. Zanzoni, M. Soler-López, P. Aloy, A network medicine approach to human disease, *FEBS Letter*, 2009, vol. 583(11), pp. 1759-1765.

32. E. C. Butcher, E. L. Berg, E. J. Kunkel, Systems biology in drug discovery, *Nature Biotechnology*, 2004, vol. 22, pp. 1253-1259.

33. A. Pujol, R. Mosca, J. Farrés et al., Unveiling the role of network and systems biology in drug discovery, *Trends Pharmacol Sci*, 2010, vol. 31(3), pp. 115-123.

34. T. A. Halgren, Identifying and characterizing binding sites and assessing druggability, *J Chem Inf Model*, 2009, vol. 49(2), pp. 377-389.

35. 杨建雄, 刘志辉. 药物靶标在新药研发中的作用. 时珍国医国药, 2009, vol. 20(3), pp. 750-751.

36. N. Sugaya, K. Ikeda, T. Tashiro et al., An integrative in silico approach for discovering candidates for drug-targetable protein-protein interactions in interactome data, *BMC Pharmacol*, 2007, vol. 7, pp. 10.

37. N. Sugaya, K. Ikeda, Assessing the druggability of protein-protein interactions by a supervised machine-learning method, *BMC Bioinformatics*, 2009, vol. 10, pp. 263.

38. E. Wiechec, L. L. Hansen, The effect of genetic variability on drug response in conventional breast cancer treatment, *Eur J Pharmacol*, 2009, vol. 625(1-3), pp. 122-130.

39. L. Xie, J. Li, L. Xie et al., Drug discovery using chemical systems biology: identification of the protein-ligand binding network to explain the side effects of CETP inhibitors, *PLoS Computer Biology*, 2009, vol. 5(5), pp. e1000387.

40. D. E. Koshland, Application of a Theory of Enzyme Specificity to Protein Synthesis, *Proc Natl Acad Sci*, 1958, vol. 44(2), pp. 98-104.

41. F. R. Sousa, Protein-Ligand Docking: Current Status and Future Challenges, *Proteins*, 2006, vol. 65, pp. 15-26.

42. 李亮助, 孙强明. 生物信息学在药物设计中的应用. 生命的化学, 2003, vol. 23(5), pp. 364-366.

43. 庞乐君, 王松俊, 刁天喜. 基因组学和蛋白质组学对新药研发的影响. 军事医学科学院院刊, 2005, vol. 29(1), pp. 77-79.

索　引